棋类交互展示——国际象棋

Lua的应用——系统时钟

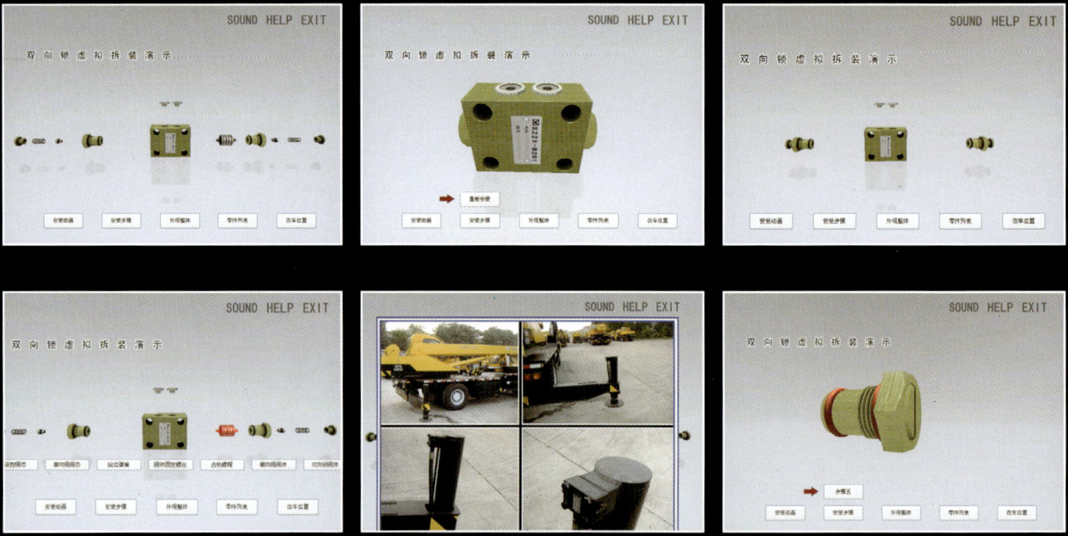

机械拆装——双向锁

室内方案交互设计——简约室内

数据库应用——水果时节

古建仿真——舟山普济寺

综合案例——魅影飞龙

综合案例——魅影骑士

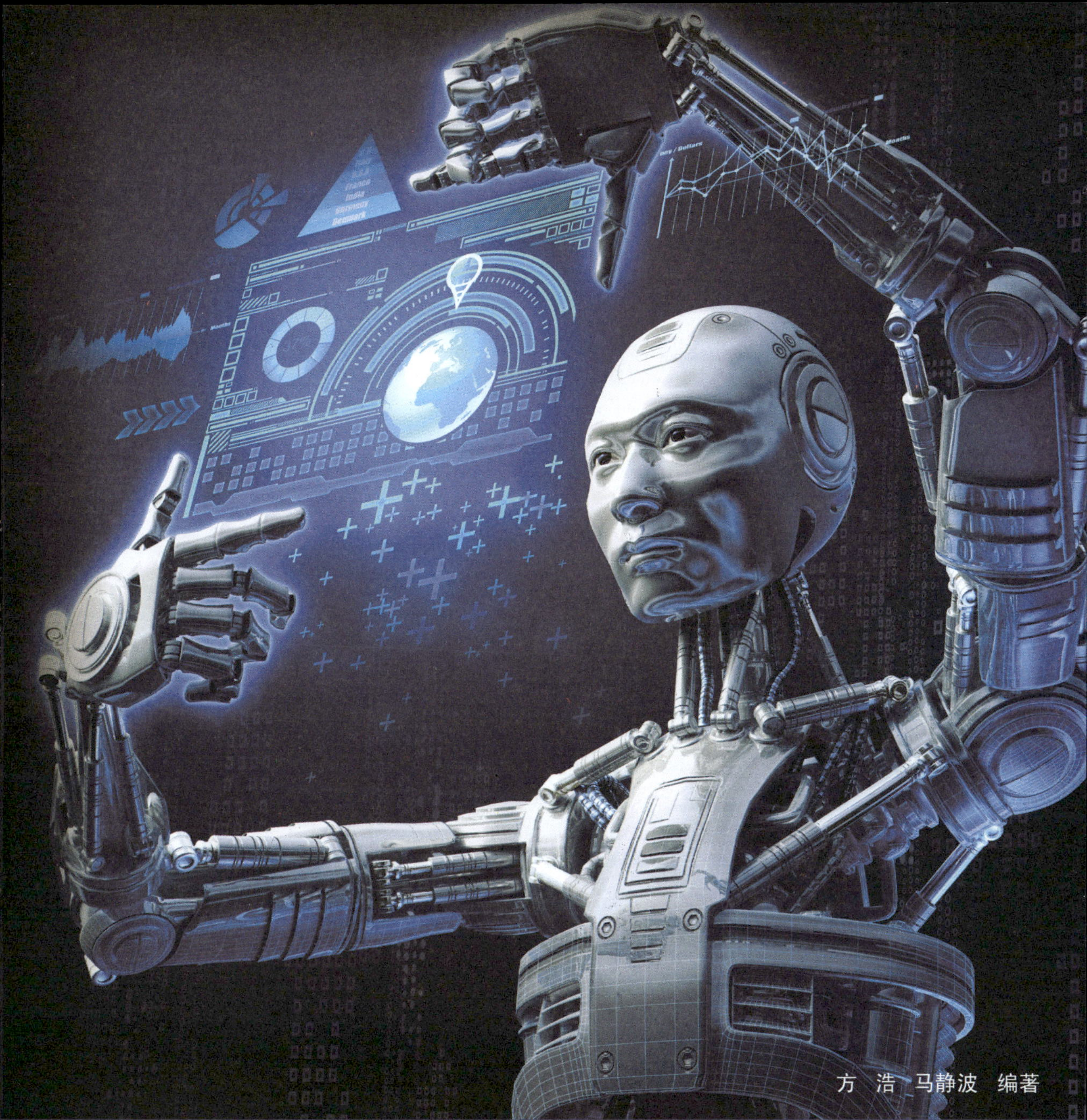

方 浩 马静波 编著

虚拟现实VRP

深度交互实例精解

内容提要

本书是一本介绍如何使用VRP软件进行虚拟现实深度交互实例制作的优秀教材，书中运用典型的案例，循序渐进地讲解了VRP的使用方法和技巧，使读者做到学用结合，很快掌握软件的高级应用方法。

本书力求帮助读者掌握VRP软件在虚拟现实制作中的高级应用方法与各种常见虚拟现实项目的设计规范，在熟练运用正确工作方法的同时，迅速提高软件的高级应用能力。本书共分8章，内容包括机械拆装、产品展示、古建仿真、室内设计交互、游戏场景等多个领域的案例交互。全书精心挑选了多个交互案例，并完全以实际教学的设计思路，教读者用实例操作吸收所学知识。书中设置了"提示"、"技巧"等精彩内容，可大幅提高读者项目制作的效率。

本书既可作为各大中专院校建筑设计、工业设计、动画等专业的教学参考用书，还可作为希望从事虚拟现实行业者的自学参考书。

图书在版编目（CIP）数据

虚拟现实VRP深度交互实例精解/方浩，马静波编著.-北京:印刷工业出版社,2012.6
ISBN 978-7-5142-0457-5

I.虚… II.①方…②马… III.数字技术 IV.TP391.9

中国版本图书馆CIP数据核字(2012)第097062号

虚拟现实VRP深度交互实例精解

编　　著：方　浩　马静波

责任编辑：赵　杰
执行编辑：周　蕾　　　　责任校对：岳智勇
责任印制：张利君　　　　责任设计：张　羽
出版发行：印刷工业出版社（北京市翠微路2号　邮编：100036）
网　　址：www.keyin.cn　　www.pprint.cn
网　　店：//pprint.taobao.com
经　　销：各地新华书店
印　　刷：北京佳艺恒彩印刷有限公司

开　　本：787mm×1092mm　1/16
字　　数：458千字
印　　张：20.75
印　　数：1～4000
印　　次：2012年6月第1版　2012年6月第1次印刷
定　　价：98.00元
I S B N：978-7-5142-0457-5

如发现印装质量问题请与我社发行部联系　发行部电话：010-88275602

丛书编委会

前言

PREFACE

本书作为中视典数字科技的官方教材之一，完全依照虚拟现实项目的制作要求进行编写，本书由直接的产品展示案例开始，详细介绍了VRP编辑器中各个模块的使用功能，无论是对于立志进入虚拟现实领域的初学者，还是苦于徘徊在初级应用，无法继续进行提高的业内人员，本书都将起到极大的作用。

中视典数字科技是国内从事虚拟现实、数字娱乐软件产品研发和硬件系统集成的专业机构，服务领域主要包括数字城市规划平台研发、水利虚拟现实平台软件研发、电力虚拟现实平台软件研发、虚拟现实环幕投影系统集成、院校虚拟现实中心建设等。中视典一直致力于出版有价值的图书，可以让从事虚拟现实的读者有所惊喜和收获，力求每一本书都能给读者带来帮助，而这本书就是在这理念的指导下编写完成的。

首先，本书目标明确，注重实际，能够围绕虚拟现实制作的一些重要技术来进行分析讲解。

其次，个性突出，力求用短小精悍的案例让读者了解更多的信息，掌握更多的虚拟现实制作的技巧。

最后，本书教学模式新颖，循序渐进的讲解思路非常符合读者学习新知识的思维习惯。

全书共分8章，内容包括机械拆装、产品展示、古建仿真、室内设计交互、游戏场景等多个领域的案例交互。全书精心挑选了多个经典案例，并完全以实例教学的设计思路，教读者用实际操作吸收所学知识。书中设置了“提示”、“技巧”等精彩内容，可大幅提高读者综合应用的能力。

本书的配套光盘中包含免费赠送的学习版VRP 11编辑器软件，以及所有案例的源文件和相关的教学文件以方便读者学习。

由于编者水平有限，书中难免存在不妥之处，敬请广大读者批评指正。欲知更多虚拟现实技术与虚拟现实资讯，请登录中视典官方网站www.vrp3d.com。

编　者

CONTENTS 目录

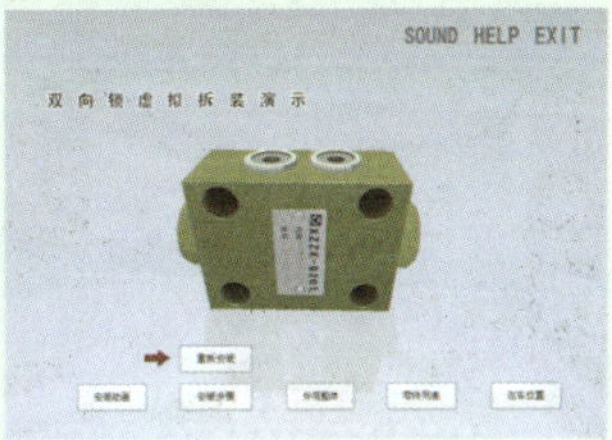

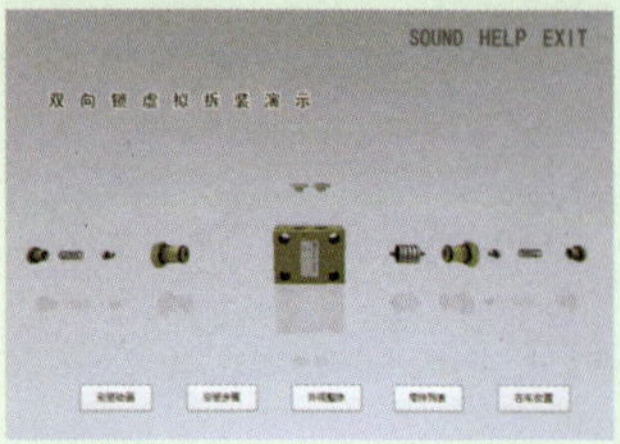
SOUND HELP EXIT

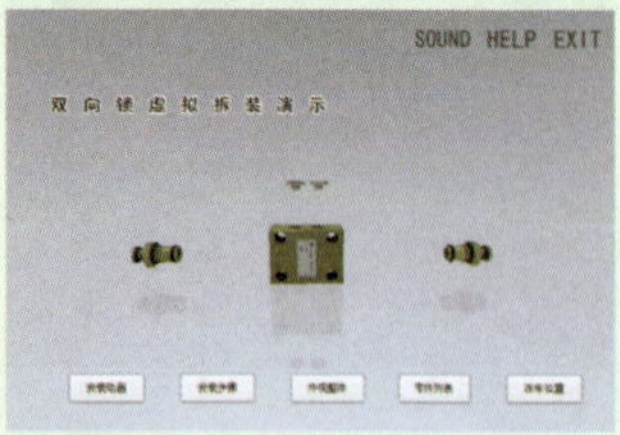
SOUND HELP EXIT

SOUND HELP EXIT

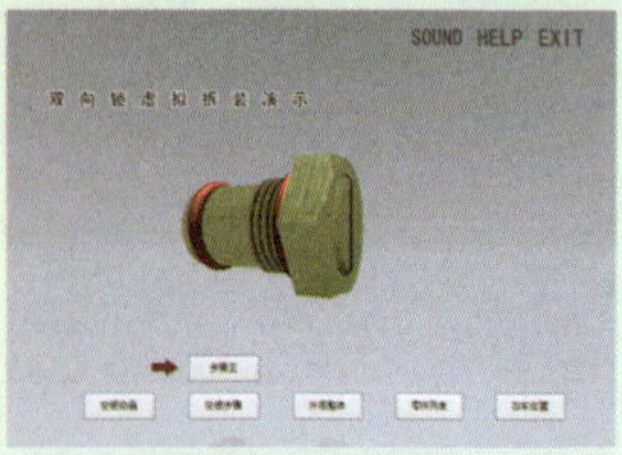
SOUND HELP EXIT

SOUND HELP EXIT

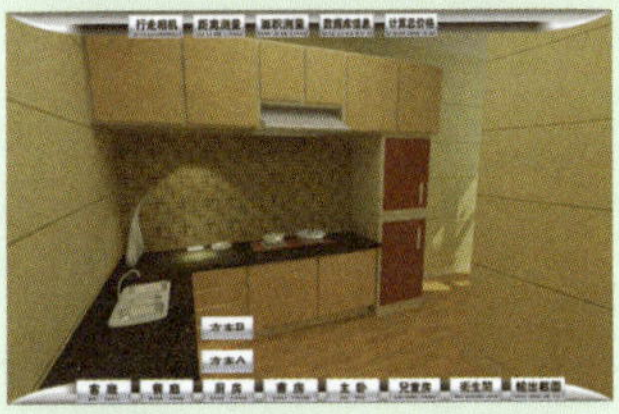

AVATAR

第 1 章

棋类交互展示——国际象棋

案例分析：

国际象棋是大家熟知的一项体育项目，其紧张的博弈过程常常扣人心弦。但是如果没有现实中的棋盘和棋子是不是就不能亲身体验博弈过程了呢？答案是否定的。

在本章案例中，我们通过一系列的三维虚拟国际象棋场景来模拟真实的对弈过程，通过VRP的脚本交互功能来实现棋子的移动和吃子等过程，让用户体验在虚拟的三维场景中的博弈过程。

在本章中，案例的难点部分在于脚本交互的内容。因此，我们摘取了案例中脚本交互的内容进行重点讲解，其他涉及的相关内容也会作相应的解释，使读者在学习完本章的内容后能够举一反三地应用于其他领域中三维虚拟场景的交互设计。

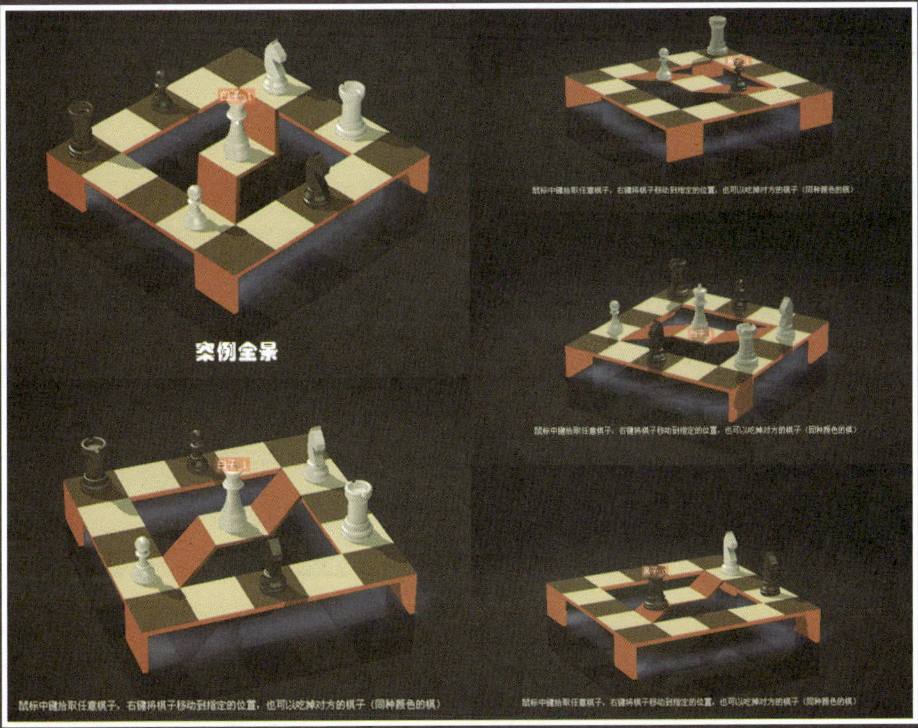

1.1 场景前期介绍

本章案例中场景模型、材质、灯光、烘焙等部分需要在3ds Max中完成，然后通过【VRP-for-Max】插件导入VRP编辑器中进行编辑，此部分内容在本章不作详细的介绍。下面的内容，我们将讲解相应的制作步骤。

1.2 相机设置

在VRP场景中可以设置一台或多台相机，用于在不用角度浏览操作场景。本章案例中，我们给场景设置一台绕物旋转相机，用来围绕物体观察场景。

01 打开【创建对象】|【相机】面板，单击【绕物旋转相机】按钮，在弹出的【Camera name】对话框中，设置相机名称为“观察相机”，如图 1-2-1 所示。

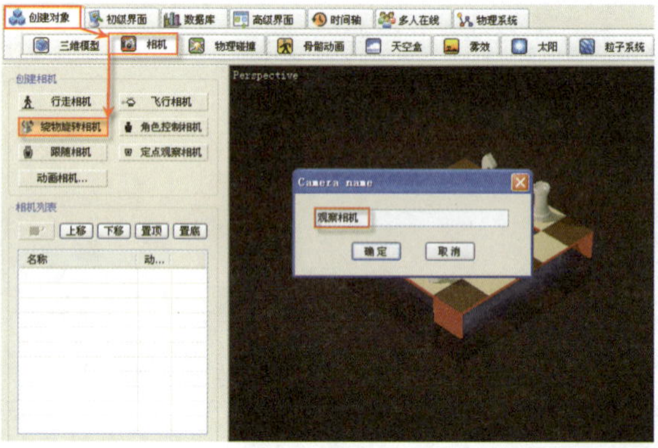

图1-2-1

注：

VRP中的绕物旋转相机本身没有旋转的动画，请不要将这台相机误当做动画相机使用。

02 选择“观察相机”，在右侧【旋转参数】卷展栏中设置【旋转中心参照物】，单击【None】按钮，然后在视图窗口中双击名称为“白子_1”的模型，如图1-2-2所示。

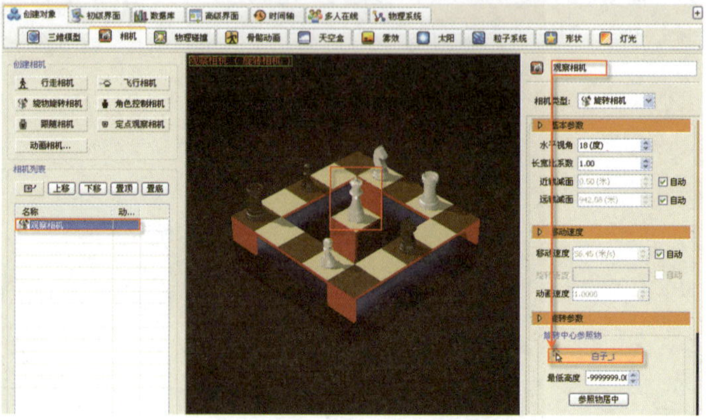

图1-2-2

注：

通过设置中心参照物以后，在移动相机时绕物旋转相机就可以根据这个参照物进行旋转。

03 设置旋转相机的【最低高度值】为 20.00，然后按 Enter 键，如图 1-2-3 所示。

> **注：**
> 设置绕物旋转相机的最低高度后，相机的视野范围就不会低到地面以下，而是保持在一定高度，这种设置技巧将经常被使用。

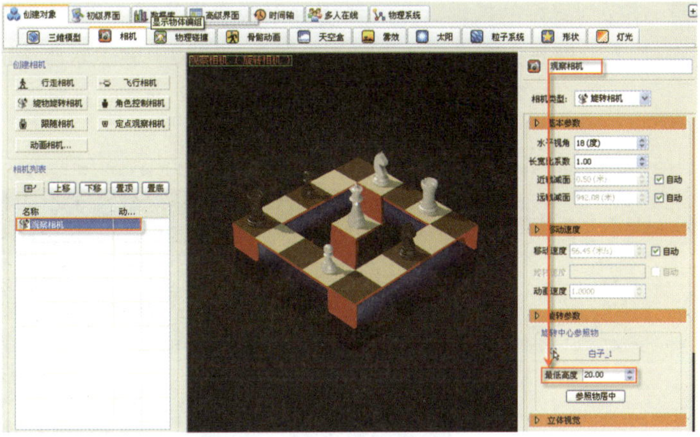

图 1-2-3

1.3 界面设置

用户在将烘焙后的场景导入VRP编辑器之后，通常需要为该场景创建一个合适的交互界面，丰富的界面不仅可以提高VRP项目的可操作性，而且可以使VRP项目整体更加美观。在VRP项目制作中，界面的设计和制作也是很重要的。本章案例将使用【静态文本】控件制作一个操作提示面板。

1.3.1 创建【静态文本】控件

01 打开【高级界面】|【控件】面板，单击【静态文本】按钮并在视图窗口中拖曳出一个【静态文本】控件，创建成功后将在左侧【列表框筛选】栏中显示出来，如图 1-3-1 所示。

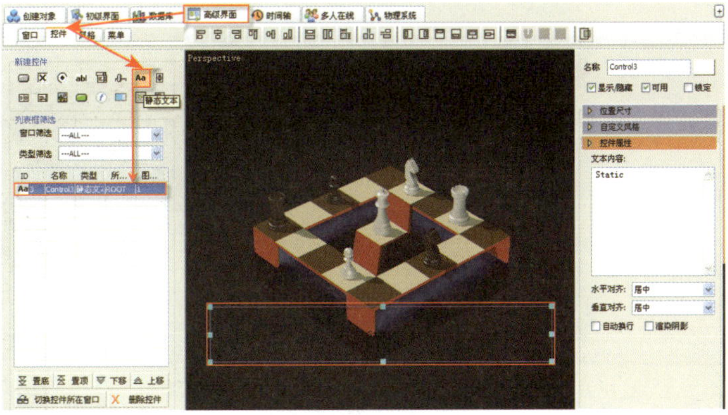

图 1-3-1

> **注：**
> 在【静态文本】控件中可以输入文本内容，不仅可以设置文字的对齐方式，还可以设置文本是否自动换行和是否渲染文字阴影。

02 选择创建好的控件，在右侧属性面板中设置其名称为“操作提示面板”，然后将【控件属性】卷展栏中的【文本内容】设置为“鼠标中键拾取任意棋子，右键将棋子移动到指定的位置，也可以吃掉对方的棋子（同种颜色的棋子之间不可以相互吃子）”，如图1-3-2所示。

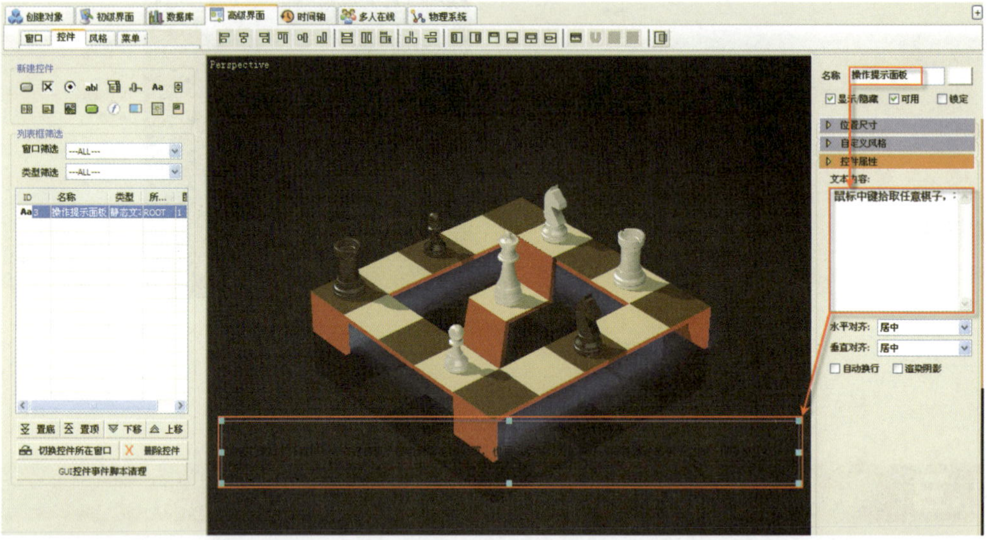

图1-3-2

注：

在实际制作项目时，如果文本内容过多，可以勾选【控件属性】卷展栏下方的【自动换行】复选框。

03 打开【自定义风格】卷展栏，勾选【独立调节该控件元素】复选框，然后单击【文字编辑】栏中的【普通状态】按钮，设置字体颜色为白色，如图1-3-3所示。

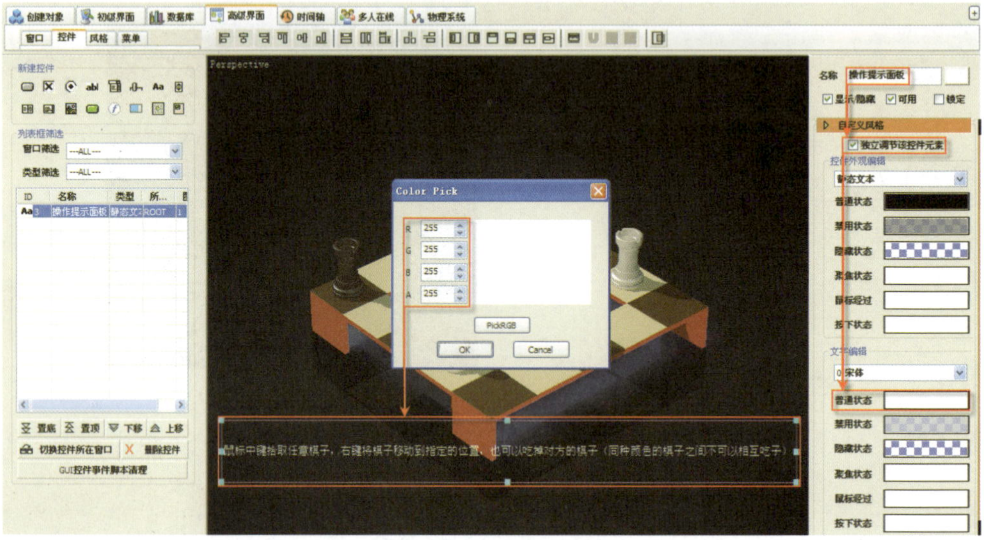

图1-3-3

注：

在单独设置控件某些属性之前，要先勾选【独立调节该控件元素】复选框。

04 打开【位置尺寸】卷展栏，将控件的对齐方式设置为“下中”，如图1-3-4所示。

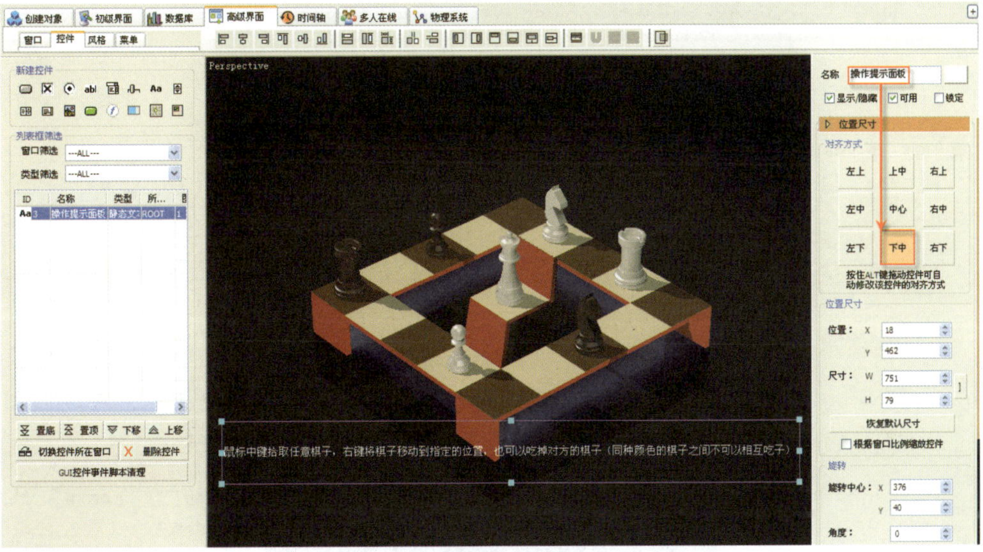

图1-3-4

注：

控件的对齐方式是指当运行时放大或缩小运行窗口后，控件以什么位置为准进行移动；在此步骤中设置【静态文本】控件的对齐方式为“下中”，那么无论窗口怎么调整，它都会以底部中间的位置为准进行移动，以保持相对位置不变。

1.3.2　创建文字面板

01 打开【创建对象】|【形状】面板，单击【文字】按钮并在弹出的【Shape name】对话框中设置其名称为“棋子名称”，如图1-3-5所示。

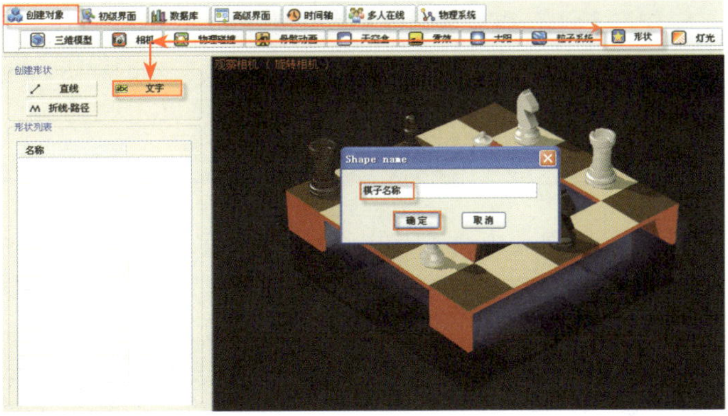

图1-3-5

注：

在【形状】面板中可以创建三个不同的形状，有“直线”、“文字”和“折线-路径”。“文字”形状类似于文字面板，可以用于显示名称；“折线-路径”形状常用于路径设置，“直线”形状的功能和“折线-路径”相似；创建好的形状也同三维模型一样，可以用【移动工具】、【旋转工具】、【缩放工具】进行调整。

02 打开右侧属性面板中的【参数】卷展栏，设置其文本初始内容为“白子_1”，如图1-3-6所示。

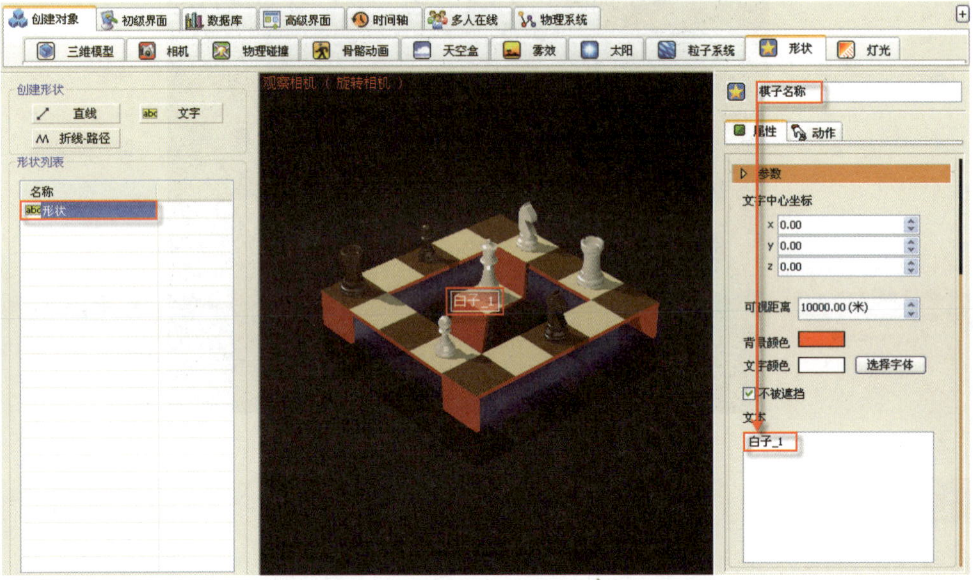

图1-3-6

1.4 脚本交互设置

使用【VRP-脚本编辑器】可以设置很多丰富有趣的交互功能。在编写脚本之前需要先弄明白要实现的效果是什么，根据要求再进行脚本的编辑，同时注意脚本语句之间的逻辑关系。

1.4.1 设置【#初始化】函数脚本

01 单击主工具栏中的【VRP-脚本编辑器】按钮，或者按下F7快捷键，即可打开【VRP-脚本编辑器】窗口，再打开【系统函数】面板，然后单击【新建】按钮，在弹出的【系统函数类型】对话框中单击【窗口消息函数】按钮，接着在弹出的【创建窗口消息映射函数】对话框中选择【#初始化】事件，最后单击【确定】按钮，至此【#初始化】函数就创建完成了，如图1-4-1所示。

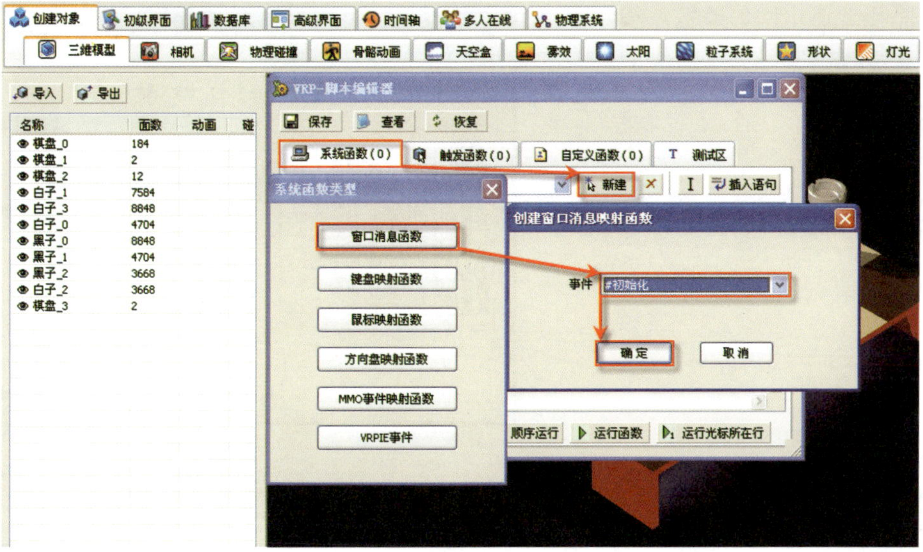

图1-4-1

注：

【#初始化】函数中主要添加一些场景初始状态的脚本，如果脚本中需要用到变量，通常需要先在这里定义好。一般在编写脚本的时候可以先从【#初始化】函数开始编写。

02 单击【插入语句】按钮，在弹出的【VRP 命令行编辑器】对话框中选择【设置物体的状态值】脚本，然后设置其脚本属性，在【模型名称】栏中选择“棋盘_0”，在【状态值（整数）】栏中输入“1”，如图 1-4-2 所示。

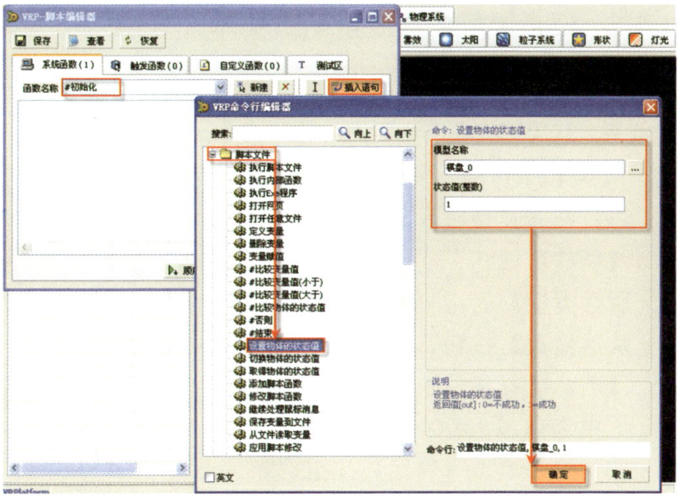

图1-4-2

注：

【设置物体的状态值】脚本通常和【比较物体的状态值】脚本搭配使用，一般【设置物体的状态值】脚本写在【#初始化】函数中，【比较物体的状态值】脚本则要写在能够触发这一事件的模型或控件脚本中。

03 按照与上述相同的方法，给场景中所有的模型都设置相应的状态值，如图1-4-3所示。

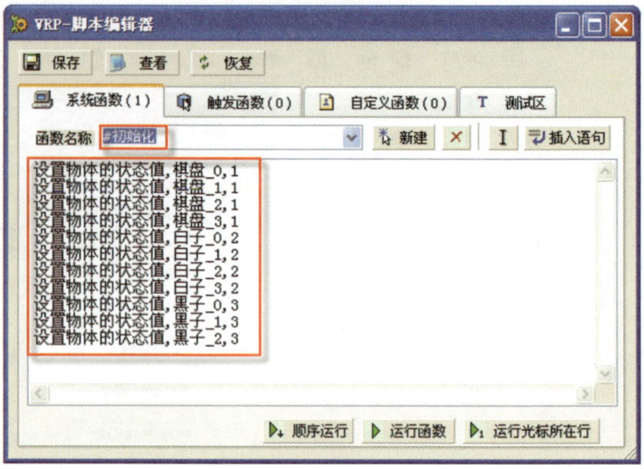

图1-4-3

注：

此步骤中给不同的物体设置了不同的初始状态值，比如棋盘模型的状态值是1，白子模型的状态值为2，黑子模型的状态值为3；设置不同的物体状态值是为了方便后续脚本进行比较，并且触发出不同的交互效果，比如棋子可以移动但棋盘和地面不能移动，这样的效果就需要模型带有不同的状态值，通过变量才能区分。

1.4.2 设置鼠标中键映射函数脚本

在本章案例中，鼠标中键起到拾取棋子并获取棋子名称的功能，下面我们先来实现这样一个效果。这里将设置一个新的函数——【鼠标映射函数】对鼠标中键进行脚本编写。

01 打开【VRP-脚本编辑器】窗口，再打开【系统函数】面板，单击【新建】按钮，在弹出的【系统函数类型】对话框中单击【鼠标映射函数】按钮，接着在弹出的【创建鼠标事件映射函数】对话框中选择【#鼠标中键按下】事件，最后单击【确定】按钮，如图1-4-4所示。

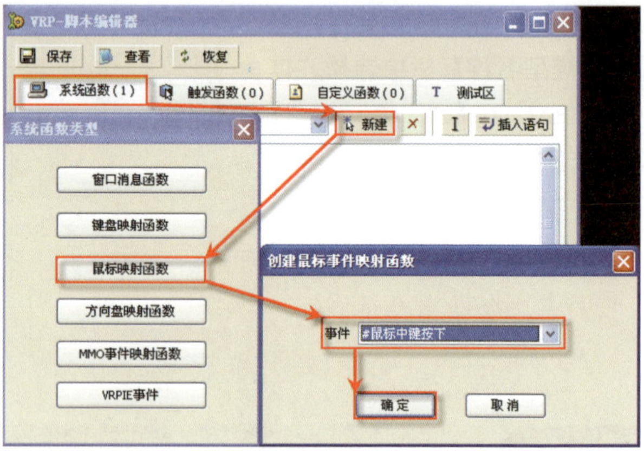

图1-4-4

注：

【鼠标映射函数】中每个鼠标键都有按下和弹起两种事件，用户可以根据实际项目的需要在不同的事件中创建触发函数。此步骤中设置的是【#鼠标中键按下】函数。

02 在【# 鼠标中键按下】函数中添加【点击点三维模型】脚本，其中【屏幕坐标】栏省略即可，如图 1-4-5 所示。

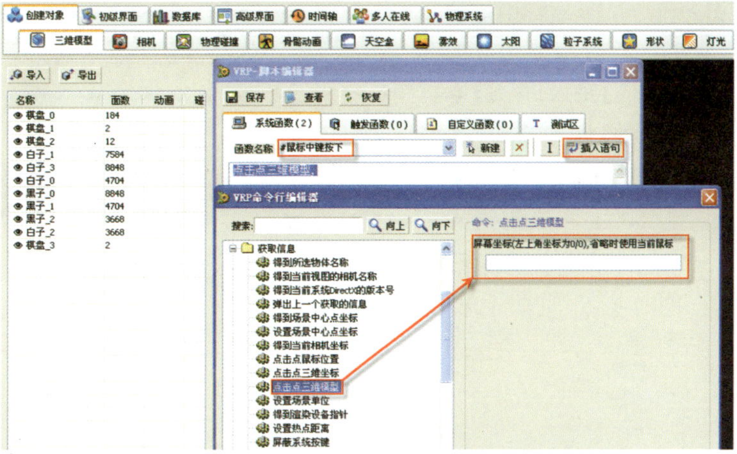

图 1-4-5

注：

【点击点三维模型】脚本的含义是，得到当前屏幕点击点状态下的三维模型名称；【屏幕坐标】栏省略后，会使用当前鼠标的坐标；此步骤中脚本的含义简单地说就是在某模型上按一次中键就得到该模型的名称。

03 当鼠标中键获取到模型名称后，需要将这个名称保存在一个变量中以便后续脚本调用，所以下面要返回到【# 初始化】函数中定义一个变量。在【# 初始化】函数中单击【插入语句】按钮并添加【定义变量】脚本，设置【变量名称】为“中键获取名称”，设置【变量值，上一次的返回值】为“0”，如图 1-4-6 所示。

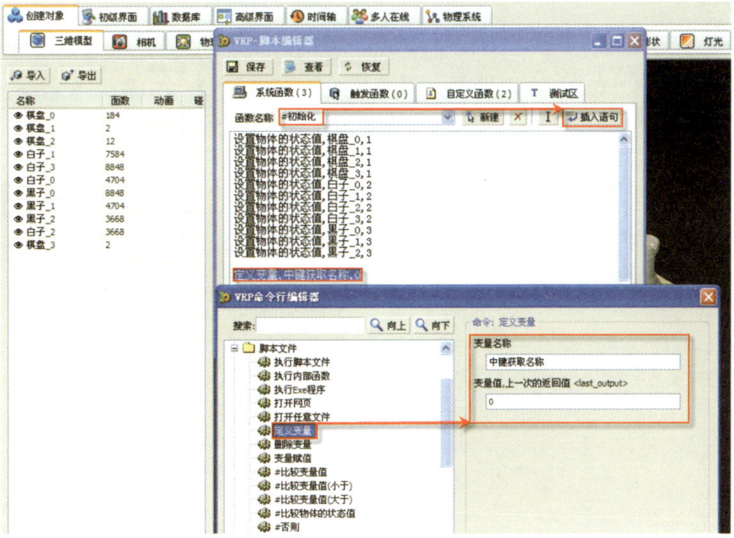

图 1-4-6

注：

【定义变量】脚本通常和【变量赋值】脚本或【#比较变量值】脚本搭配使用，经过逻辑语句的编写可以达到不同的效果；在实际项目中，此脚本是应用率非常高的脚本。

04 返回到【#鼠标中键按下】函数中添加【变量赋值】脚本，在其【变量名称】栏中输入“中键获取名称”，在【变量值，上一次的返回值】栏中输入“<last_output>”，如图1-4-7所示。

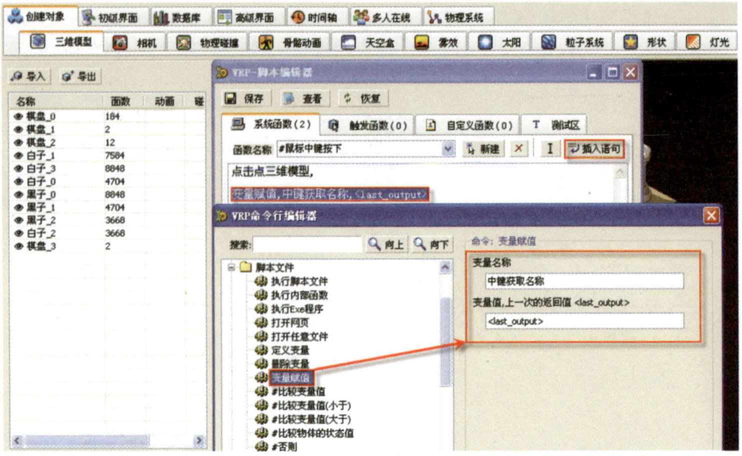

图1-4-7

注：

【变量赋值】脚本的含义是，给指定的变量赋值，这个值可以设定为一个整数，也可以是上一步骤得到的返回值或调用其他变量的值。此步骤中脚本的含义是，将刚刚获得的模型名称保存到“中键获取名称”这一变量里，以便后续脚本使用。

05 添加【#比较物体的状态值】脚本，在其【模型名称】栏中输入“$中键获取名称”，在【比较状态值】栏中输入“1”，如图1-4-8所示。

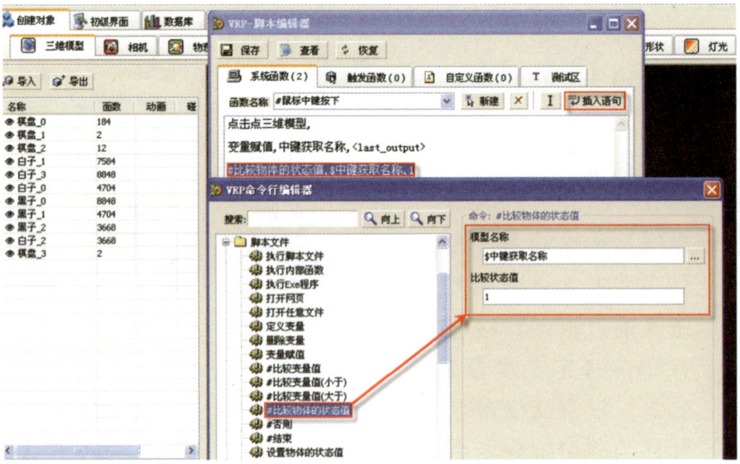

图1-4-8

注：

【#比较物体的状态值】脚本的含义是，比较物体此时返回的状态值与脚本中设定的状态值是否相同，如果相同就可以触发设定好的函数；否则就不会触发。在此步骤的脚本中，变量名称前多加了一个字符【$】，这样变量保存的值就能被调用；而此句脚本的含义是，将中键获取到的模型状态值和状态值1进行比较。

06 在比较物体的状态值之后，需要将得到的信息也保存在一个变量中，所以同样需要返回到【#初始化】函数中再次定义一个变量。在【#初始化】函数中单击【插入语句】按钮并添加【定义变量】脚本，设置【变量名称】为“中键获取状态值不为1的物体名称”，【变量值，上一次的返回值】为“0”，如图1-4-9所示。

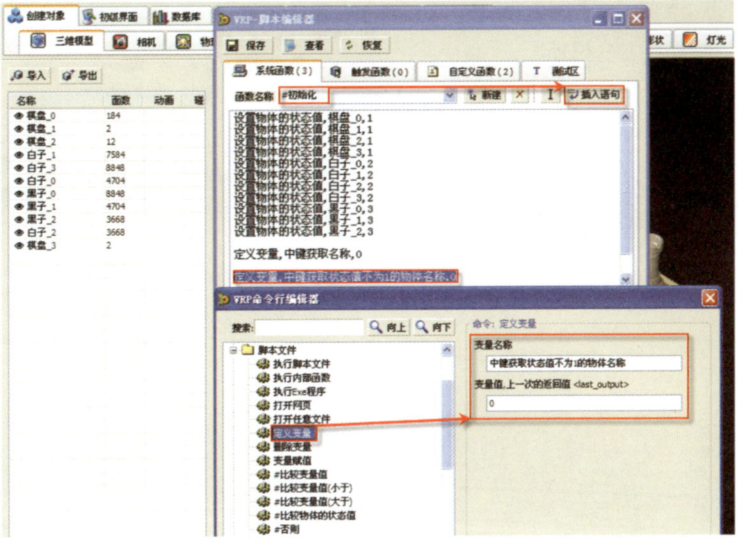

图1-4-9

07 返回到【#鼠标中键按下】函数中添加【变量赋值】脚本，在其【变量名称】栏中输入“中键获取状态值不为1的物体名称”，在【变量值，上一次的返回值】栏中输入“0”，如图1-4-10所示。

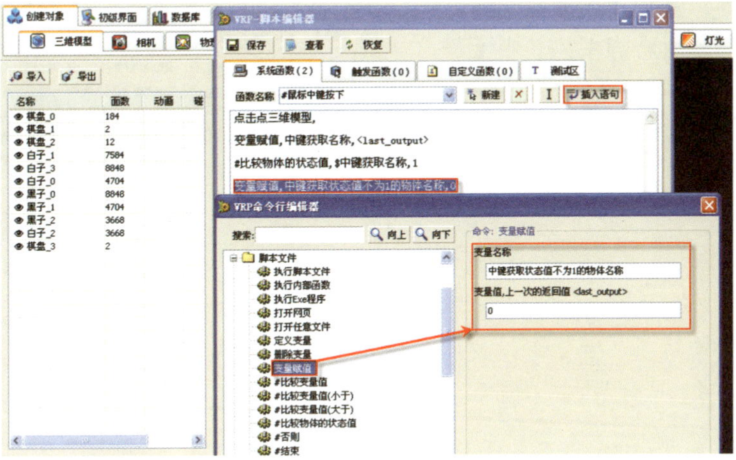

图1-4-10

注：

此脚本的含义是，经过上一步比较物体的状态值，如果值同样是1（也就是棋盘或地面模型）的话，那么就将“中键获取状态值不为1的物体名称”这一变量的值设置为0。

08 添加【#否则】脚本，如图1-4-11所示。

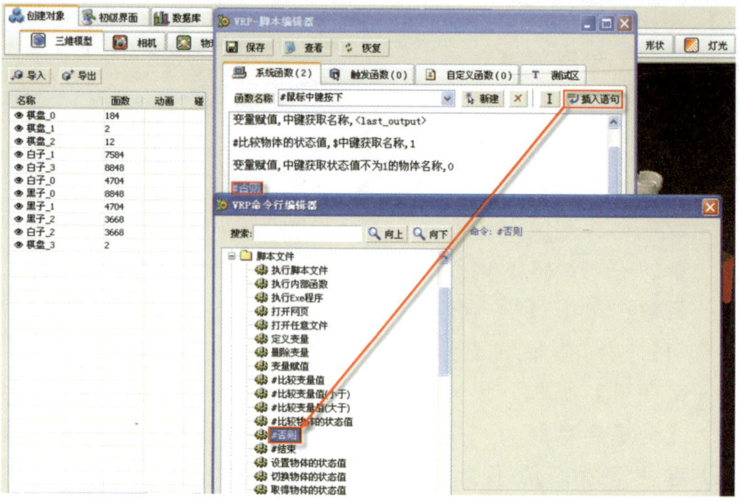

图1-4-11

注：

【#否则】脚本的含义是，如果上述条件语句不成立，则执行下面的脚本语句；在此函数中的意思就是：如果获取的物体状态值不为1（也就是黑白棋子模型）的话，就执行以下的脚本。

09 添加【点击点三维模型】脚本，其中【屏幕坐标】栏省略即可，如图 1-4-12 所示。

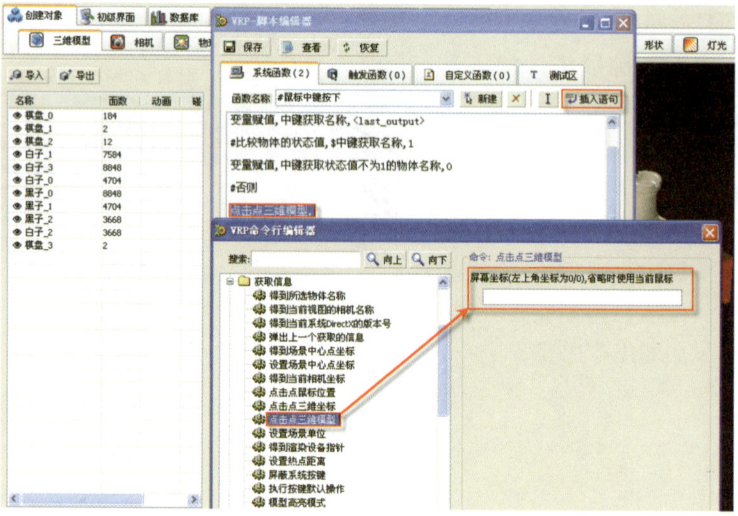

图1-4-12

注：

从此步骤开始插入【#否则】以后的脚本。

10 添加【变量赋值】脚本，在其【变量名称】栏中输入“中键获取状态值不为 1 的物体名称”，在【变量值，上一次的返回值】栏中输入“<last_output>”，如图 1-4-13 所示。

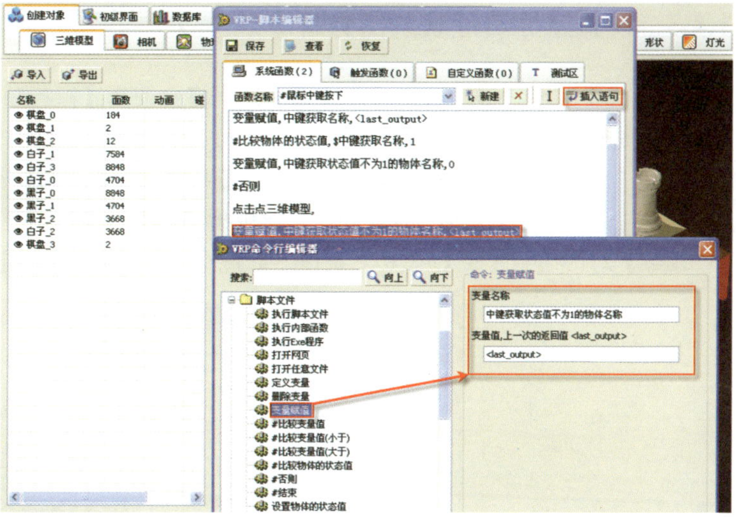

图1-4-13

注：

此脚本的含义是：将上一步骤中获取的模型名称保存到“中键获取状态值不为1的物体名称”这一变量中，也就是黑白棋子模型的名称。

11 添加【#结束】脚本，如图1-4-14所示。

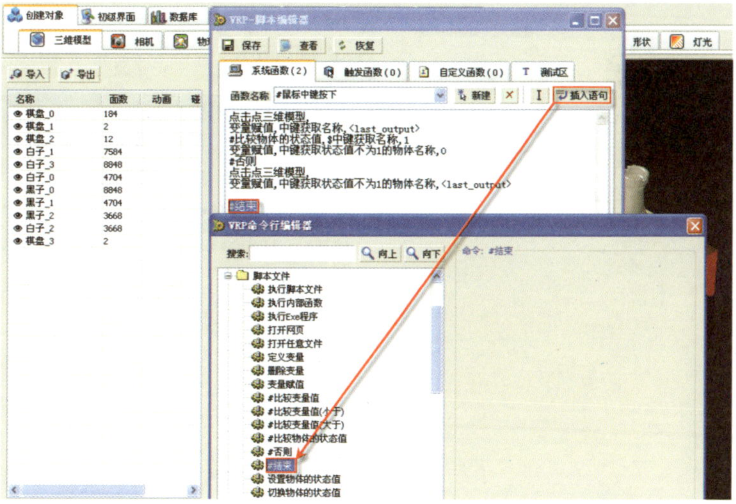

图1-4-14

注：

【#结束】脚本的含义是，结束条件判断语句。

1.4.3 设置鼠标右键映射函数脚本

下面将要实现右键移动棋子的效果。这里将会使用【鼠标映射函数】中的【#鼠标右键按下】事件进行脚本的编写。

01 打开【VRP-脚本编辑器】窗口，再打开【系统函数】面板，单击【新建】按钮，在弹出的【系统函数类型】对话框中单击【鼠标映射函数】按钮，接着在弹出的【创建鼠标事件映射函数】对话框中选择【#鼠标右键按下】事件，最后单击【确定】按钮，如图1-4-15所示。

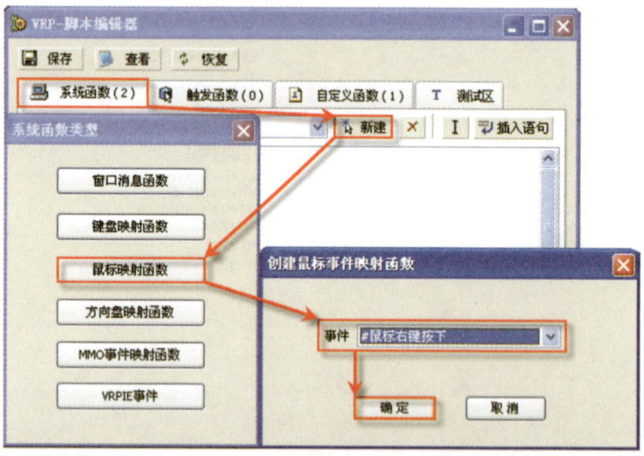

图1-4-15

02 在【#鼠标右键按下】函数中首先添加【点击点三维模型】脚本，其中【屏幕坐标】栏省略即可，如图1-4-16所示。

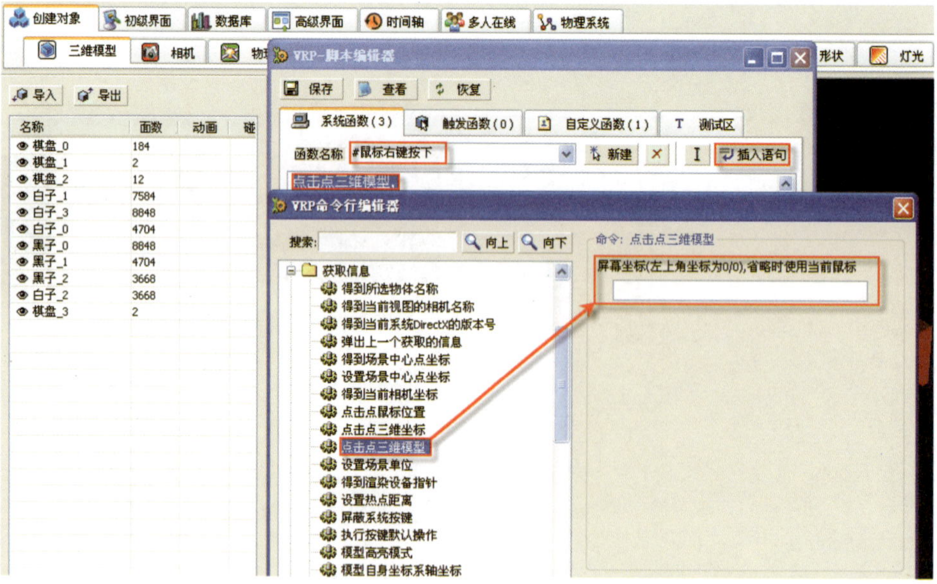

图1-4-16

注：

此步骤中设定鼠标右键单击后也可以得到模型名称，获取名称后同样需要比较物体的状态值，然后根据比较的情况触发不同的效果。

03 下面需要将获取到的信息保存在一个变量中，因此在【#初始化】函数中继续定义一个新变量。在【#初始化】函数中单击【插入语句】按钮并添加【定义变量】脚本，设置【变量名称】为“右键获取名称”，【变量值，上一次的返回值】为“0”，如图1-4-17所示。

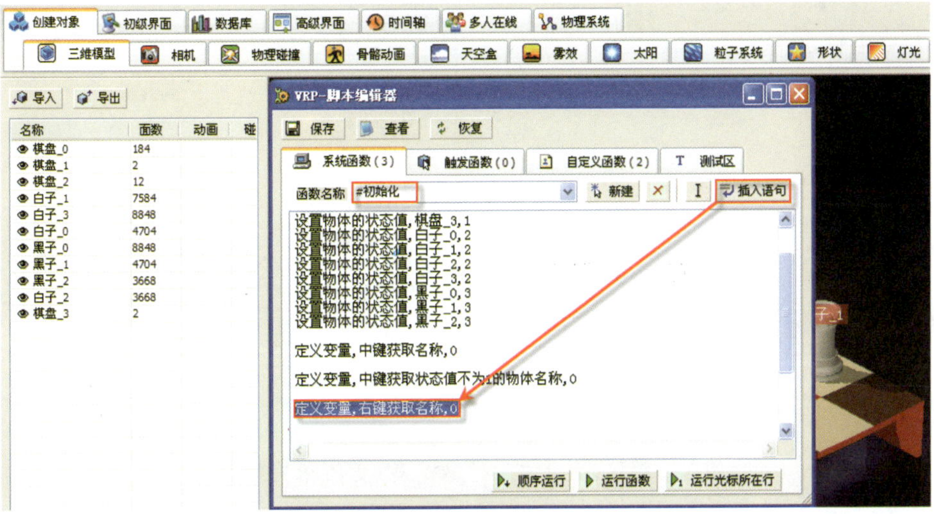

图1-4-17

04 返回到【# 鼠标右键按下】函数中添加【变量赋值】脚本，在其【变量名称】栏中输入“右键获取名称”，在【变量值，上一次的返回值】栏中输入“<last_output>”，如图 1-4-18 所示。

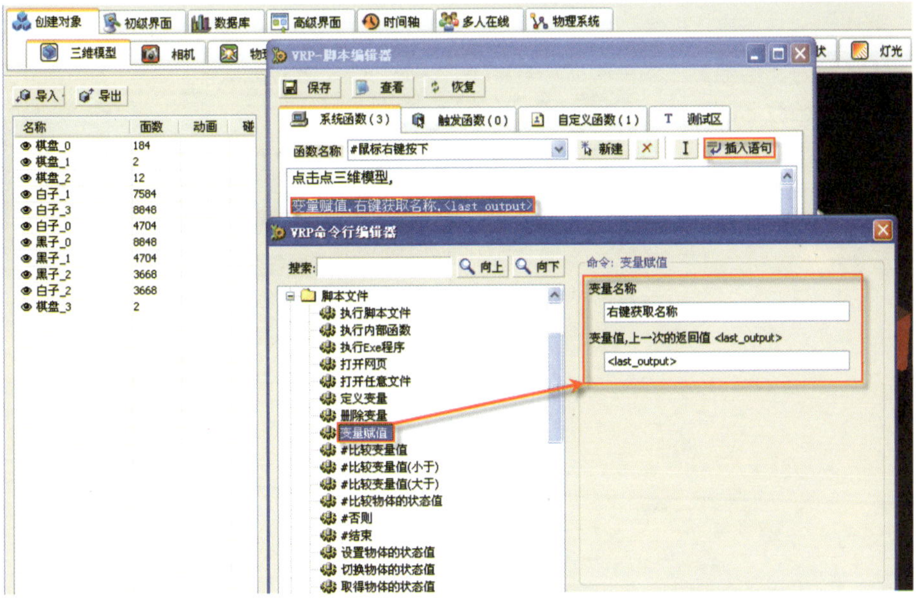

图1-4-18

注：

此步骤中脚本的含义是，将上一步骤中获取的模型名称保存到“右键获取名称”这一变量中。

05 添加【#比较物体的状态值】脚本，在其【模型名称】栏中输入“$右键获取名称”，在【比较状态值】栏中输入“2”，如图1-4-19所示。

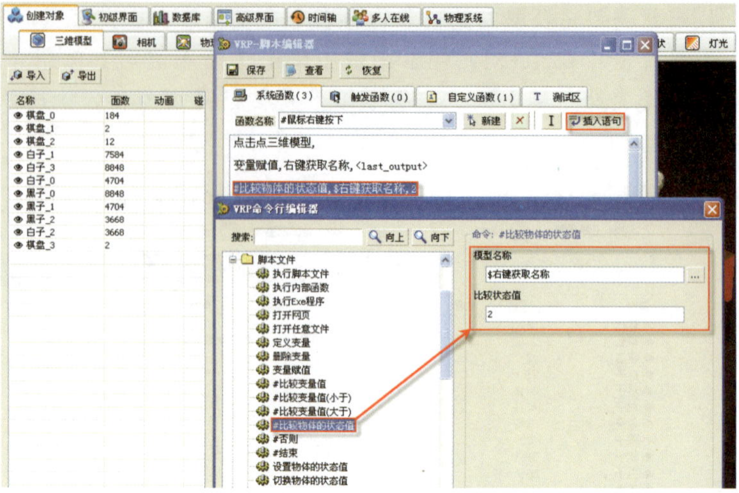

图1-4-19

注：

此步骤中脚本的含义是，将获取的模型状态值和设定好的状态值2进行比较，也就是通过脚本判断此时获取的模型是否为白子，如果是白子就执行下面的脚本语句。

06 添加【执行内部函数】脚本，在其【函数名称】栏中输入“吃子”，如图1-4-20所示。

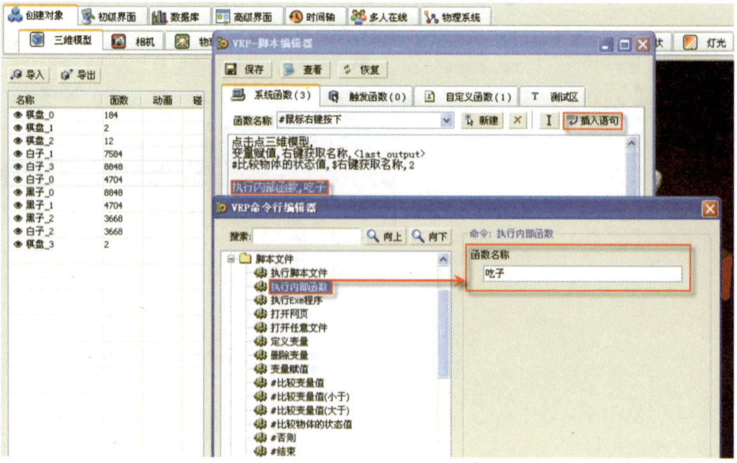

图1-4-20

注：

【执行内部函数】脚本的含义是，执行脚本编辑器中已经写好的一个内部函数，此函数需要在【自定义函数】面板中创建，在后续的步骤中会介绍如何创建此函数。

07 添加【#否则】脚本，如图1-4-21所示。

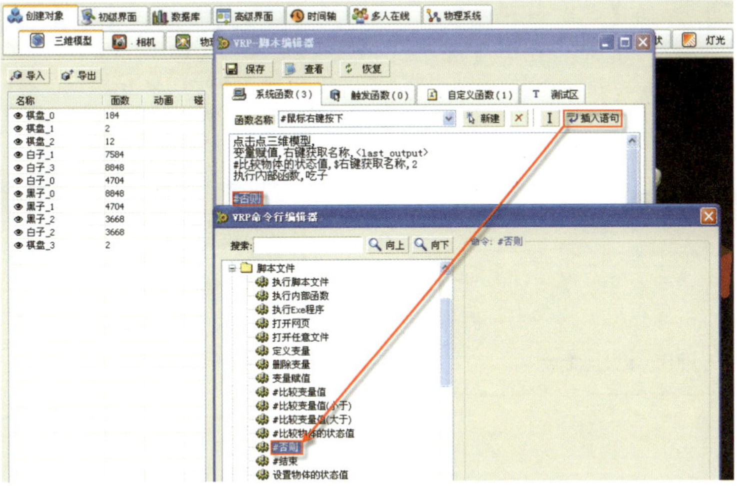

图1-4-21

注：

【#否则】脚本的含义是，如果上述条件语句不成立，则执行下面的脚本语句。

08 用与上面相同的方法继续添加以下脚本，如图1-4-22所示。

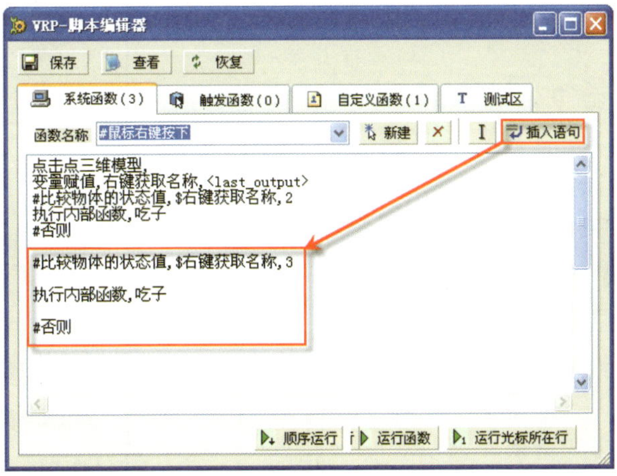

图1-4-22

注：

此步骤中的脚本含义是，首先将右键获取的模型状态值和状态值3进行比较，也就是通过脚本判断此时获取的模型是否为黑子，如果是黑子就执行“吃子”这个内部函数。到此步为止，单击鼠标右键判断棋子是否吃子的功能就编写完成，但同时除了吃子的情况，还有遇到同色系棋子的情况，就需要移动棋子模型，而不是吃子，因此需要继续编写下面的脚本。

09 添加【点击点三维模型】脚本，其中【屏幕坐标】栏省略即可，如图 1-4-23 所示。

注：

【点击点三维坐标】脚本的含义是，得到当前屏幕点击点的三维坐标。

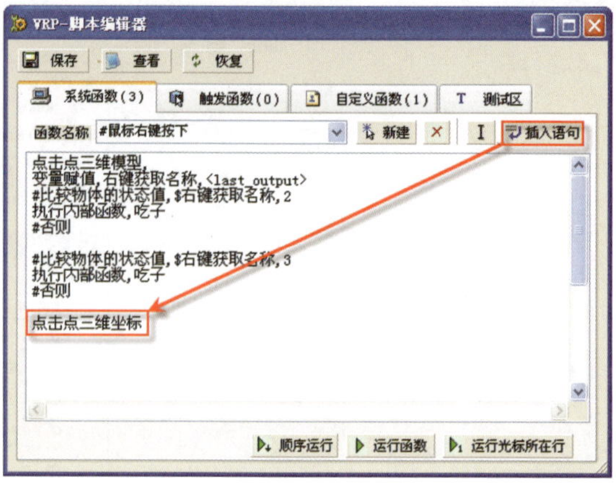

图1-4-23

10 在【# 初始化】函数中添加【定义变量】脚本，设置【变量名称】为“三维坐标”,【变量值，上一次的返回值】为“0”, 如图 1-4-24 所示。

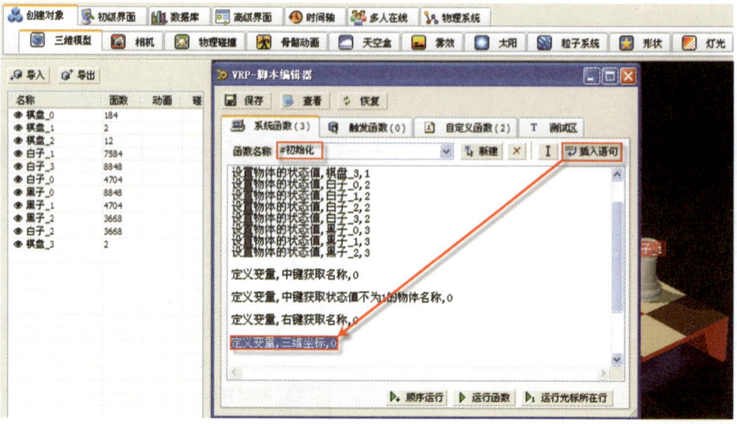

图1-4-24

11 返回到【#鼠标右键按下】函数中添加【变量赋值】脚本，在其【变量名称】栏中输入“三维坐标”，在其【变量值，上一次的返回值】栏中输入“<last_output>”，如图1-4-25所示。

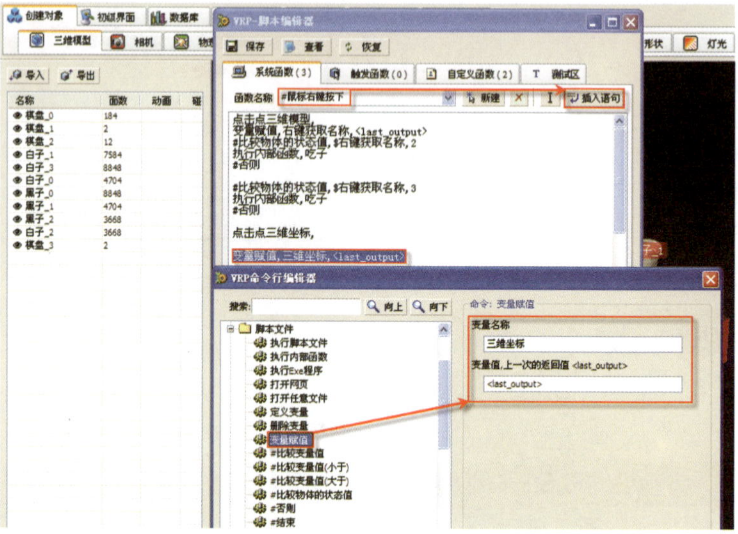

图1-4-25

注：

此步骤中的脚本含义是，将获取的坐标值保存到“三维坐标”这一变量中。

12 添加【定位移动模型】脚本，在其【选择模型或组】栏中输入“$ 中键获取状态值不为 1 的物体名称”，在【坐标系】栏中选择“1= 世界”，在【位移矢量】栏中输入“$ 三维坐标”，在【位移中心】栏中选择“1= 底面中心”，如图 1-4-26 所示。

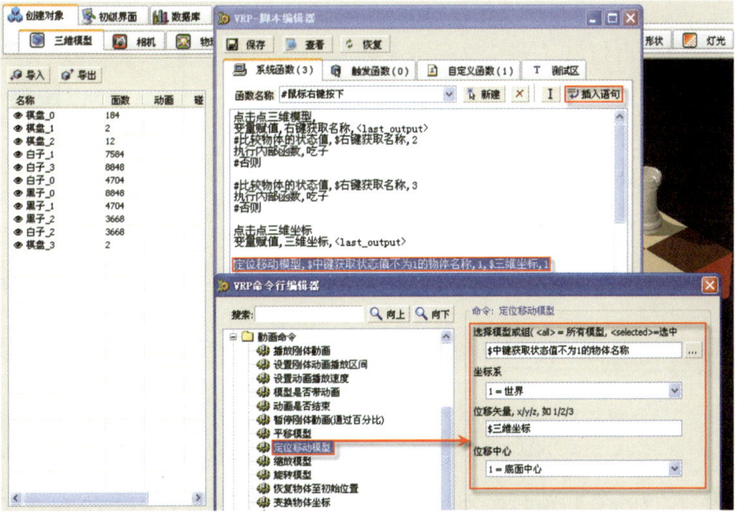

图 1-4-26

注：

【定位移动模型】脚本的含义是，将模型移动到指定位置。此步骤中的脚本含义是，将中键获取的状态值不为1的模型（也就是白子模型或者黑子模型）移动到鼠标单击的坐标位置上。到此步为止，单击鼠标右键移动棋子模型的效果就编写完成了。

13 添加两个【# 结束】脚本，如图 1-4-27 所示。

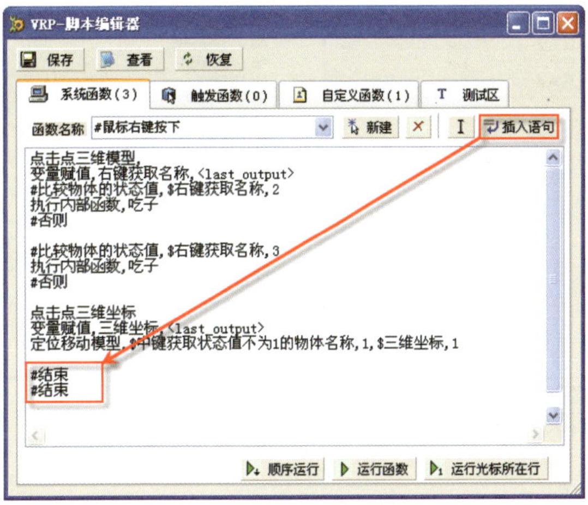

图 1-4-27

注：

需要注意的是整个函数中出现了两次【#否则】判断语句，因此需要添加两个【#结束】脚本。

1.4.4　设置内部函数脚本

01 在上一节函数中设置了【执行内部函数】脚本，那么下面来创建这样一个内部函数。首先打开【VRP-脚本编辑器】窗口，再打开【自定义函数】面板，然后单击【新建】按钮，在弹出的对话框中输入“吃子”，这样一个名为“吃子”的函数就创建好了，如图1-4-28所示。

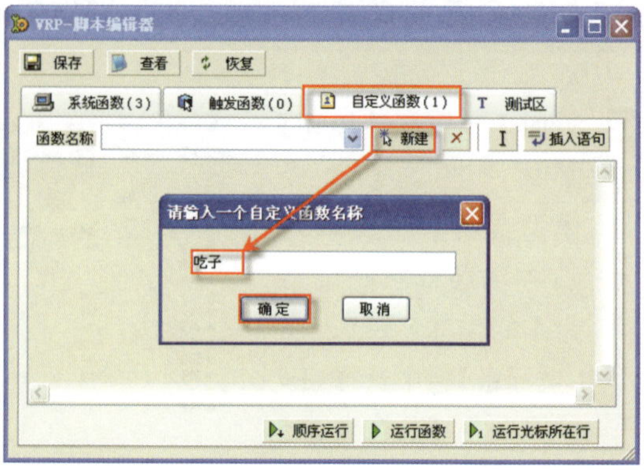

图1-4-28

注：

内部函数均需要在【自定义函数】面板中创建，此步骤中创建了名为“吃子”的函数。

02 在【吃子】函数中添加【#比较物体的状态值】脚本，在其【模型名称】栏中输入“$中键获取状态值不为1的物体名称”，在【比较状态值】栏中输入“2”，如图1-4-29所示。

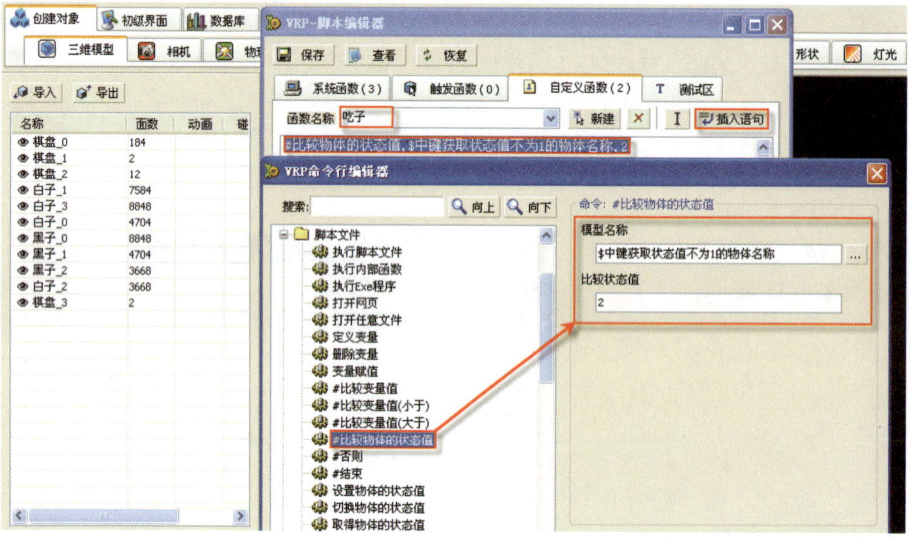

图1-4-29

注：

此步骤中脚本的含义是，调用“中键获取状态值不为1的物体名称”变量中保存的模型状态值，将之与状态值2进行比较，判断是否为白子。

03 继续添加【#比较物体的状态值】脚本，在其【模型名称】栏中输入“$右键获取名称”，在【比较状态值】栏中输入“3”，如图1-4-30所示。

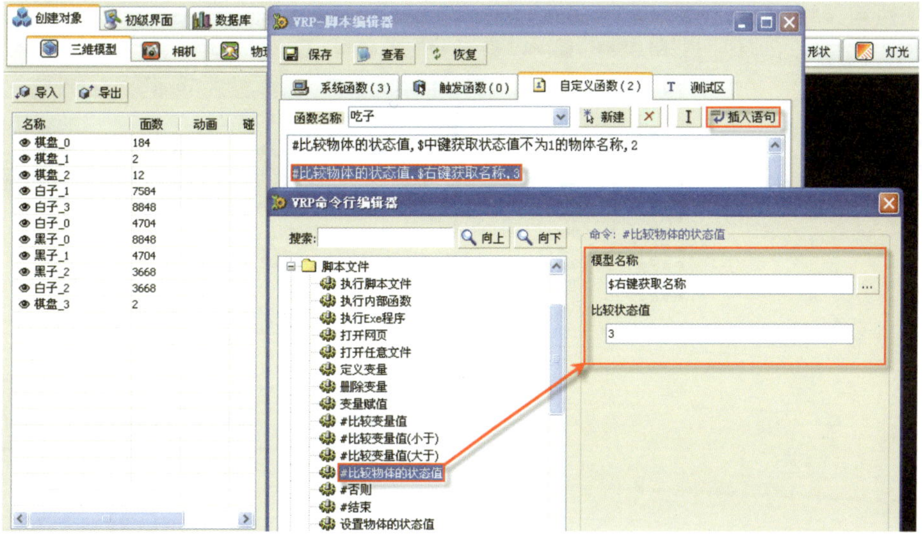

图1-4-30

注：

此步骤中脚本的含义是，调用“右键获取名称”变量中保存的模型状态值，将之与状态值3进行比较，判断是否为黑子。

04 继续添加【显示隐藏物体】脚本，在其【物体类型】栏中选择“1=模型”，在【物体名称】栏中输入“$右键获取名称”，在【选项】栏中选择“0=隐藏”，如图1-4-31所示。

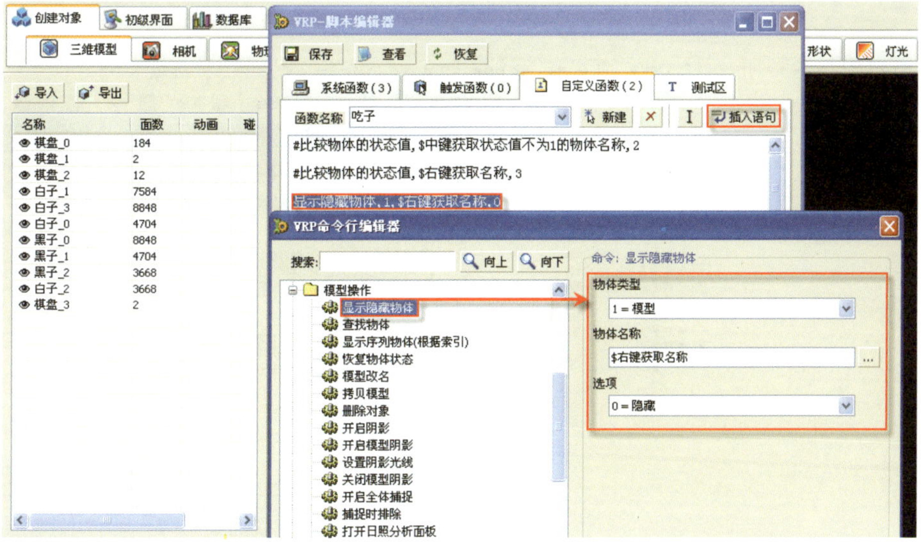

图1-4-31

注：

此步骤中脚本的含义是，调用“右键获取名称”变量中保存的模型名称，将其隐藏。

05 添加两句【#结束】脚本，如图1-4-32所示。

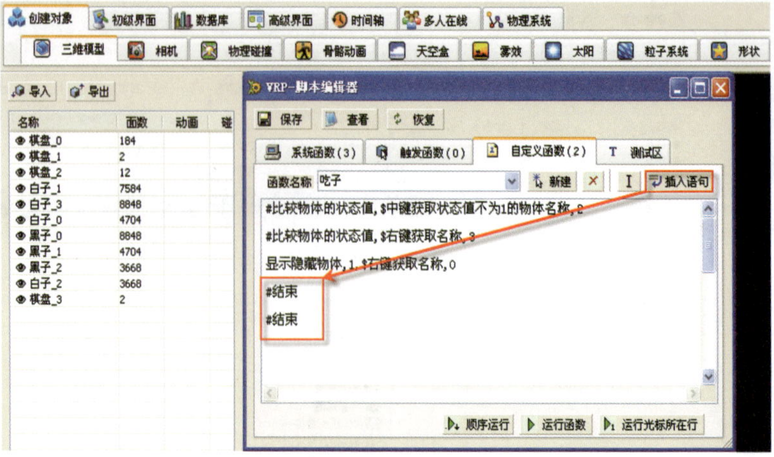

图1-4-32

注：

在结束以上判断语句之前，函数中出现了两次【#比较物体的状态值】脚本，因此需要添加两个【#结束】脚本。到此步为止，实现的效果是，当中键获取的模型为白子而右键获取的模型为黑子时，就隐藏黑子模型。

06 添加如图1-4-33所示的一组脚本，注意参数的变化。

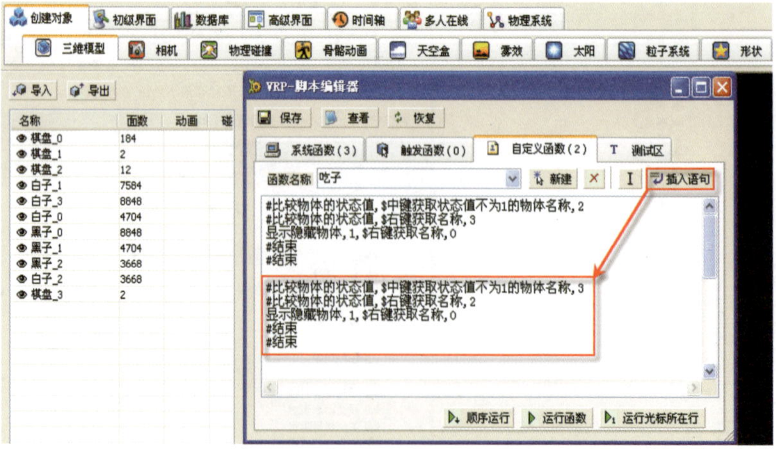

图1-4-33

注：

此步骤中脚本的含义是，当中键获取的模型为黑子而右键获取的模型为白子时，就隐藏白子模型。

07 继续添加如图1-4-34所示的一组脚本，注意参数的变化。

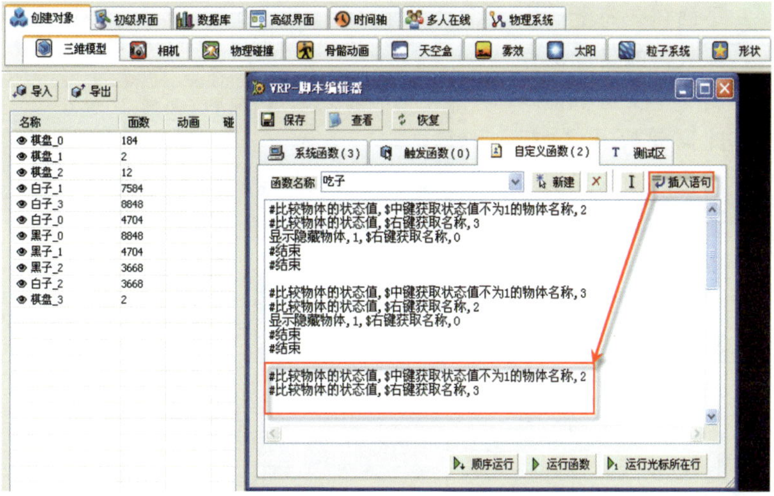

图1-4-34

注：

此步骤中脚本的含义是，判断中键获取的模型是否为白子，同时右键获取的模型是否为黑子。

08 继续添加【得到包围盒的中心坐标】脚本，在其【选择一个模型或组】栏中输入“$右键获取名称”，在【坐标系】栏中选择“1=世界”，在【中心】栏中选择“1=底面中心”，如图1-4-35所示。

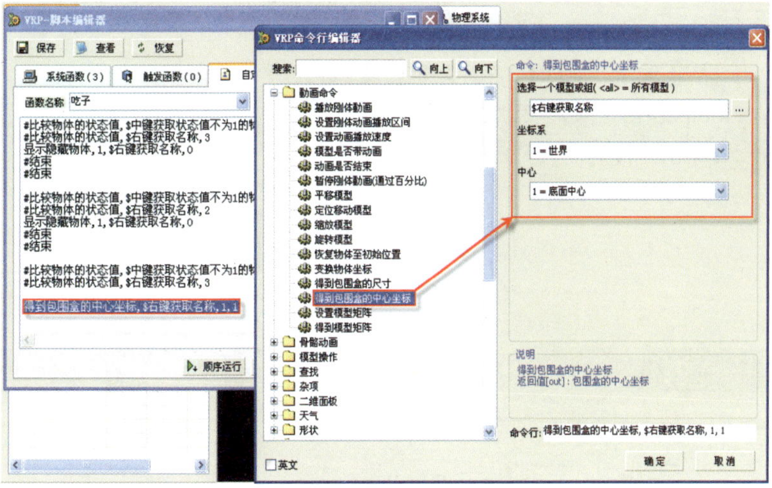

图1-4-35

注：

此步骤中脚本的含义是，得到鼠标右键获取的某一模型的包围盒中心坐标。

09 下面需要将上一步骤获得的坐标保存到一个变量中，因此需要打开【#初始化】函数并创建一个新的变量，设置【变量名称】为“包围盒的中心坐标”，【变量值，上一次的返回值】为“0”，如图1-4-36所示。

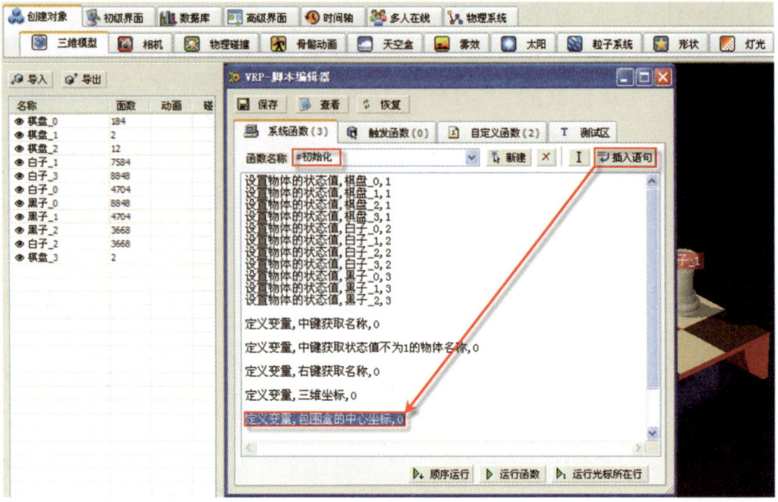

图1-4-36

10 添加【变量赋值】脚本，在其【变量名称】栏中输入“包围盒的中心坐标”，在【变量值，上一次的返回值】栏中输入“<last_output>”，如图1-4-37所示。

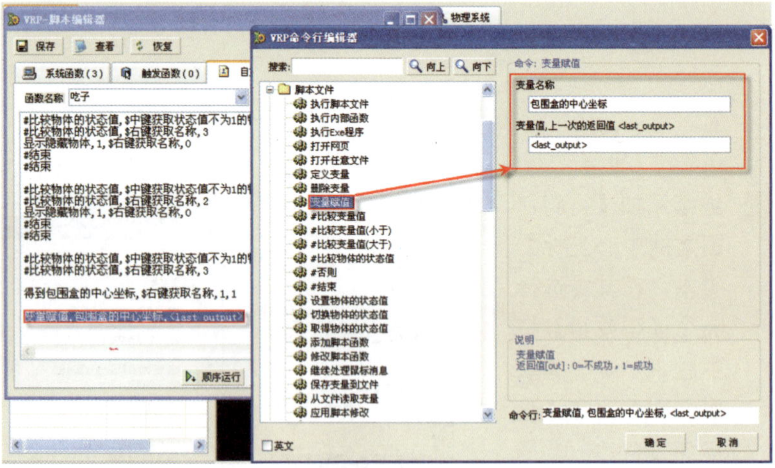

图1-4-37

注：

此步骤中脚本的含义是，将获取的包围盒中心坐标保存到“包围盒的中心坐标”这一变量中，以便后续脚本使用。

11 添加【定位移动模型】脚本，在其【选择模型或组】栏中输入“$中键获取状态值不为1的物体名称”，在【坐标系】栏中选择“1=世界”，在【位移矢量】栏中输入“$包围盒的中心坐标”，在【位移中心】栏中选择“1=底面中心”，如图1-4-38所示。

注：

此步骤中脚本的含义是，调用“中键获取状态值不为1的物体名称”变量中保存的模型名称（也就是白子模型或者黑子模型），将它移动到某一位置，此位置就是“包围盒的中心坐标”变量里保存的坐标值。

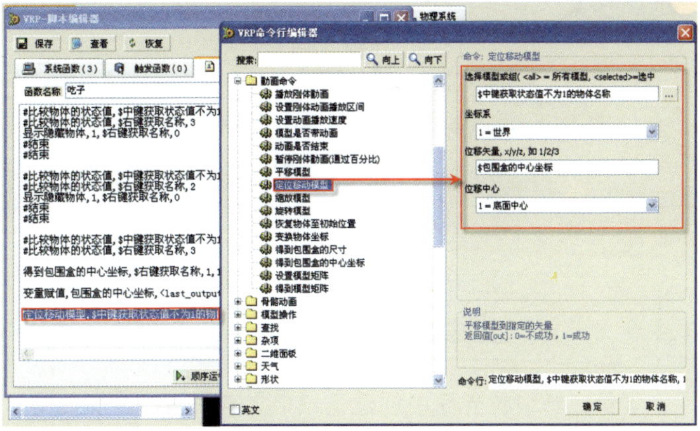

图1-4-38

12 添加两个【#结束】脚本，如图1-4-39所示。

注：

此步骤用以结束此段的判断语句。

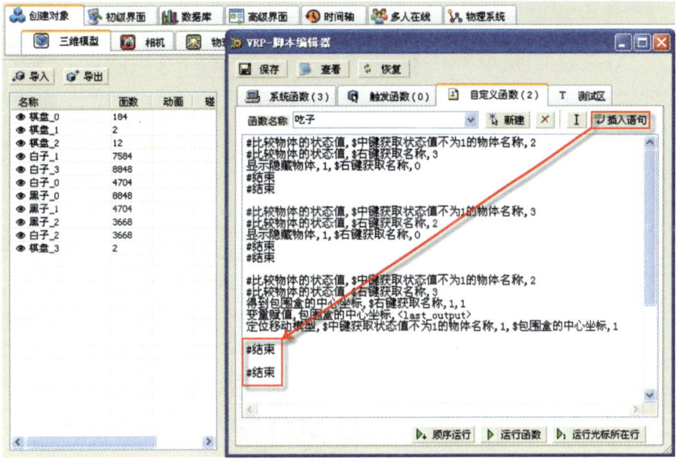

图1-4-39

13 最后添加如图1-4-40所示的一组脚本，注意参数的变化。

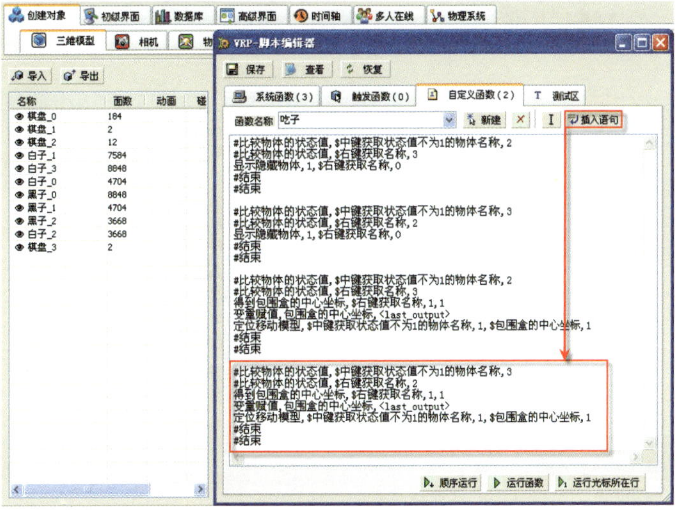

图1-4-40

注：

此步骤中脚本的含义是，判断中键获取的模型是否为黑子，同时判断右键获取的模型是否是白子，如果符合条件，就将“中键获取状态值不为1的物体名称”变量中的模型，移动到“包围盒的中心坐标”变量里保存的坐标位置上。

1.4.5 设置文字面板移动脚本

在第三节设置界面中创建了一个文字面板，下面需要通过脚本实现这样的功能：使文字面板能够随时显示被选择的模型名称，并且能够实时地显示在被选模型的顶部位置，下面将一一进行讲解。

01 首先需要理清一个思路：若要文字面板显示模型名称，那么就需要在鼠标中键按下的同时，就把获取到的模型名称赋予文字面板，因此，脚本应该先在【#鼠标中键按下】函数中添加。下面打开【#鼠标中键按下】函数，并添加【设置文字内容】脚本，在其【文字名称】栏中输入“棋子名称”，在其【文字内容】栏中输入“$中键获取名称”，如图1-4-41所示。

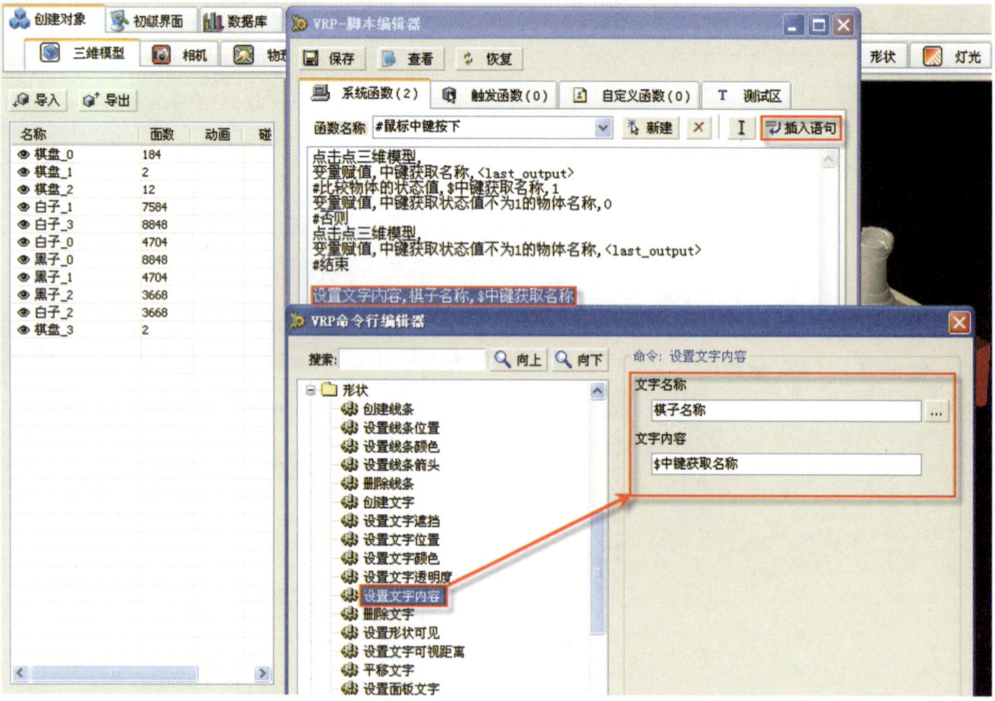

图1-4-41

注：

此脚本的含义是：将鼠标中键获取的模型名称，在“棋子名称”这个文字面板里显示。

02 设定好脚本后测试案例场景，会发现虽然每次单击鼠标中键都可以使文字面板显示当前的模型名称，但文字面板的位置始终在初始位置，而没有随着当前模型的位置移动，如图 1-4-42 所示。

图1-4-42

03 因此下面需要设置一个定时器函数，用来实时控制文字面板的位置。在【#鼠标中键按下】函数中继续添加【设置定时器】脚本，在其【定时器id】栏中输入“刷新”，在【定时器类型参数】栏中选择“1=循环执行”，在【定时器执行的间隔时间】栏中输入“30”，在【定时器调用函数】栏中输入“名称”，如图1-4-43所示。

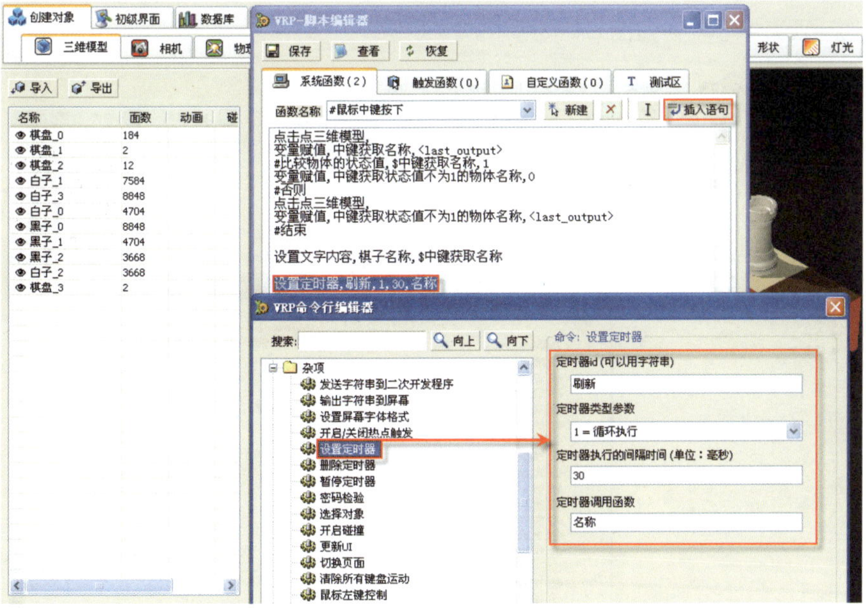

图1-4-43

注：

【设置定时器】脚本的含义是，设置一个计时器开始计时。此步骤中脚本语句的含义是，一个名为“刷新”的定时器计时30ms（1s=1000ms）后，就会调用一个名为“名称”的函数，被调用的函数需要在【自定义函数】面板中创建。

04 下面需要创建【名称】函数。打开【VRP-脚本编辑器】窗口，再打开【自定义函数】面板，单击【新建】按钮，在弹出的对话框中输入“名称”，如图1-4-44所示。

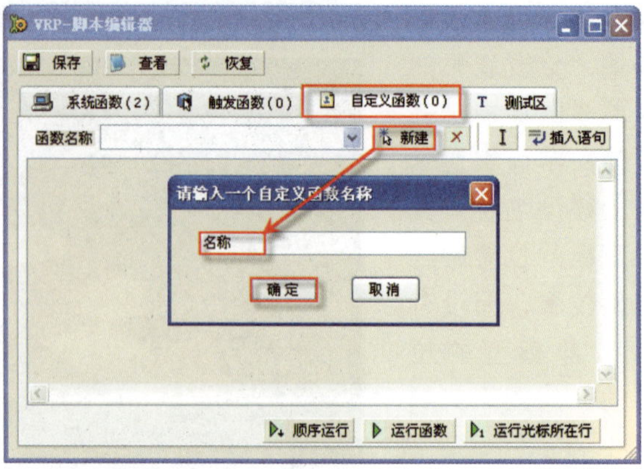

图1-4-44

注：

在【自定义函数】面板中创建一个名为“名称”的函数时，需要注意的是这里的函数名称必须和【设置定时器】脚本中最后调用的函数名称一致，否则脚本就会调用失败。

05 单击【插入语句】按钮，添加【得到包围盒的中心坐标】脚本，在其【选择一个模型或组】栏中输入“$中键获取名称”，在【坐标系】栏中选择“1=世界”，在【中心】栏中选择“2=顶面中心”，如图1-4-45所示。

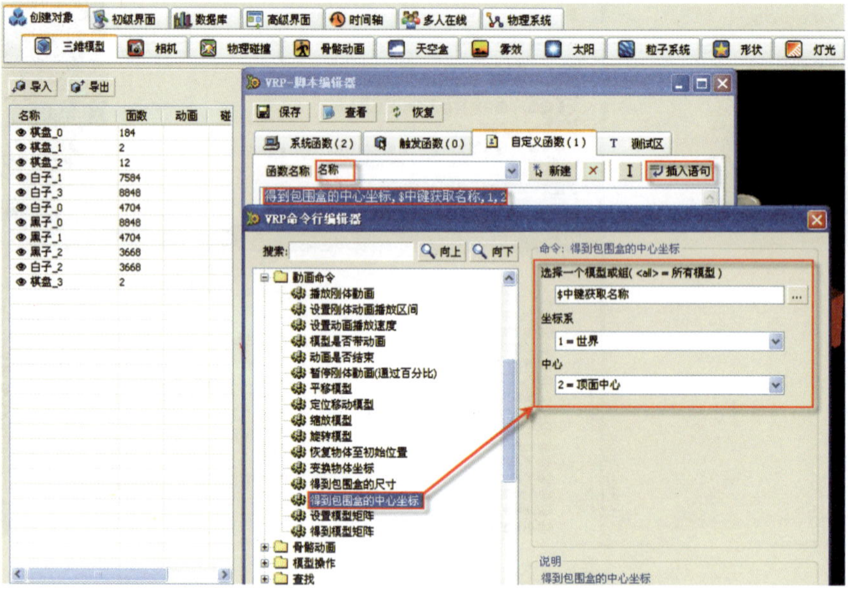

图1-4-45

注：

【得到包围盒的中心坐标】脚本的含义是，得到模型周围长方体选择框的中心坐标。此步骤中脚本的含义是，得到中键获取的某一模型的中心坐标。

06 下面需要将上一步骤获得的坐标保存到一个变量中，因此需要打开【#初始化】函数并创建一个新的变量，设置【变量名称】为“形状位置”，【变量值，上一次的返回值】为“0”，如图1-4-46所示。

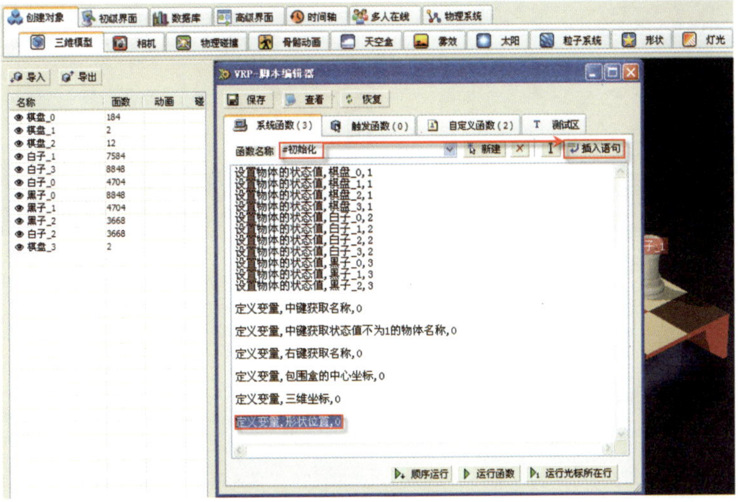

图1-4-46

07 返回到【自定义函数】面板中的【名称】函数，并添加【变量赋值】脚本，在其【变量名称】栏中输入“形状位置”，在【变量值，上一次的返回值】栏中输入“<last_output>”，如图1-4-47所示。

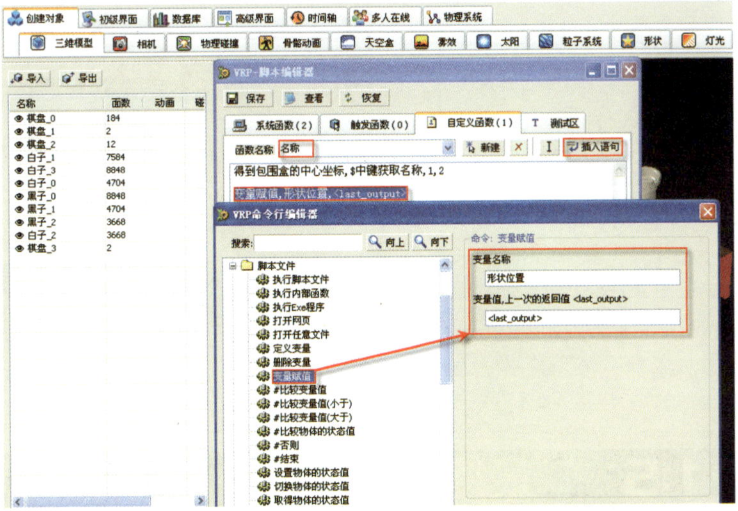

图1-4-47

注：

此步骤中脚本的含义是，将上一步骤获取的模型坐标保存到“形状位置”这一变量里，以便后续脚本使用。

08 添加【设置文字位置】脚本，在其【文字名称】栏中输入“棋子名称”，在【文字位置】栏中输入“$形状位置”，如图1-4-48所示。

注：

【设置文字位置】脚本的含义是，设置文字在场景中的位置。在此步骤的脚本中，文字的位置被设定成选定模型的中心坐标。

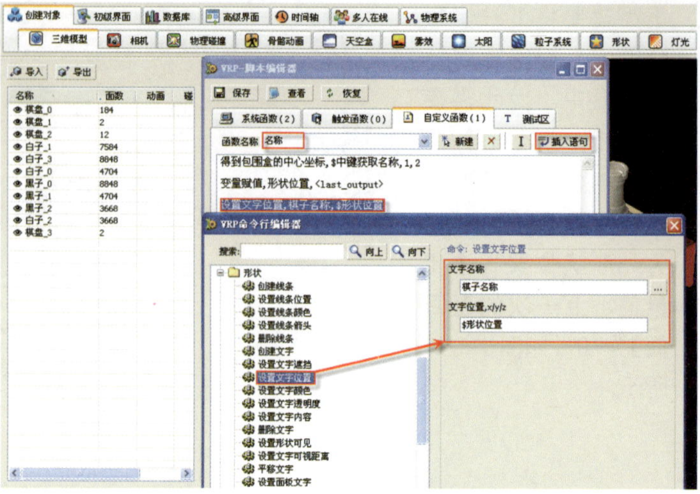

图1-4-48

09 添加【设置定时器】脚本，如图 1-4-49 所示。

注：

这句脚本和【#鼠标中键按下】中的定时器函数相同，可以直接将这句脚本复制到【#鼠标右键按下】的函数中。

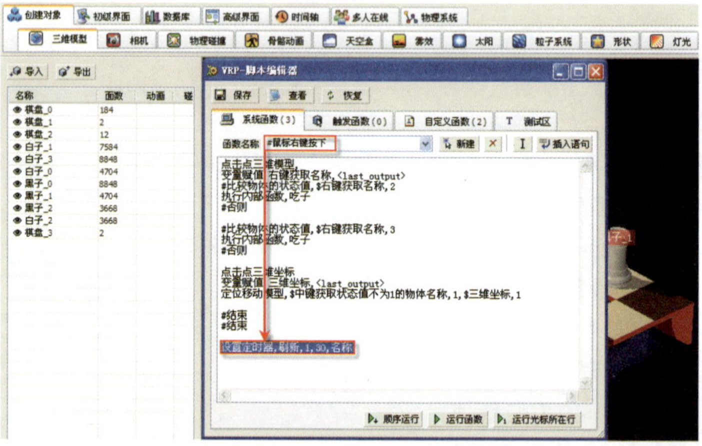

图1-4-49

1.5 最终完成效果

场景的界面和交互脚本制作完成后，使用VRP软件中的【编译独立执行Exe文件】命令可以将当前场景编译成一个可独立执行的EXE工程文件，方便用户随时在不同的计算机上进行操作浏览。

1.5.1 设置【项目设置】对话框

01 按F4快捷键，在弹出的【项目设置】对话框中选择【启动窗口】选项卡，设置标题文字、启动界面以及说明文字等信息，如图1-5-1所示。

注：

在【项目设置】对话框中还可以设置启动密码、文件运行次数和限制日期等信息，同时在【运行窗口】里可以设置初始相机、文件窗口大小等信息。

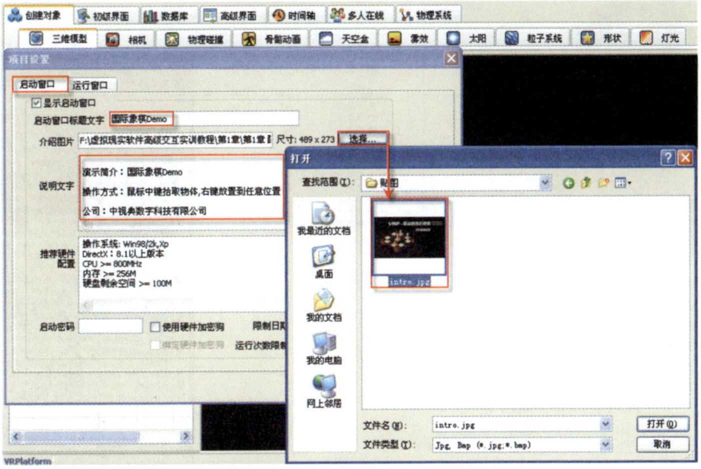

图1-5-1

02 最后输出EXE文件，在主工具栏中单击【编译独立执行Exe文件】按钮，在弹出的对话框中设置文件名称与保存路径，然后单击【开始编译】按钮，如图1-5-2所示。

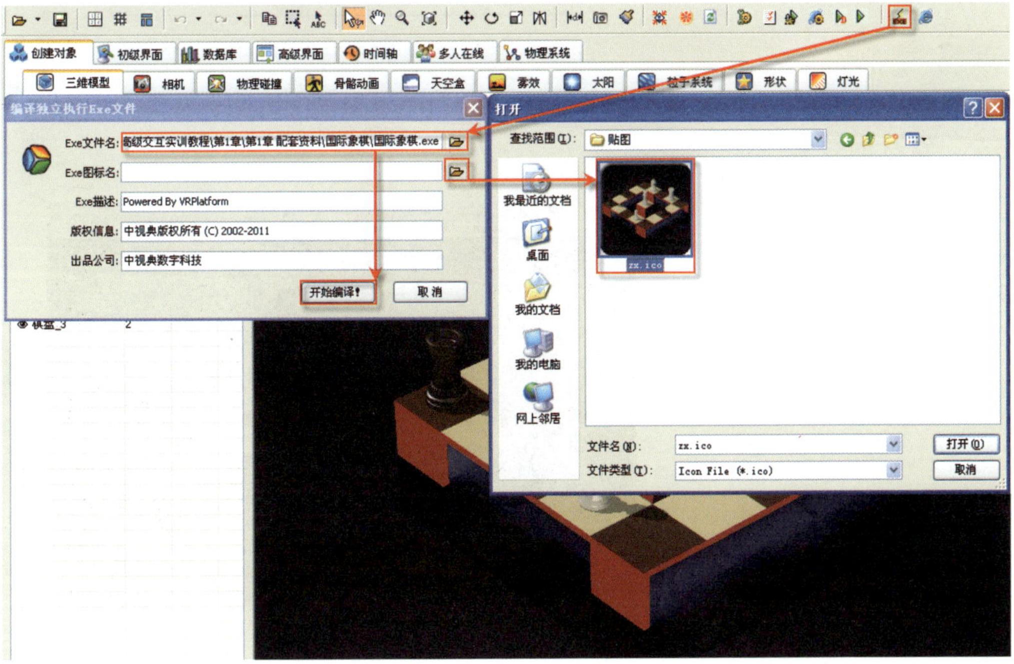

图1-5-2

注：

在【项目设置】对话框中还可以设置启动密码、文件运行次数和限制日期等信息，同时在【运行窗口】里可以设置初始相机、文件窗口大小等信息。

03 单击【开始编译!】按钮后，VRP软件就开始编译EXE工程文件了，如图1-5-3所示。

注：

此步骤显示的是编译过程的进程，当右下角达到100%时EXE文件就编译完成了。

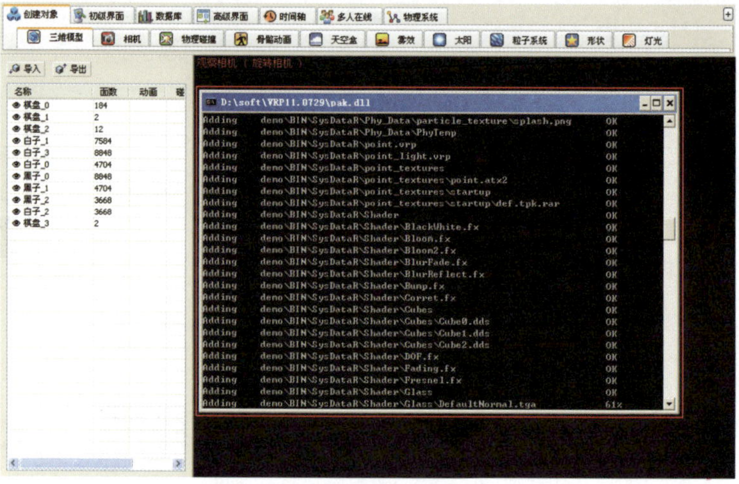

图1-5-3

04 编译成功后会自动弹出【VRP-Builder】对话框，单击【是】按钮，即可测试编译后的工程文件，单击【否】按钮，即可结束编译操作，如图1-5-4所示。

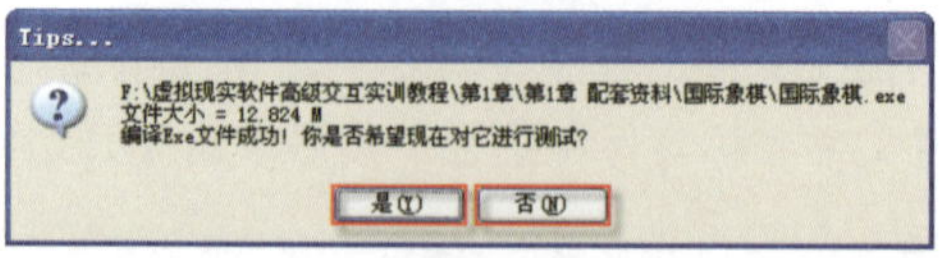

图1-5-4

1.5.2 预览最终效果

执行EXE文件，对场景进行浏览或者交互，查看最终效果，如图1-5-5所示。

图1-5-5

1.6 本章小结

本章案例中，通过使用VRP高级交互脚本，不仅实现了鼠标按键的触发事件，而且实现了实时定位移动棋子模型、准确吃子的效果。本章案例注重脚本语句的编写，在界面设计方面没有过多阐述，但在之后的案例中会针对不同风格界面的创建进行详细介绍。

第 2 章

Lua的应用——系统时钟

案例分析:

对于有一定VRP制作经验的读者来说，使用VRP自带的脚本编辑器进行场景交互设置已是轻车熟路了，但是对于一些更深层交互制作只靠自带脚本编辑器内的脚本是不能实现的，这个时候我们可以利用VRP支持的外部的脚本语言Lua来编辑逻辑性更复杂、内容更丰富有趣的交互功能。

在本章案例中我们就要利用Lua来制作一个系统时钟，在这个案例中可以利用脚本驱动模型达到与系统时间一致的旋转动画，时针、分针、秒针完全与计算机时间一致，还可以用鼠标拖动模型下方的滚轮，还可以在控制滚轮旋转的同时为时钟进行时间调整，这样一个有趣又实用的时钟就展现在大家眼前了。

通过对本章的学习，读者可以对Lua有个初步的认识，通过不断的学习，在以后的案例制作中利用Lua可以做出更好的作品。

2.1 场景前期介绍

本章案例中，场景中模型的创建、材质的赋予、灯光的设置以及烘焙，需要提前在3ds Max中制作完成，制作完成后分别导入VRP编辑器中进行后期编辑即可。

2.2 什么是Lua

2.2.1 Lua的简介

Lua 是一个扩展式程序设计语言，它被设计成支持通用的过程式编程，并有相关数据描述的设施。 Lua也能对面向对象编程、函数式编程、数据驱动式编程提供很好的支持。它可以作为一个强大、轻量的脚本语言，供任何需要的程序使用。

目前，很多程序语言都专注于帮用户编写成千上万行的代码，所以此类型的语言所提供的包、命名空间、复杂的类型系统及无数的结构，有上千页的文档需要操作者学习。而Lua并不帮用户编写大量的代码的程序，相反，Lua仅让用户用少量的代码解决关键问题。为实现这个目标，像其他语言一样Lua依赖于其可扩展性。

2.2.2 Lua的特性

除了Lua外，还有很多类似的脚本语言，例如：Perl、Tcl、Ruby、Forth、Python。虽然其他语言在某些方面与Lua有着共同的特色，但下面这些特征是Lua所特有的。

① 可扩展性。Lua的扩展性非常卓越，以至于很多人把Lua用作搭建领域语言的工具（注：比如游戏脚本）。Lua被设计为易于扩展的语言，可以通过Lua代码或者C语言代码扩展，Lua的很多功能都是通过外部库来扩展的。Lua很容易与C/C++、Java、Fortran、Smalltalk、Ada以及其他语言接口。

② 简单。Lua本身简单，小巧，内容少但功能强大，这使得Lua易于学习，很容易实现一些小的应用。它的完全发布版（代码、手册以及某些平台的二进制文件）仅用一张软盘就可以装得下。

③ 高效率。Lua有很高的执行效率，统计表明Lua是目前平均效率最高的脚本语言。

④ 与平台无关。Lua几乎可以运行在所有我们听说过的系统上，如NextStep、OS/2、PlayStation II (Sony)、Mac OS-9、OS X、BIOS、MS-DOS、IBM mainframes、EPOC、PalmOS、MCF5206eLITE Evaluation Board、RISC OS及所有的Windows和UNIX。Lua不是通过使用条件编译实现平台无关，而是完全使用ANSI (ISO) C，这意味着只要用户有ANSI C编译器就可以编译并使用Lua。

2.3 Lua的安装

01 打开随机光盘中Lua的软件安装程序，双击Lua_v5.1.4.20安装程序，开始安装，如图2-3-1所示。

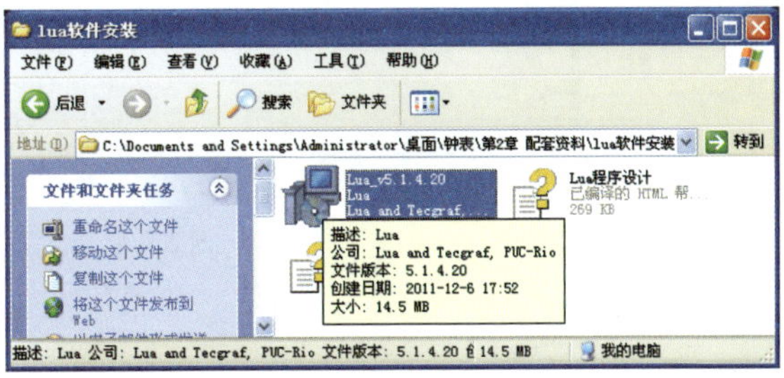

图2-3-1

02 安装完成后找到运行程序，双击图标就可以运行Lua程序了，如图2-3-2~图2-3-4所示。

图2-3-2

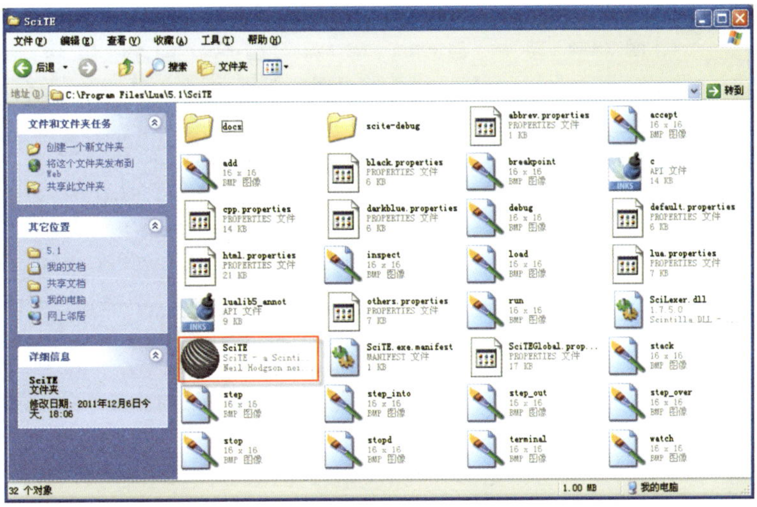

图2-3-3

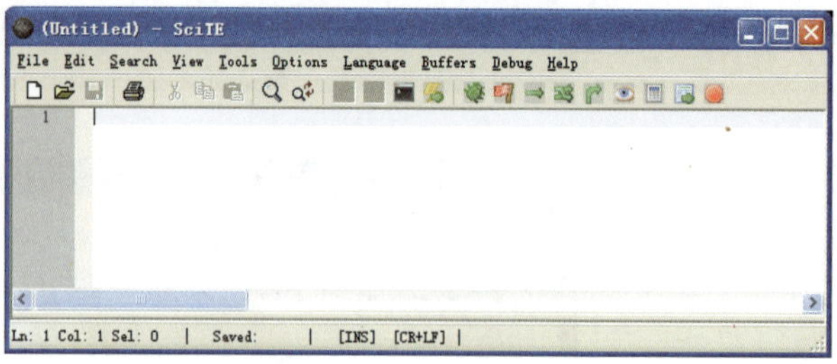

图2-3-4

2.4 物体父子关系的绑定

01 打开配套光盘中提供的“系统时钟初始场景”中的VRP文件，如图2-4-1所示。

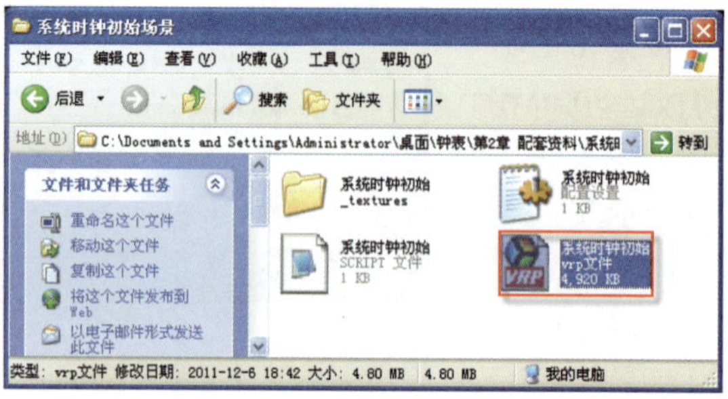

图2-4-1

02 打开文件后先观察一下这个文件中的模型，我们要做的是让三个指针绕着中心点进行旋转，所以我们要将秒针、分针、时针这三个模型分别绑定在秒中心、分中心和时中心物体上，如图2-4-2所示。

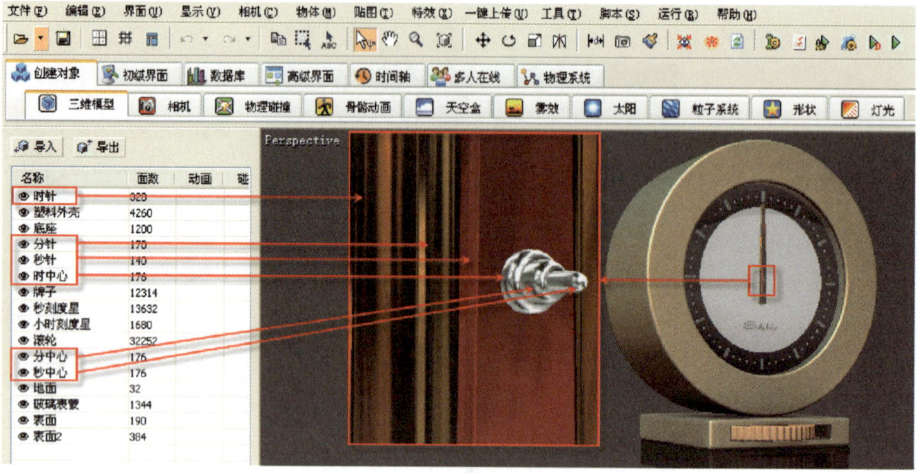

图2-4-2

03 打开Lua编辑器，先书写一个标准的函数，函数名称为“chushi”（函数名字可以自己定义，必须为英文字母，可以是拼音），然后把需要的脚本写在这个函数里就可以了。书写的函数及脚本如下所示。

```
function chushi ()
    sys.DoScript("粘贴物体到物体,秒针, 秒中心, 0")
    sys.DoScript("粘贴物体到物体, 分针, 分中心, 0")
    sys.DoScript("粘贴物体到物体, 时针, 时中心, 0")
end
```

注：

function函数名称（）以end结束是一个标准函数的写法，sys.DoScript是调用VRP内部脚本，脚本的内容可以在VRP中写好然后剪切并粘贴到Lua中（Lua大小写是有区别的，书写时要特别注意）。

04 书写完成后单击【保存】按钮，在弹出的保存文件对话框中选择存储的路径，保存的文件名为clock.lua（在书写保存文件名称后一定要手动添加“.lua”的扩展名），如图2-4-3所示。

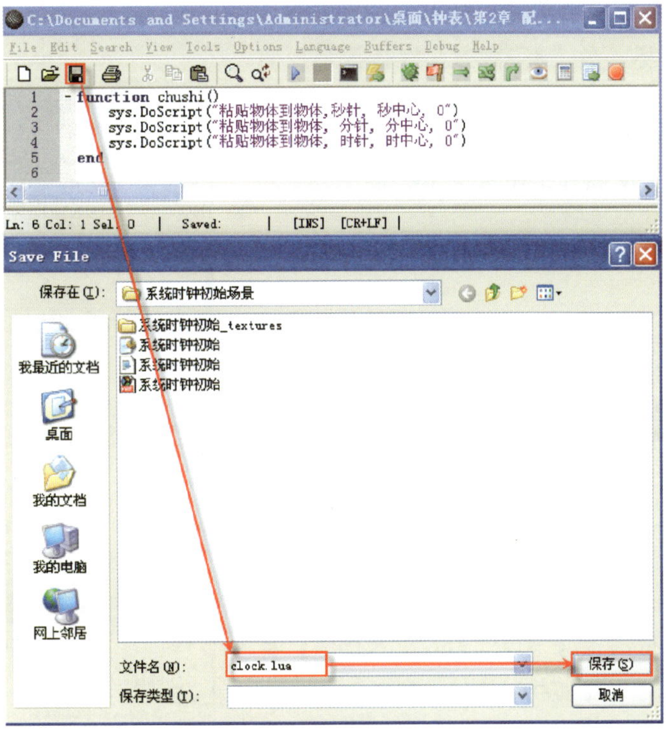

图2-4-3

05 在VRP场景中按F7快捷键打开【VRP-脚本编辑器】窗口，在【系统函数】面板下单击【新建】按钮，弹出【系统函数类型】对话框，单击【窗口消息函数】按钮，在弹出的【创建窗口消息映射函数】对话框中选择【#初始化】事件，单击【确定】按钮结束，如图2-4-4所示。

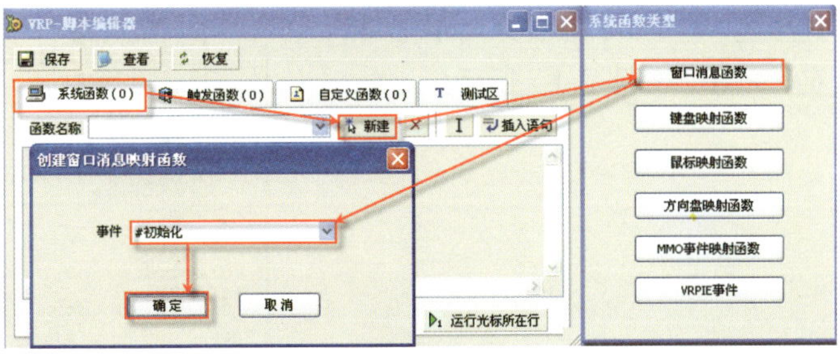

图2-4-4

06 在【#初始化】函数中插入语句，选择【调试】文件夹下的【加载lua文件】，在【lua名称句柄】栏输入“lua”（lua名称句柄名称可以自己定义，可以是英文字母或拼音），在【文件名称】栏选择刚才保存好的“clock.lua”文件路径，单击【确定】按钮，如图2-4-5所示。

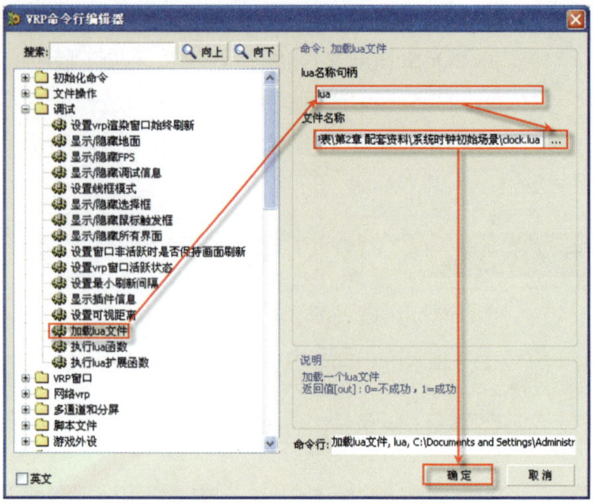

图2-4-5

07 为了验证是否绑定成功，我们在Lua中添加【旋转模型】脚本，旋转三个中心点模型，观察三个指针是否随之变化，观察模型中心物体的坐标，沿“Z”轴方向旋转符合我们的需求，在这里先为三个中心输入45弧度测试，书写完毕后单击【保存】按钮，如图2-4-6所示。

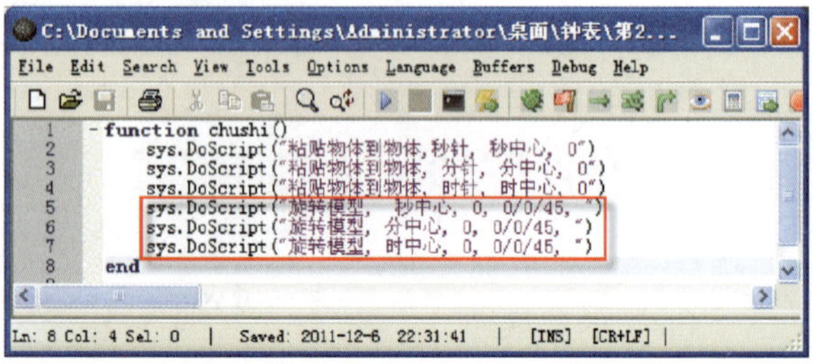

图2-4-6

注：

在VRP的【旋转模型】脚本中旋转角度指的是弧度，在Lua中想把角度转换为弧度可利用公式math.rad(角度)，如果想把弧度转换为角度可利用公式math.deg(弧度)。

08 在【#初始化】函数中添加【执行lua函数】脚本，【lua名称语柄】要与之前加载时的句柄命名一致，这里是“lua”；【函数名称】和我们之前在Lua内部定义的函数名称一致，这里是“chushi”，设置好后单击【确定】按钮，如图2-4-7所示。

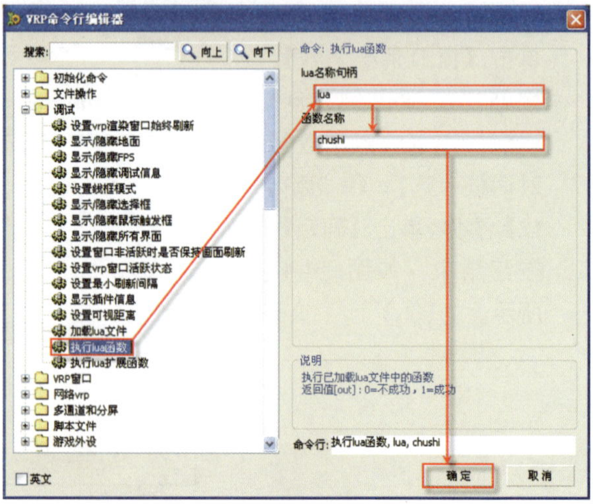

图2-4-7

09 脚本添加完成后关闭【VRP-脚本编辑器】窗口，在VRP场景中单击【运行】按钮，我们会发现三个指针改变了初始时的状态，已经按照我们所输入的弧度进行了旋转，如图2-4-8所示。

图2-4-8

2.5 系统时间的获取

01 我们可以通过输入角度数值来控制模型的变化，接下来我们就可以获取到系统时间，将其转化为弧度就可以让我们的指针定位到系统时间的位置了。用Lua打开“clock.lua”文件，分别为时针、分针和秒针定义三个变量，初始值设为“0”，如图2-5-1所示。

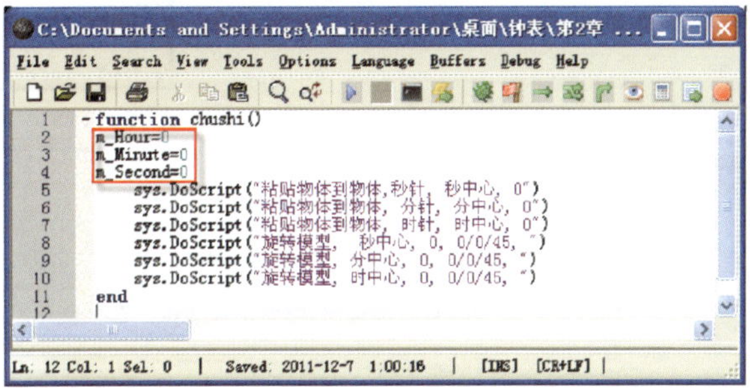

图2-5-1

注：

定义变量需要使用英文或者拼音，多个单词的变量可以用下画线“_”隔开，定义的变量最好赋予一个初始值，在这里初始值设为“0”。

02 在Lua中利用获取系统时间的固定语法为定义好的变量赋值，如图2-5-2所示。

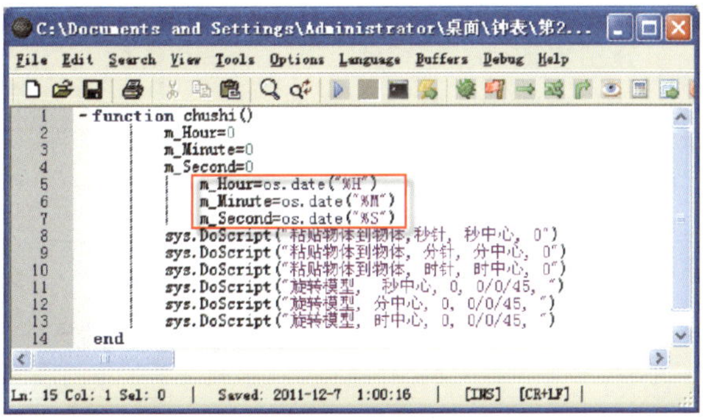

图2-5-2

注：

Lua中有些是固定用法，os. date （“%H”）是获取时针的数值，一天24小时，所以得到的结果是0到24之间的数值变化；os. date （“%M”）是获取分针的数值，一小时有60分钟，所以得到的结果是0到60之间的变化；os. date （“%S”） 是获取秒针的数值，得到的结果也是0到60之间的变化；在Lua中所用的标点符号都必须采用英文输入法书写；可以用键盘上的tab键来调整格式，使结构看起来更清晰，便于查看和修改。

03 要想让指针转动到系统时间的位置，我们需要将获取完系统时间的变量利用一个角度转弧度的固定用法将系统时间转换为弧度后赋予三个新的变量，如图2-5-3所示。

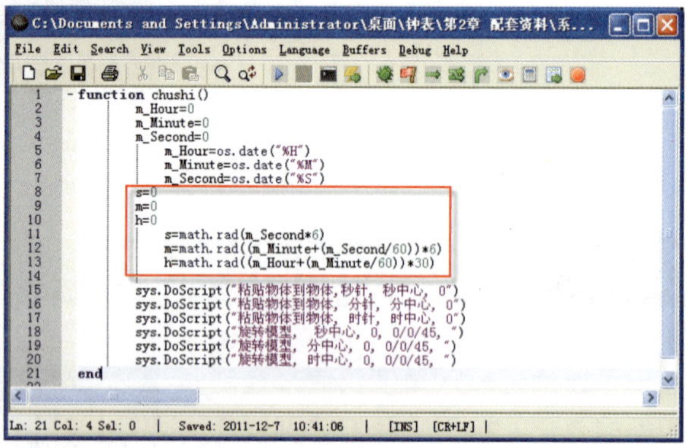

图2-5-3

注：

对于公式math. rad（角度），在括号中填写角度就可以将角度转换为弧度了。针对秒针来说，如果是8s，那么秒针就需要转动8个刻度，一个表盘一共60个刻度，一圈是360度，除以60个刻度，那么一刻度就是6度，所以在获取到秒针的值后乘以8再乘以6；分针和秒针一样，只不过我们在乘以角度前需要加上一个1/60的秒针时间，这样就能更精确地定位到系统时间所对应的位置上了；时针有点不同，因为一圈只有12h，所以每一个小时就是5个刻度，这样的话转动一个小时就是转动30°，为了定位更精准，我们在乘以角度前还应该加上一个1/60的分针时间。

04 在【旋转模型】脚本中把Z轴之前测试时输入的“45”分别更改为“s”“m”“h”这三个变量，需要注意的是，如果想把变量加在脚本中，需要用“.. ..”来连接，书写完毕后单击【保存】按钮，如图2-5-4所示。

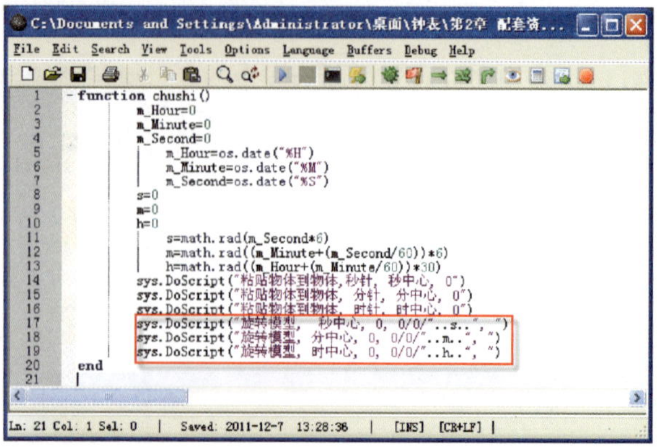

图2-5-4

05 关闭【VRP-脚本编辑器】窗口，在VRP场景中单击【运行】按钮，会发现三个指针已经改变了初始时的状态，和我们的系统时间一致了，但我们会发现指针只停留在运行时获取的时间位置而不再进行转动，如图2-5-5所示。

图2-5-5

注：

此图显示为写本章时的时间，用户操作时以计算机右下方的系统时间为准。

2.6 时钟的正常运转

接下来我们要做的是指针锁定系统时间后让指针继续走下去，首先分析一下制作思路，在完成定位系统时间后我们只需要让三个指针继续旋转，而每次旋转的最小时间单位是1s，只要我们理清三个指针之间的时间关系，利用一个每隔1s后就会重复执行一次的定时器来驱动就可以了。

01 在名称为“chuchi”函数中添加一个每1000ms重复执行一次的定时器，定时器名称为“运行”，如图2-6-1所示。

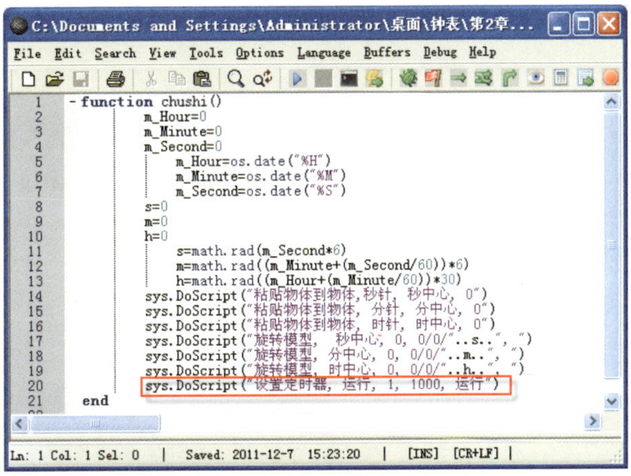

图2-6-1

02 创建新的函数，函数名称为“shijian”，并定义三个新的变量“s_rotate”“m_rotate”“h_rotate”来分别控制每秒转动的弧度，变量初始值设为“0”，如图 2-6-2 所示。

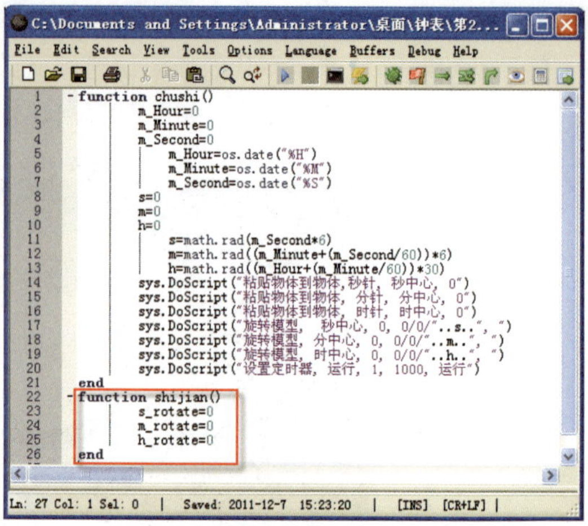

图2-6-2

03 为新的变量赋予每秒钟三个指针旋转的弧度，如图2-6-3所示。

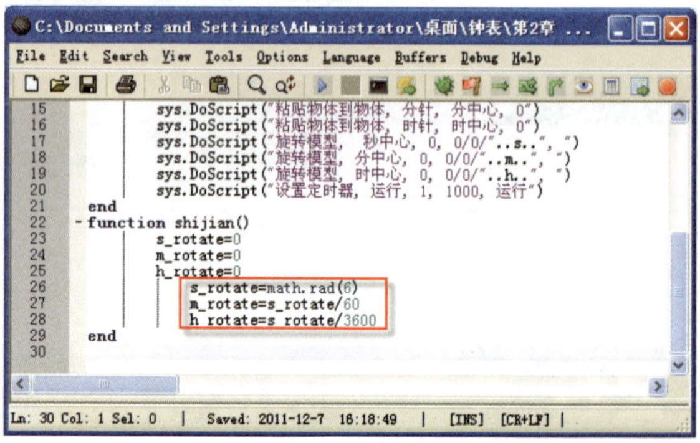

图2-6-3

注：

由于定时器每1000ms也就是每1s执行一次里边的内容，那么在1s内秒针需要旋转一个刻度，表盘一共60个刻度，一刻度也就需要旋转6°，分针旋转1/60秒针旋转的角度，时针需要旋转1/3600秒针旋转的角度；然后再将其转换为弧度。

04 添加【旋转模型】脚本，把指针中心的Z轴旋转弧度分别更改为“s_rotate”“m_rotate”“h_rotate”这三个变量，需要用“.. ..”来连接，书写完毕后单击【保存】按钮，如图2-6-4所示。

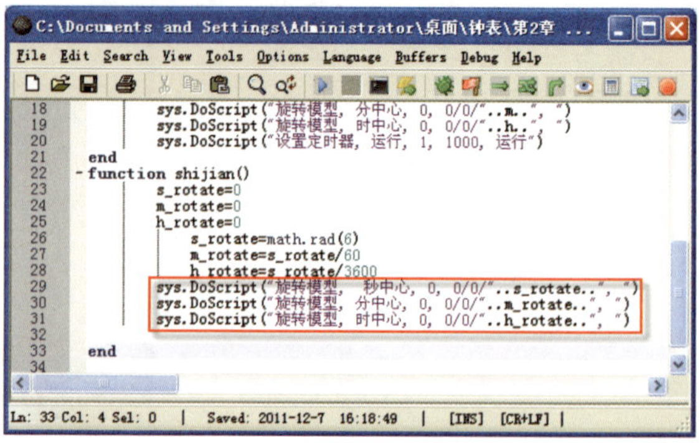

图2-6-4

05 在VRP场景中打开【VRP-脚本编辑器】窗口，在【自定义函数】面板中单击【新建】按钮，新建一个定时器，定时器名称要与之前Lua中名称为“chushi”函数中设置的【定时器调用函数】名称一致，在定时器里边添加执行内部函数的脚本，函数名称要与Lua中定义好的函数名一致，如图2-6-5所示。

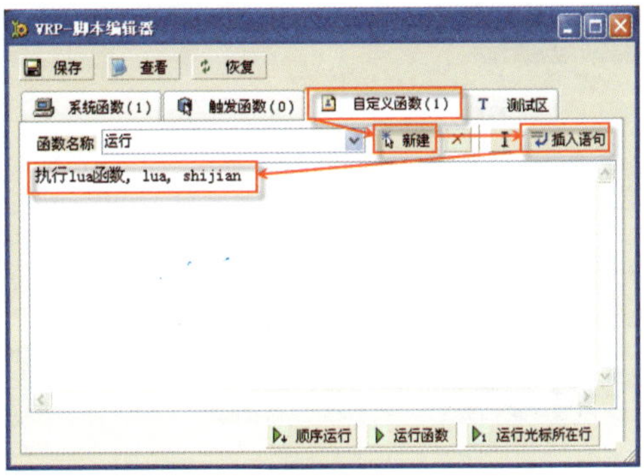

图2-6-5

注：

同一个Lua文件中所用到的句柄都和加载Lua时定义的句柄一致。

06 关闭【VRP-脚本编辑器】窗口，单击【运行】按钮，我们会发现三个指针已经随着系统时间变化而变化，如图2-6-6所示。

图2-6-6

注：

此图显示为写本章时的时间，用户操作时以计算机右下方的系统时间为准。

07 为了保持视图的实时刷新，我们需要打开“clock.lua”文件，为名称为“chushi”的函数中添加一句“设置窗口非活跃时是否保持画面刷新”的脚本，书写完成后单击【保存】按钮，如图2-6-7所示。

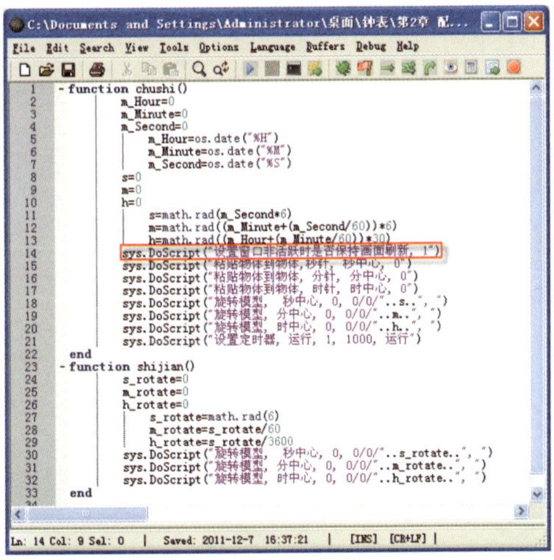

图2-6-7

注：

可以在【VRP命令行编辑器】对话框的【搜索】栏中输入关键词进行模糊搜索，以提高脚本的书写效率。

2.7 滚轮转动的控制

时钟部分已经完成，接下来分析如何通过鼠标拖动“滚轮”来控制模型的旋转运动，我们需要知道两个鼠标的屏幕坐标，分别是拖动前和拖动后的坐标，然后再做出一个判断，当拖动后的坐标大于拖动前的坐标，计算机就知道此时鼠标是在向右运动或向上运动，如果小于则方向相反，我们想判断鼠标是向左还是向右移动，就去判断前后两个坐标的X轴方向，然后做出比较，利用【旋转模型】脚本让滚轮运动起来。

01 打开“clock.lua”文件，为屏幕坐标创建两个函数，分别代表鼠标拖动前和拖动后的坐标值，并命名为“start”和“last”，如图2-7-1所示。

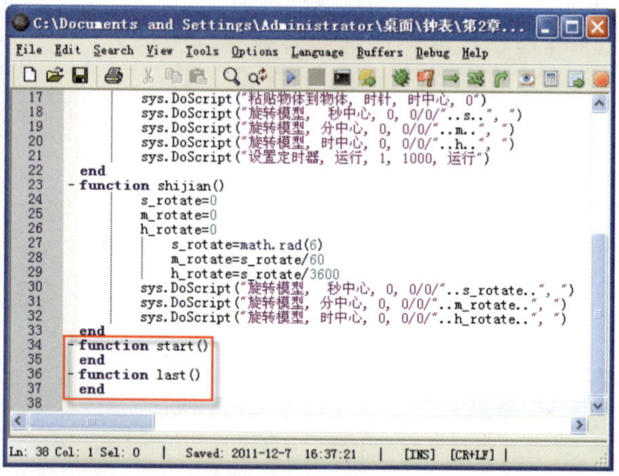

图2-7-1

02 在两个函数中分别加上【点击点鼠标位置】脚本并赋予两个变量，如图2-7-2所示。

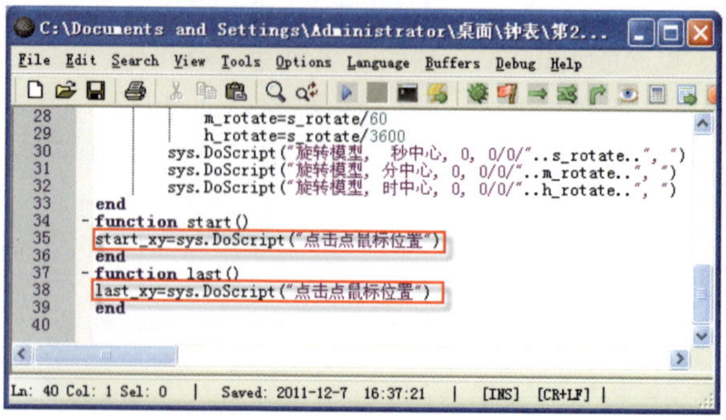

图2-7-2

注：

变量名称自定义，此时变量得到的是鼠标在屏幕上X、Y轴两个轴向的坐标。

03 我们只判断鼠标屏幕位置左右方向的变化，利用Lua中提取变量字符串的固定用法把“string.find”和“string.sub”两个变量中的X轴坐标数值提取出来，如图2-7-3所示。

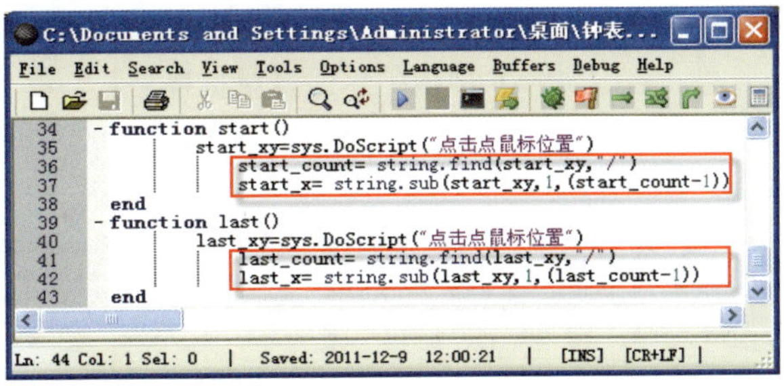

图2-7-3

注：

我们来分析一下这几句，“start_count”是一个变量（变量名称可以自己定义），这个变量将表示提取字符串的字符位置，“string. find”是提取字符串位置的固定用法，“(start_xy,"/")”的意思是提取“start_xy”这个变量中到“/”这个字符串时的位置。

例如：a="238/756";

a_count= string. find(a,"/")

print (a_count)--------------------4

“start_x”是一个存储X轴坐标的变量（名称可以自己定义），“string. sub”是提取字符串内容的固定用法，“(start_xy, 1,(start_count-1))”的意思是提取“start_xy”这个变量中从第一个字符串位置到第n个字符中间的内容，在这里是到(start_count-1)的位置。“start_y”是同一个道理。

例如：a="238/756"

a_count= string. find(a,"/")

print (a_count)--------------------4

a_x=string. sub(a,1,a_count)

print (a_x)--------------------238/

a_x=string. sub(a,1,(a_count-1))

print (a_x)--------------------238

04 在屏幕初始坐标函数【start】中添加一个定时器脚本，设置【定时器id】为“dingwei”，【定时器类型参数】为“循环执行”，【定时器执行的间隔时间】为“50毫秒”，【定时器调用函数】为“dingwei”；目的是当滚轮模型按下后每隔一段时间为鼠标位置重新定位一次，作为鼠标拖动后的坐标位置，如图2-7-4所示。

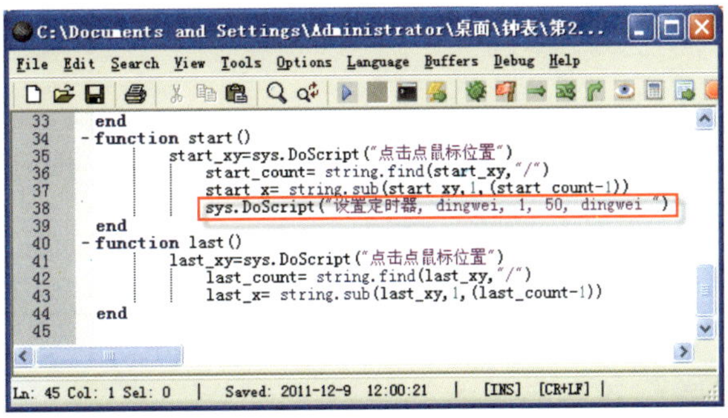

图2-7-4

05 把屏幕初始坐标的函数【start】加载到“滚轮”模型的【左键按下】中，选择【滚轮】模型，在【动作】面板中单击【鼠标事件】，在【左键按下】中插入脚本语句：“执行lua函数, lua, start”，如图2-7-5所示。

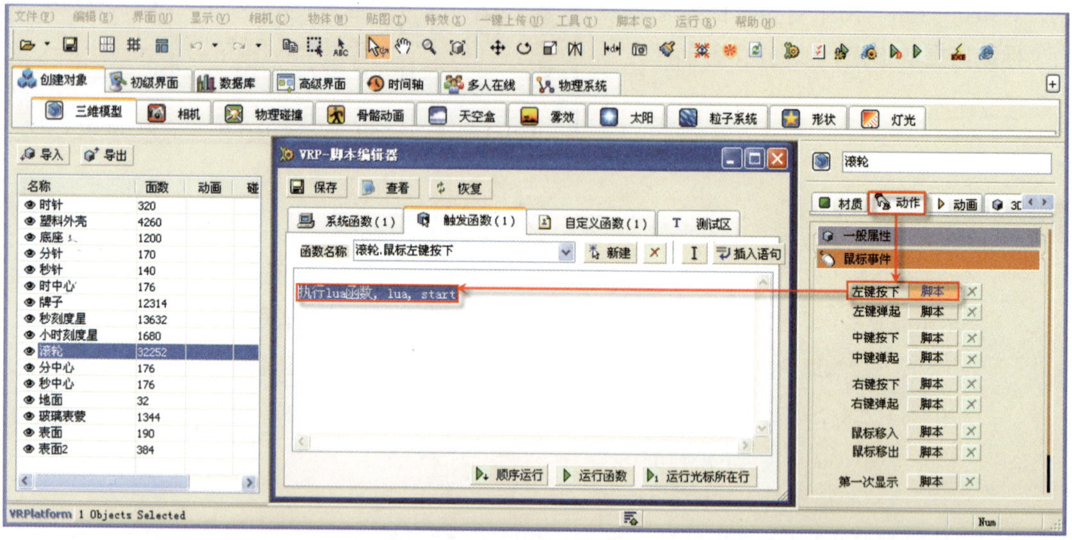

图2-7-5

06 在【自定义函数】面板中单击【新建】按钮，新建一个定时器，定时器名称要与之前 Lua 中【start】函数中【定时器调用函数】的名称一致，在定时器中添加执行内部函数的脚本，执行 last 函数，如图 2-7-6 和图 2-7-7 所示。

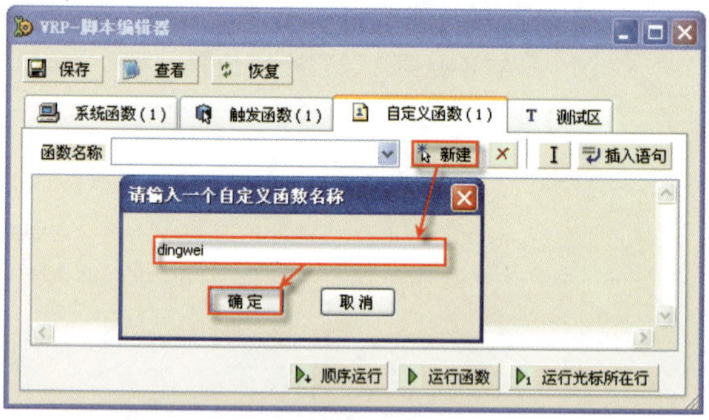

图2-7-6

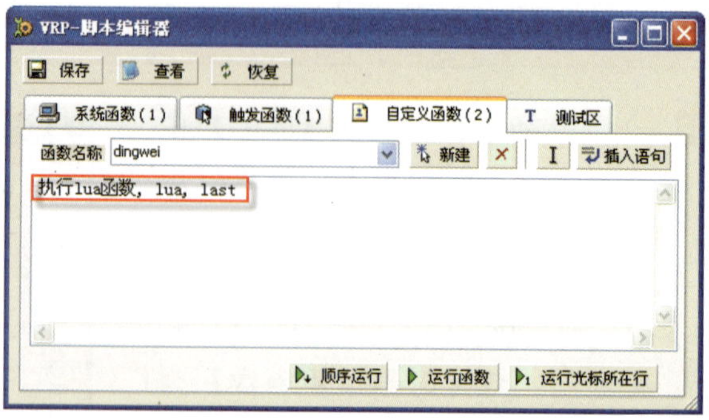

图2-7-7

注：

通过比较拖动前后的坐标变化就可以制作控制滚轮旋转。

07 打开文件名为“clock.lua”的文件，增加一个新的函数，命名为“rotate”，然后比较鼠标拖动前后的变量，添加一个【旋转模型】脚本，完成书写后单击【保存】按钮，如图 2-7-8 所示。

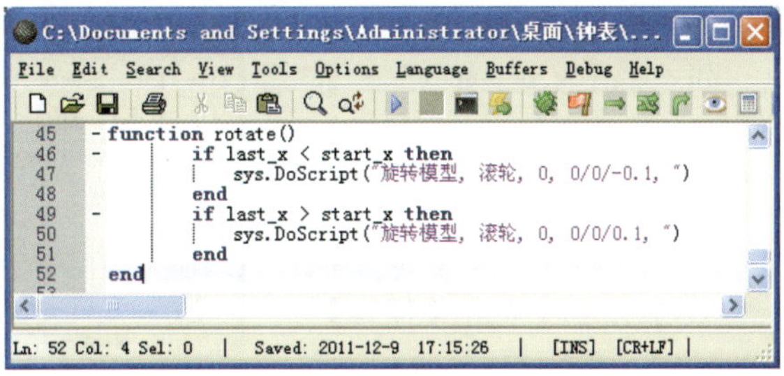

图2-7-8

注：

“-0.1”代表沿Z轴逆时针旋转0.1弧度，“0.1”代表沿Z轴顺时针旋转0.1弧度。

08 将函数【rotate】添加到“dinwei”定时器中，如图2-7-9所示。

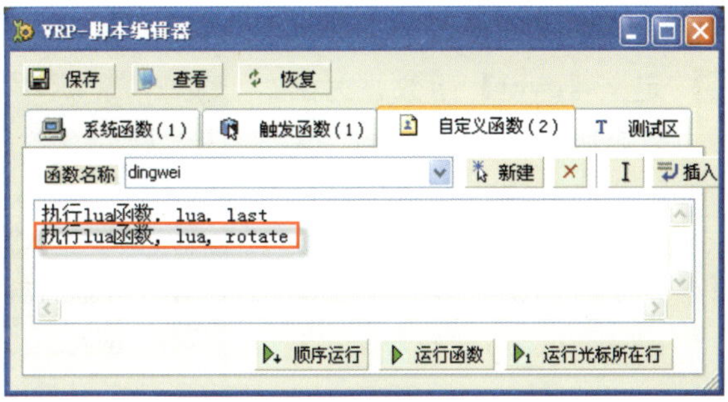

图2-7-9

注：

当鼠标按下时，就开始激活定时器，每50ms执行一次旋转脚本 。

09 关闭【VRP-脚本编辑器】窗口，单击【运行】按钮，尝试用鼠标左右拖动“滚轮”模型，模型随着拖动会进行旋转，如图2-7-10所示。

图2-7-10

注：

操作时会存在两个问题：问题一，鼠标的左右滑动是以滚轮物体的中心点为参照而不是以上一个鼠标位置来做出判断的；问题二，当鼠标离开“滚轮”模型和鼠标左键弹起时，“滚轮”模型还会受鼠标移动控制。接下来我们继续解决这两个问题。

10 在【rotate】函数中添加一句“start_x = last_x”，让每次比较后使初始鼠标位置的X轴变量与结束时鼠标位置的X轴变量相等，书写完成后单击【保存】按钮，再次运行VRP，这样我们在“滚轮”模型上左右拖动旋转就正常了，这样就解决了问题一，如图2-7-11所示。

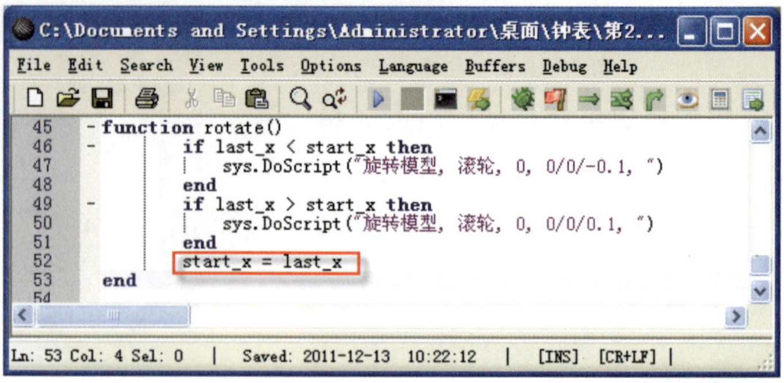

图2-7-11

11 定义【over】函数，为函数添加删除“dingwei”定时器的脚本，在鼠标移出和左键弹起时分别执行这个函数，这样就能解决问题二，如图2-7-12和图2-7-13所示。

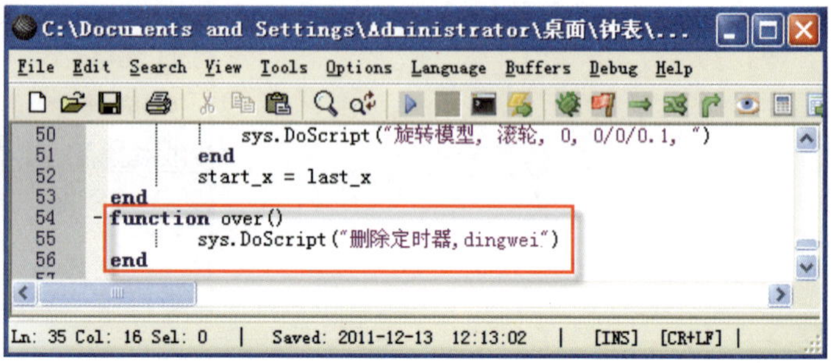

图2-7-12

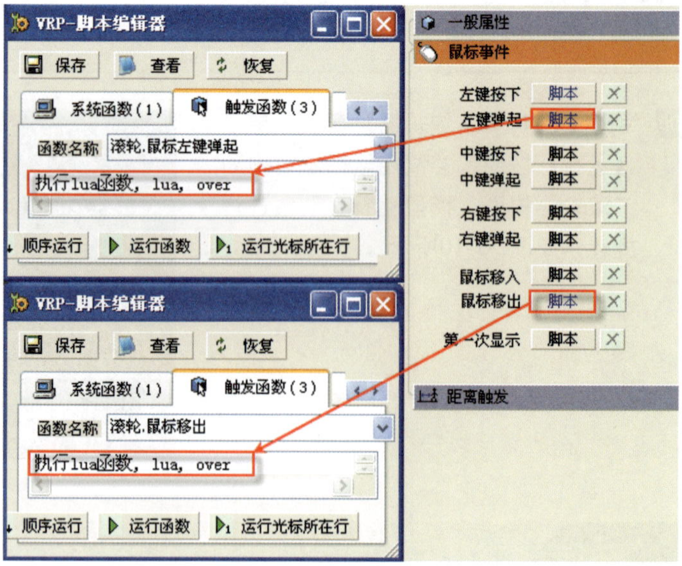

图2-7-13

12 完成设置后再次单击【运行】按钮，用鼠标拖动“滚轮”模型左右移动，滚轮就会按照我们想要的那样转动了，如图2-7-14所示。

13 要想实现让滚轮控制指针的转动，需在【rotate】函数中添加旋转指针中心的脚本，如图2-7-15所示。

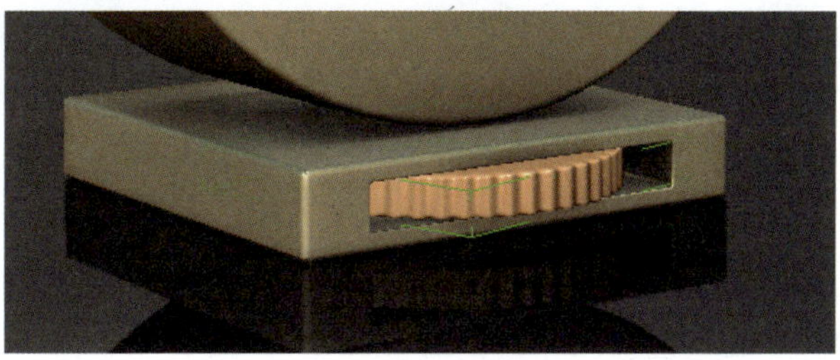

图2-7-14

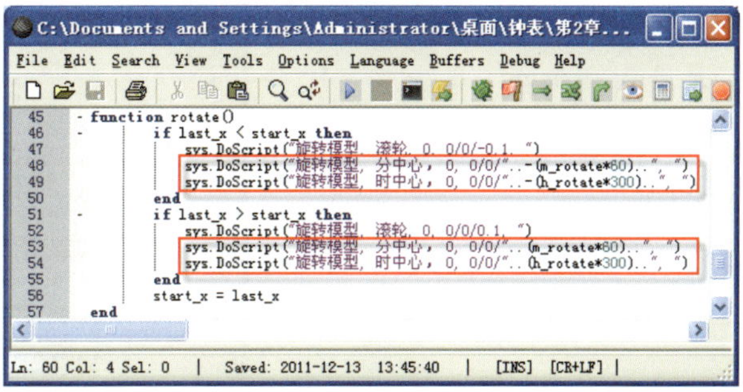

图2-7-15

注：

“m_rotate”和“h_rotate”是函数【shijian】中的两个变量，分别代表分针每刻度所旋转的弧度和时针每小时所旋转的弧度，在这里之所以要分别乘以60和300，就是想让拖动滚轮的时候，以相应的倍数加速转动。正值为顺时针旋转，负值为逆时针方向旋转。

14 完成后我们添加一个【模型高亮模式】脚本把物体的触发盒边框模式改为颜色变化，插入到【chushi】函数中，这样在拖动“滚轮”模型时就会有一种颜色变化，使画面更加美观，如图2-7-16所示。

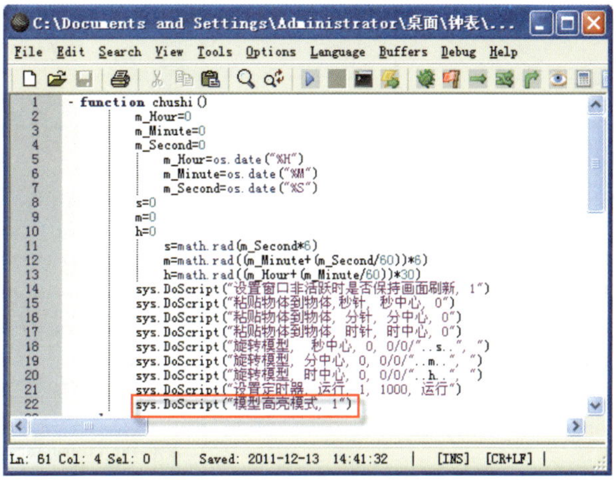

图2-7-16

注：

使用【模型高亮模式】脚本，需要先选择模型，在其材质里面打开【动态光照】卷展栏，勾选【启用高亮度模型材质】，将其下面的颜色改为想要变化的颜色。

2.8 本章小结

所有脚本都可以在VRP脚本编辑器的测试区里写好，然后再剪切并粘贴到Lua中，可以避免一些书写时的错误，对Lua内容添加或更改后都必须单击【保存】按钮，VRP只执行Lua保存后的内容，下面是本案例中Lua里的所有函数，如图2-8-1所示。

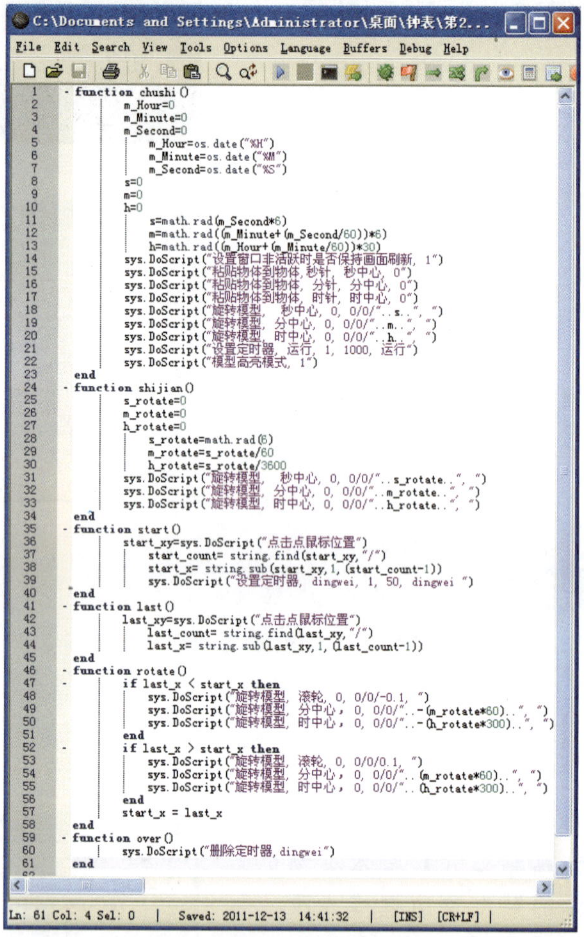

图2-8-1

也不是所有的脚本都能写在Lua里边，VRP中有些内容是Lua所不能替代的，比如添加音乐、设置自定义函数等。下面是本案例编辑器中的内容，如图2-8-2所示。

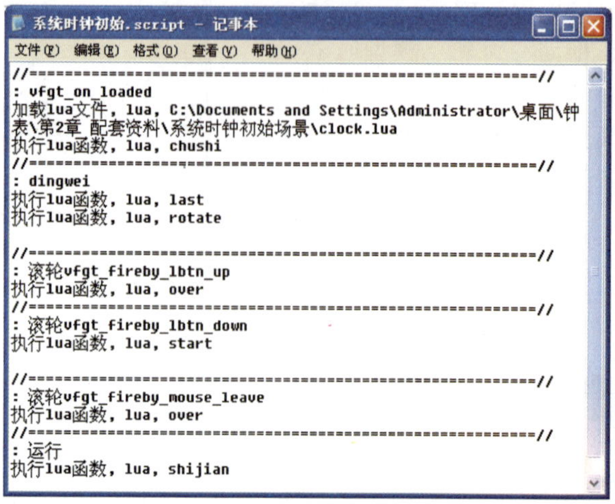

图2-8-2

第 3 章

机械拆装——双向锁

案例分析:

在机械拆装应用方面，VRP软件可以应用虚拟三维场景对机械的拆装过程进行逼真的模拟，还可以实现系统对拆装结果进行评分等高级效果。用户足不出户就能进入到机械设备的拆装环境，可以反复学习拆装步骤而不会损害真实的机械零件，在提高学习效率的同时，也增加了学习乐趣。本章案例主要通过VRP高级交互脚本和模型动画来实现拆装过程，同时案例还配备了操作界面时间轴动画，使场景更为精彩丰富。

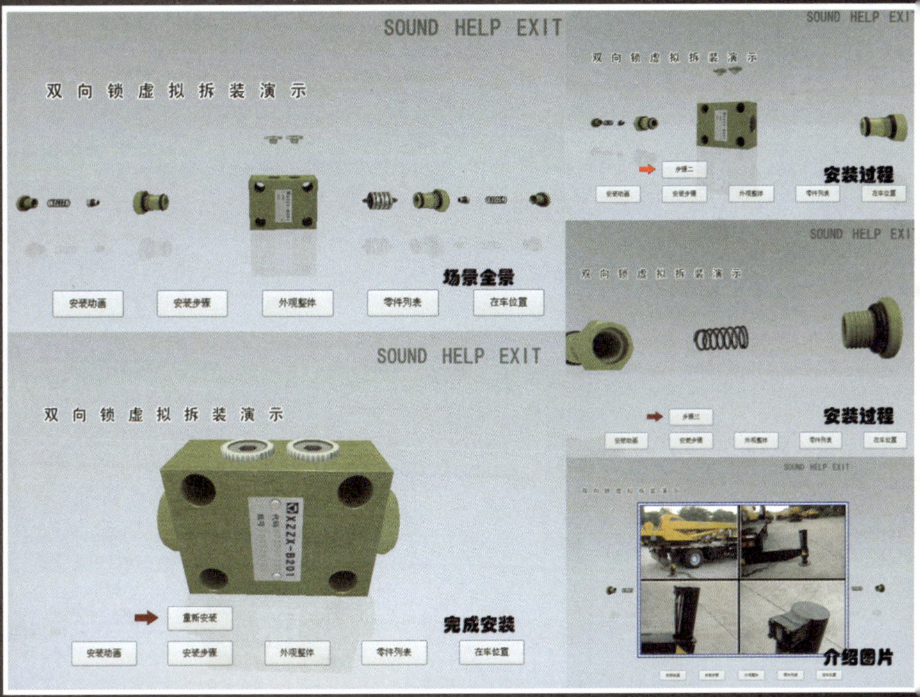

3.1 场景前期介绍

在本章案例中，场景中的材质已经设置完成，这里主要讲解使用VRP中的脚本进行场景的交互设置，它体现在多次使用变量、切换不同步骤、播放刚体动画和时间轴动画等方面。

3.2 前期动画设置

一般机械拆装的项目都包含动画表现，动画部分可以在3ds Max中制作，或者使用VRP中的时间轴功能制作。本章案例中的模型动画是在3ds Max软件中制作的，通过设置刚体动画组再导入VRP中，如图3-2-1~图3-2-3所示。

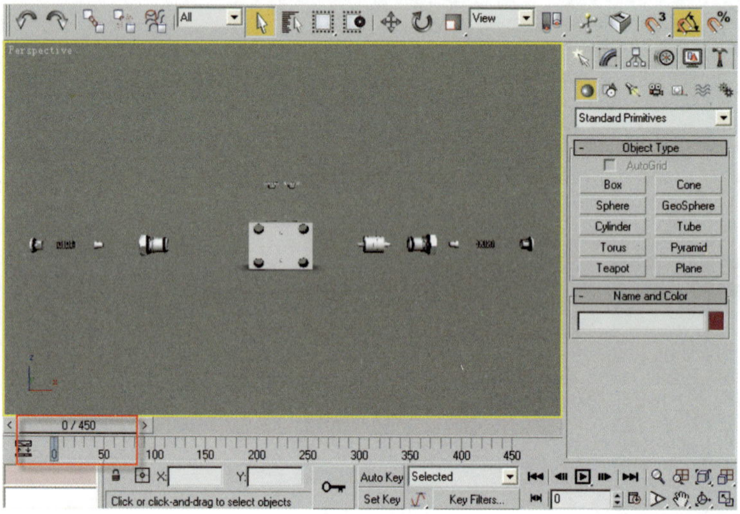

图3-2-1

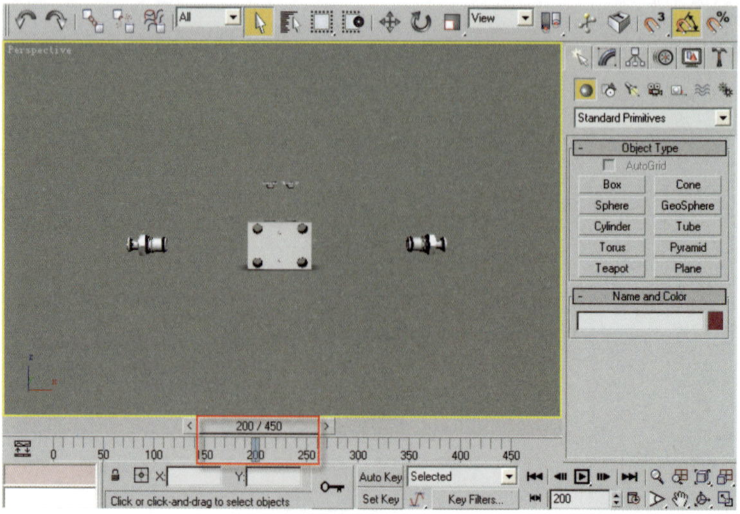

图3-2-2

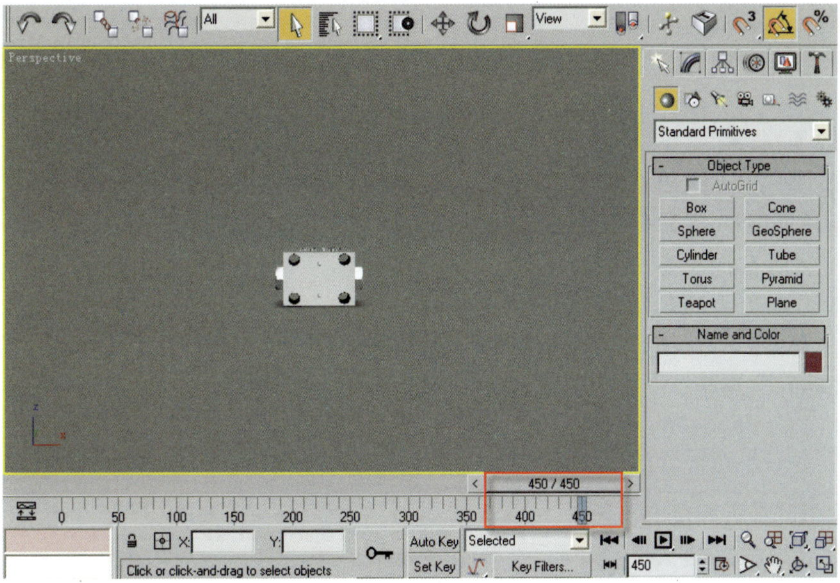

图3-2-3

3.3 相机设置

VRP中的相机类似于3ds Max中相机的作用，其主要功能是用来浏览场景。

在浏览VR场景时，有时会需要锁定一个模型物体，然后围绕这个物体对其进行环绕浏览。此时，用户需要创建绕物旋转相机来实现这种功能。

3.3.1 创建绕物旋转相机

01 打开【创建对象】|【相机】面板，在【创建相机】栏中单击【绕物旋转相机】按钮，在弹出的【Camera name】对话框中，设置相机名称为“旋转-整体视角相机”，如图3-3-1所示。

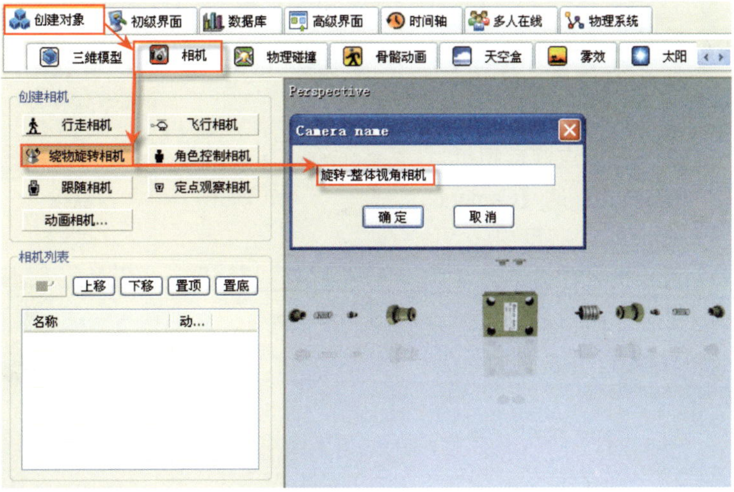

图3-3-1

02 选择创建好的绕物旋转相机，在右侧属性面板中，打开【旋转参数】卷展栏设置【旋转中心参照物】，单击【None】按钮，然后在视图窗口中双击名称为“双向锁阀体02”的模型，如图3-3-2所示。

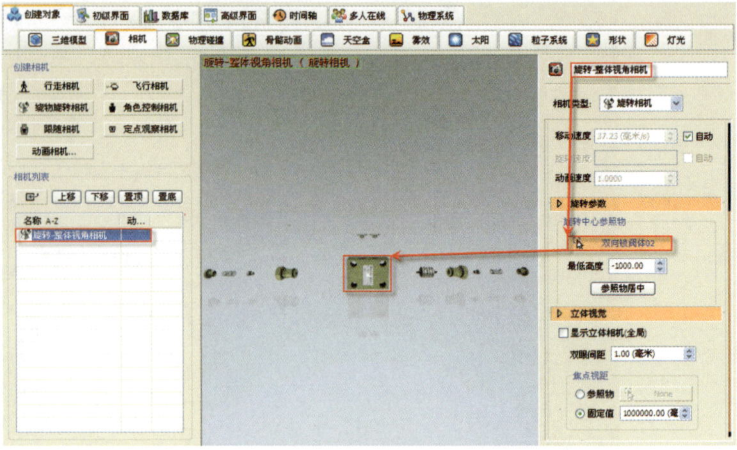

图3-3-2

03 设置相机的最低高度，在【最低高度】的位置输入参数为4.00，如图3-3-3所示。

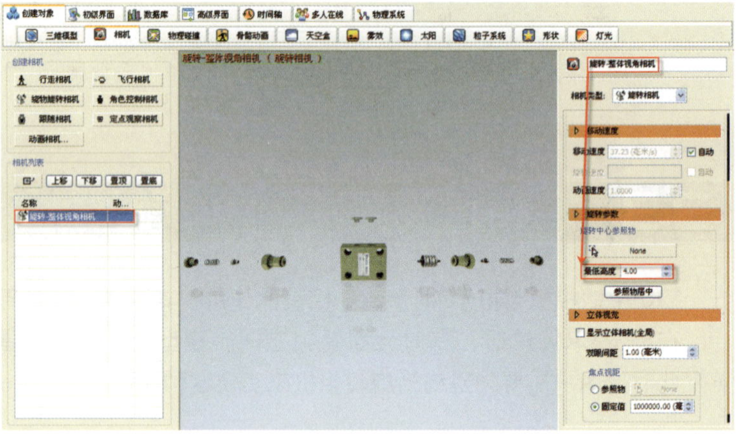

图3-3-3

3.3.2 创建定点观察相机

01 将场景调整到图3-3-4所示的角度，使用与上述相同的方法，创建一台定点观察相机，在弹出的【Camera name】对话框中，设置相机名称为“定点-整体外观”。

> **注：**
>
> 定点观察相机可以在某一个固定点对场景模型进行观察。

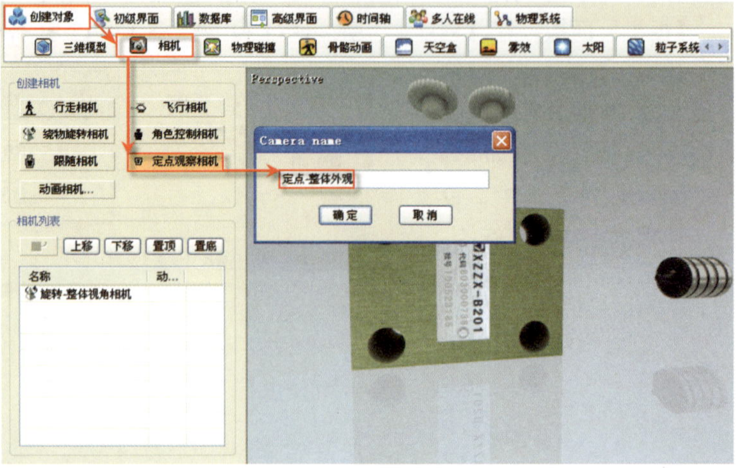

图3-3-4

02 将场景调整到如图 3-3-5 所示的角度，继续创建五台定点观察相机，注意不同相机的名称设置，如图 3-3-5 ~ 图 3-3-9 所示。

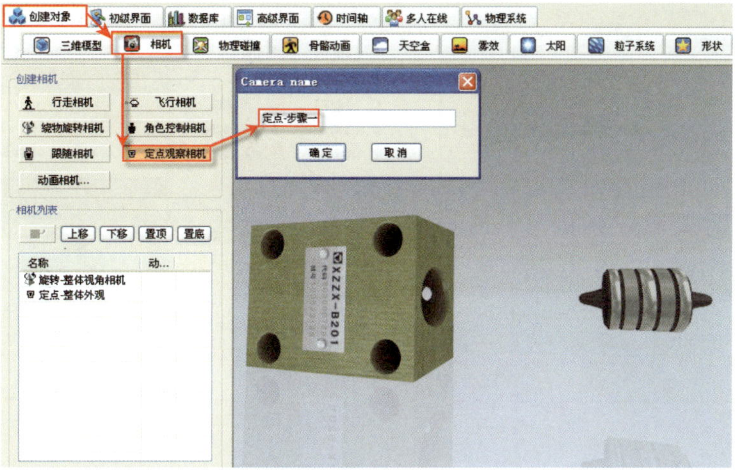

图3-3-5

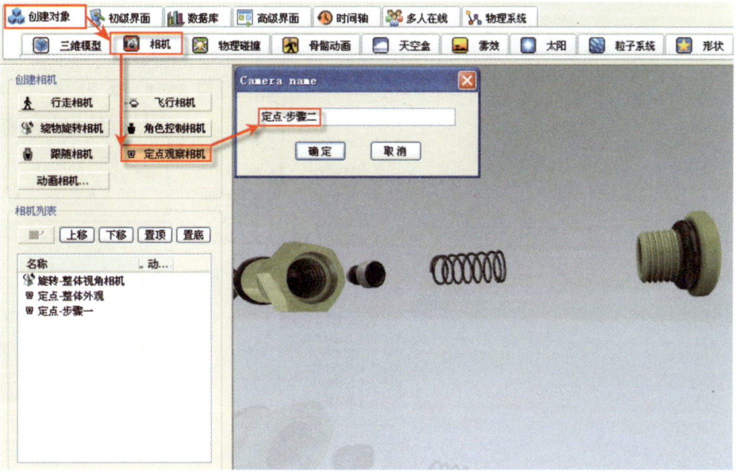

图3-3-6

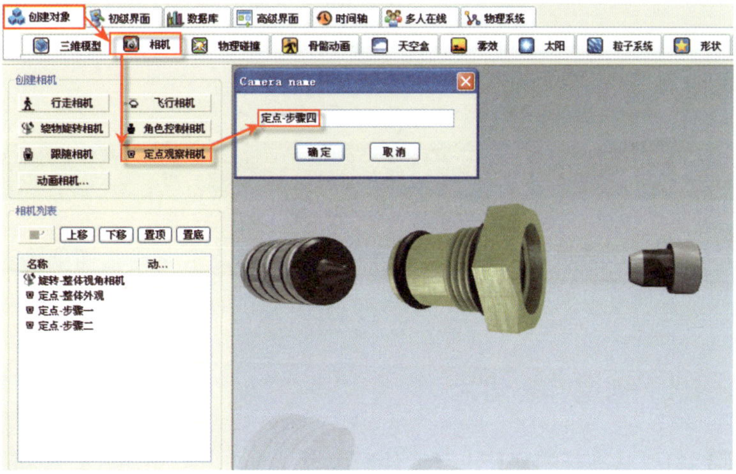

图3-3-7

注：

由于观看拆装“步骤二”和“步骤三”将共用一台相机，所以这里可以跳过“步骤三”，直接创建“步骤四”的定点观察相机。

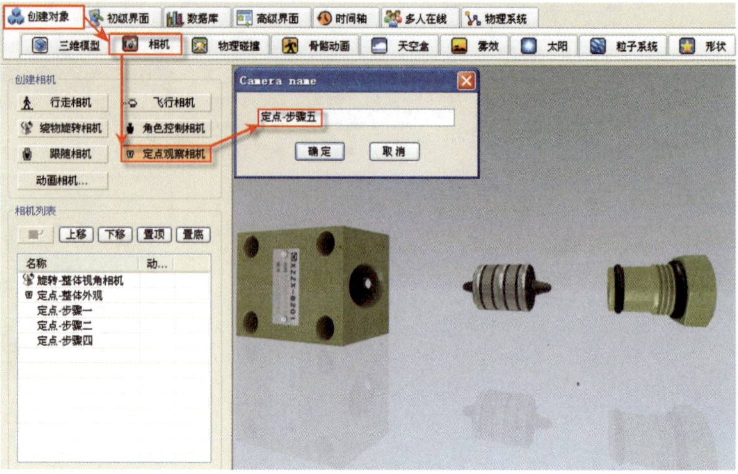

图3-3-8

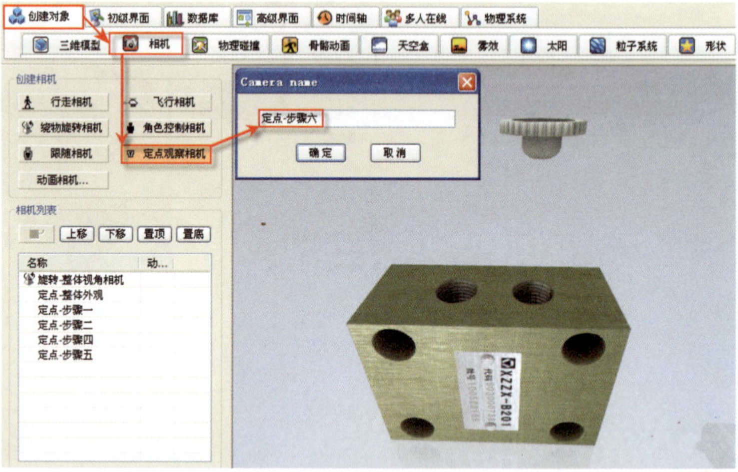

图3-3-9

3.4 界面设置

用户在将烘焙后的场景导入VRP编辑器之后，通常需要为该场景创建一个合适的交互界面，界面可以根据项目的风格通过【高级界面】面板进行设定。

3.4.1 创建静态图片

01 打开【高级界面】|【控件】面板，单击【静态图片】按钮，然后在视图窗口中拖动鼠标以绘制图片控件，如图3-4-1所示。

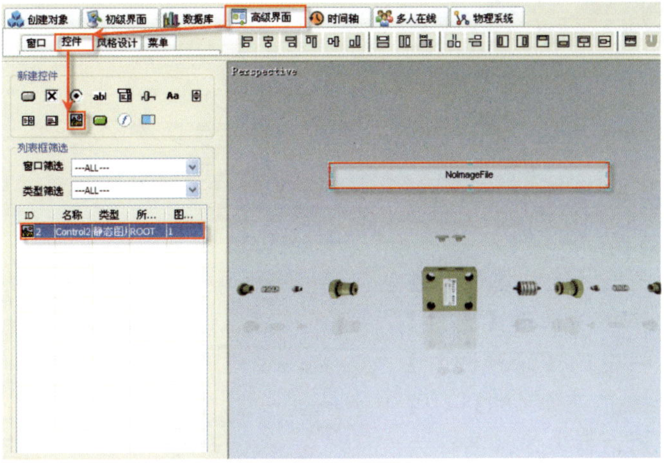

图3-4-1

02 使用切换界面样式快捷键Tab，将编辑器中的面板隐藏，接着调整添加好的图片的位置，如图3-4-2所示。

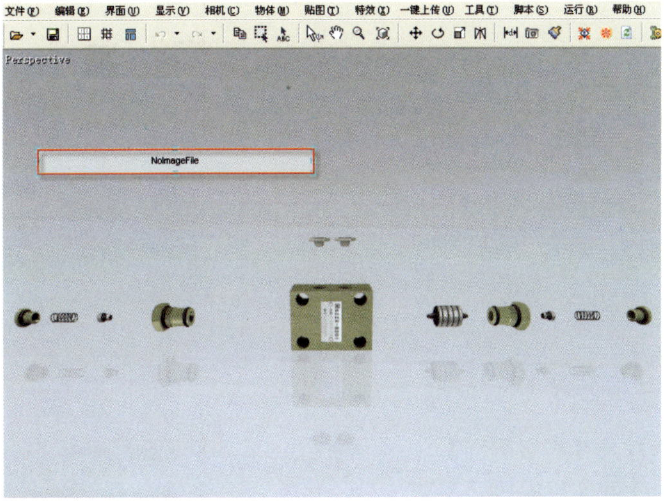

图3-4-2

03 在右侧属性面板中将【名称】修改为“项目标题”，并调整其【位置尺寸】卷展栏下的【对齐方式】为“左上”，如图3-4-3所示。

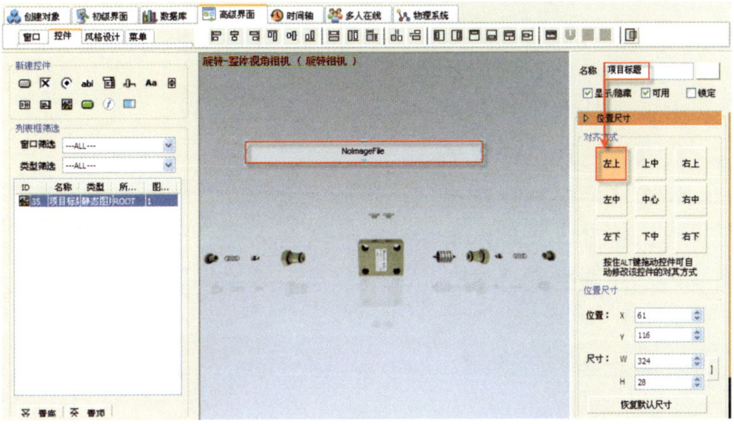

图3-4-3

注：

控件的对齐方式是指当运行时放大或缩小运行窗口后，控件以什么位置为准进行移动，在此步骤中设置“up”窗口的对齐方式为左上，那么无论窗口怎么调整，它都会以左上角的位置为准进行移动，以保持相对位置不变。

04 打开【控件属性】卷展栏，单击【属性】栏中的【设置图片】按钮，在弹出的【打开】对话框中添加名称为“项目标题.png”的图片，如图3-4-4所示。

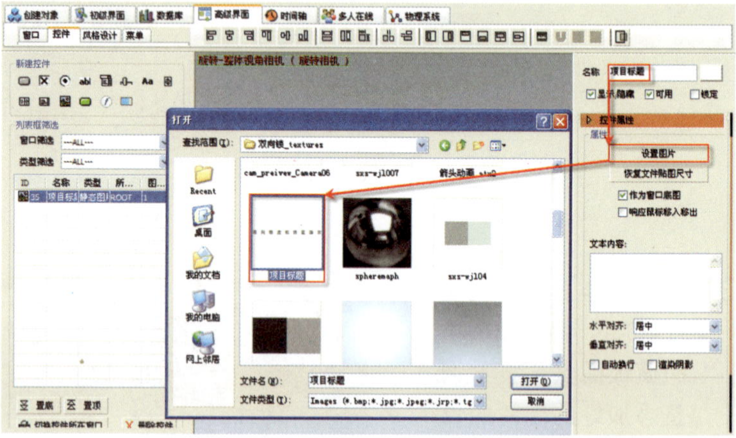

图3-4-4

3.4.2 创建窗口图片

01 打开【高级界面】|【窗口】面板，单击【新建窗口】按钮创建窗口控件，在右侧【窗口属性】卷展栏中将【名称】修改为“窗口图片”，接着在【属性】栏中取消勾选【标题栏】复选框，使窗口只显示框体，并调整其【对齐方式】为“中心”，如图3-4-5所示。

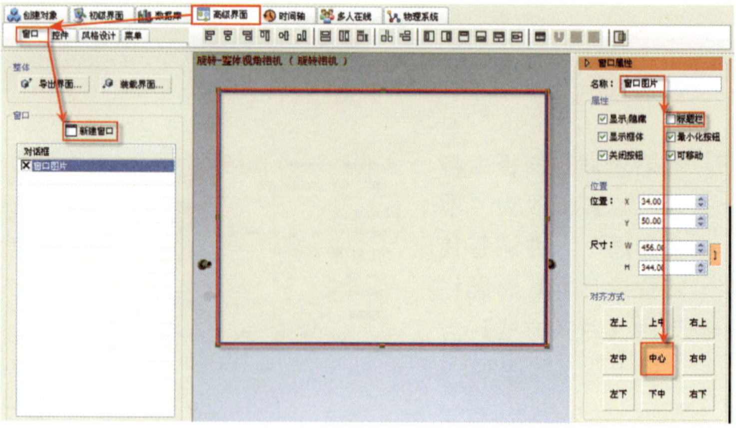

图3-4-5

02 在【控件】面板下单击【静态图片】按钮，创建图片控件，将【名称】设置为“窗口图片_02”，单击【设置图片】按钮，添加名称为“窗口图片.jpg”的图片，接着取消勾选【控件属性】卷展栏中【作为窗口底图】复选框，并调整图片大小与窗口控件相匹配，如图 3-4-6 所示。

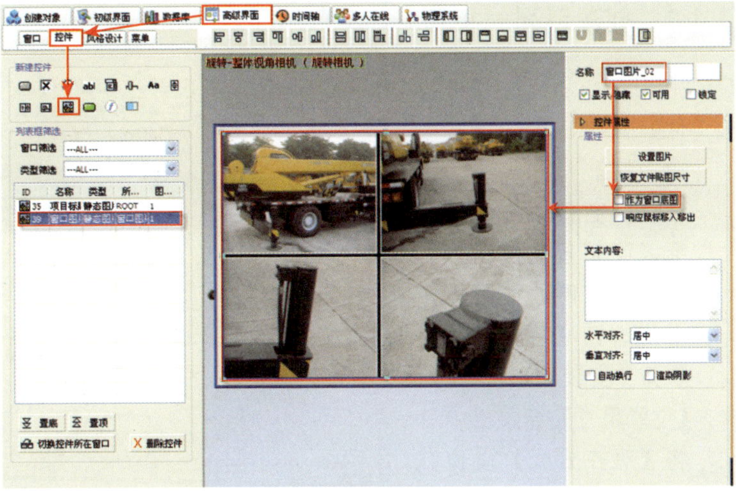

图3-4-6

注：

在窗口中创建图片控件后，图片的显示和隐藏属性将被窗口控制，即窗口隐藏，窗口里的控件也会隐藏。如果要将控件移出窗口，只需要按住键盘上的Shift快捷键不放，同时把控件拖曳到视图窗口中即可。

03 打开【窗口】面板，单击“窗口图片”前的图标☒，将窗口控件隐藏，同时窗口内的图片控件也会同时隐藏，如图 3-4-7 所示。

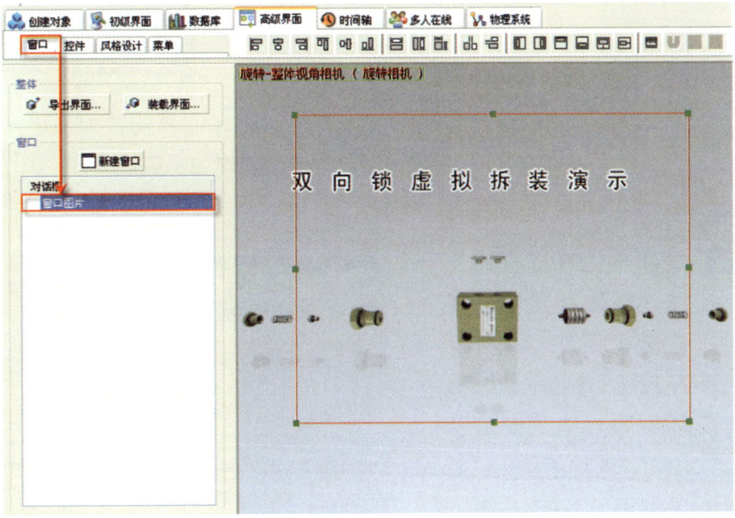

图3-4-7

注：

此步骤中隐藏“窗口图片”窗口是为了不影响后面界面的设置，在设置时间轴动画时还需要显示出来。

3.4.3 创建系列一按钮

01 打开【高级界面】|【控件】面板，单击【普通按钮】按钮，然后在绘图窗口中拖动鼠标以绘制普通按钮控件。在右侧属性面板中将按钮【名称】设置为“安装动画”，在【位置尺寸】卷展栏中将【对齐方式】设置为“下中”，如图3-4-8所示。

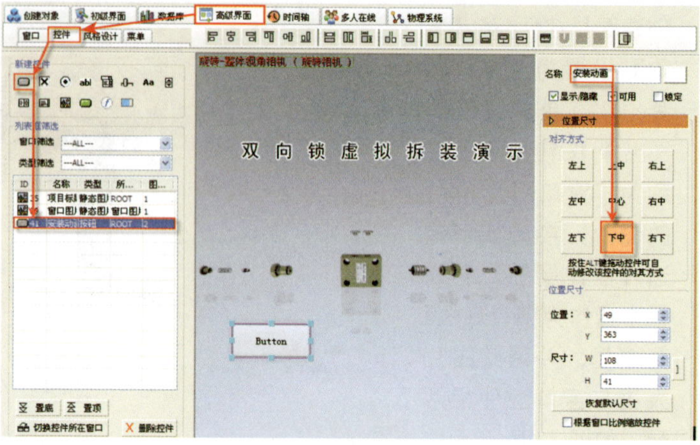

图3-4-8

02 打开【控件属性】卷展栏，将【标题】设置为“安装动画”，如图3-4-9所示。

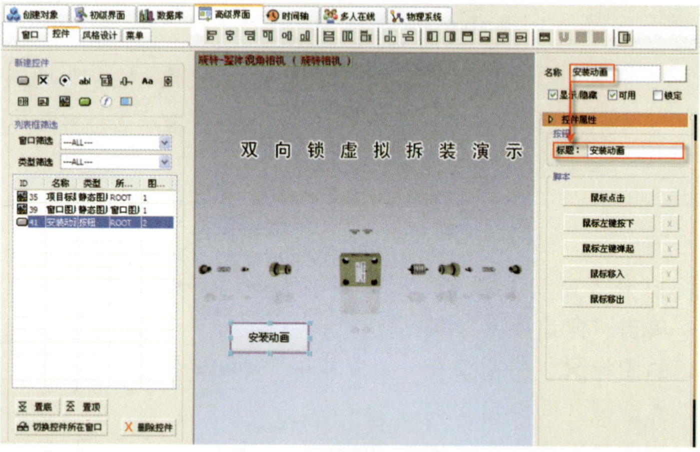

图3-4-9

03 使用与上述同样的方法，创建场景中其他的按钮控件，并分别将按钮的【名称】和【标题】命名为“安装步骤”、“外观整体”、“零件列表”、“在车位置”。选择所有的按钮，单击视图窗口上面的【对齐工具】中的【等尺寸】按钮，如图3-4-10所示。

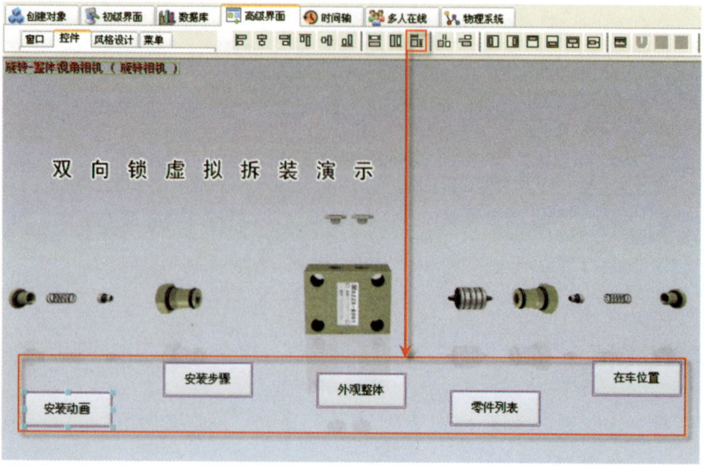

图3-4-10

04 选择所有的按钮，然后选择视图窗口上面【对齐工具】中的【水平均布】按钮 和【底对齐】按钮 ，将所有的按钮进行水平均布和底部对齐设置，如图 3-4-11 所示。

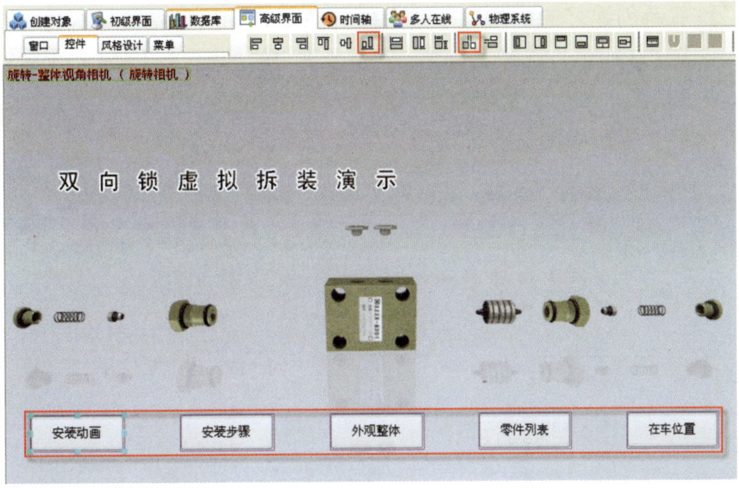

图3-4-11

注：

单击【等尺寸】按钮可以将所选按钮的大小变统一；单击【底对齐】按钮可以将所选按钮的底部位置对齐；单击【水平均布】按钮可以将所选按钮在水平位置上的间距相等。需要注意的是此功能是以最后选择的控件为参照物进行设置的。

3.4.4　创建其他按钮控件

01 使用与上述相同的方法，继续创建系列二的按钮，如图3-4-12所示。

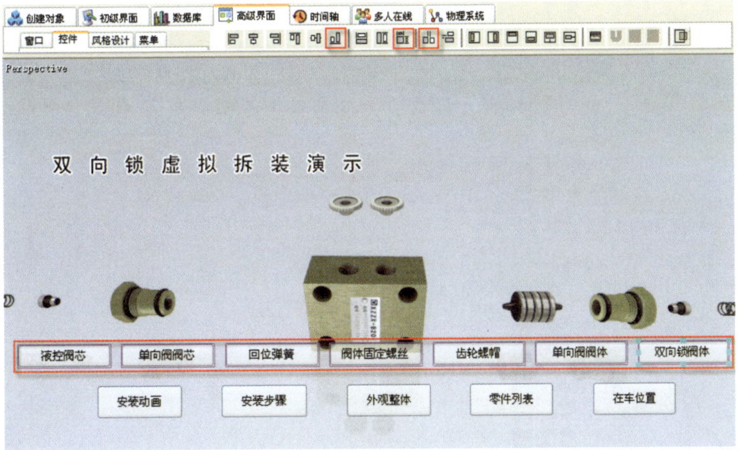

图3-4-12

注：

系列一按钮和系列二按钮的大小可以根据场景的需要进行设置，只要有所区别即可。

02 将新创建好的系列二按钮隐藏（隐藏方式同隐藏窗口控件一样，只需单击按钮名称前的图标 即可），选择名称为“安装步骤”的按钮，按 Ctrl+V 快捷键复制出新按钮，并命名为“步骤一”。单击视图窗口上面的【对齐工具】中的【右对齐】按钮 ，将【步骤一】按钮与【安装步骤】按钮对齐，如图 3-4-13 所示。

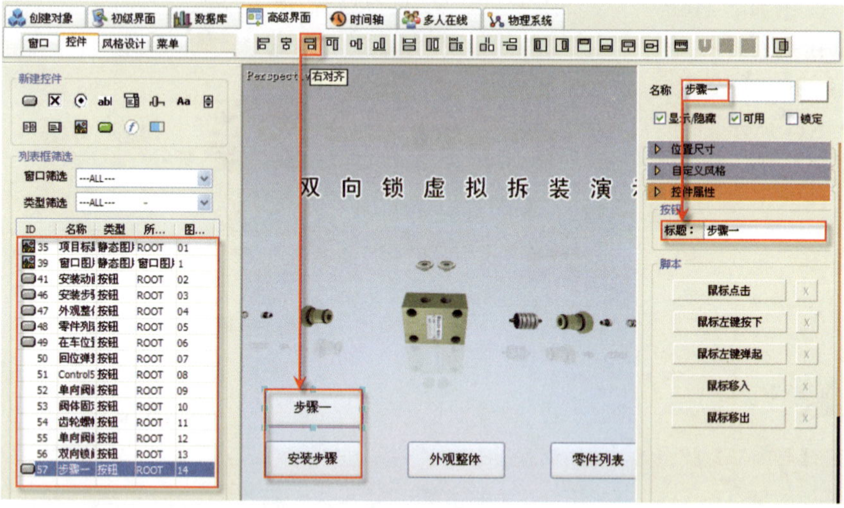

图3-4-13

3.4.5 创建图片按钮

01 打开【高级界面】|【控件】面板，单击【图片按钮】按钮，然后在绘图窗口中拖动鼠标在右上角绘制图片按钮，然后在右侧属性面板中打开【控件属性】卷展栏，将【名称】修改为“sound”，并调整其【位置尺寸】卷展栏中的【对齐方式】为“上中”，如图 3-4-14 所示。

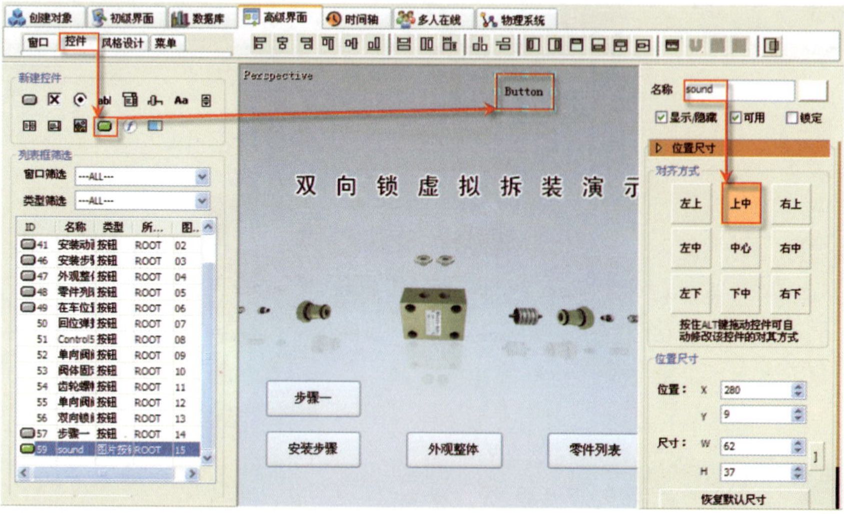

图3-4-14

02 打开【控件属性】卷展栏，将【标题】位置的英文删除，然后在【贴图设置】栏中单击【普通状态】按钮，在弹出的【打开】对话框中，选择名称为“sound.png”的贴图，如图3-4-15所示。

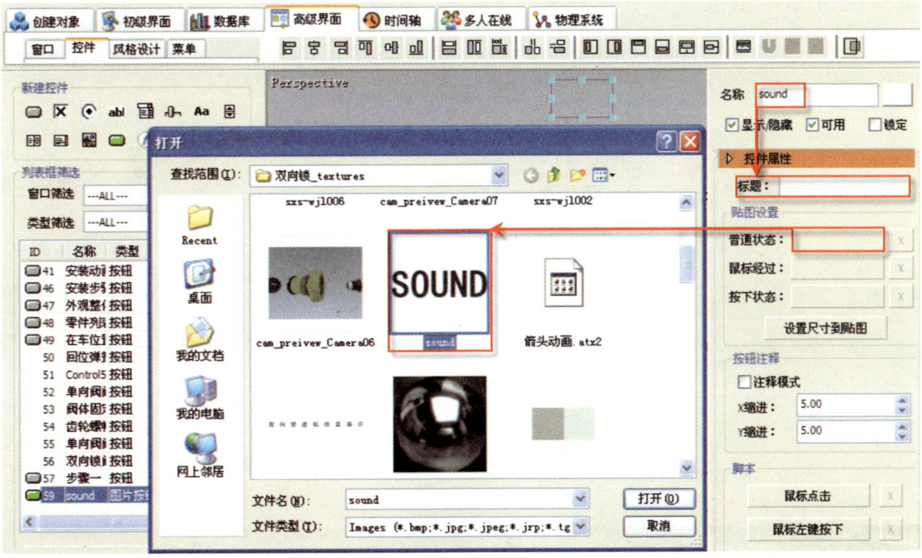

图3-4-15

03 使用与上述同样的方法，继续创建两个图片按钮，分别设置它们的【名称】为“help”和“exit”，同时删除【控件属性】卷展栏中的【标题】内容，并分别在【普通状态】中添加名称为“help.png”和“exit.png”的贴图，如图3-4-16所示。

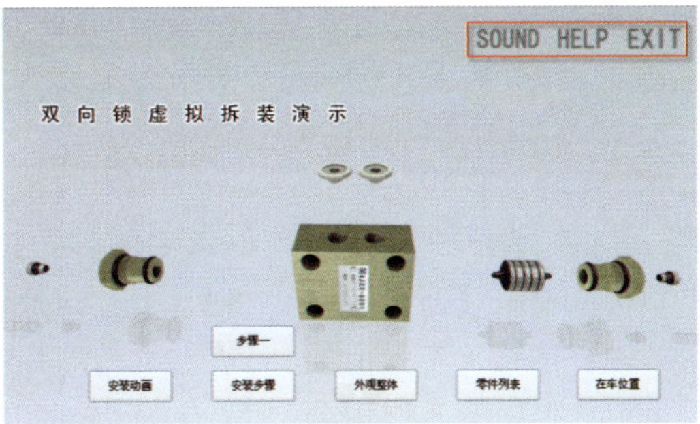

图3-4-16

04 在本案例场景中，还使用到了ATX动态图片。通过ATX动画贴图编辑器，用户可以很方便地编辑独立帧文件，以及设定每帧的停留时间，以实现非等时的序列帧动画，由此，用户可以用VRP来表现火焰、水面、喷泉、爆炸等动态效果。创建ATX动态图片的方式和创建静态图片的方式一样，只需要在其【贴图设置】栏中添加一张名称为“箭头动画.atx2”的贴图即可，在浏览时可以看到红色箭头图片闪动的效果，如图3-4-17所示。

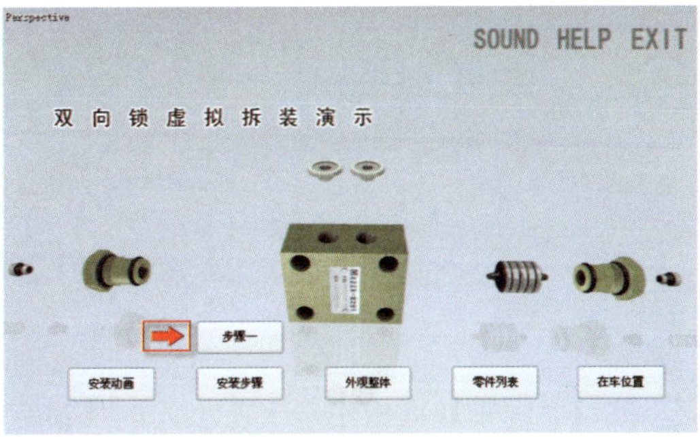

图3-4-17

05 单击【高级界面】面板控件列表中的“ATX箭头”前的图标，在设置交互脚本前先手动将其隐藏，如图3-4-18所示。

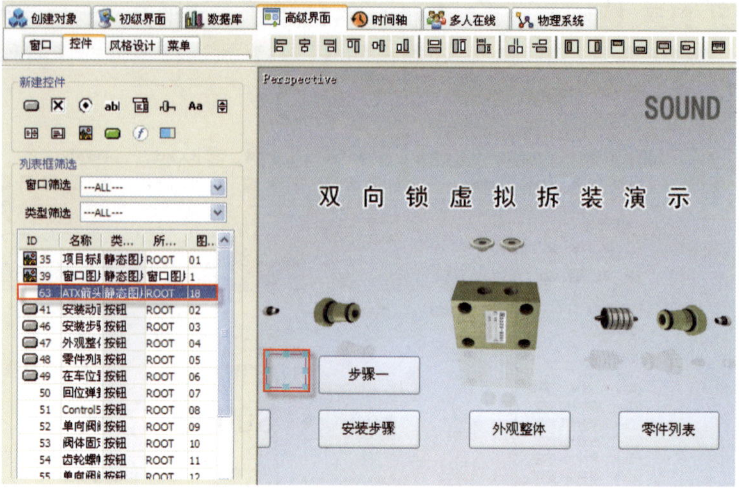

图3-4-18

3.5 时间轴动画设置

界面设计完成后，可以借助时间轴功能对GUI控件做动画，这样可以使场景看起来更加生动多彩。

3.5.1 设置窗口控件的时间轴动画

01 打开【时间轴】面板，单击【新建时间轴】按钮，在弹出的对话框中输入时间为0.3，如图3-5-1所示。

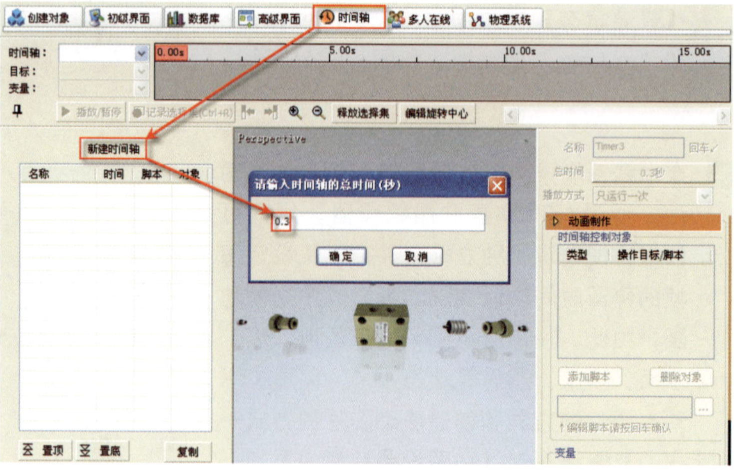

图3-5-1

02 在【时间轴】面板中单击左上角的【锁定窗口】按钮，然后切换到【高级界面】|【窗口】面板，单击窗口名称前的按钮，将窗口显示出来，如图3-5-2所示。

图3-5-2

注：

单击【锁定窗口】按钮后，可以将【时间轴】面板锁定，这样切换到其他面板也可以进行调整。

03 选中窗口控件，在右侧【窗口属性】卷展栏中将【尺寸】的W、H数值均设置为0，确保时间轴上的滑块在0.00s位置，此时单击面板上的【记录关键帧】按钮，记录下窗口当前的状态，当时间轴上出现关键帧说明创建成功，如图3-5-3所示。

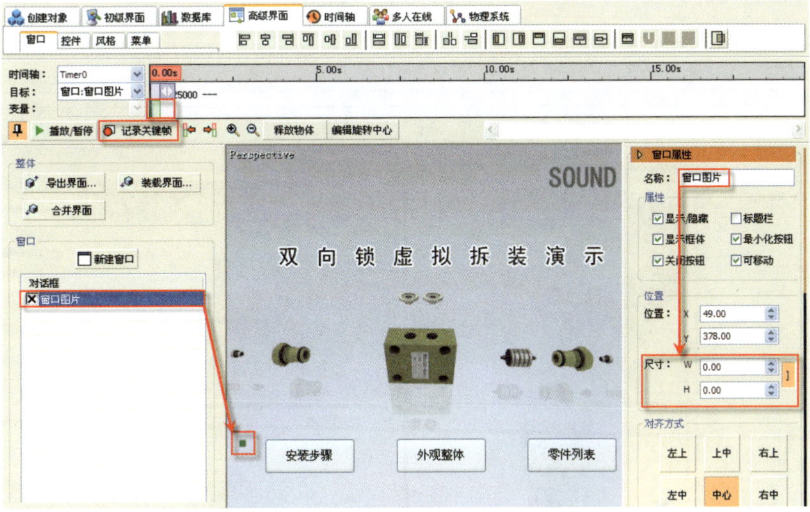

图3-5-3

04 将时间轴上的滑块拖动到最后即0.30s的位置，选中窗口控件，在右侧【窗口属性】卷展栏中将【尺寸】中的锁定按钮取消，这样W和H的数值就可以独立设置，其数值分别为800.00和600.00（输入数值以后一定要按Enter键），并调整窗口位置为最佳，然后单击【记录关键帧】按钮，记录下窗口当前的状态，如图3-5-4所示。

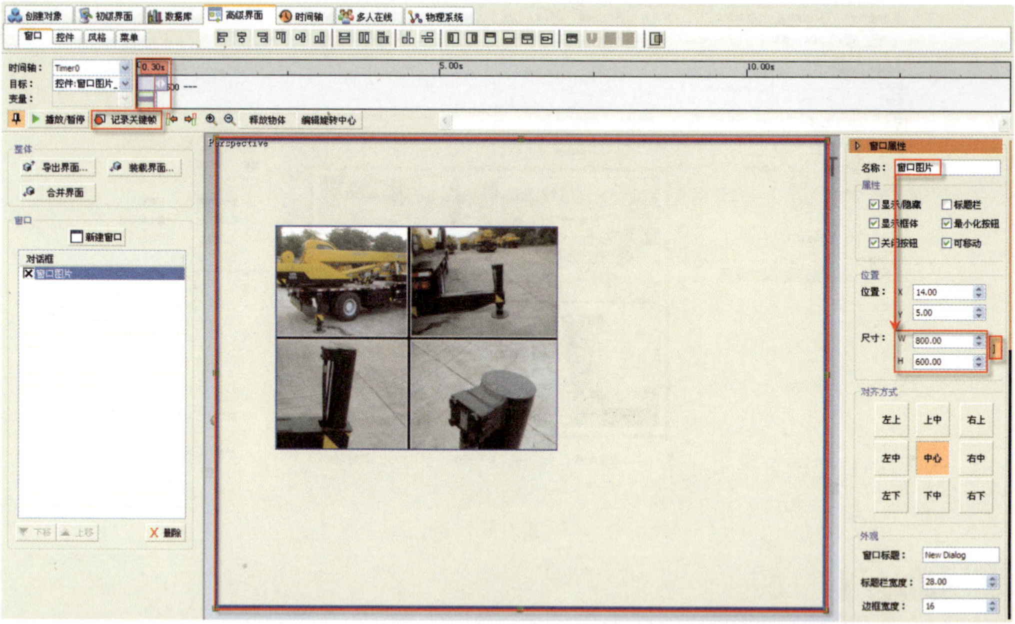

图3-5-4

注：

制作时间轴动画时，注意要先将时间轴滑块移动到对应的时间上，再移动控件或模型进行动画制作。

05 调整窗口中的【静态图片】控件到合适的大小，如图3-5-5所示。

图3-5-5

注：

静态图片动画和窗口动画是一致的，因此只需要制作窗口动画即可，同时要根据窗口的大小调整图片的大小和位置。

3.5.2　设置GUI控件的时间轴动画

01 打开【时间轴】面板，单击【新建时间轴】按钮，在弹出的对话框中输入时间为 2，如图 3-5-6 所示。

02 在【时间轴】面板中单击左上角的【锁定窗口】按钮，然后切换到【高级界面】｜【控件】面板，单击系列二按钮名称前的图标，将上排系列二按钮全部显示，如图3-5-7所示。

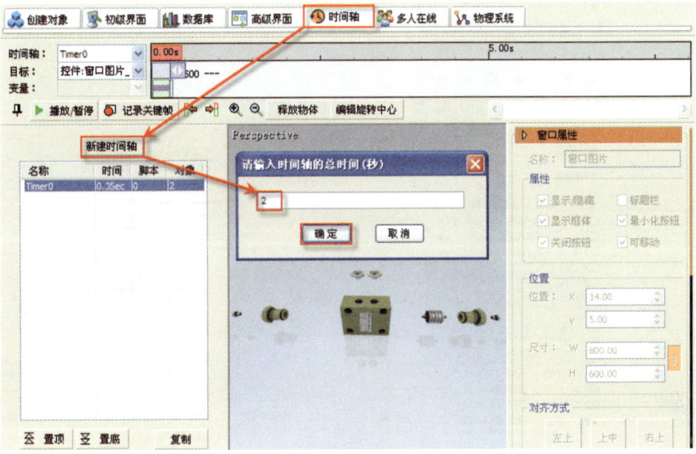

图3-5-6

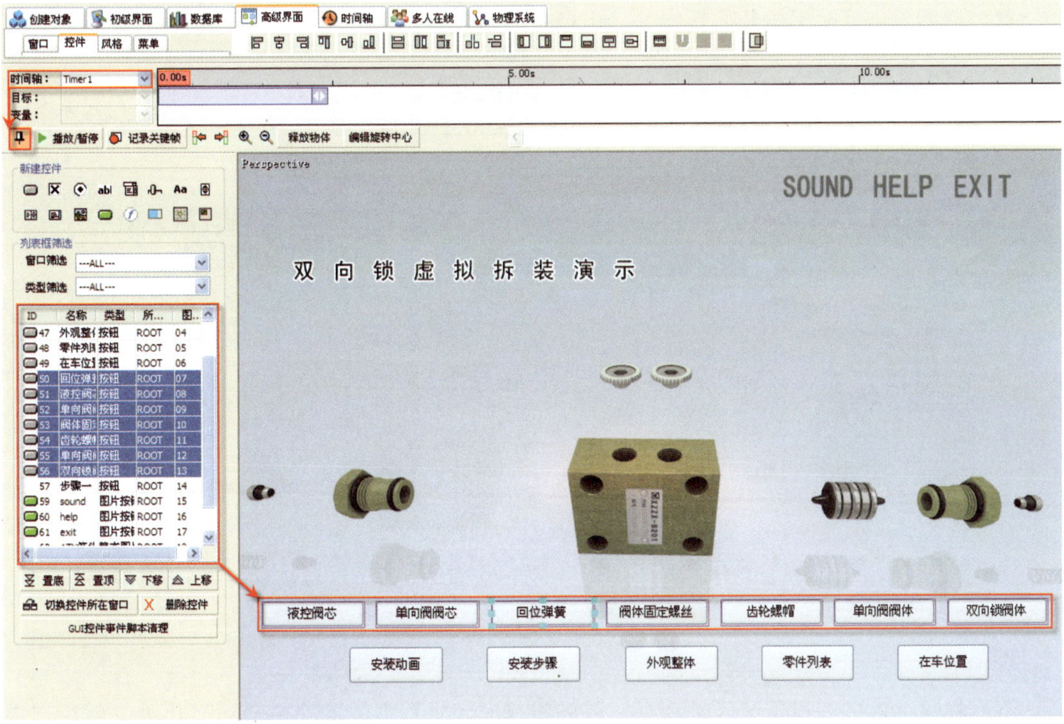

图3-5-7

03 首先将【时间轴】上的滑块拖动到0.00s的位置，然后单击【对齐工具】中的【中垂线】按钮，将所选按钮以中垂线位置进行重叠，然后把这些按钮放置到【零件列表】这个按钮的上方，然后单击【时间轴】面板中的【记录关键帧】按钮，记录按钮当前的状态，如图3-5-8所示。

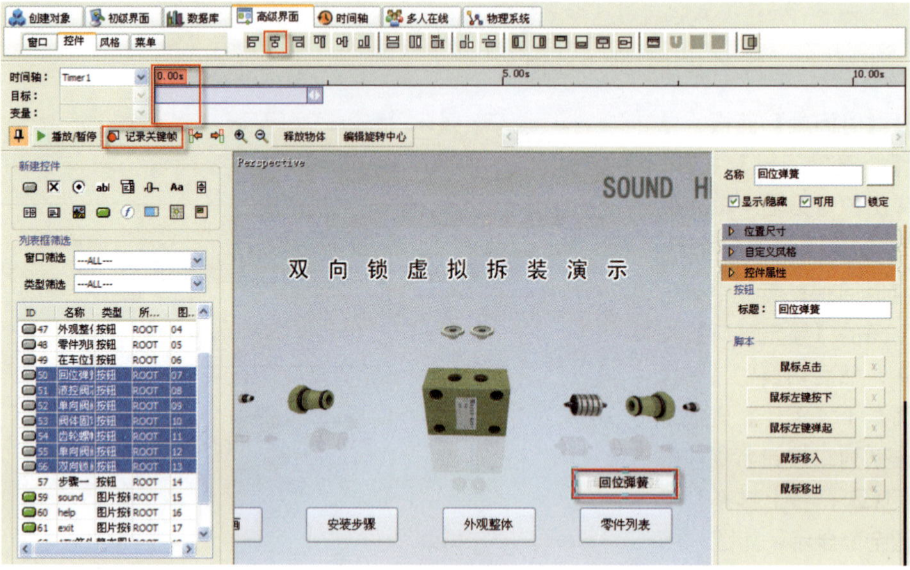

图3-5-8

04 将【时间轴】上的滑块拖动到1.00s的位置，将所有系列二的按钮调整到如图3-5-9所示的位置，最后单击【时间轴】面板中的【记录关键帧】按钮，记录当前的位置状态。

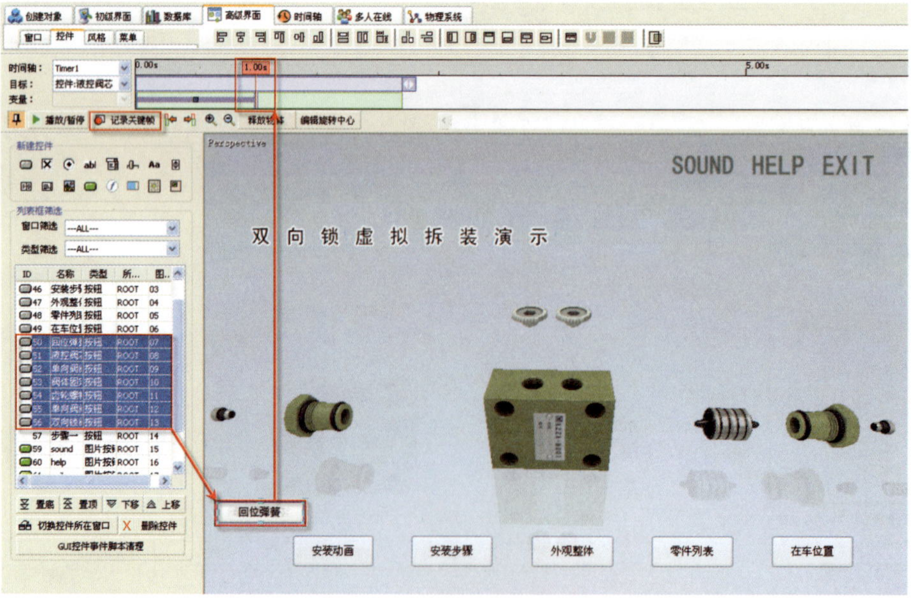

图3-5-9

05 下面将逐个对按钮设置时间轴动画。首先将【时间轴】上的滑块拖动到2.00s处，然后选中【单向阀阀芯】按钮并移动到如图3-5-10所示位置。

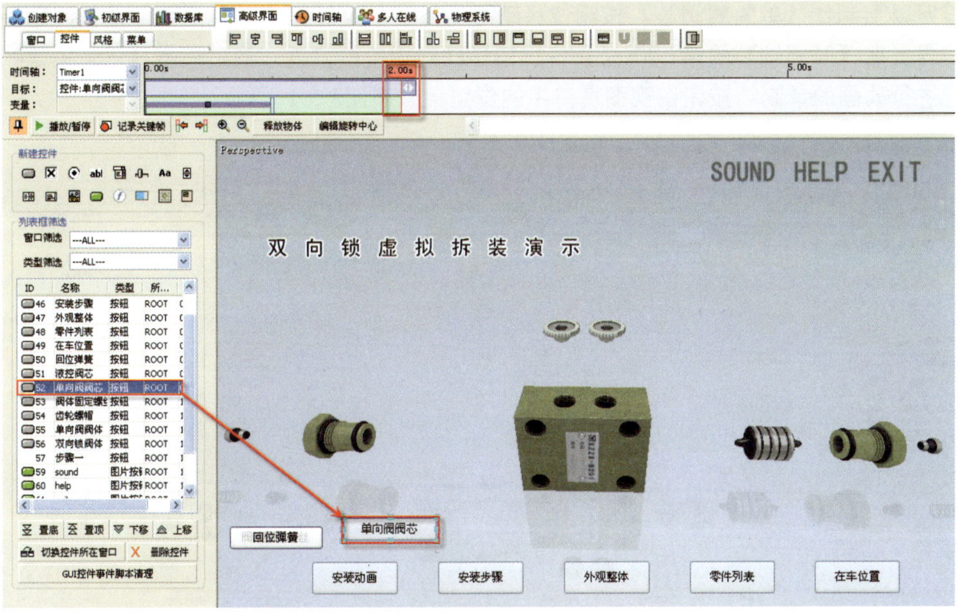

图3-5-10

06 在选中【单向阀阀芯】按钮的同时，按Ctrl键加选【回位弹簧】按钮，然后单击视图窗口的【对齐工具】中的【底对齐】按钮，使【单向阀阀芯】按钮与其他按钮底部位置对齐，然后再次选中【单向阀阀芯】按钮，最后单击【记录关键帧】按钮，记录此时按钮的位移动画帧，如图3-5-11所示。

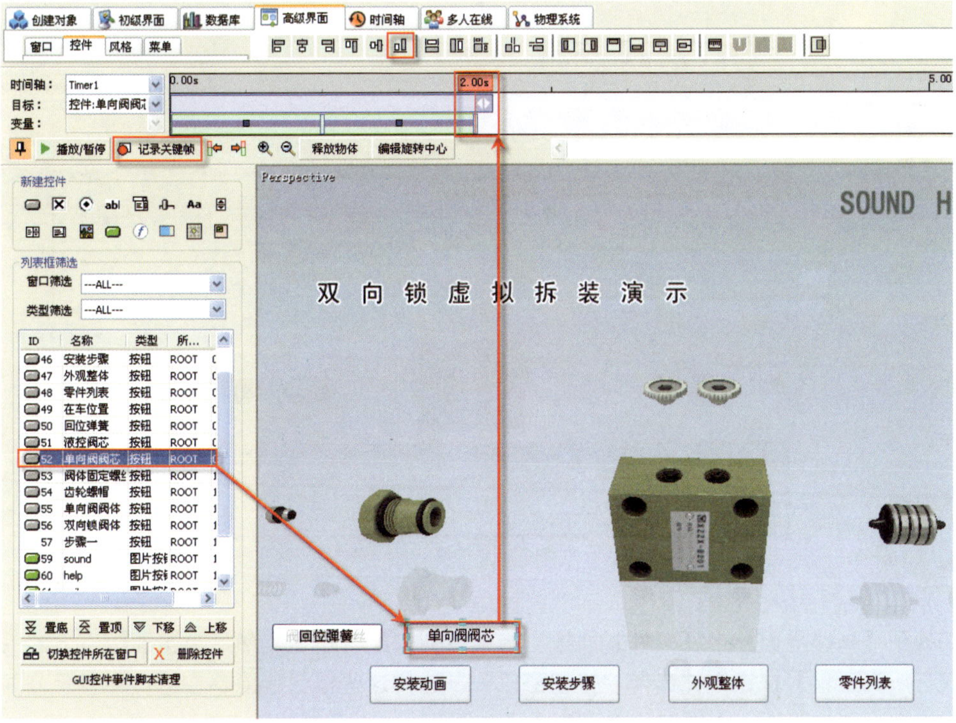

图3-5-11

07 按照以上制作【单向阀阀芯】按钮位移动画的方法，继续制作其他系列二按钮的动画。同样需要在【时间轴】的第2.00s处，将按钮移动到相应的位置，最后单击【记录关键帧】按钮进行动画的录制；按钮在视图窗口中的位置请参考图3-5-12所示。

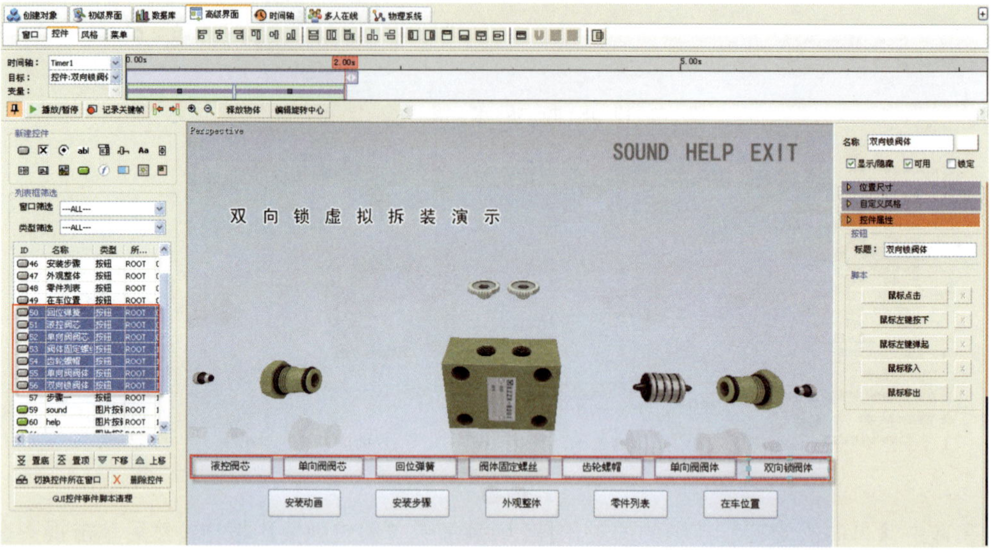

图3-5-12

08 制作好按钮的时间轴动画后，切换到【高级界面】｜【窗口】面板，单击【新建窗口】按钮在视图窗口中拖曳出一个窗口，并将其调整为能包含系列二所有按钮的大小，修改其名称为“按钮窗口”，调整其【对齐方式】为“下中”，如图3-5-13所示。

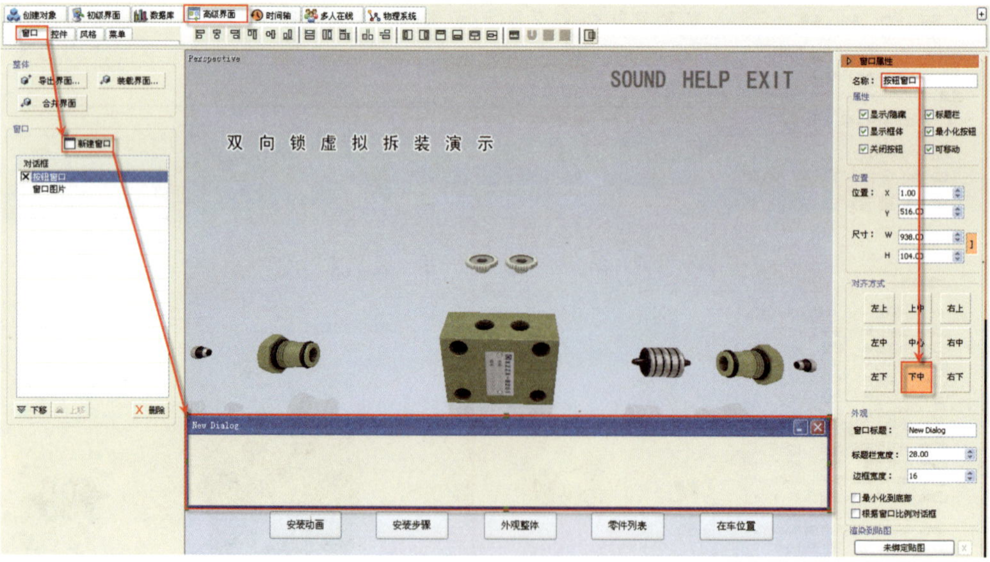

图3-5-13

09 切换到【高级界面】｜【控件】面板，选中系列二所有按钮，然后单击面板下方的【切换控件所在窗口】按钮，并选择“按钮窗口”，这样这些按钮就能够在窗口中显示，并且可以被窗口整体管理，方便编写交互脚本，如图3-5-14所示。

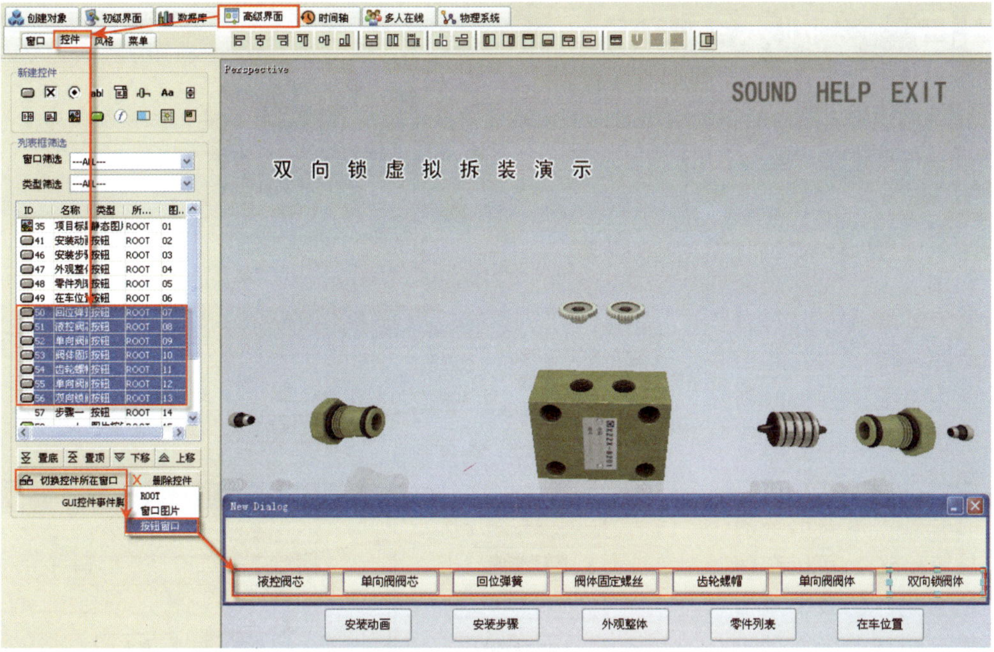

图3-5-14

注：

在【高级界面】面板中，窗口控件的功能相当于一个组，可以整体管理窗口内的所有控件。将控件移出窗口的方法还有:按住键盘上的 Shift 键不放，同时把控件拖曳到视图窗口中即可。

10 切换到【高级界面】｜【窗口】面板，选择“按钮窗口”后在右侧【窗口属性】卷展栏中取消勾选【标题栏】和【显示框体】复选框，如图3-5-15所示。

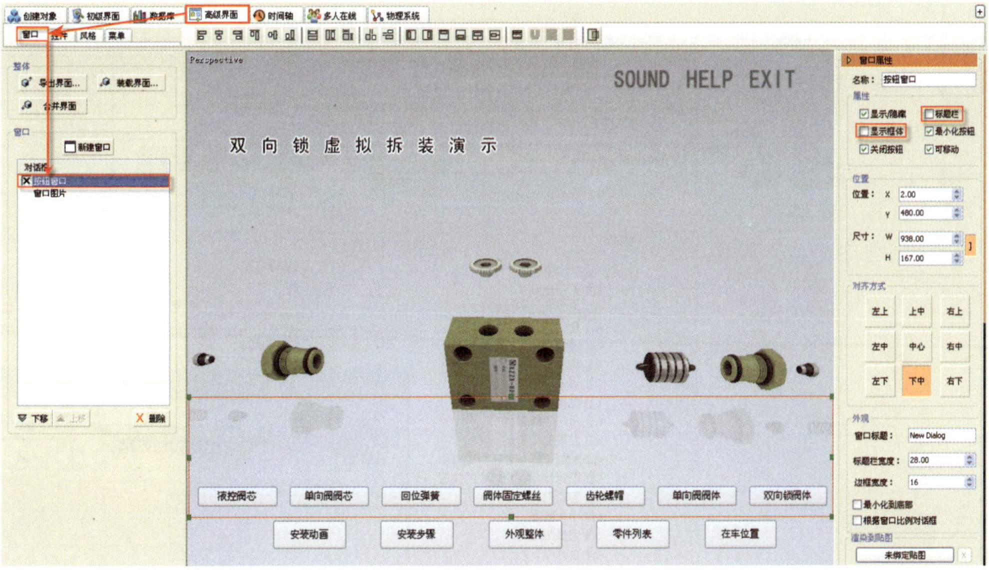

图3-5-15

3.6 脚本交互设置

使用VRP编辑器中的脚本编辑器，可以设置很多丰富有趣的交互功能。本章案例中交互主要体现在模型刚体动画、GUI时间轴动画、切换相机、改变模型贴图等方面。

3.6.1 设置【#初始化】函数脚本

01 首先创建【#初始化】函数，【#初始化】函数中主要添加一些初始状态时触发的事件，如在文件一开始运行时有些不需要出现的按钮和窗口，可以在【#初始化】函数中添加显示隐藏的脚本进行控制，如图3-6-1所示。

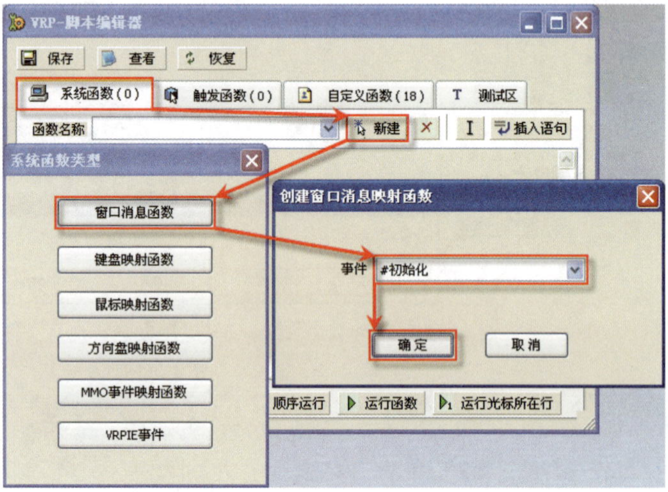

图3-6-1

02 添加【显示隐藏对话框】脚本，在【对话框名称】栏选择“窗口图片”对话框，【类别】栏选择“0=隐藏”，如图3-6-2所示。

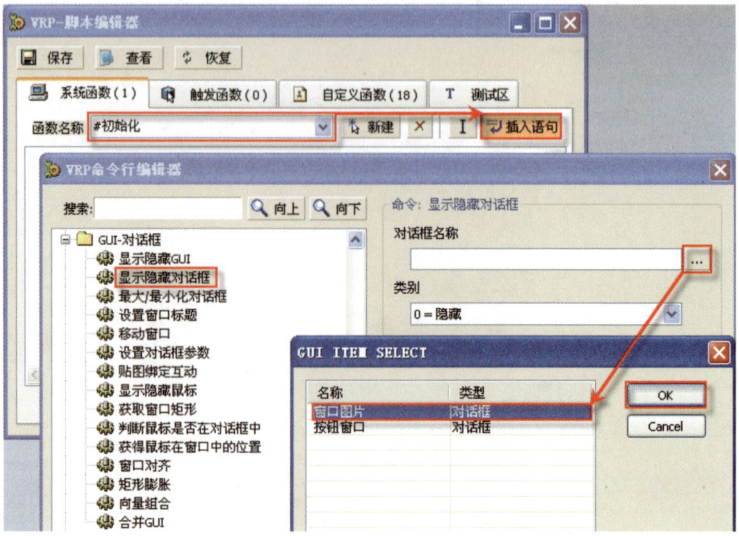

图3-6-2

03 使用与上述相同的方法，继续添加隐藏“按钮窗口”控件的脚本，如图 3-6-3 所示。

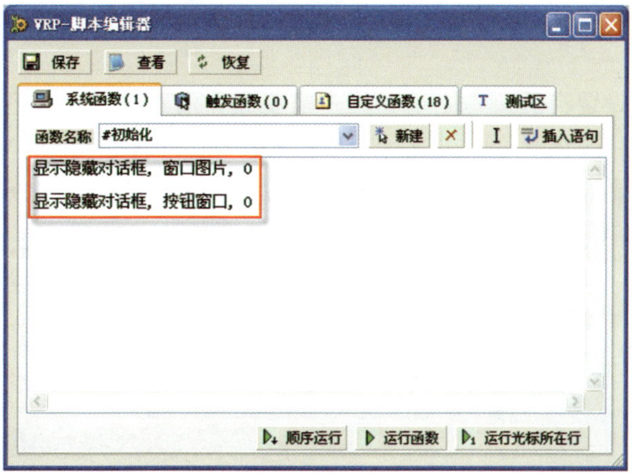

图3-6-3

04 添加【显示隐藏控件】脚本，在【控件名称】栏选择“步骤一”，在【参数】栏输入“0”，如图 3-6-4 所示。

注：

在【参数】后边有注解：【1=显示/0=隐藏】，在VRP脚本中经常会出现这样的注释，用户可以根据注释编写正确的脚本。

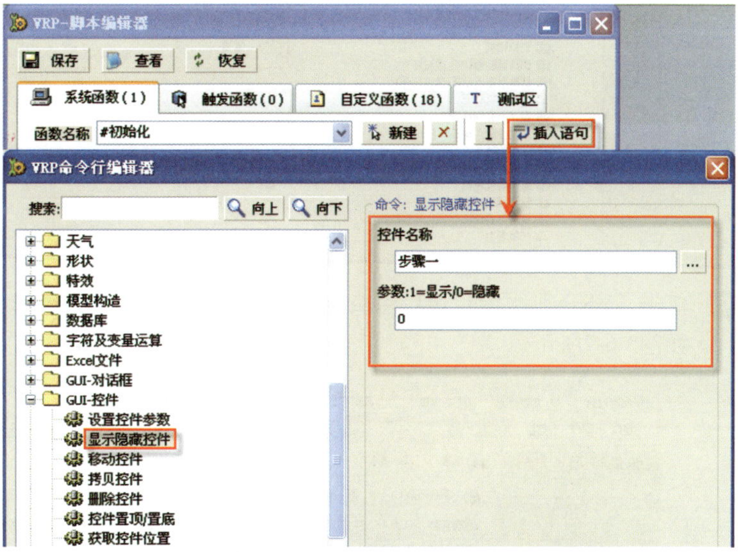

图3-6-4

05 使用与上述相同的方法，继续添加隐藏“ATX 箭头”控件的脚本，如图 3-6-5 所示。

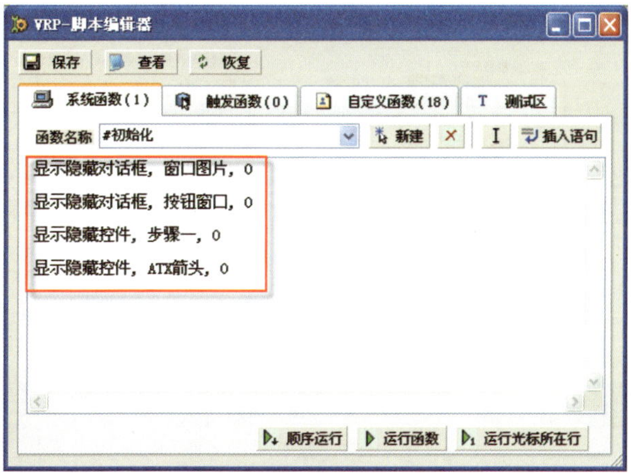

图3-6-5

3.6.2 设置【安装动画】按钮脚本

01 在设置交互脚本之前，用户需要先弄清楚每一个按钮的功能。在此案例中单击【安装动画】按钮就可以切换到规定的相机下，并播放在3ds Max中设置好的模型动画，所以首先需要给【鼠标点击】按钮下面添加【切换相机（通过名称）】脚本，如图3-6-6所示。

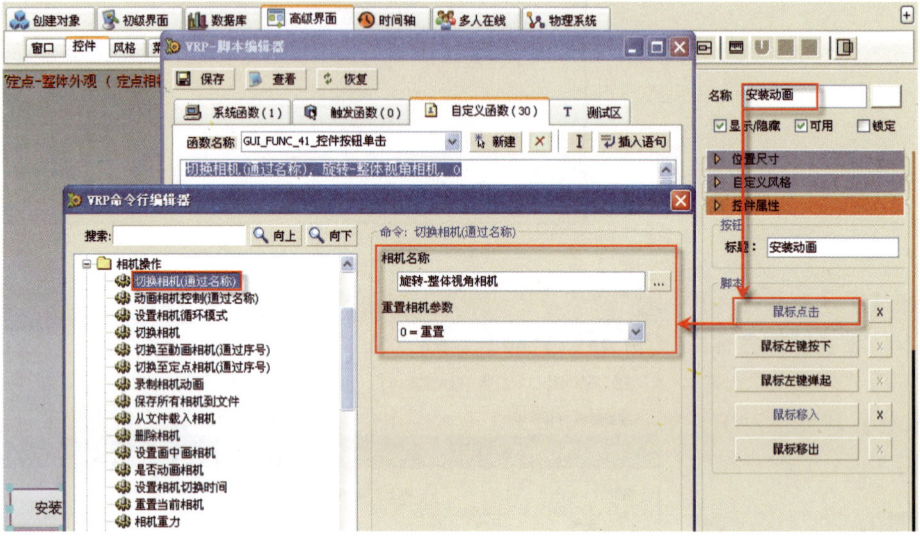

图3-6-6

02 单击【VRP-脚本编辑器】窗口中的【插入语句】按钮，继续添加【播放刚体动画】脚本，如图3-6-7所示。

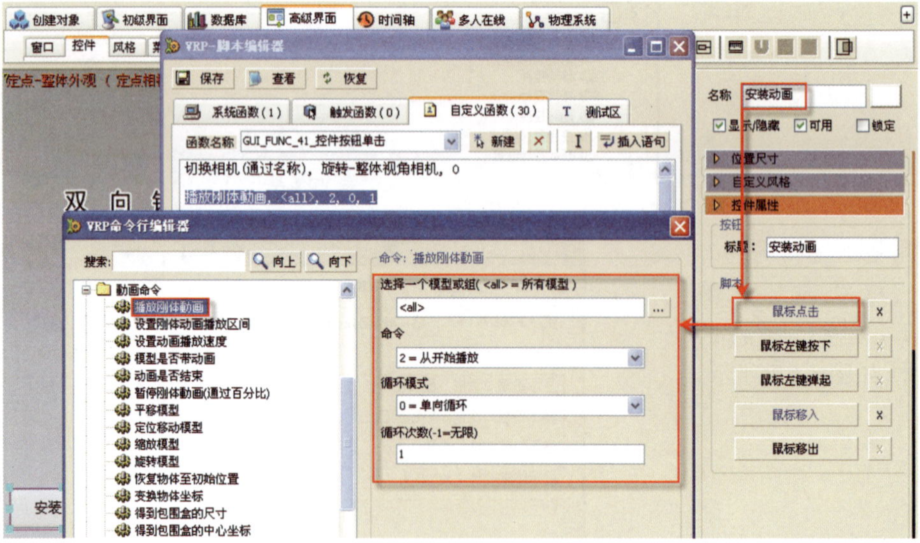

图3-6-7

注：

在【选择一个模型或组】栏中输入<all>，表示选择所有模型。

03 接着将【# 初始化】函数中的脚本复制到【安装动画】按钮的函数中。这样操作的原因是这些 GUI 控件将来会被显示出来，而触发【安装动画】按钮函数的时候又不需要它们显示，所以这里要添加将其隐藏的脚本，如图 3-6-8 所示。

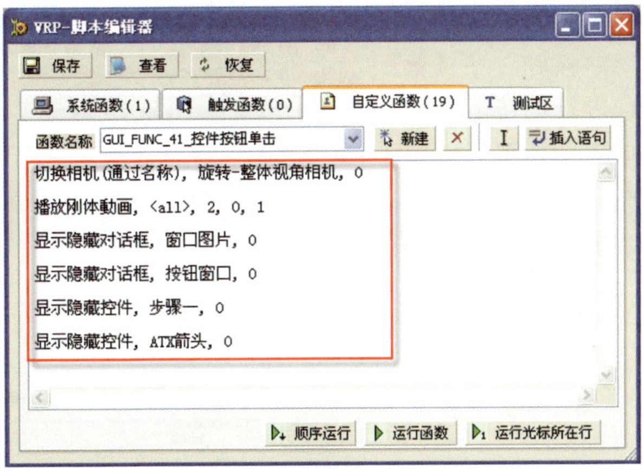

图3-6-8

注：

在【VRP-脚本编辑器】窗口中的脚本语句是可以进行复制粘贴的。

3.6.3　设置【安装步骤】按钮脚本

01 【安装步骤】按钮触发的效果是：单击一次显示【步骤一】和“ATX 箭头”控件，再单击一次就将二者隐藏，这种交互事件叫做二次变量（二次单击事件），需要用到变量脚本，所以首先要在【# 初始化】函数中创建一个名称为“安装”的变量，如图 3-6-9 所示。

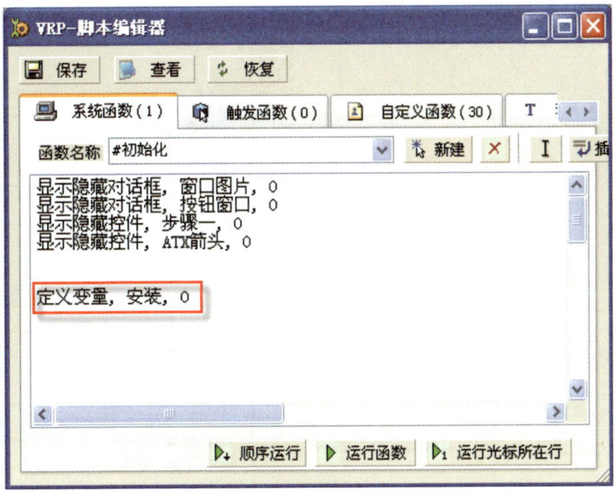

图3-6-9

注：

在编写二次变量或多次变量脚本时，要先在【#初始化】函数中定义好变量。

02 选择名称为“安装步骤”的按钮，在【鼠标点击】按钮下面添加【显示隐藏对话框】脚本，将“窗口图片”与“按钮窗口”进行隐藏，如图3-6-10所示。

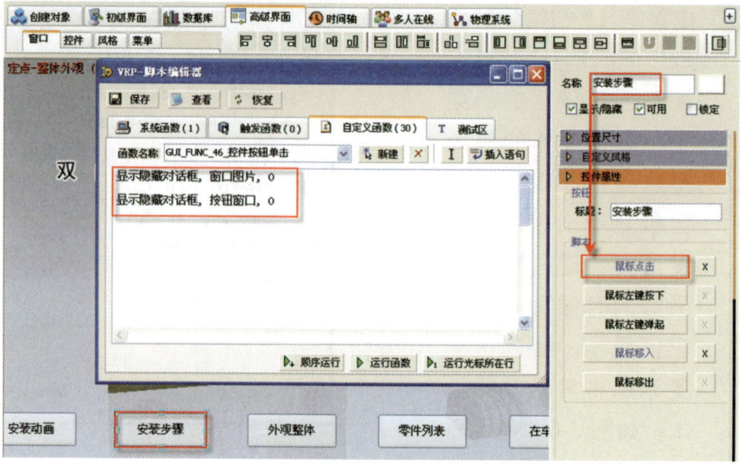

图3-6-10

03 单击【插入语句】按钮，添加【#比较变量值】脚本，【变量名称】设置为“安装”，【变量对比值】设置为“0”，如图3-6-11所示。

注：

使用变量脚本的时候，对应的变量名称必须保持一致。

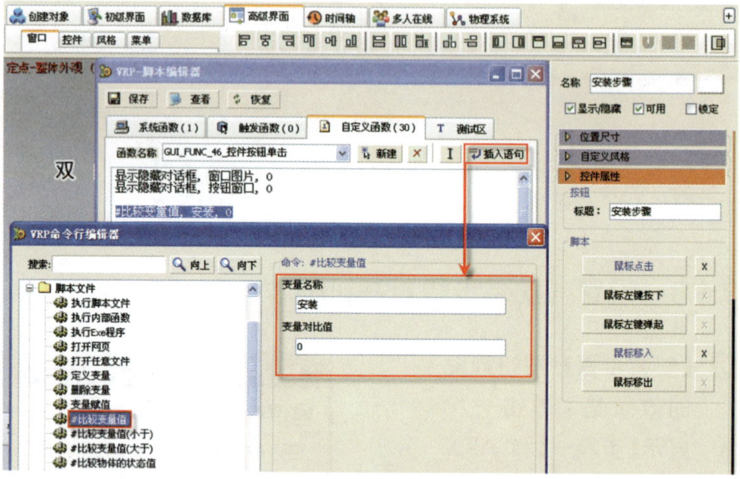

图3-6-11

04 单击【插入语句】按钮，继续添加脚本，将控件“步骤一”和“ATX箭头”显示，同时将“安装”的【变量值】设置为“1”，如图3-6-12所示。

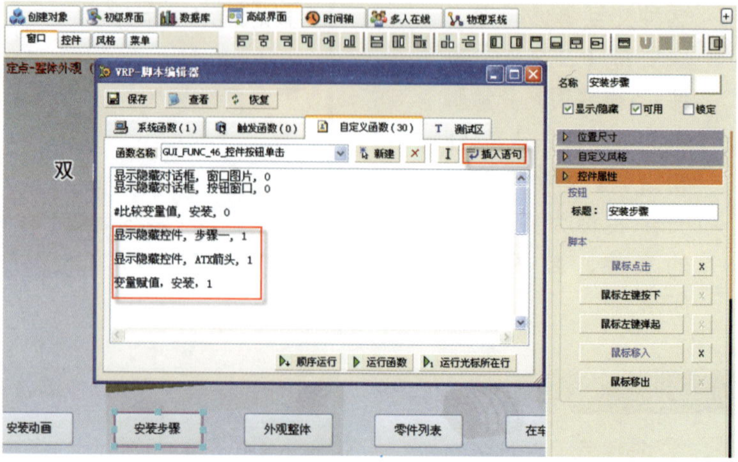

图3-6-12

注：

【变量赋值】脚本的含义是给某个变量重新设定一个数值，通常添加在某些触发事件之后；在【变量值】栏中输入<last_output>，其意义就是保存上一步操作产生的数值；在二次变量脚本语句中多用“0”和“1”来表现。

05 单击【插入语句】按钮，添加【# 否则】脚本，如图 3-6-13 所示。

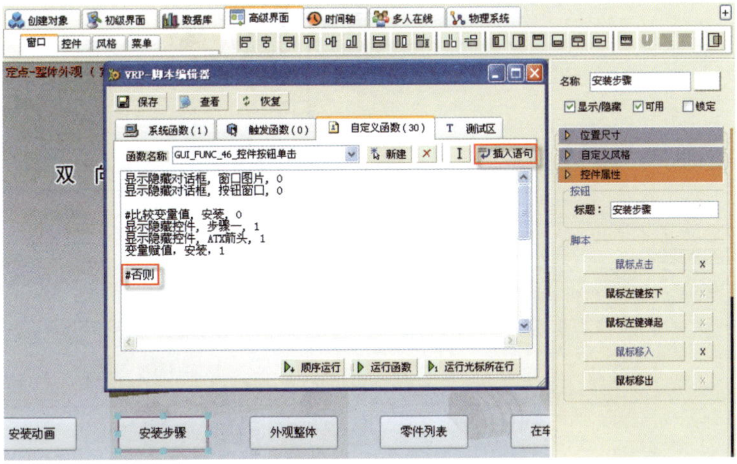

图 3-6-13

注：

【#否则】脚本的含义是，如果上述条件语句不成立，就执行以下的脚本语句；在此步骤中的含义就是，如果“安装”这个变量的值不为0时，那么就执行以下的脚本语句。

06 单击【插入语句】按钮，添加脚本，将控件“步骤一”和“ATX 箭头”隐藏，同时将“安装”的【变量值】设置为“0”，如图 3-6-14 所示。

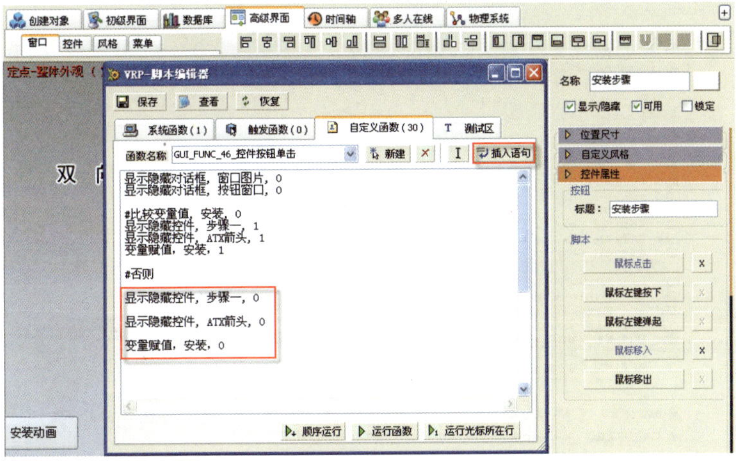

图 3-6-14

注：

此步骤中每个脚本语句最后的数值，和第一次比较变量值脚本是不同的。

07 添加【#结束】脚本，以结束二次变量事件，如图 3-6-15 所示。

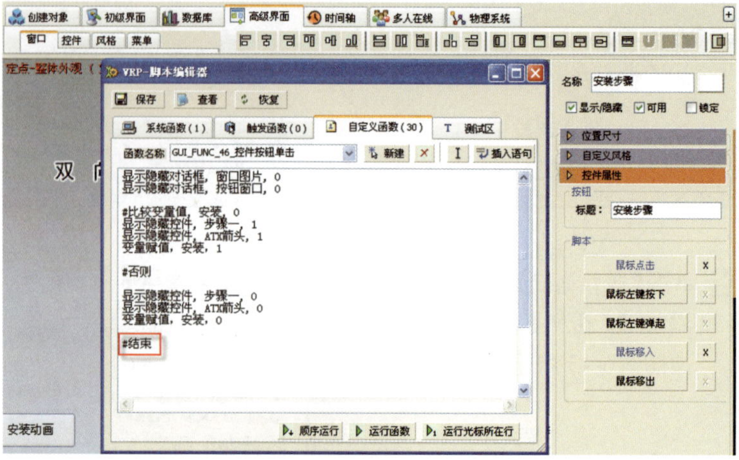

图3-6-15

注：

【#结束】脚本的含义是，结束条件判断语句。一般情况下，当需要写二次变量或者多次变量脚本函数的时候，最后需要添加一个【#结束】脚本，来实现一个完整的变量判断。

3.6.4 设置【步骤一】按钮脚本

单击主工具栏中的【运行】按钮▷或按F5快捷键，可以对场景进行预览，单击【安装步骤】按钮可以显示出【步骤一】按钮，下面我们将设置它的交互脚本。

01 单击【步骤一】按钮名称前的图标，将其在视图窗口中显示出来，如图3-6-16所示。

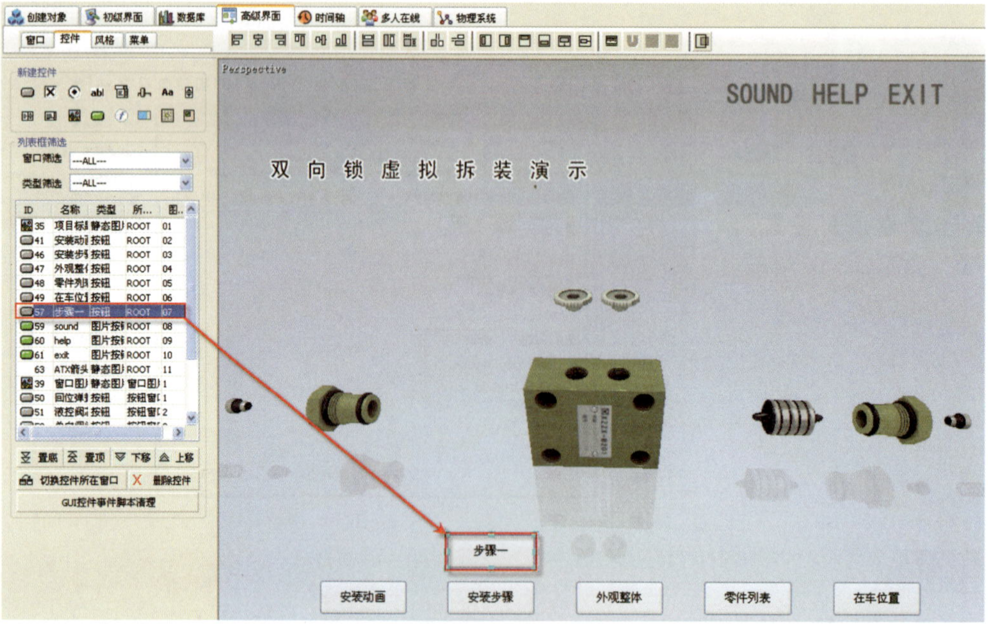

图3-6-16

02 单击主工具栏中的【VRP- 脚本编辑器】按钮或按 F7 快捷键可以打开【VRP- 脚本编辑器】窗口，在【系统函数】面板的【#初始化】函数中添加【定义变量】脚本，【变量名称】设置为“步骤”，如图 3-6-17 所示。

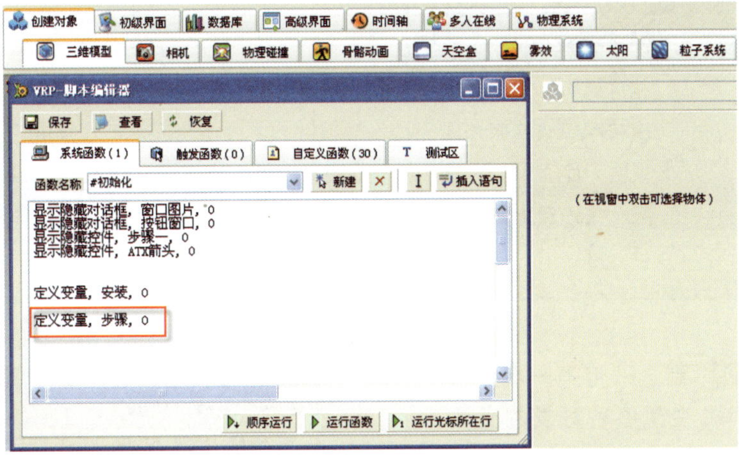

图3-6-17

03 关闭【VRP- 脚本编辑器】窗口，然后选择【步骤一】按钮，在【鼠标点击】按钮下面添加【变量递增】脚本，如图 3-6-18 所示。

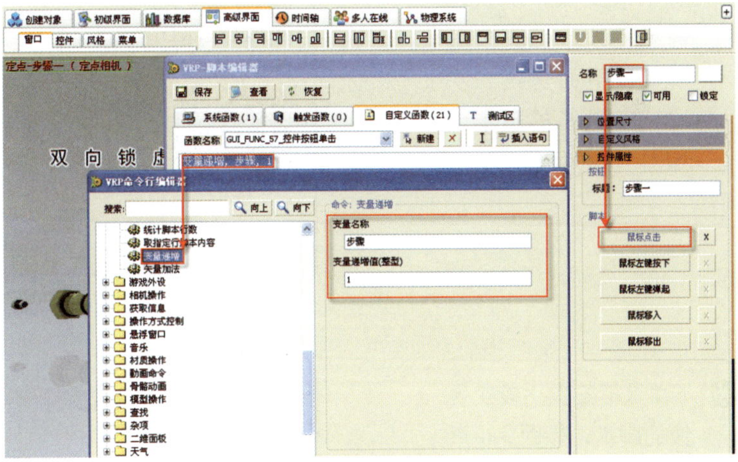

图3-6-18

04 下面需要给【步骤一】按钮添加多次变量（多次单击事件）脚本。多次变量的语句和二次变量相似，变量进行多次比较即为多次变量。使用上节讲述的方法给【步骤一】按钮添加第一次比较变量值的脚本，注意变量值的不同设置方法，如图 3-6-19 所示。

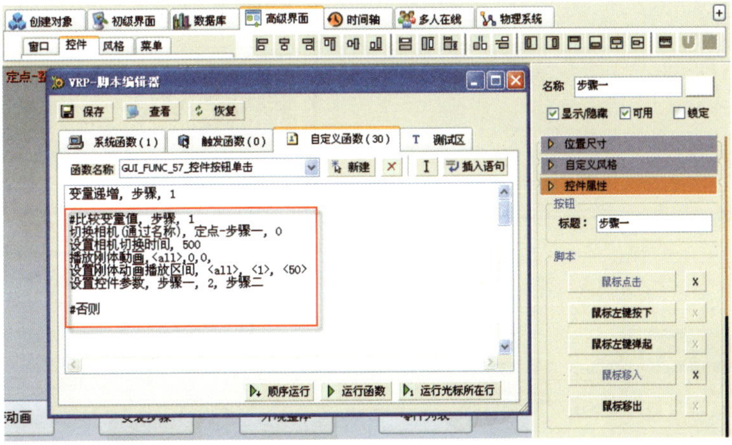

图3-6-19

注：

【设置相机切换时间】脚本以ms为单位，1s=1000ms；【播放刚体动画】脚本中，<all>=所有模型；【设置刚体动画播放区间】脚本含义是，设置刚体动画播放的区间，以帧数或百分比表示，这里使用帧数表示，具体帧数可以参考3ds Max文件，该脚本将被反复使用；【设置控件参数】脚本中设置将【步骤一】按钮的标题改为【步骤二】，该脚本将被反复使用。

05 到这一步第一次比较变量值后触发的交互脚本就完成了。由于本章案例中拆装过程有六个步骤，所以还需要继续添加其余的脚本。下面是第二次比较变量值的脚本，如图3-6-20所示。

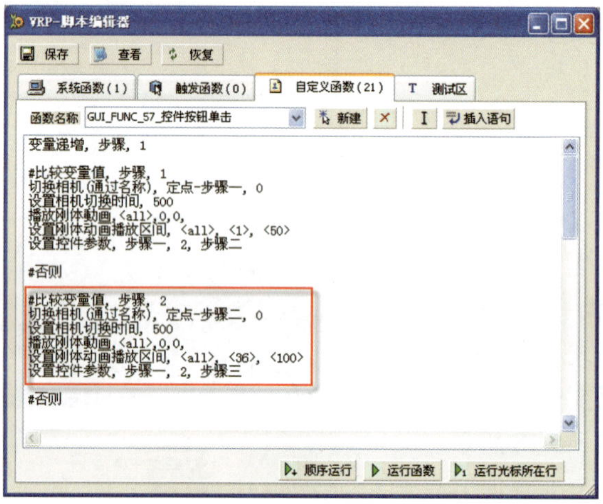

图3-6-20

06 下面是第三次比较变量值的脚本，如图3-6-21所示。

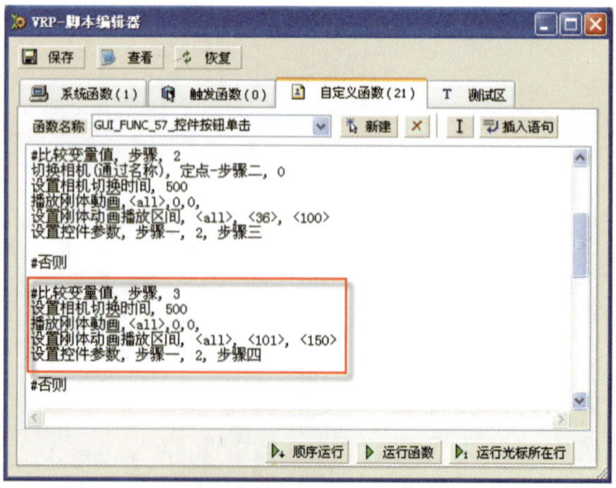

图3-6-21

注：

由于步骤二和步骤三共用一台相机，所以这组脚本里不需要添加【切换相机（通过名称）】的脚本。

07 下面是第四次比较变量值的脚本，如图 3-6-22 所示。

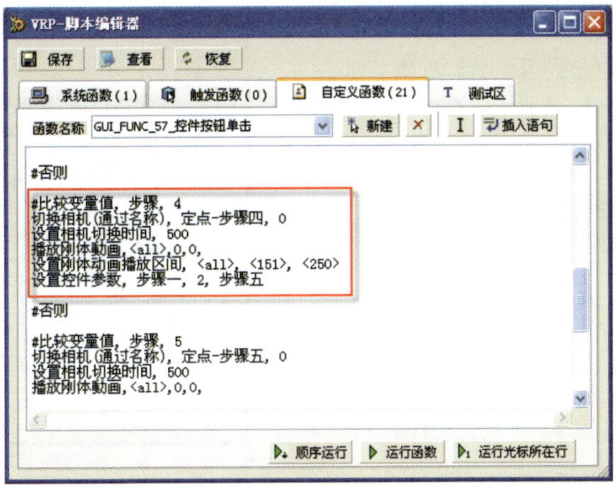

图3-6-22

08 下面是第五次比较变量值的脚本，如图 3-6-23 所示。

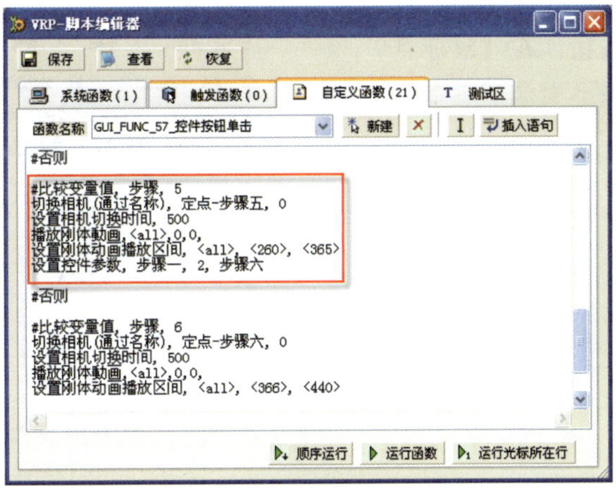

图3-6-23

09 下面是第六次比较变量值的脚本，其中需要把【设置控件参数】脚本中的按钮名称设置为“重新安装”，如图 3-6-24 所示。

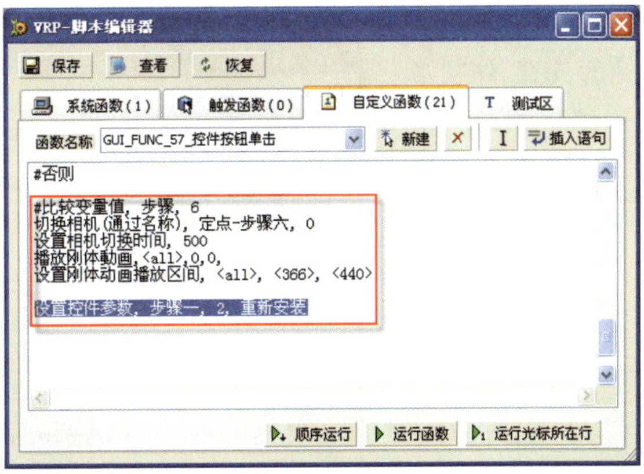

图3-6-24

10 下面是第七次比较变量值的脚本，在这段语句中添加了【变量赋值】脚本，因为完成安装动画之后，需要将“步骤”这个变量的值重新归零，这样就可以形成一个循环的变量，最后添加【#结束】脚本，如图3-6-25所示。

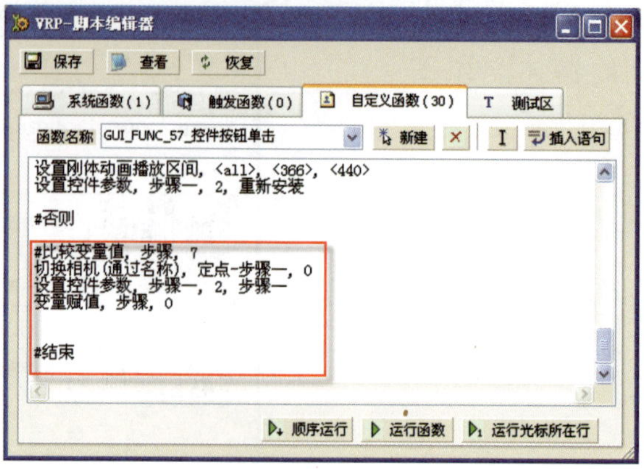

图3-6-25

3.6.5 设置【外观整体】按钮脚本

选择名称为“外观整体”的按钮，在【鼠标点击】按钮下面添加脚本，如图3-6-26所示。

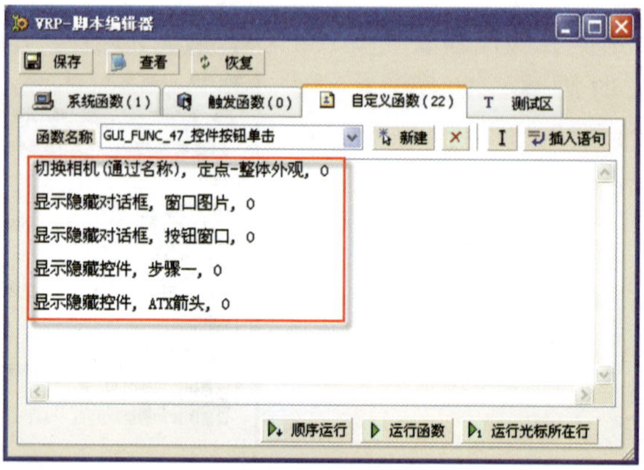

图3-6-26

3.6.6 设置【零件列表】按钮脚本

01 在设置【零件列表】按钮的交互脚本之前，需要先在【#初始化】函数中定义一个新变量，如图3-6-27所示。

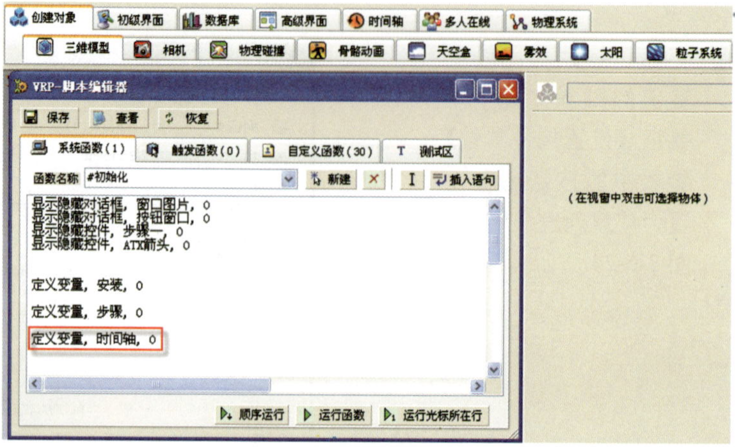

图3-6-27

02 选择名称为“零件列表”的按钮，在【鼠标点击】按钮下面添加隐藏窗口和GUI控件的脚本，如图3-6-28所示。

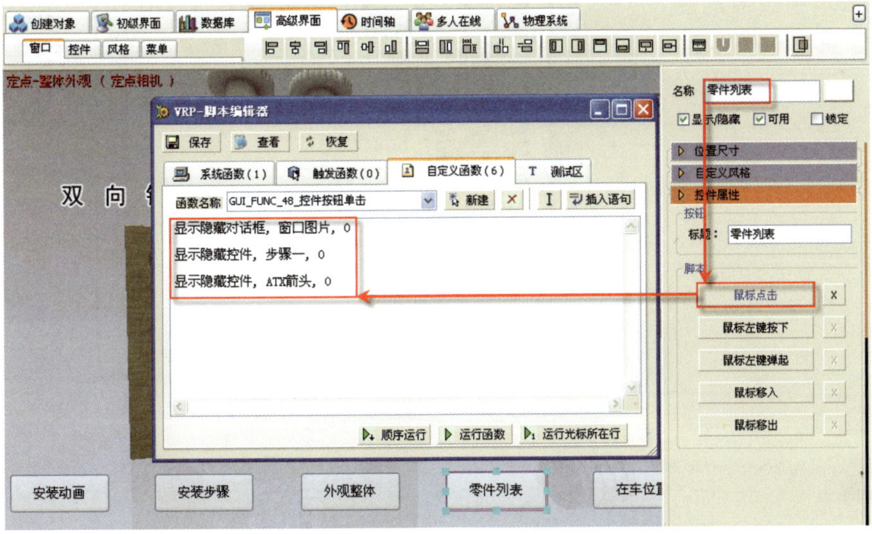

图3-6-28

03 单击【插入语句】按钮，添加二次变量脚本，此脚本将实现单击【零件列表】按钮一次，就触发系列二按钮时间轴动画的效果；添加语句的方法可以参考前面对【安装步骤】按钮的讲解，如图3-6-29所示。

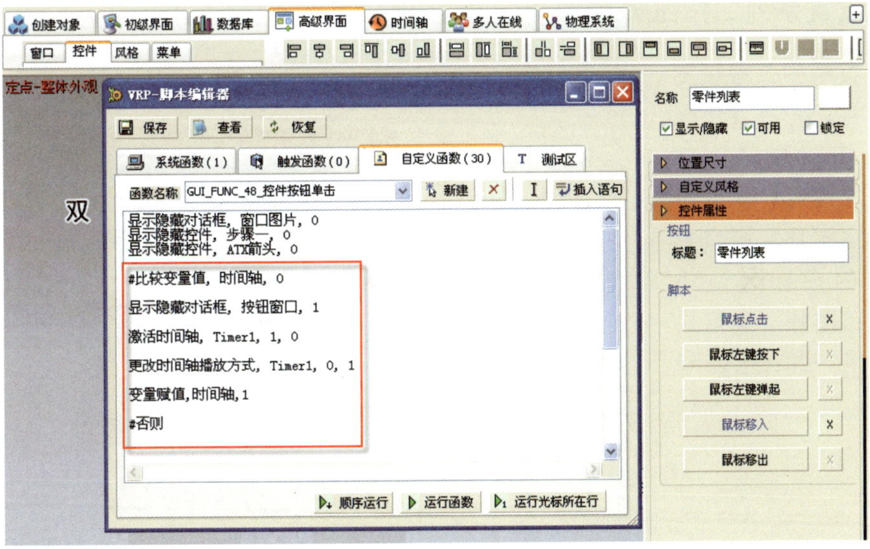

图3-6-29

注：

【显示隐藏对话框】脚本中设置将“按钮窗口”显示；【激活时间轴】脚本的含义是播放指定的时间轴，这里选择“Timer1”时间轴；【更改时间轴播放方式】脚本中设置使“Timer1”时间轴正向播放一次。

04 在【#否则】脚本下面继续添加脚本，注意每句脚本中数值的变化，如图3-6-30所示。

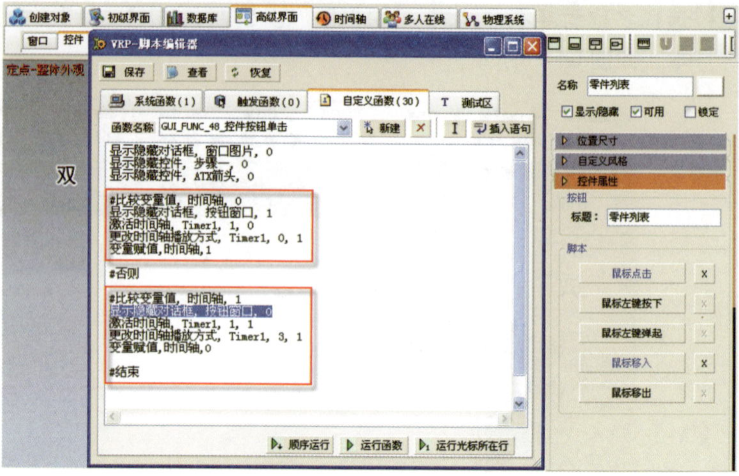

图3-6-30

> **注：**
>
> 【显示隐藏对话框】脚本中设置将“按钮窗口”隐藏；【更改时间轴播放方式】脚本中设置使“Timer1”时间轴倒序播放一次。

3.6.7 设置系列二按钮脚本

01 在设置系列二按钮脚本之前，先将【步骤一】按钮隐藏，并单击【窗口】面板中“按钮图片”窗口名称前的图标☒，将“按钮图片”窗口显示出来，如图3-6-31所示。

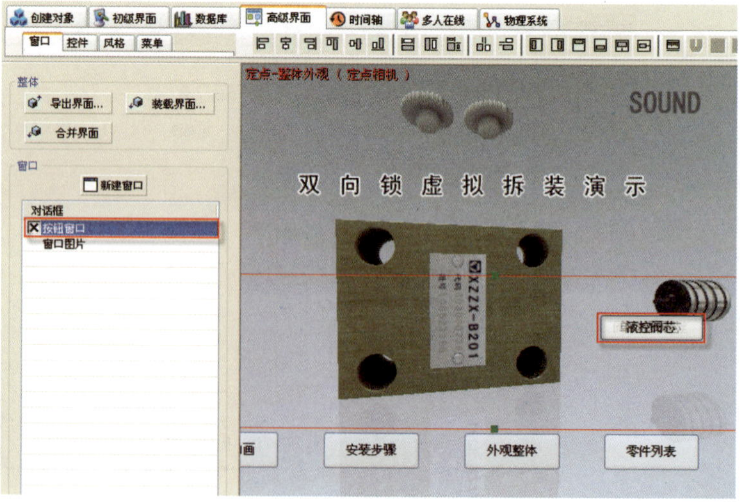

图3-6-31

02 切换到【时间轴】面板，单击【锁定窗口】按钮切换到【高级界面】面板，选择“Timer1”时间轴并将时间滑块拖动到2.00s处，如图3-6-32所示。

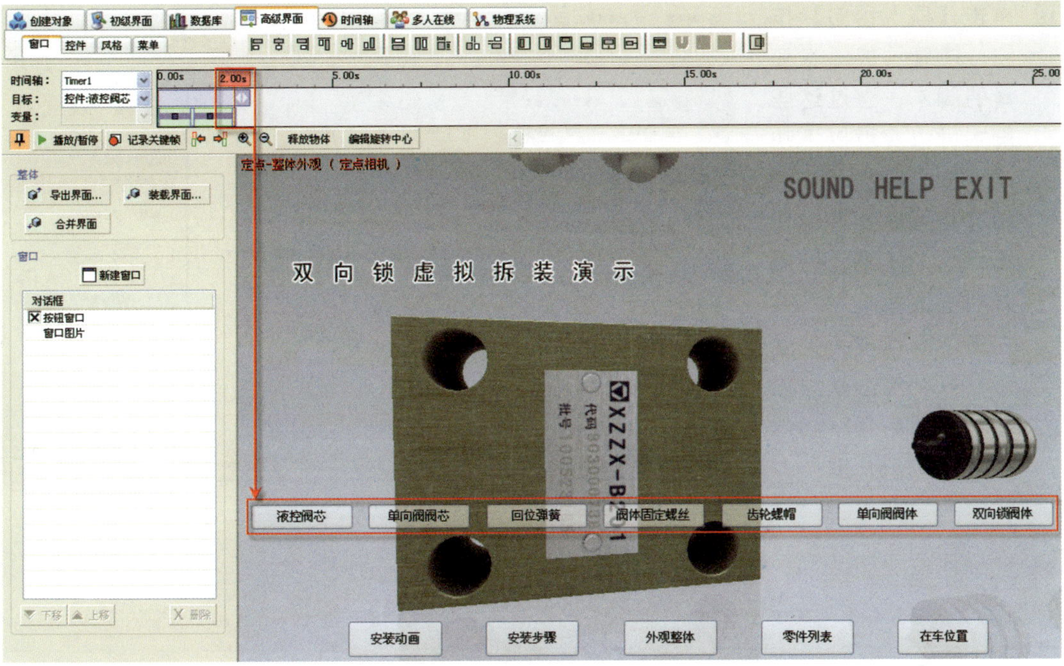

图3-6-32

03 在设置按钮交互脚本之前，首先在【#初始化】函数中定义几个新变量，【变量名称】分别设置为“系列二01”~“系列二07”，【变量值】均设置为“0”，如图3-6-33所示。

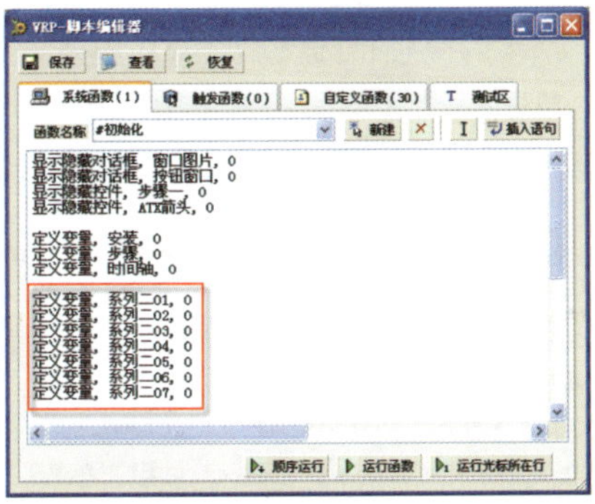

图3-6-33

04 下面设置【液控阀芯】按钮的交互脚本。选择名称为“液控阀芯”的按钮，在右侧【鼠标点击】按钮下面添加【恢复物体状态】、【播放刚体动画】、【切换相机（通过名称）】脚本，如图3-6-34所示。

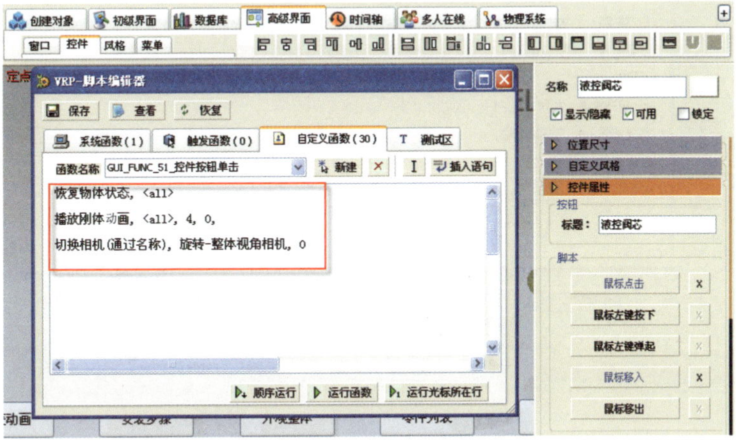

图3-6-34

05 单击【插入语句】按钮，接着添加二次变量的脚本。通过这些脚本可以实现以下功能：单击一次【液控阀芯】按钮就可以切换相机，同时暂停所有动画，并且将“液控阀芯”模型高亮显示，再次单击就恢复其贴图的效果。脚本如图3-6-35所示。

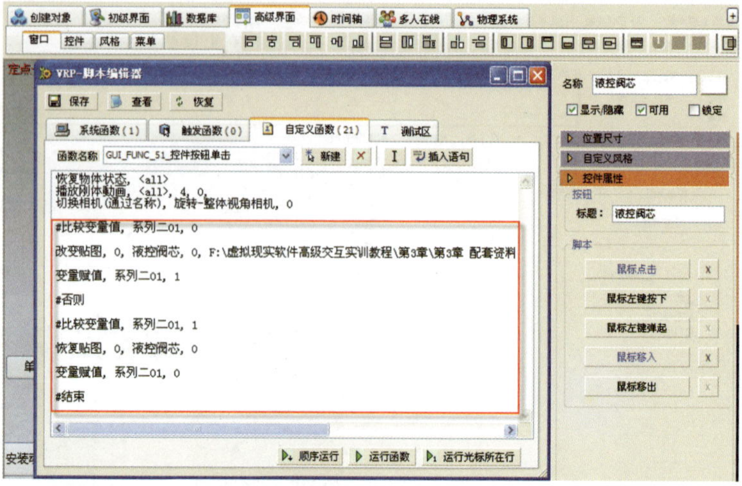

图3-6-35

注：

【改变贴图】脚本中设置将“液控阀芯”模型的diffuse通道更换成一张.atx动态贴图。

06 选择名称为“单向阀阀芯”的按钮，按照上述的方法分别添加【恢复物体状态】、【播放刚体动画】、【切换相机(通过名称)】脚本，以及二次变量脚本。通过这些脚本可以实现以下功能：单击一次【单向阀阀芯】按钮就可以切换相机，同时暂停所有动画，并且将“单向阀阀芯”模型高亮显示，再次单击就恢复其贴图的效果。脚本如图3-6-36所示。

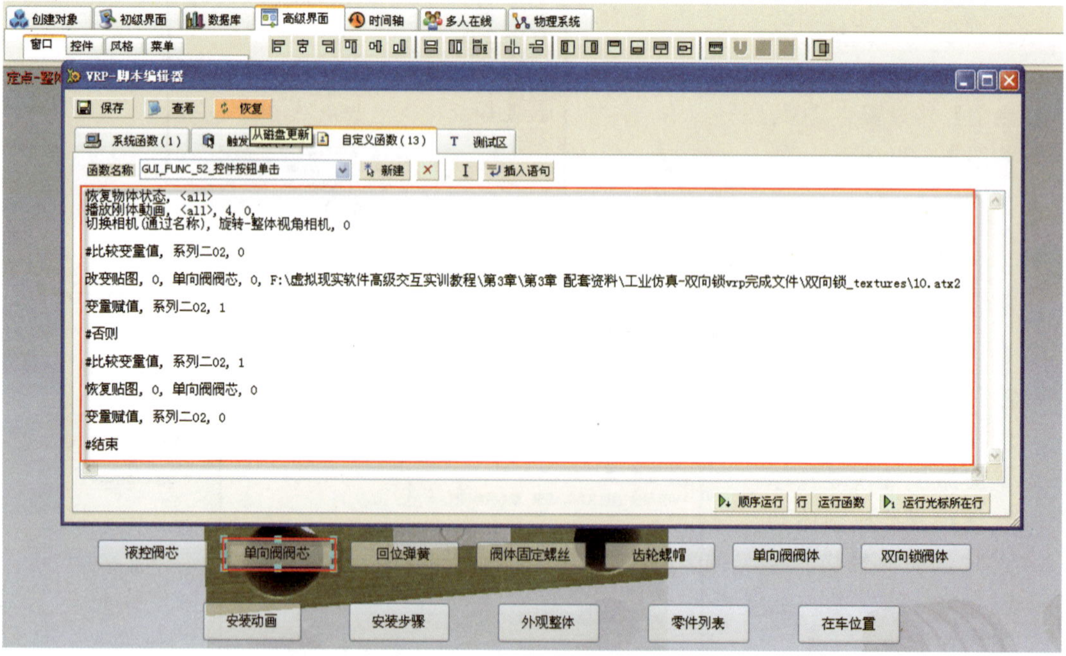

图3-6-36

07 选择名称为“回位弹簧”的按钮，按照上述的方法分别添加【恢复物体状态】、【播放刚体动画】、【切换相机(通过名称)】脚本，以及二次变量脚本。通过这些脚本可以实现以下功能：单击一次【回位弹簧】按钮就可以切换相机，同时暂停所有动画，并且将“回位弹簧”模型高亮显示，再次单击就恢复其贴图的效果。脚本如图3-6-37所示。

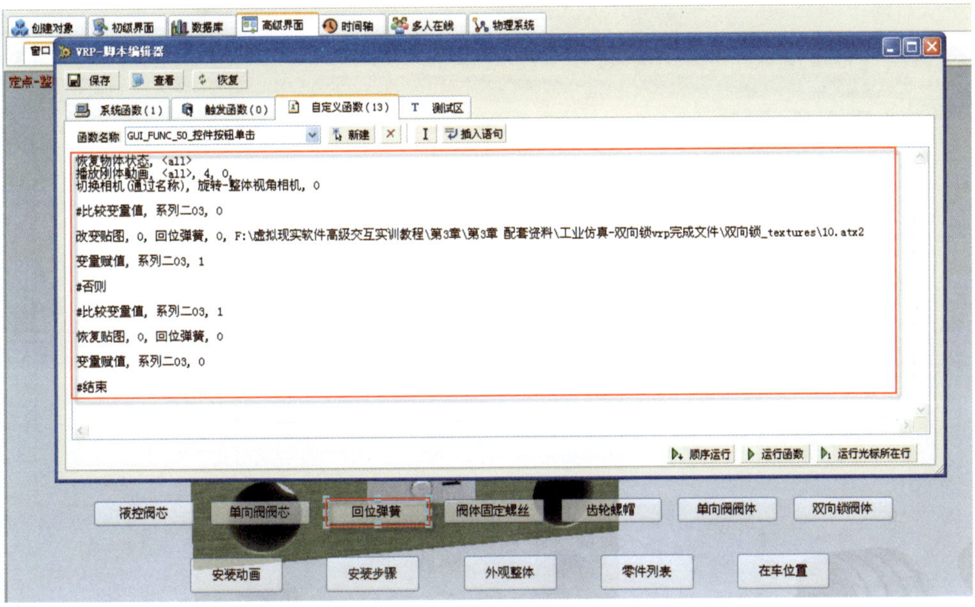

图3-6-37

08 选择名称为“阀体固定螺丝”的按钮，按照上述的方法分别添加【恢复物体状态】、【播放刚体动画】、【切换相机(通过名称)】脚本，以及二次变量脚本。通过这些脚本可以实现以下功能：单击一次【阀体固定螺丝】按钮就可以切换相机，同时暂停所有动画，并且将“阀体固定螺丝”模型高亮显示，再次单击就恢复其贴图的效果。脚本如图 3-6-38 所示。

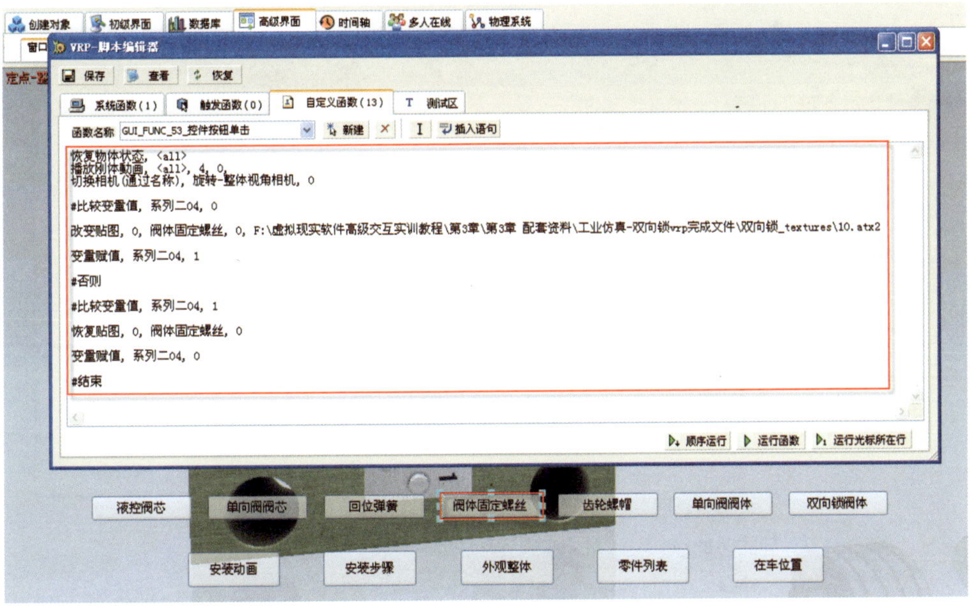

图3-6-38

09 选择名称为“齿轮螺帽”的按钮，按照上述的方法分别添加【恢复物体状态】、【播放刚体动画】、【切换相机(通过名称)】脚本，以及二次变量脚本。通过这些脚本可以实现以下功能：单击一次【齿轮螺帽】按钮就可以切换相机，同时暂停所有动画，并且将“齿轮螺帽”模型高亮显示，再次单击就恢复其贴图的效果。脚本如图3-6-39所示。

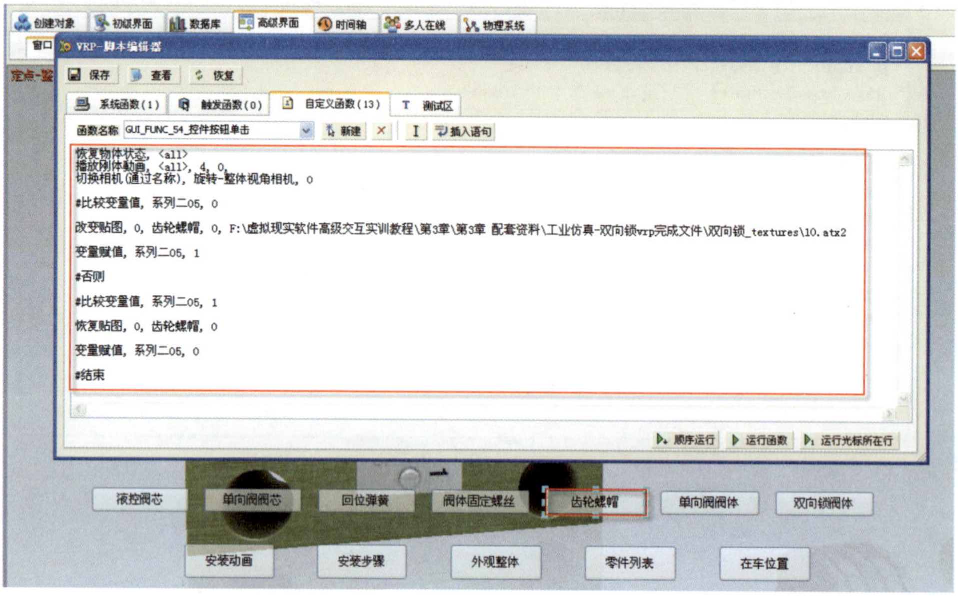

图3-6-39

10 选择名称为“单向阀阀体”的按钮，按照上述的方法分别添加【恢复物体状态】、【播放刚体动画】、【切换相机(通过名称)】脚本，以及二次变量脚本。通过这些脚本可以实现以下功能：单击一次【单向阀阀体】按钮就可以切换相机，同时暂停所有动画，并且将“单向阀阀体”模型高亮显示，再次单击就恢复其贴图的效果。脚本如图3-6-40所示。

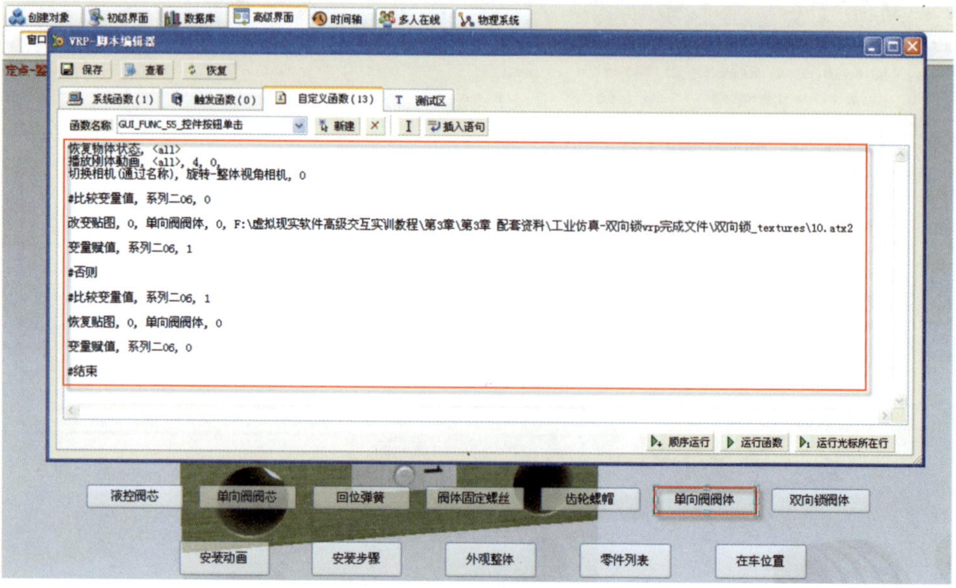

图3-6-40

11 选择名称为“双向锁阀体”的按钮，按照上述的方法分别添加【恢复物体状态】、【播放刚体动画】、【切换相机(通过名称)】脚本，以及二次变量脚本。通过这些脚本可以实现以下功能：单击一次【双向锁阀体】按钮就可以切换相机，同时暂停所有动画，并且将“双向锁阀体”模型高亮显示，再次单击就恢复其贴图的效果。脚本如图3-6-41所示。

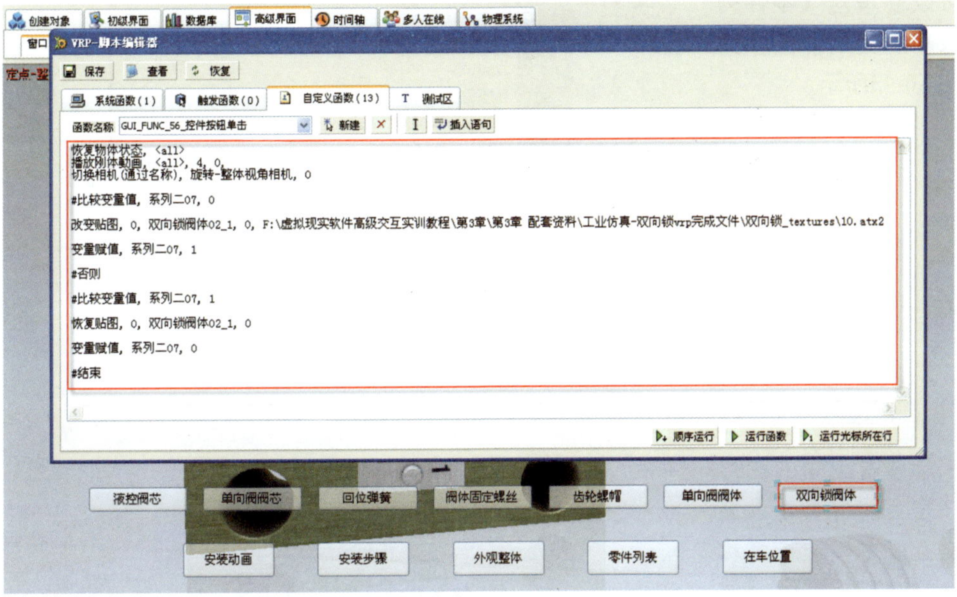

图3-6-41

> **注：**
>
> 【改变贴图】脚本中将物体类型改为“1=模型”。

3.6.8　设置【在车位置】按钮脚本

01 【在车位置】按钮的脚本语句和【零件列表】按钮的脚本语句基本类似，同样先在【#初始化】函数中定义一个新的变量，【变量名称】设置为“时间轴_01”，如图3-6-42所示。

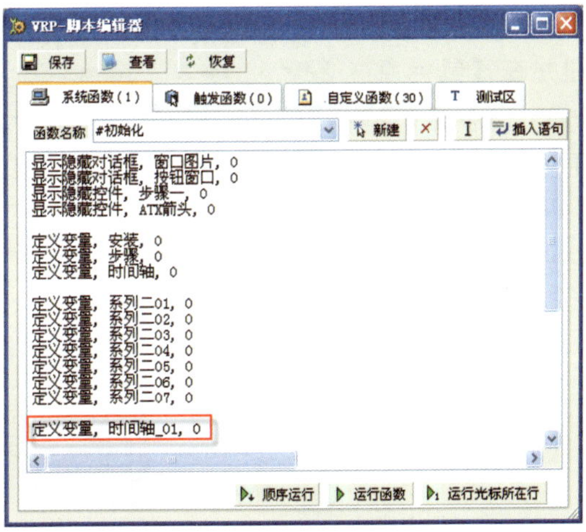

图3-6-42

02 选择名称为“在车位置”的按钮，在【鼠标点击】按钮下面添加脚本，添加过程可以参考对【零件列表】按钮的介绍，如图3-6-43所示。

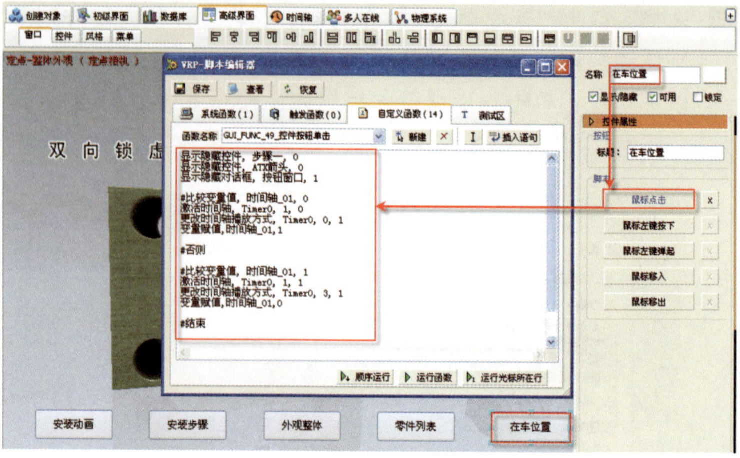

图3-6-43

3.6.9 设置关闭程序脚本

01 在场景右上角的图片按钮上同样可以设置交互脚本。选择名称为“exit”按钮并在【鼠标点击】按钮下面添加【关闭程序】脚本，如图3-6-44所示。

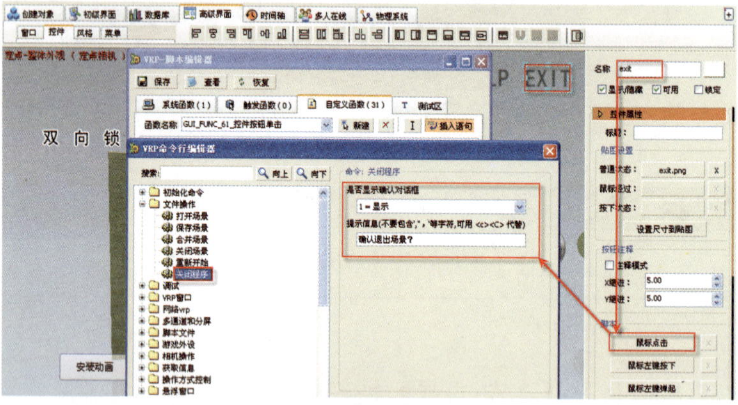

图3-6-44

02 选择名称为“sound”的按钮并在【鼠标点击】按钮下面添加【停止所有音乐】脚本，如图3-6-45所示。

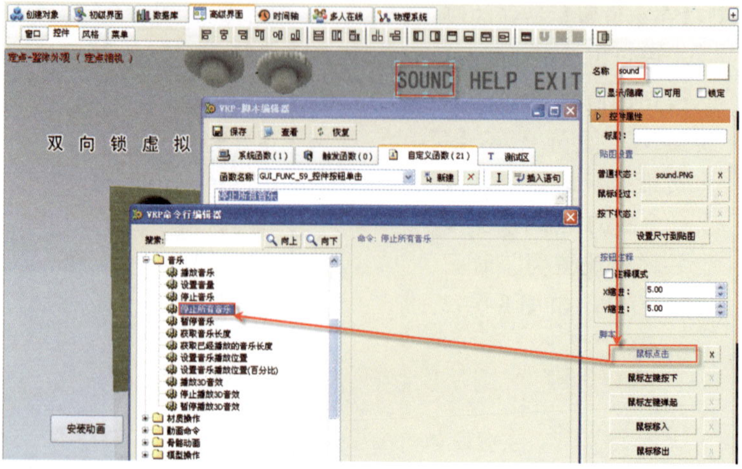

图3-6-45

3.6.10　设置播放音乐脚本

01 为了让用户在浏览场景时获得更生动的感受，我们可以在【# 初始化】函数中添加【播放音乐】脚本，音乐文件选择配套文件中的“背景音乐”，这样伴随着音乐来浏览操作场景将会使作品更丰富，如图 3-6-46 所示。

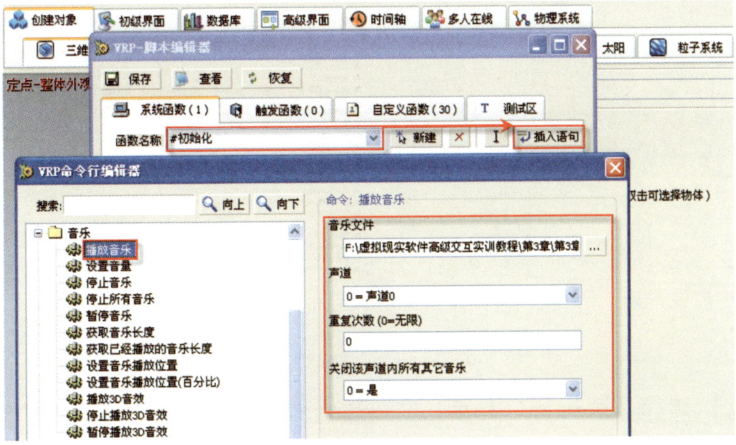

图3-6-46

02 为了增加场景的听觉感受，我们还可以在系列一按钮的【鼠标移入】按钮下面添加【播放音乐】脚本，在配套文件中选择“按键音”音效，这样当鼠标移入按钮的时候可以播放音乐，移出时音效自动停止。需要注意的是在【关闭该声道内所有其他音乐】栏中选择“1= 否”，如图 3-6-47 所示。

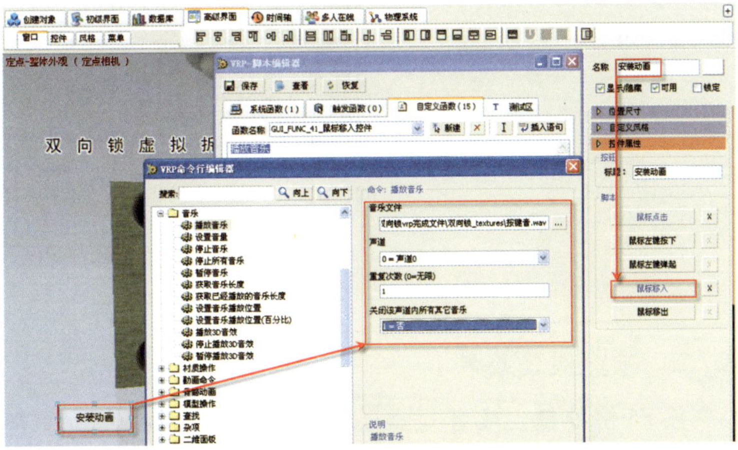

图3-6-47

3.7　最终完成效果

3.7.1　设置【项目设置】对话框

01 按 F4 快捷键，或者是单击主工具栏中的【项目设置】按钮，在弹出的对话框中选择【启动窗口】选项卡，设置启动窗口标题文字、介绍图片以及说明文字等信息，如图 3-7-1 所示。

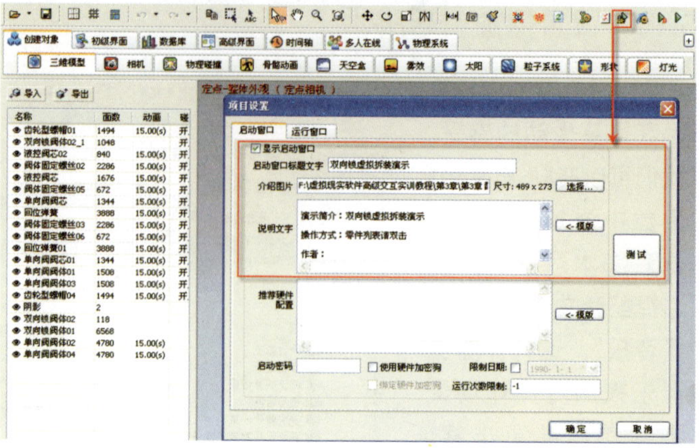

图3-7-1

02 选择【运行窗口】选项卡，设置标题文字、初始相机、窗口大小和桌面的长宽比等信息，如图3-7-2所示。

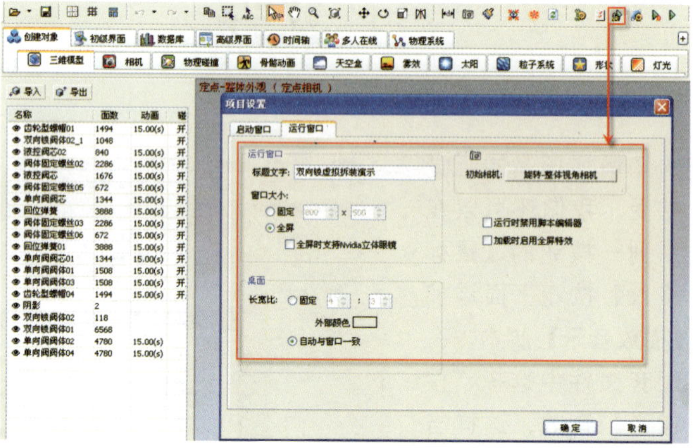

图3-7-2

3.7.2 预览最终效果

按F5快捷键，或者是单击主工具栏中的【运行】按钮，预览完成的场景效果，如图3-7-3所示。

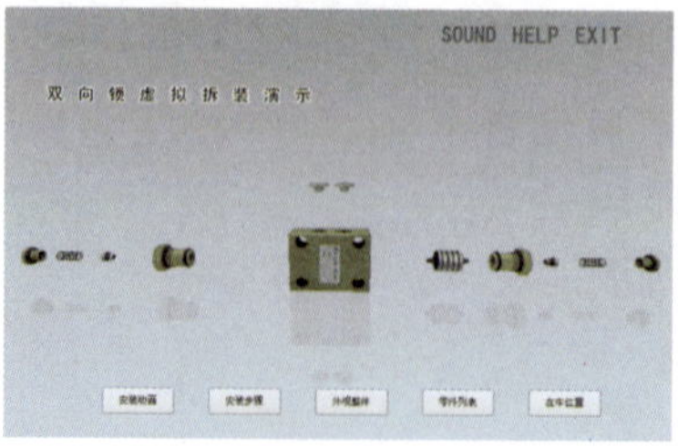

图3-7-3

3.8 本章小结

在本章案例中，使用了播放刚体动画、播放时间轴动画以及多次变量（多次单击事件）的脚本交互，在制作工业拆装项目过程中，这些脚本会频繁用到。在VRP脚本中，变量是使用率极高的脚本语句，熟练掌握本章节中的多次变量脚本的基本思路后，可以大大提高编写VRP脚本的效率。

第 4 章

室内方案交互设计——简约室内

案例分析:

在室内设计应用方面，随着三维技术的推广，很多用户已经不满足平面效果图和动画的表现形式，开始选择虚拟现实仿真技术来表现三维的室内环境效果。用户不仅能在三维的虚拟室内空间中自由行走，而且能对场景发出指令从而进行人机交互。目前，业内常用VR技术做室内方案设计、360° 全景展示、室内方案报价等，受到客户一致好评。当然，用户不仅能在室内漫游，还能用VR技术做预装修系统，可以实现即时动态地对墙壁的颜色、墙纸的材质、地板的材质、不同的装饰物进行更换，更能随意移动家具的位置，从而展示不同的设计风格。

4.1 场景前期介绍

在本章案例中，场景中的模型、贴图、灯光、烘焙部分已经在3ds Max中制作完成，这里主要讲解使用VRP编辑器中的脚本进行场景的交互设置，体现在方案切换、不同相机视角切换、连接数据库从而实现家具价格实时统计等交互信息。下面的内容，我们将讲解相应的制作步骤。

4.2 相机设置

VRP中的相机类似于3ds Max中的相机的作用，其主要功能是用来浏览场景。VRP相机分为行走相机、飞行相机、绕物旋转相机、角色控制相机、跟随相机、定点观察相机、动画相机。

在制作室内VR场景的时候，通常用户都需要以第一人称的视角在整个场景中漫游。此时，用户需要创建行走相机来实现这种功能。

4.2.1 创建行走相机

01 打开【创建对象】|【相机】面板，在【创建相机】栏中单击【行走相机】按钮，在弹出的【Camera name】对话框中，输入所创建相机的名称，如图4-2-1所示。

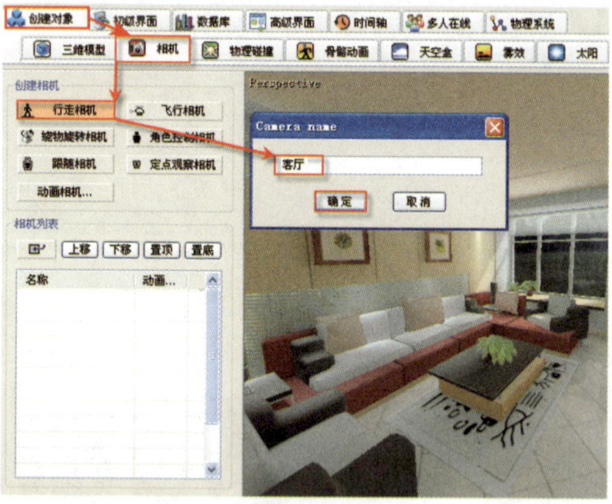

图4-2-1

02 根据场景大小，设置场景中行走相机的参数，设置【水平视角】为100°，【身高】为1400.00毫米，设置【模式】为行走，如图4-2-2所示。

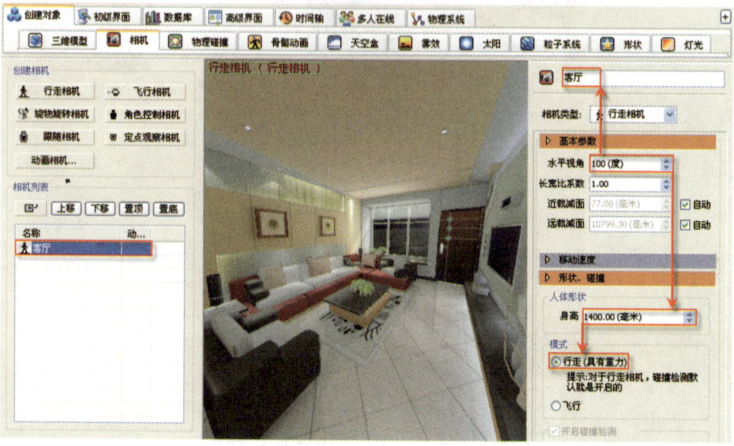

图4-2-2

注：

使用与创建行走相机同样的方法，继续创建场景中其他房间的相机。

4.2.2　创建动画相机

在本章案例的场景中，可以创建多个动画相机，在运行场景时，可以以动画的方式来浏览整个场景。在同一场景中，动画相机可以录制多个，在本场景中，可以录制多个房间的动画相机，动画相机在播放的时候，只需设置播放一个动画相机，其他动画相机会按照相机的顺序进行播放，并且可以是多个相机之间循环地播放。

01 在VRP编辑器状态下，按键盘上的F5快捷键运行场景，接着按键盘上的F11快捷键开始录制动画相机，运行界面的左上角有时间提示，接着可以结合键盘上的W、A、S、D键，来控制场景中相机的运动方向，如图4-2-3所示。

图4-2-3

02 再次按键盘上的F11快捷键停止录制，此时会弹出对话框提示“动画相机录制完成，是否保留”，单击【是】按钮，然后在弹出的对话框中给动画相机命名为“客厅动画”，在VRP编辑器的相机列表中就会出现刚刚录制好的动画相机，到这里动画相机就录制完毕，如图4-2-4所示。

图4-2-4

03 使用同样的方法即可创建场景中其他房间的行走相机与动画相机，可以通过面板中的【上移】或者【下移】按钮调整动画相机的播放顺序，如图4-2-5所示。

图4-2-5

4.3 界面设置

VRP的交互界面是作品中非常重要的一个元素，在本章案例中，可以结合【高级界面】面板制作一些漂亮的交互界面，可以使用漂亮的界面与脚本相结合，制作出生动的交互效果。

4.3.1 创建静态图片

01 打开【高级界面】|【控件】面板，单击【静态图片】按钮，然后在绘图窗口中拖动鼠标以绘制图片控件，如图4-3-1所示。

图4-3-1

02 使用切换界面样式快捷键Tab键，将编辑器中的面板隐藏，接着，将添加的图片大小与窗口进行匹配，如图4-3-2所示。

图4-3-2

03 在右侧属性面板中打开【控件属性】卷展栏，将【名称】修改为“上面图片”，并调整其【位置尺寸】卷展栏下的【对齐方式】为“上中”，如图 4-3-3 所示。

图4-3-3

04 在右侧属性面板中打开【控件属性】卷展栏，单击【设置图片】按钮，添加名称为“上面.png”的图片，如图4-3-4所示。

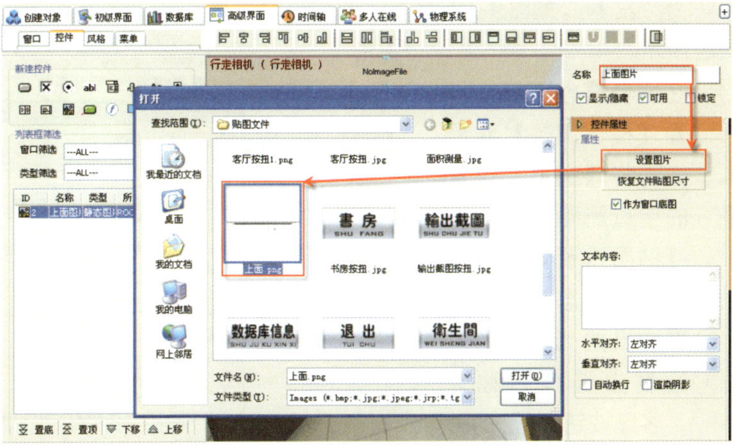

图4-3-4

05 使用同样的方法创建下面的图片，并调整其【位置尺寸】卷展栏下的【对齐方式】为“下中”，接着在卷展栏中单击【设置图片】按钮，添加名称为“下面.png”的图片，如图4-3-5所示。

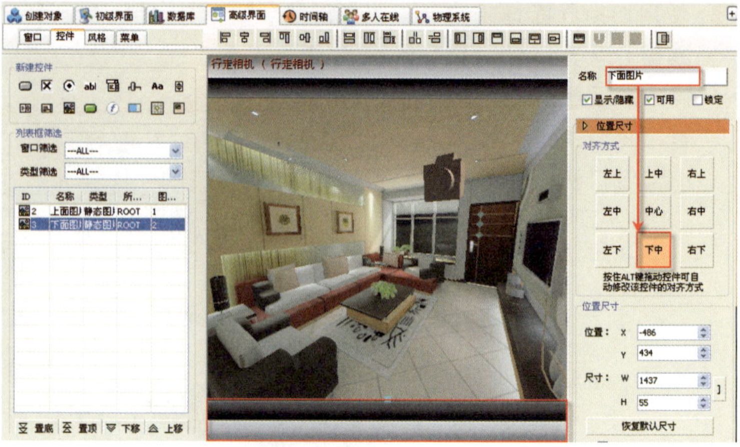

图4-3-5

4.3.2 创建图片按钮

01 打开【高级界面】|【控件】面板，单击【图片按钮】按钮，然后在绘图窗口中拖动以绘制图片按钮控件，然后在右侧属性面板中打开【控件属性】卷展栏，将【名称】修改为“客厅”，并调整其【位置尺寸】卷展栏下的【对齐方式】为“左下”，如图4-3-6所示。

图4-3-6

02 在右侧属性面板中打开【控件属性】卷展栏，将【标题】位置的字母删除，接着在【贴图设置】栏单击【普通状态】按钮，在弹出的【打开】对话框中选择名称为“客厅按钮.jpg”的贴图，如图4-3-7所示。

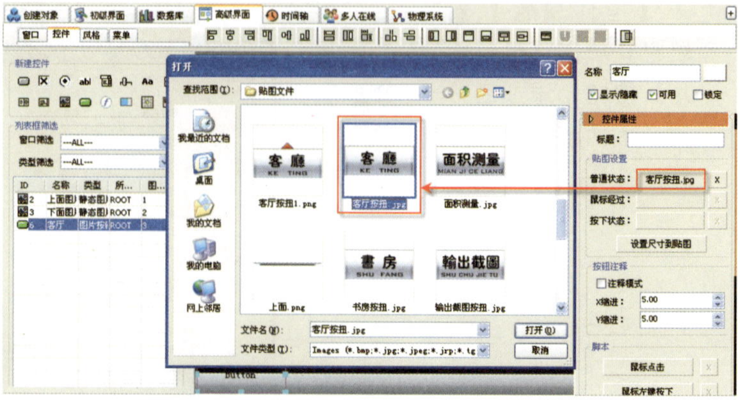

图4-3-7

03 在【鼠标经过】按钮下面添加同样的名称为“客厅按钮.jpg”的图片，然后在【按下状态】按钮下面添加名称为“客厅按钮1.png”的图片，如图4-3-8所示。

图4-3-8

04 在右侧属性面板中打开【自定义风格】卷展栏，设置【普通状态】的透明度，设置A为255，将其设置成不透明的效果，如图4-3-9所示。

图4-3-9

05 在右侧属性面板中打开【自定义风格】卷展栏，设置【按下状态】的透明度，设置A为0，将其设置成透明的效果，如图4-3-10所示。

图4-3-10

06 按快捷键 F5 运行场景，浏览图片按钮在【普通状态】、【鼠标经过】和【按下状态】三种不同状态下的图片显示效果，左边的是【普通状态】与【鼠标经过】时图片按钮的显示效果，右边是【按下状态】时图片按钮的显示效果，如图 4-3-11 所示。

图4-3-11

07 使用与上述同样的方法，创建场景中其他的按钮图片，接着选择所有的按钮，然后选择窗口上面的【对齐工具】中的【等尺寸】按钮，将所有的按钮进行等尺寸设置，在选择的时候以最后选择的按钮为参照进行等尺寸设置，如图4-3-12所示。

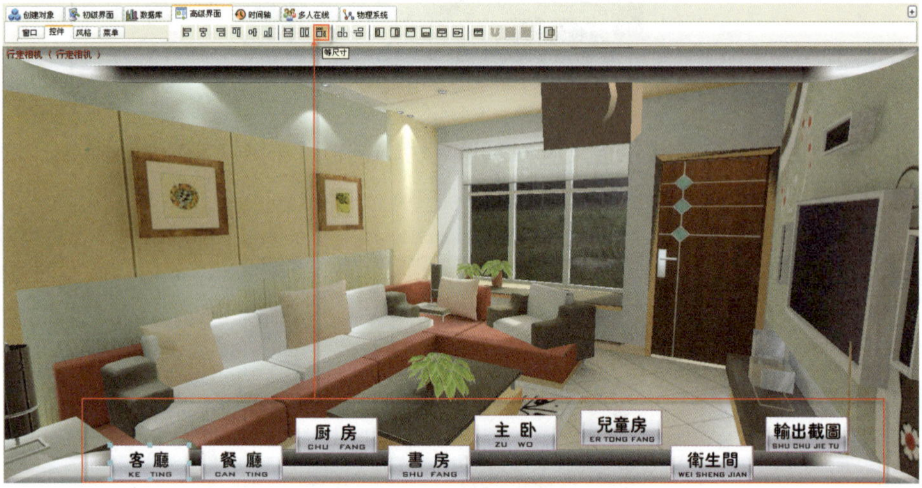

图4-3-12

08 选择所有的按钮，然后选择窗口上面的【对齐工具】中的【底对齐】按钮，将所有的按钮进行底对齐设置，如图4-3-13所示。

图4-3-13

09 选择所有的按钮，然后选择窗口上面的【对齐工具】中的【水平均布】按钮，将所有的按钮进行水平均布设置，如图4-3-14所示。

图4-3-14

10 使用与上述同样的方法，设置场景中上面的图片按钮，并通过对齐工具，调整图片的大小和位置，如图4-3-15所示。

图4-3-15

11 使用与上述同样的方法，设置场景中上面的图片按钮，并通过对齐工具，调整图片的大小和位置，如图4-3-16所示。

图4-3-16

12 使用与上述同样的方法，创建图片按钮，然后在右边的属性面板中打开【控件属性】卷展栏，将【名称】修改为“客厅方案A”，并调整其【位置尺寸】卷展栏下的【对齐方式】为“左下”，如图4-3-17所示。

图4-3-17

13 在右侧属性面板中打开【控件属性】卷展栏，将【标题】位置的字母删除，接着在【贴图设置】栏中，分别在【普通状态】、【鼠标经过】和【鼠标按下】三个按钮下面添加名称为“方案A.png”的图片，如图4-3-18 所示。

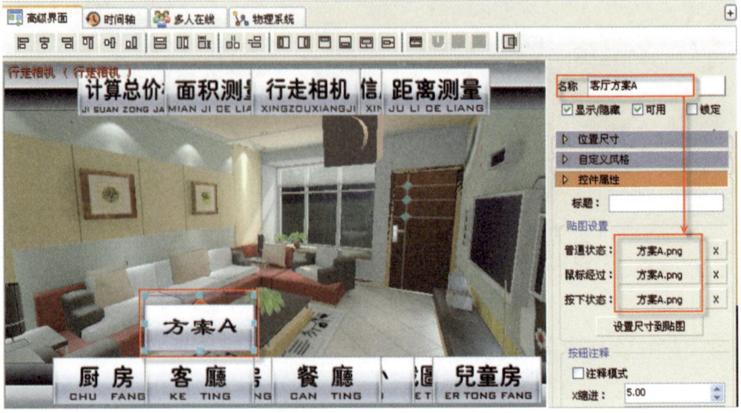

图4-3-18

14 在右侧属性面板中打开【自定义风格】卷展栏，设置【普通状态】的透明度，设置A为255，将其设置成不透明的效果，如图4-3-19所示。

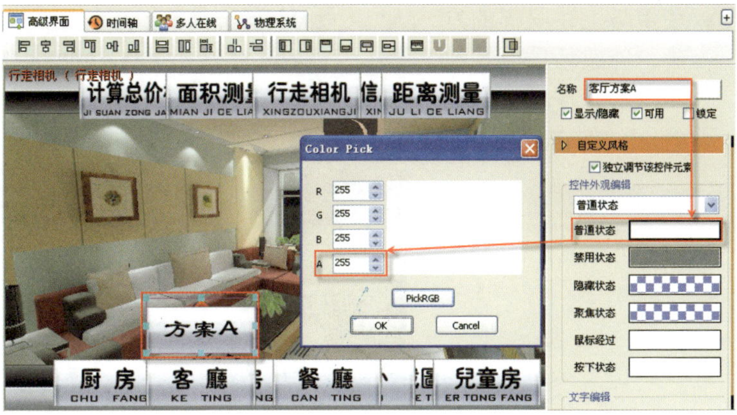

图4-3-19

15 选择所有的按钮，然后选择窗口上面的【对齐工具】中的【左对齐】按钮，将所有的按钮进行左对齐设置，如图4-3-20所示。

图4-3-20

16 选择所有的按钮，然后选择窗口上面的【对齐工具】中的【垂直均布】按钮，将所有的按钮进行垂直均布设置，如图4-3-21所示。

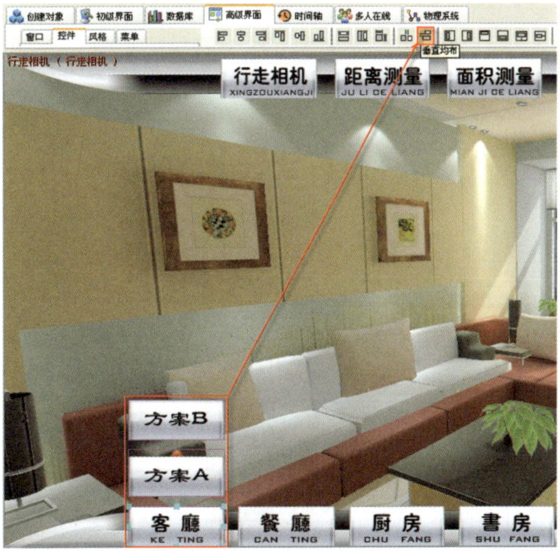

图4-3-21

17 使用与上述同样的方法，创建场景中其他的方案切换按钮，如图4-3-22所示。

图4-3-22

18 选择名称为“主卧方案 B”的按钮,打开【控件属性】卷展栏，在【贴图设置】栏中，分别在【普通状态】、【鼠标经过】和【按下状态】三个按钮下面添加名称为“方案 B1.png”的图片，如图 4-3-23 所示。

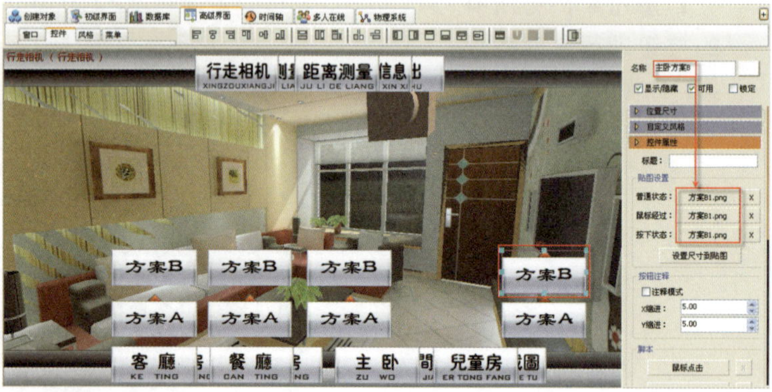

图4-3-23

19 选择名称为“主卧方案 C”的按钮，在【贴图设置】下面，分别在【普通状态】、【鼠标经过】和【按下状态】三个按钮下面添加名称为“方案 C.jpg”的图片,如图 4-3-24 所示。

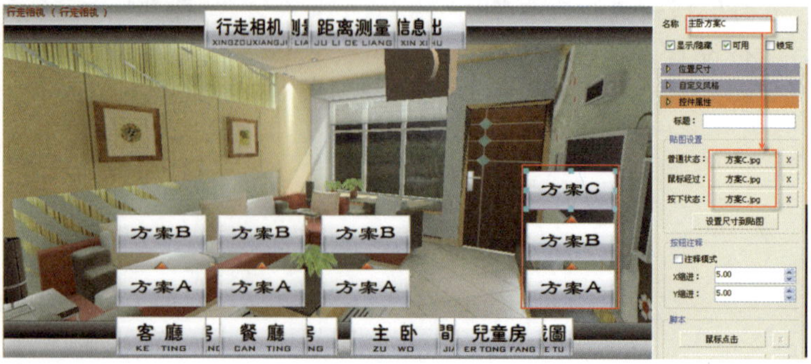

图4-3-24

20 选择名称为“主卧方案A”的按钮，调整其【位置尺寸】卷展栏下的【对齐方式】为“下中”，如图4-3-25所示。

图4-3-25

21 按F5快捷键，运行场景，预览图片按钮在场景中的位置，如图4-3-26所示。

图4-3-26

4.4 脚本交互设置

VRP的脚本编辑器功能非常强大，在本章案例中可以将VRP编辑器中的脚本与创建的界面结合使用，根据项目需求来设置场景丰富的交互功能。本章案例中交互主要体现在方案切换、相机切换、数据库连接、距离测量、输出截图等方面，本章案例中所使用的交互效果，在制作项目中的使用也是十分广泛的。

4.4.1 设置模型编组

01 选择【三维模型】面板下方案A的客厅的所有模型，然后单击主工具栏中的【显示物体编组】按钮，进行模型编组，并修改组的名称为“A-客厅”，如图4-4-1所示。

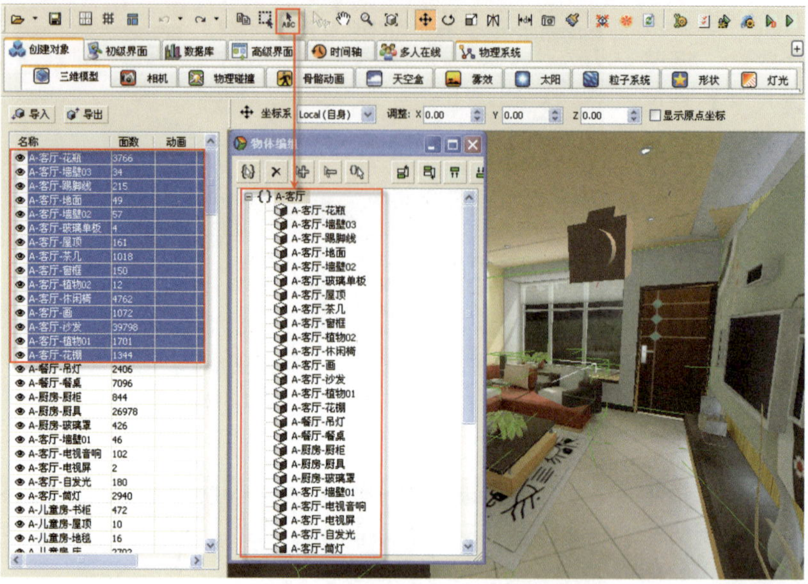

图4-4-1

02 使用与上述同样的方法，对场景中其他的模型进行编组，如图4-4-2所示。

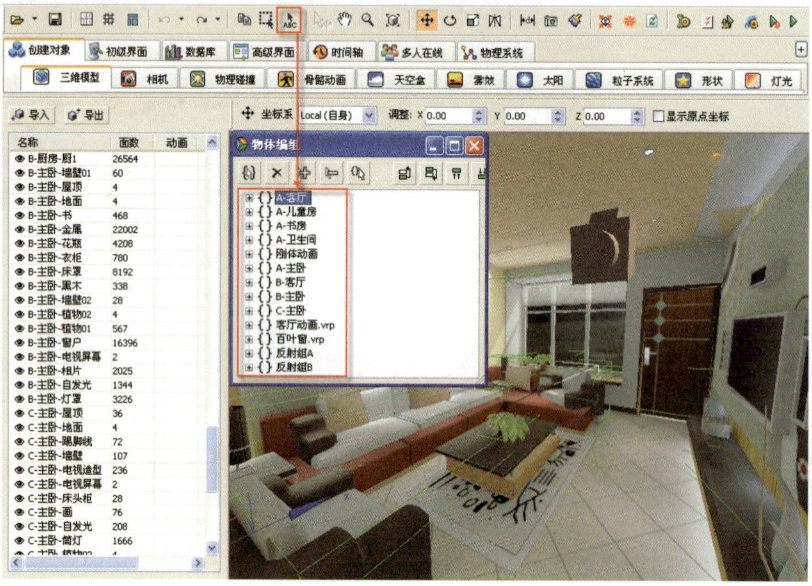

图4-4-2

4.4.2 设置【#初始化】脚本函数

01 场景中设置了多套方案，在运行时只显示一套方案，将其他方案进行隐藏，可以在【#初始化】函数中设置隐藏其他方案模型的脚本。按F7快捷键，打开【VRP-脚本编辑器】窗口，在【系统函数】面板下面创建【#初始化】函数，接着添加【显示隐藏物体】脚本，如图4-4-3所示。

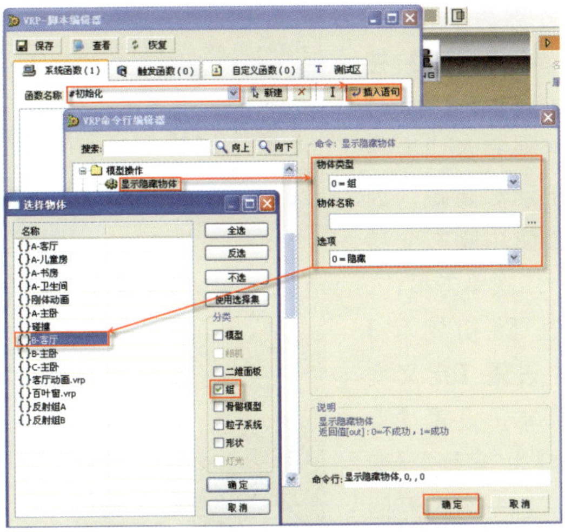

图4-4-3

02　继续在【#初始化】函数中添加【显示隐藏物体】脚本，如图4-4-4所示。

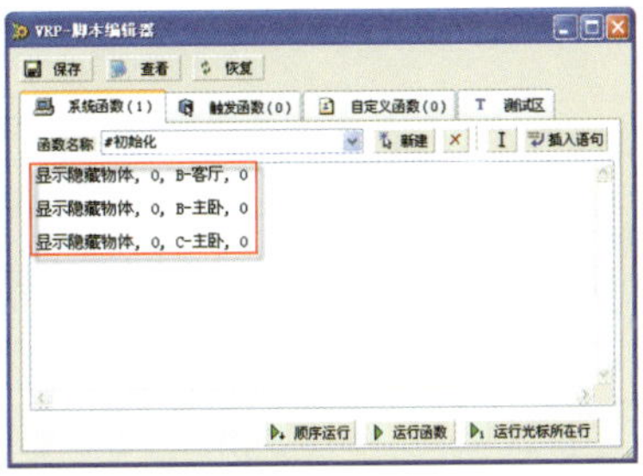

图4-4-4

4.4.3　设置显示隐藏方案切换按钮的脚本

01　运行场景的时候，需要将方案比较的按钮隐藏，当单击相应的按钮时再进行显示。隐藏方案切换的按钮可以选择使用脚本进行隐藏，也可以直接在【控件】面板下，通过方案切换的按钮控件前面的图标进行隐藏，这样同样可以达到将场景中的按钮进行隐藏的效果，如图4-4-5所示。

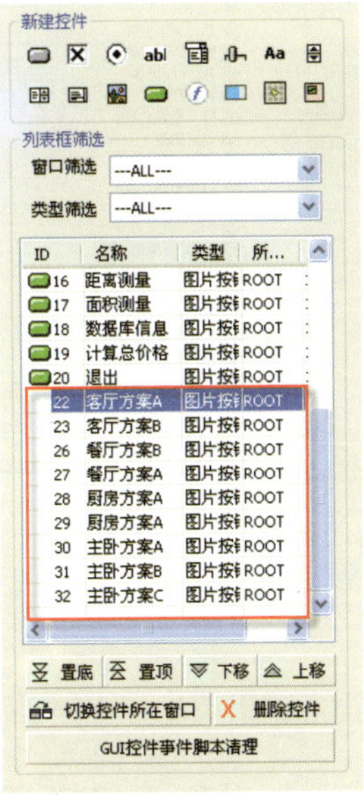

图4-4-5

02 选择名称为“客厅”按钮，给【客厅】按钮添加脚本，【客厅】按钮控制方案切换按钮的显示和隐藏，因此可以使用脚本变量做一个二次单击事件，首先在【#初始化】函数中设置【定义变量】脚本，设置【变量名称】为“客厅”，【变量值，上一次的返回值】为“0”，如图4-4-6所示。

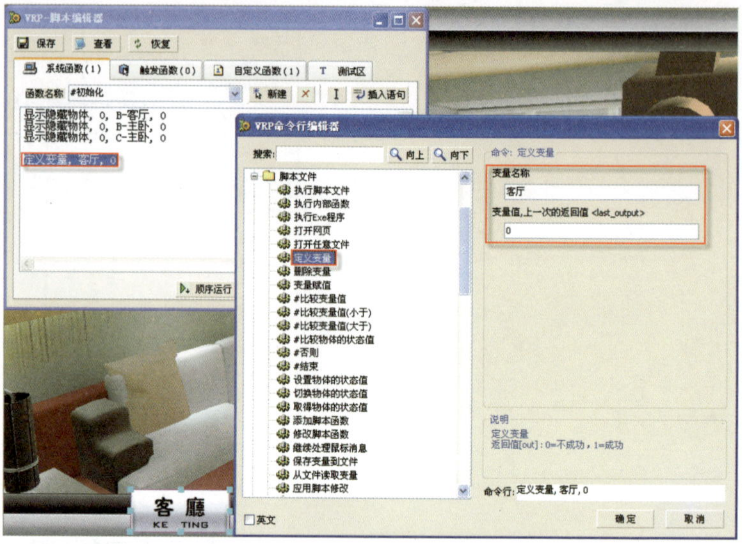

图4-4-6

03 选择名称为“客厅”的按钮，在【鼠标点击】按钮下面添加【#比较变量值】脚本，设置【变量名称】为“客厅”，【变量对比值】为“0”，如图4-4-7所示。

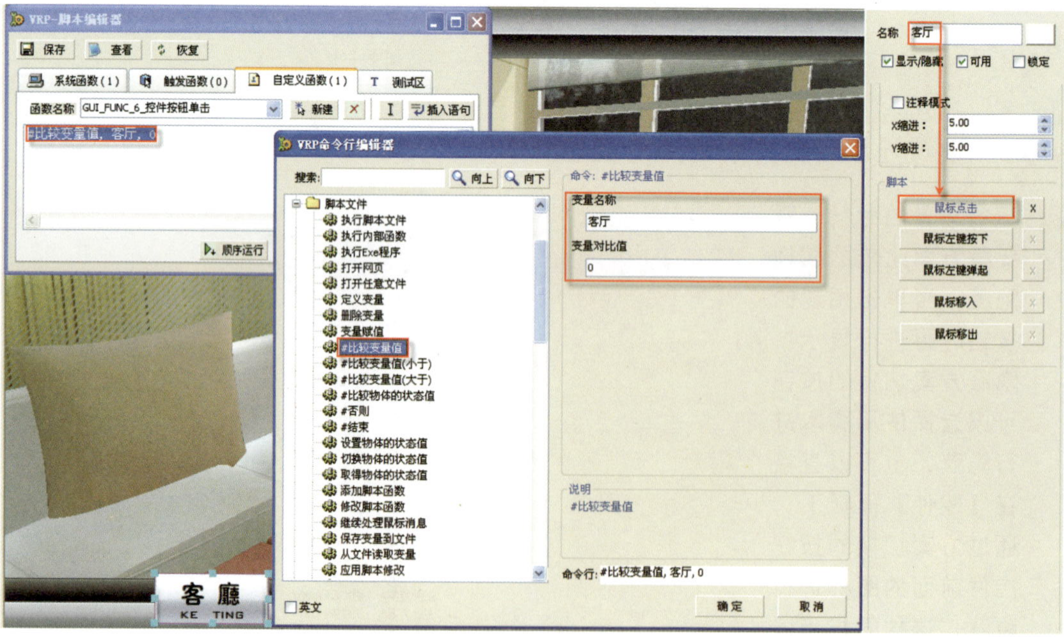

图4-4-7

注：

使用变量脚本的时候，变量名称必须保持一致。

04 继续选择名称为“客厅”的按钮，在【鼠标点击】按钮下面添加【显示隐藏控件】脚本，让按钮【客厅方案A】和按钮【客厅方案B】显示，如图4-4-8所示。

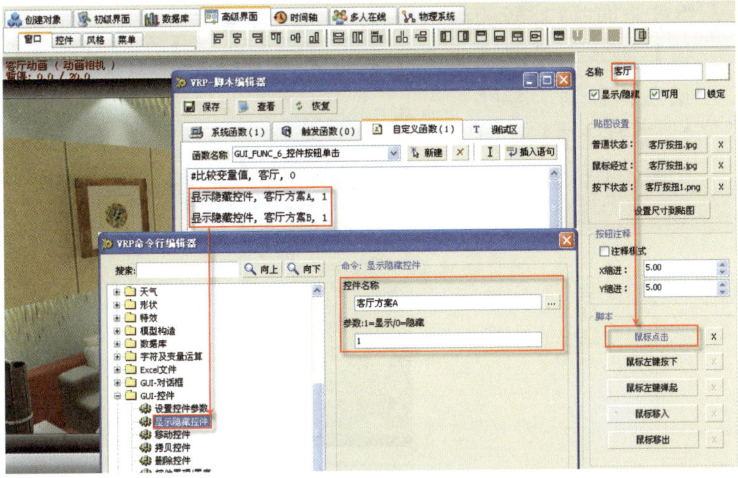

图4-4-8

05 选择名称为“客厅”的按钮，在【鼠标点击】按钮下面添加【变量赋值】脚本，设置【变量值，上一次的返回值】为“1”，如图4-4-9所示。

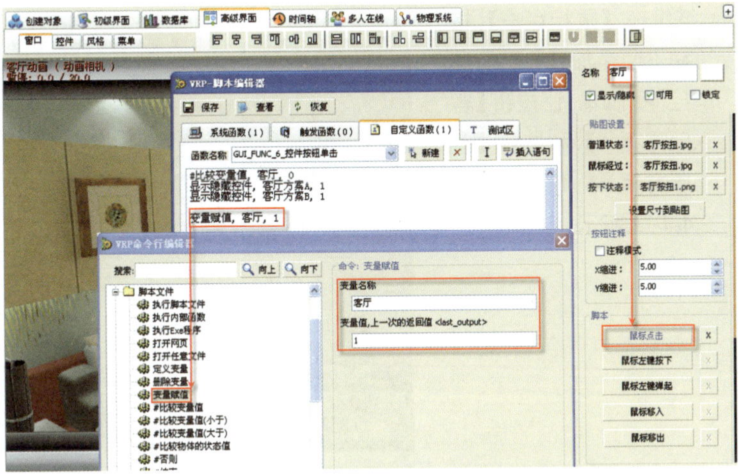

图4-4-9

06 继续添加【#否则】脚本，让第二次单击【客厅】按钮的时候执行【#否则】脚本下面的函数，如图4-4-10所示。

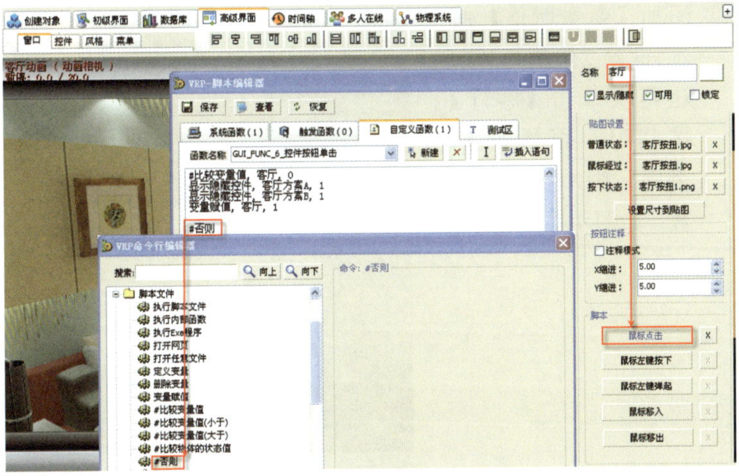

图4-4-10

07 继续添加【# 比较变量值】脚本，设置【变量名称】为“客厅”，【变量对比值】为“1”，如图 4-4-11 所示。

图4-4-11

08 继续在【鼠标点击】按钮下面添加【显示隐藏控件】脚本，让按钮【客厅方案 A】和按钮【客厅方案 B】隐藏，如图 4-4-12 所示。

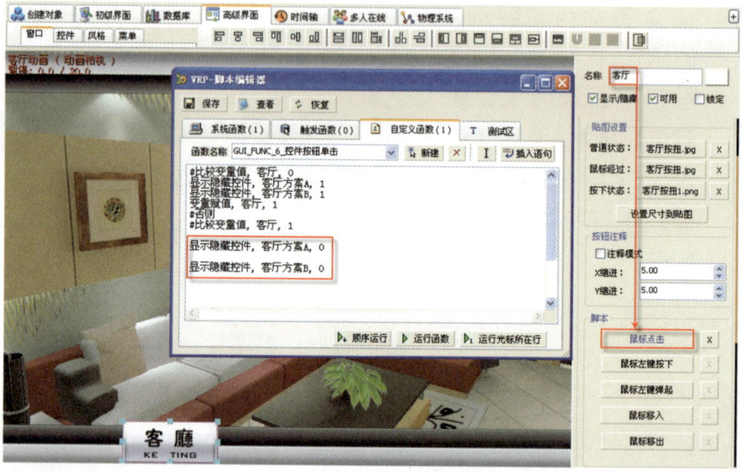

图4-4-12

09 添加【变量赋值】脚本，设置变量值为“0”，让再次单击【客厅】按钮时，再执行【# 否则】脚本上面的函数，如图 4-4-13 所示。

图4-4-13

10 添加【#结束】脚本，完成【客厅】按钮的二次单击语句，如图4-4-14所示。

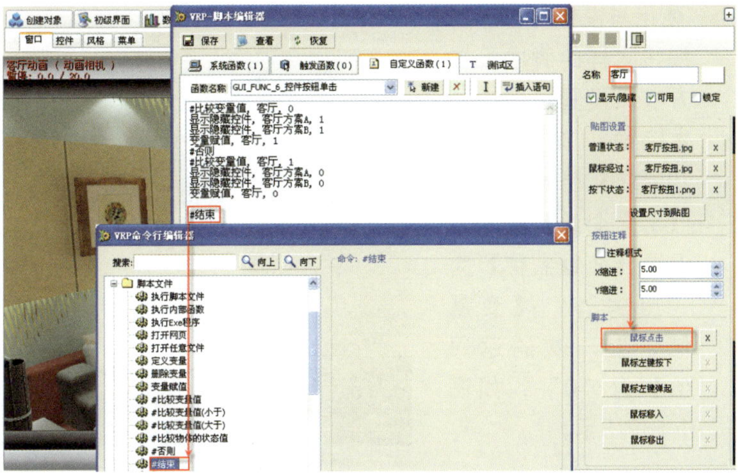

图4-4-14

11 使用与设置【客厅】按钮同样的脚本设置方法，设置【餐厅】按钮的脚本函数。首先在【#初始化】函数中设置【定义变量】脚本，设置【变量名称】为“餐厅”，【变量值，上一次的返回值】为“0”，如图4-4-15所示。

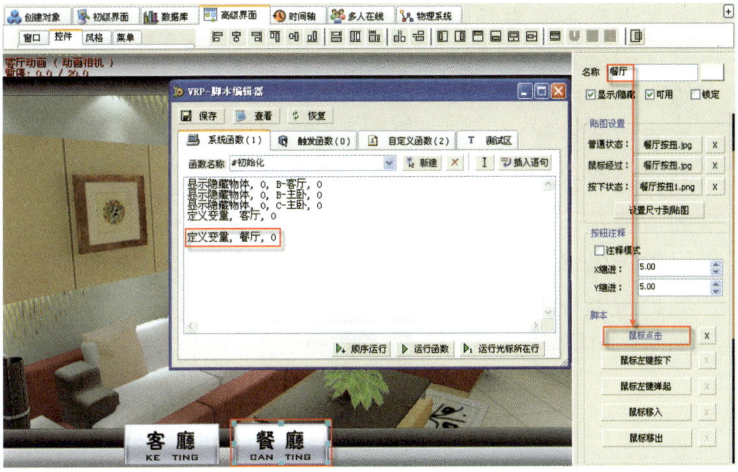

图4-4-15

12 选择名称为“餐厅”的按钮，在【鼠标点击】按钮下面添加相应的变量脚本与显示隐藏餐厅方案按钮的脚本，具体脚本设置参照【客厅】按钮的脚本设置方法，如图4-4-16所示。

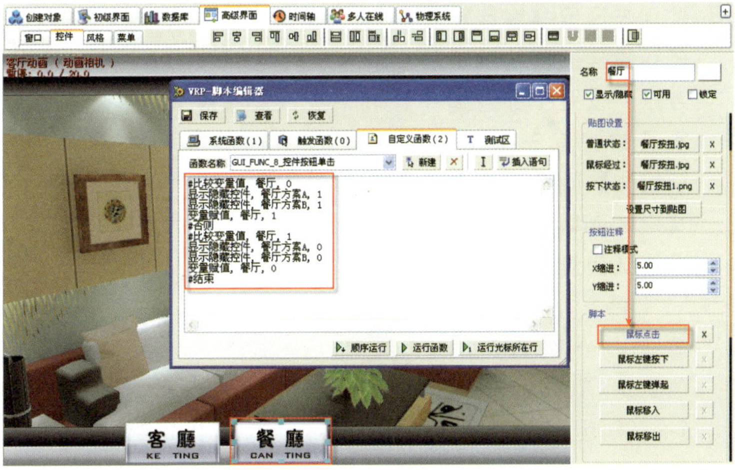

图4-4-16

13 使用与设置【客厅】按钮同样的脚本设置方法，设置厨房的脚本函数，首先在【#初始化】函数中设置【定义变量】脚本，设置【变量名称】为“厨房”，【变量值，上一次的返回值】为“0”，如图4-4-17所示。

图4-4-17

14 接着选择名称为“厨房”的按钮，在【鼠标点击】按钮下面添加相应的变量脚本与显示隐藏厨房方案按钮的脚本，具体脚本设置参照【客厅】按钮的脚本设置方法，如图4-4-18所示。

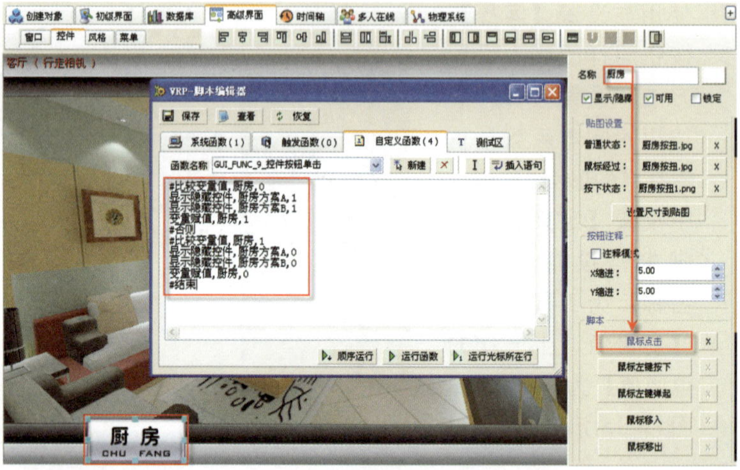

图4-4-18

15 使用与设置【客厅】按钮同样的脚本设置方法，设置主卧的脚本函数，首先在【#初始化】函数中添加【定义变量】脚本，设置【变量名称】为“主卧”，【变量值，上一次的返回值】为“0”，如图4-4-19所示。

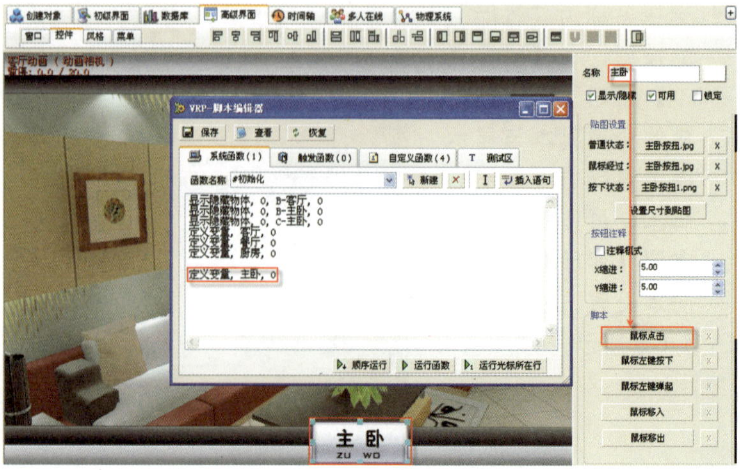

图4-4-19

16 接着选择名称为“主卧”的按钮，在【鼠标点击】按钮下面添加相应的变量脚本与显示隐藏主卧方案按钮的脚本，具体脚本设置参照【客厅】按钮的脚本设置方法，如图 4-4-20 所示。

图4-4-20

4.4.4 设置相机切换脚本

01 单击【客厅】按钮时，除了显示方案切换的按钮以外，还需要切换到客厅相机，以方便对方案切换的效果进行浏览。选择名称为“客厅”的按钮，在【鼠标点击】按钮下面添加【切换相机(通过名称)】脚本，设置【相机名称】为“客厅”，【重置相机参数】为“0= 重置”，如图 4-4-21 所示。

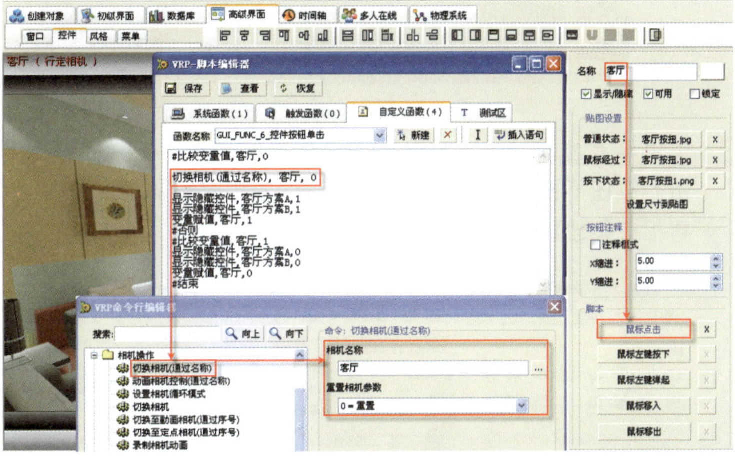

图4-4-21

02 使用与上述同样的方法设置切换相机的脚本，选择名称为【餐厅】的按钮，在【鼠标点击】按钮下面添加【切换相机（通过名称）】脚本，设置【相机名称】为“餐厅”，【重置相机参数】为“0”，如图 4-4-22 所示。

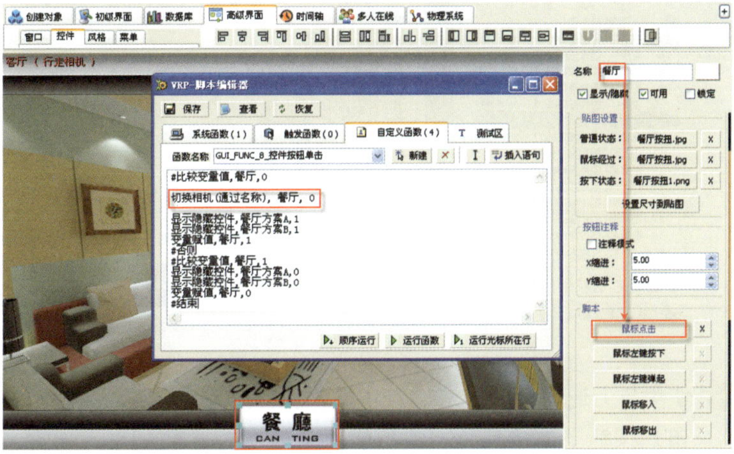

图4-4-22

03 使用与上述同样的方法设置切换相机的脚本，选择名称为“主卧”的按钮，在【鼠标点击】按钮下面添加【切换相机（通过名称）】脚本，设置【相机名称】为“主卧”，【重置相机参数】为“0”，如图4-4-23所示。

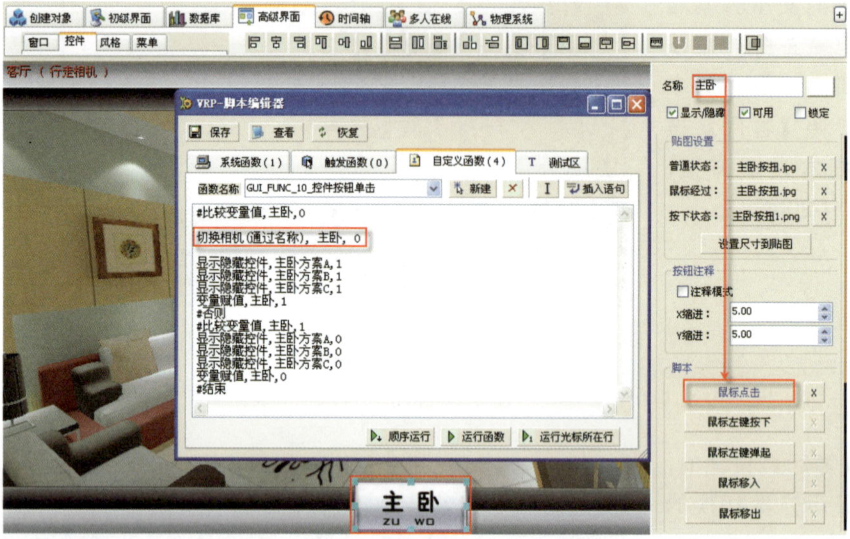

图4-4-23

04 使用与上述同样的方法设置切换相机的脚本，选择名称为“书房”的按钮，在【鼠标点击】按钮下面添加【切换相机（通过名称）】脚本，设置【相机名称】为“书房”，【重置相机参数】为“0”，如图4-4-24所示。

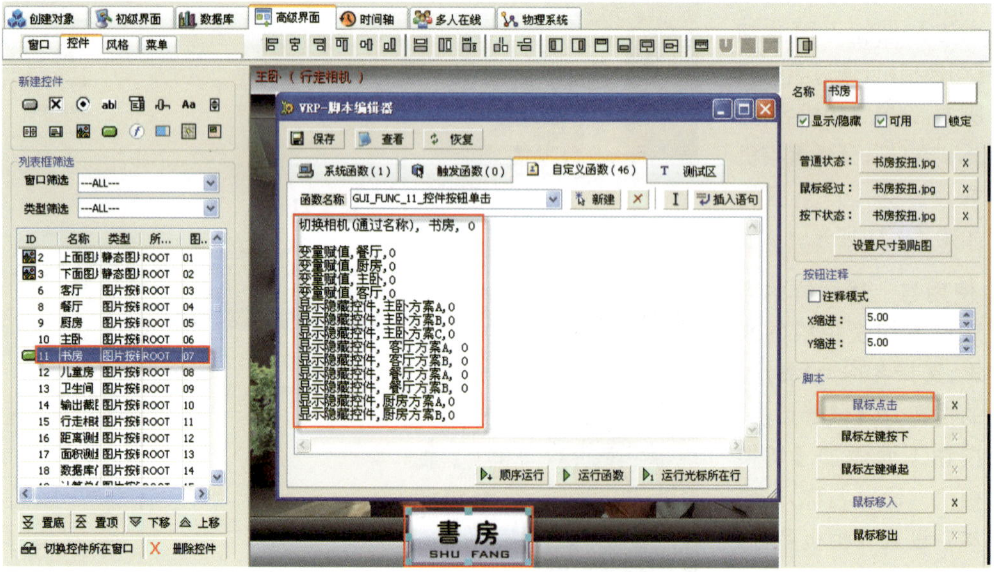

图4-4-24

05 使用与上述同样的方法设置切换相机的脚本，选择名称为“儿童房”的按钮，在【鼠标点击】按钮下面添加【切换相机（通过名称）】脚本，设置【相机名称】为“儿童房”，【重置相机参数】为“0”，如图4-4-25所示。

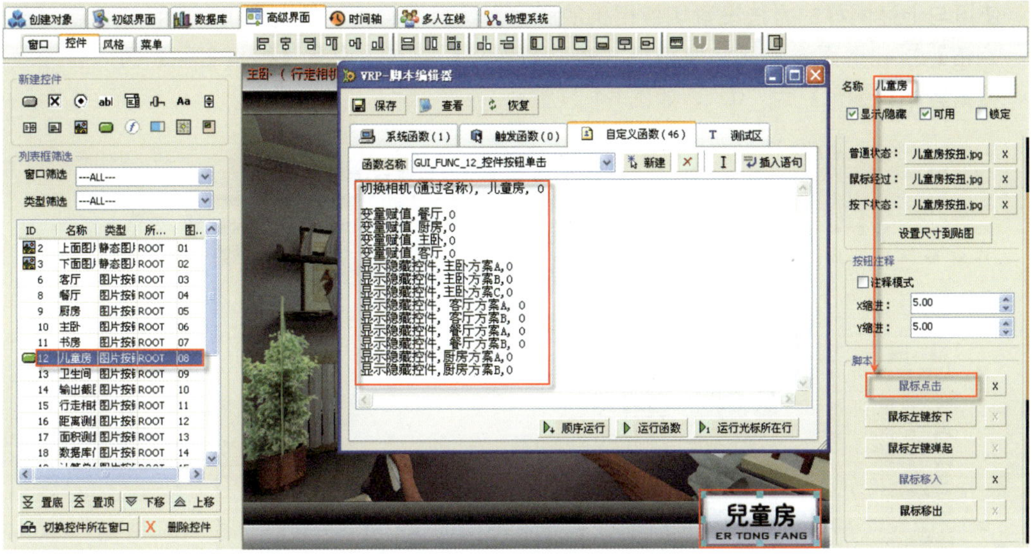

图4-4-25

06 使用与上述同样的方法设置切换相机的脚本，选择名称为“卫生间”的按钮，在【鼠标点击】按钮下面添加【切换相机（通过名称）】脚本，设置【相机名称】为“卫生间”，【重置相机参数】为“0”，然后添加【变量赋值】脚本，将餐厅、客厅、主卧、厨房的变量值设置为0，同时，添加【显示隐藏控件】脚本，如图4-4-26所示。

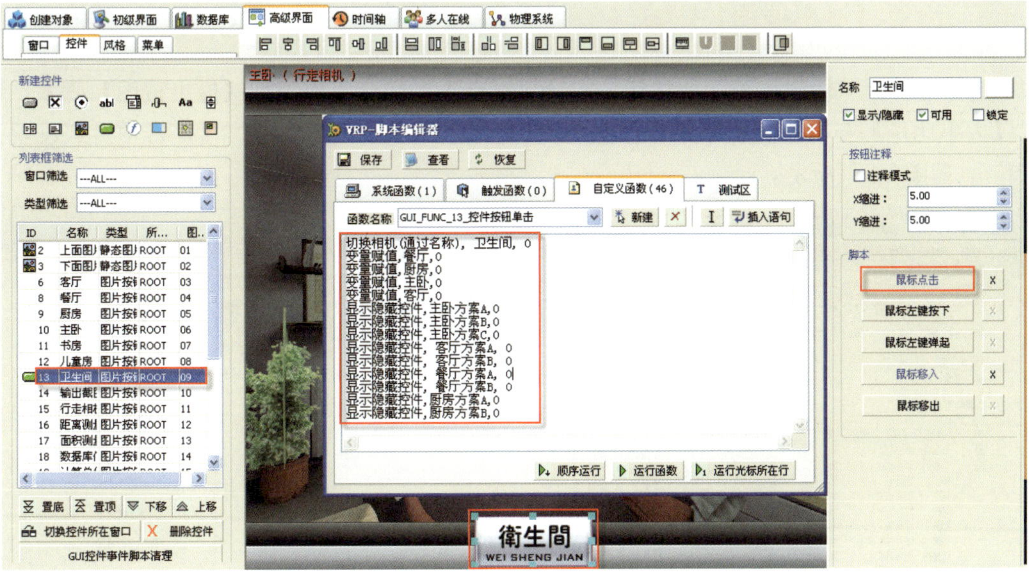

图4-4-26

注：

场景中除了【餐厅】、【客厅】、【厨房】、【卧室】、【退出】按钮以外，其他按钮都需要添加同样的【变量赋值】脚本和【显示隐藏控件】脚本。

07 使用与上述同样的方法设置切换相机的脚本，选择名称为“行走相机”的按钮，在【鼠标点击】按钮下面添加【切换相机（通过名称）】脚本，设置【相机名称】为“客厅”，【重置相机参数】为“0”，如图4-4-27所示。

图4-4-27

4.4.5 设置【输出截图】脚本

选择名称为“输出截图”的按钮，在【鼠标点击】按钮下面添加【输出截图】脚本，设置【大小比例】与【抗锯齿系数】分别为“1倍”，保存文件名为空，【是否预览】设置为“1”，如图4-4-28所示。

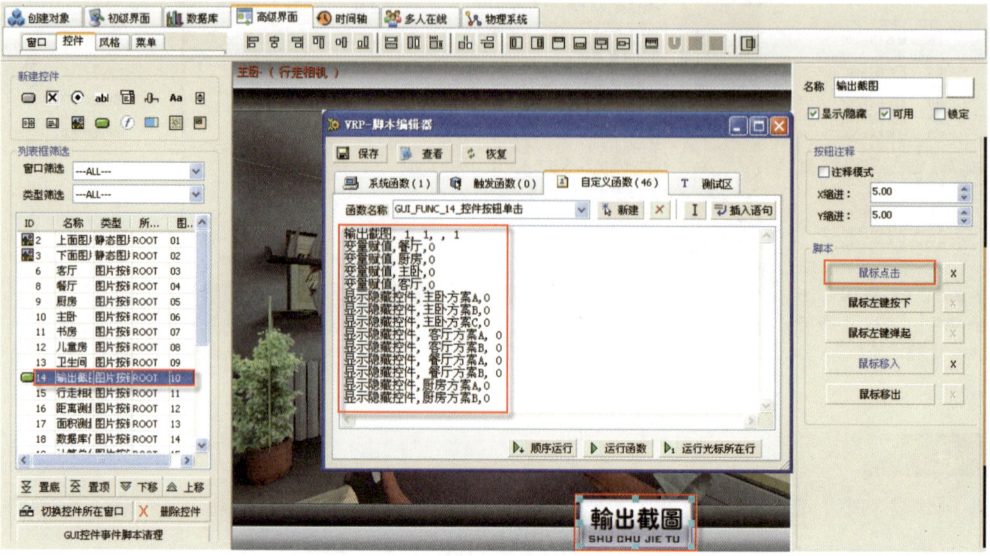

图4-4-28

4.4.6　设置测量脚本

01 选择名称为“距离测量”的按钮，在【鼠标点击】按钮下面添加【设置测量】脚本，设置【测量模式】为“点距离测量”，【显示结果】为“显示”，如图4-4-29所示。

图4-4-29

02 选择名称为“面积测量”的按钮，在【鼠标点击】按钮下面添加【设置测量】脚本，设置【测量模式】为“面积测量”，【显示结果】为“显示”，如图4-4-30所示。

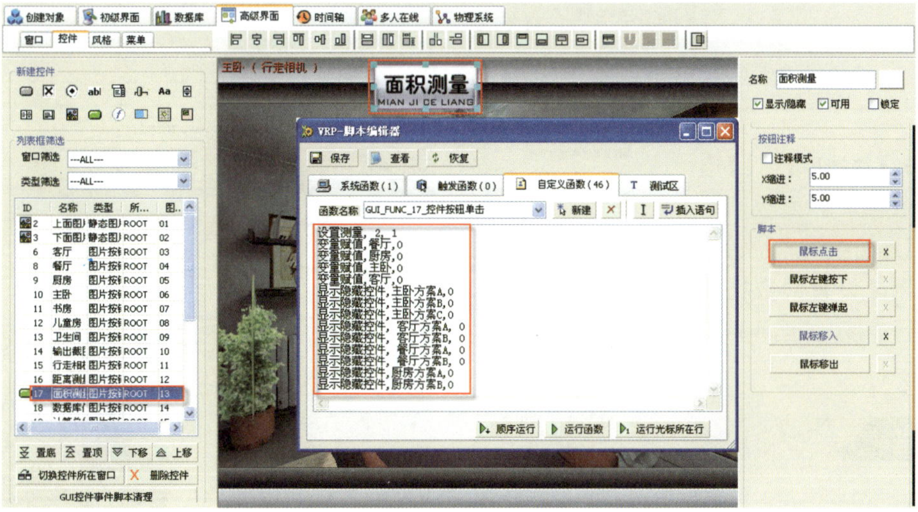

图4-4-30

4.4.7　设置数据库关联

Access数据库是一种关系式数据库，关系式数据库由一系列表组成，表又由一系列行和列组成，每一行是一个记录，每一列是一个字段，每个字段有一个字段名，字段名在一个表中不能重复。Access数据库以文件形式保存，文件的扩展名是“.mdb”。

01 打开【数据库】|【连接数据库】面板，选择【选择数据库类型】为“Access 2000/2003”，如图4-4-31所示。

图4-4-31

02 单击【设置】按钮，在弹出的对话框中添加数据库文件，如图4-4-32所示。

图4-4-32

03 打开【数据库】|【连接数据库】面板，单击【连接数据库】按钮，将刚才设置的数据库进行连接，如图4-4-33所示。

图4-4-33

注：

Access数据库在连接的时候，不需要用户名和密码就可以直接连接，因此用户名和密码保持为空，不需要填写。

04 检查数据库的连接状态是否成功，如果连接成功，数据库连接状态会更新，并显示当前连接的数据库和连接状态，接着在【连接数据库】面板下面勾选【保存登录信息到 vrp 文件】复选框和勾选【下次打开场景自动连接数据库】复选框，如图 4-4-34 所示。

图4-4-34

注：

勾选【保存登录信息到vrp文件】复选框，则会把数据库路径、用户名、密码保存到vrp文件中。勾选【下次打开场景自动连接数据库】复选框，会在打开vrp场景文件的同时，根据所保存的信息自动连接数据库，这样就不用每次打开场景都重新输入数据库登录信息；需要勾选【保存登录信息到vrp文件】复选框后，此复选框才可供选择。

05 关联操作目的是将数据库记录和VRP对象建立起联系，建立起联系以后，单击VRP对象，就能根据关联信息查询到对应的数据库记录，选择名称为“A-客厅-沙发”的模型，单击【记录列表】按钮，在打开的【数据库记录】窗口中选择相应的记录，如图4-4-35所示。

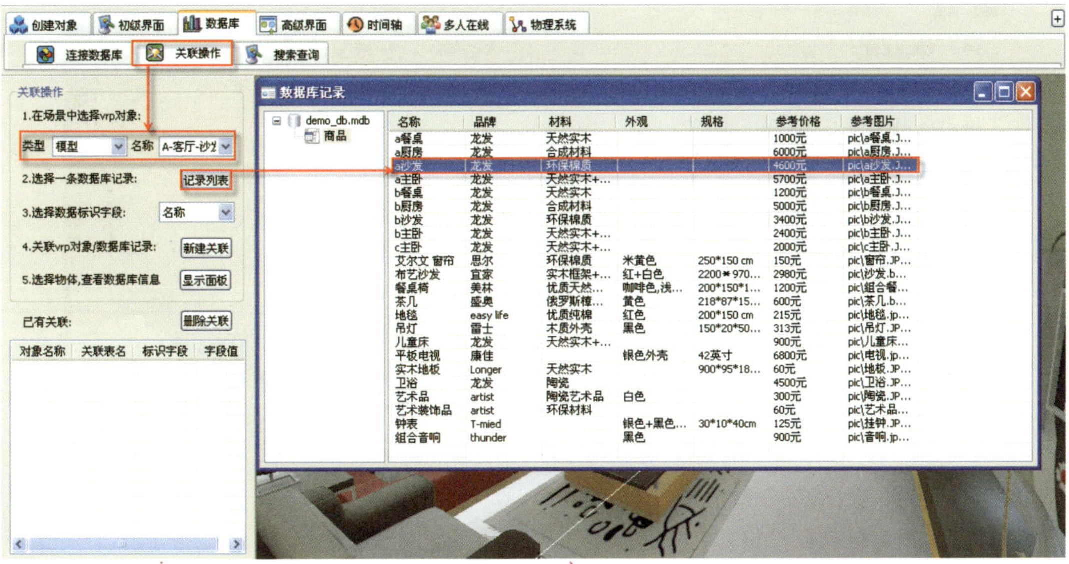

图4-4-35

06 设置【选择数据标识字段】为“名称”，然后单击【新建关联】按钮，完成模型与数据库的关联，如图4-4-36所示。

图4-4-36

07 继续设置场景中其他物体与数据库的关联，操作方法参见上面的步骤，如图4-4-37所示。

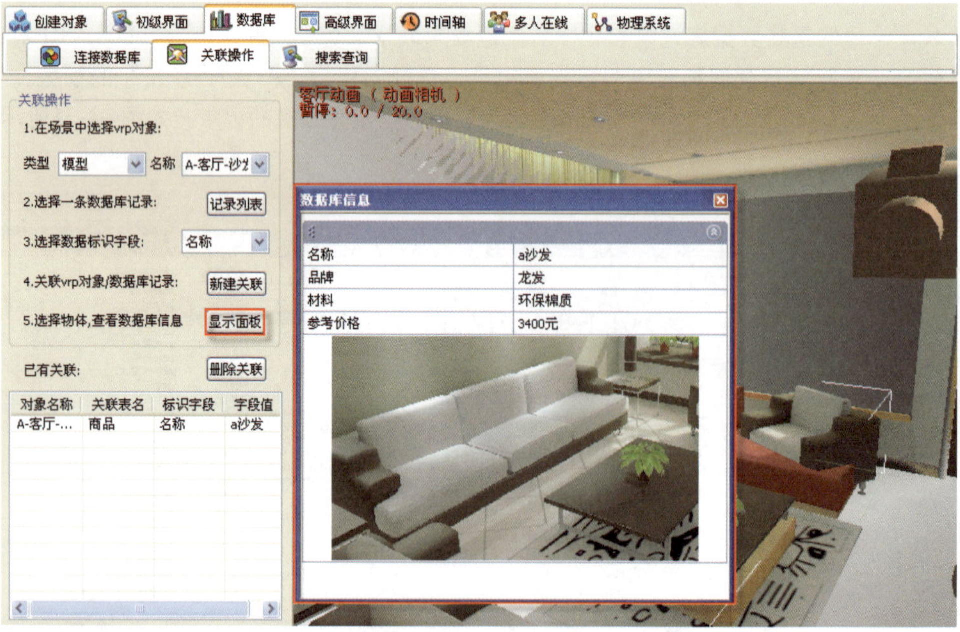

图4-4-37

08 选择【数据库信息】按钮，在【鼠标点击】按钮下面添加【显示信息面板】脚本，将选项设置成【显示】，图 4-4-38 所示。

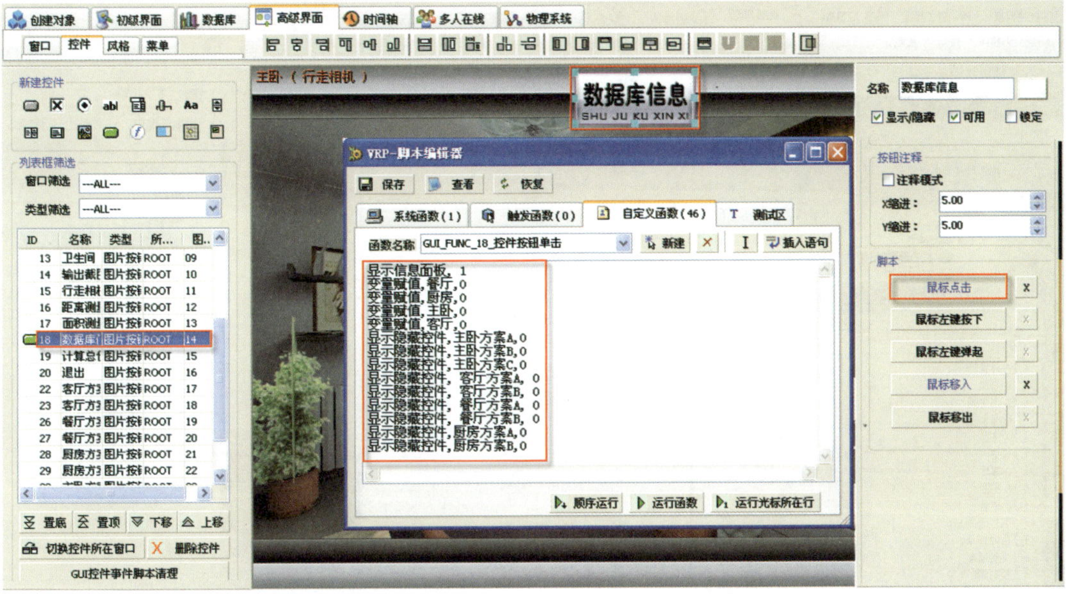

图4-4-38

09 按F5快捷键，预览添加数据库后的效果，图4-4-39所示。

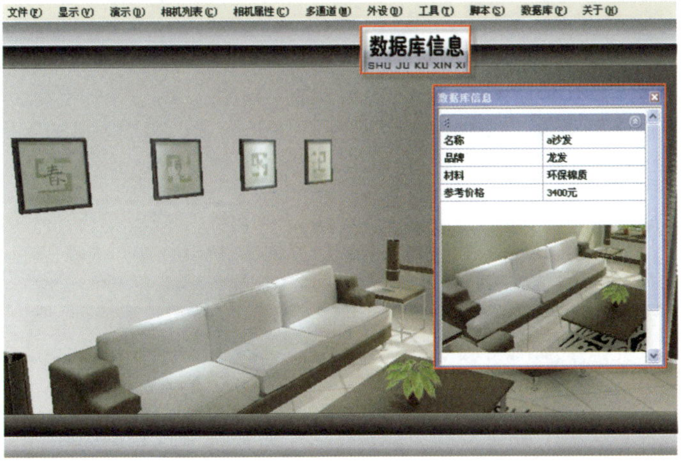

图4-4-39

4.4.8 设置方案切换脚本

在本章案例中，主要一部分交互体现在方案切换功能上，将创建的方案按钮A与方案按钮B显示出来，进行方案切换脚本的设置，并且我们开始已经将不同方案的场景模型进行了编组，在写脚本的时候，方便控制。

01 设置客厅的方案切换脚本，选择名称为“方案A”的按钮，在【方案A】按钮下面添加【显示隐藏物体】脚本，在【物体类型】栏选择“0=组”，【物体名称】栏选择“A-客厅”组，【选项】栏选择为“1=显示”，当单击按钮【方案A】的时候，显示方案A的客厅模型，如图4-4-40所示。

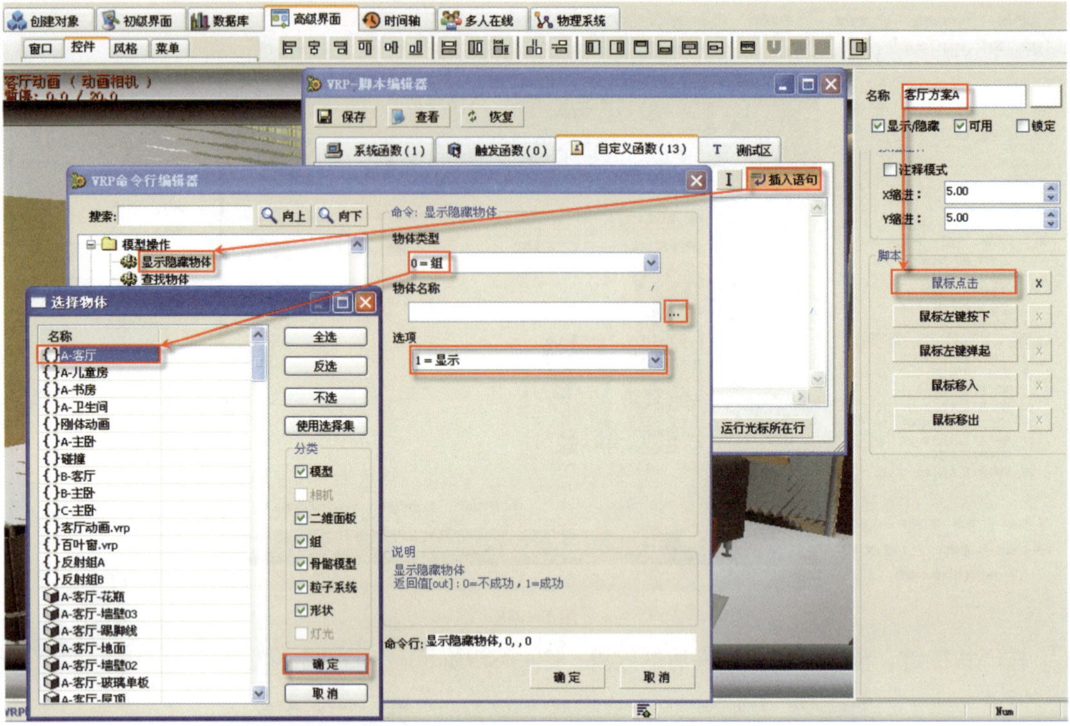

图4-4-40

02 继续在【方案A】按钮下面，添加【显示隐藏物体】脚本，将方案B的客厅模型隐藏，如图4-4-41所示。

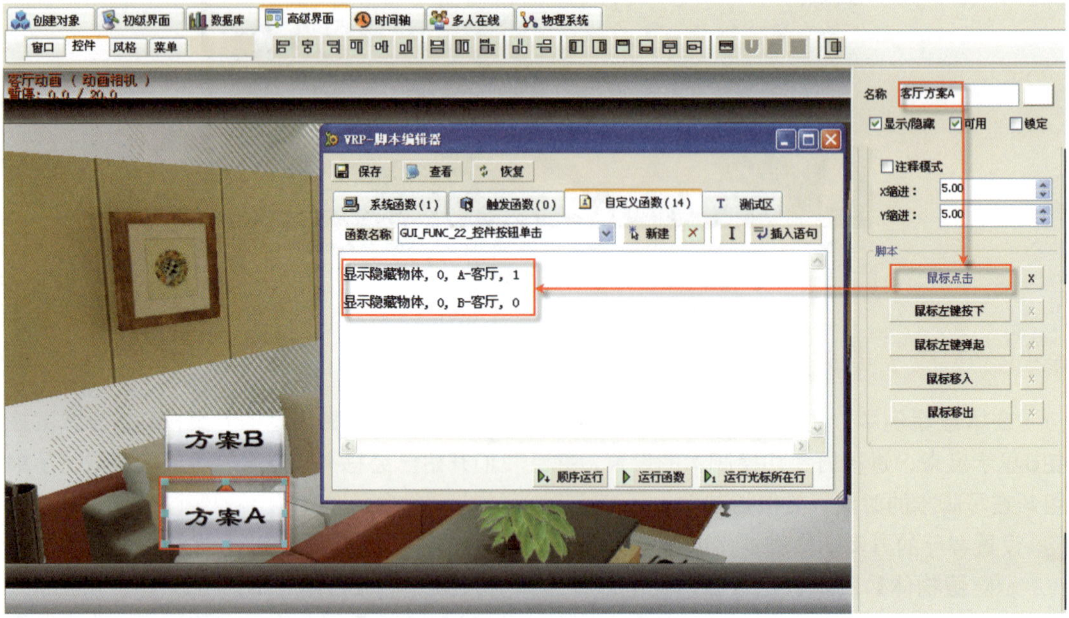

图4-4-41

03 选择名称为“方案B”的按钮，在【方案B】按钮下面添加【显示隐藏物体】脚本，将方案A的客厅模型隐藏，方案B的模型显示，如图4-4-42所示。

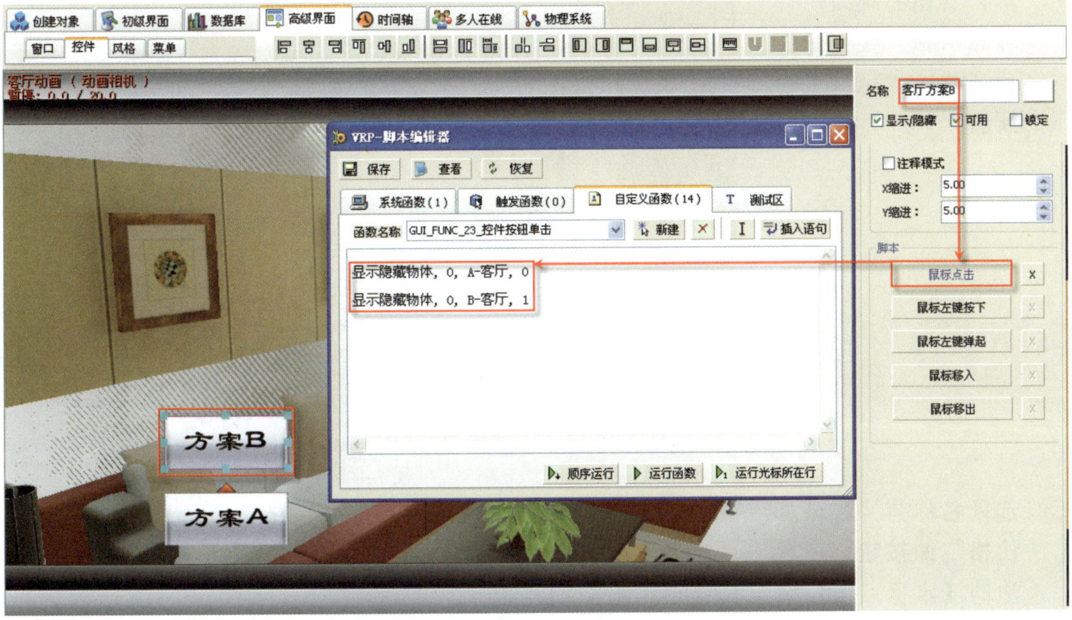

图4-4-42

04 接着设置餐厅、厨房、卧室的方案切换脚本，设置方法与客厅的设置方法一样，只需要修改脚本中“物体名称”项即可，如图 4-4-43 所示。

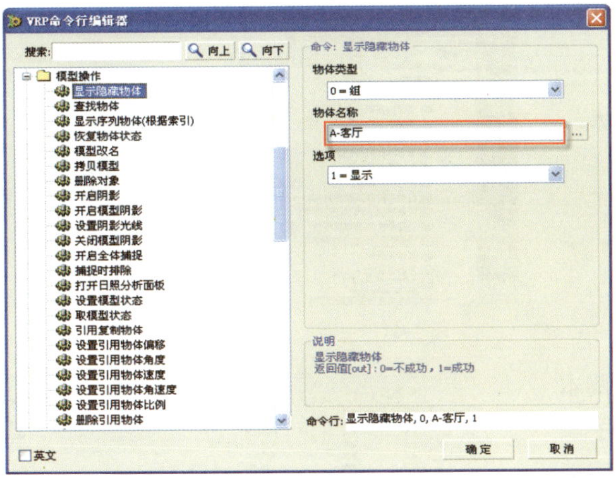

图4-4-43

4.4.9　设置计算总价格脚本

当方案在进行切换的时候，不用的方案最后可以显示出本套方案的总价格，总价格的显示也可以结合数据库来实现，设置脚本为二次单击事件，设置方法与本案例的【客厅】按钮的脚本类似。

01 在【#初始化】函数中设置【定义变量】脚本，变量名称为“计算总价格”，变量值为“0”，如图4-4-44所示。

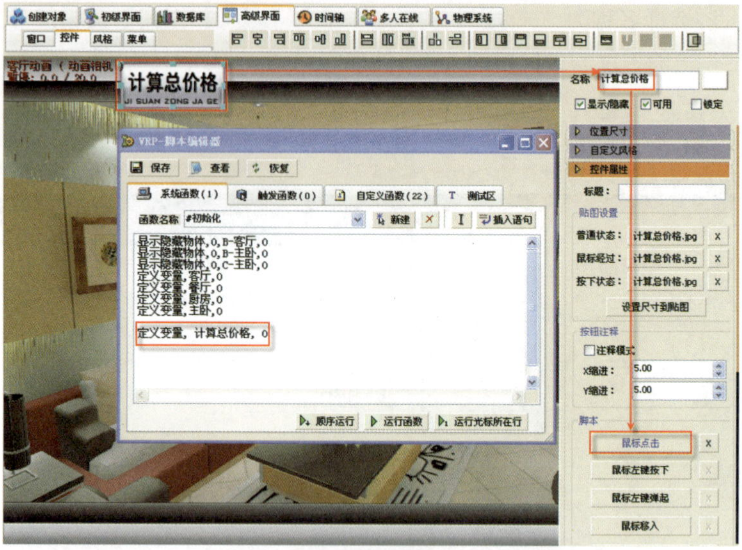

图4-4-44

02 选择名称为“计算总价格”的按钮，在右边的【鼠标点击】按钮下面添加相应的脚本，当第一次单击按钮时显示方案A的总价钱，如图4-4-45所示。

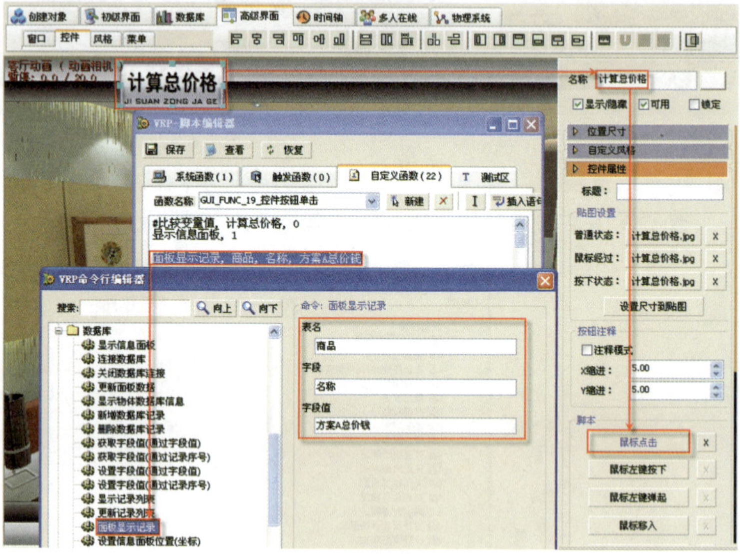

图4-4-45

03 【面板显示记录】脚本函数中的表名、字段与字段值分别对应的是数据库中的1、2、3，如图4-4-46所示。

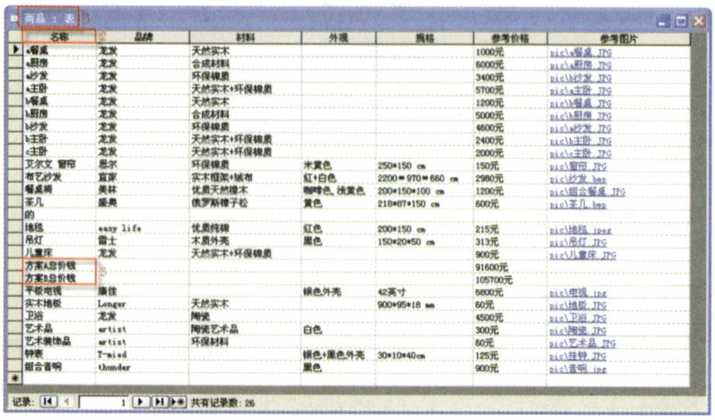

图4-4-46

04 设置当第二次单击按钮时执行的脚本函数，显示方案B的总价钱，如图4-4-47所示。

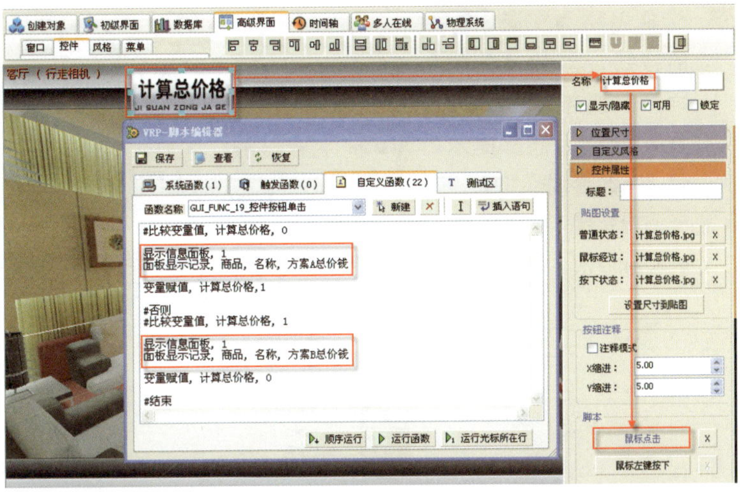

图4-4-47

05 当场景显示的是方案A的模型时，显示方案A的总价钱，因此，在所有方案A的按钮下面添加【变量赋值】脚本，这样总价钱才能够正确显示，如图4-4-48所示。

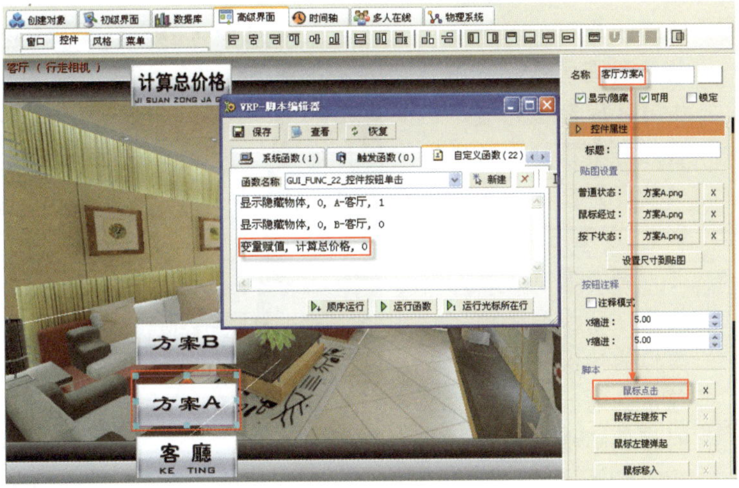

图4-4-48

06 当场景显示的是方案B的模型时，显示方案B的总价钱，同样需要在所有方案B的按钮下面添加【变量赋值】脚本，这样总价钱才能够正确显示，如图4-4-49所示。

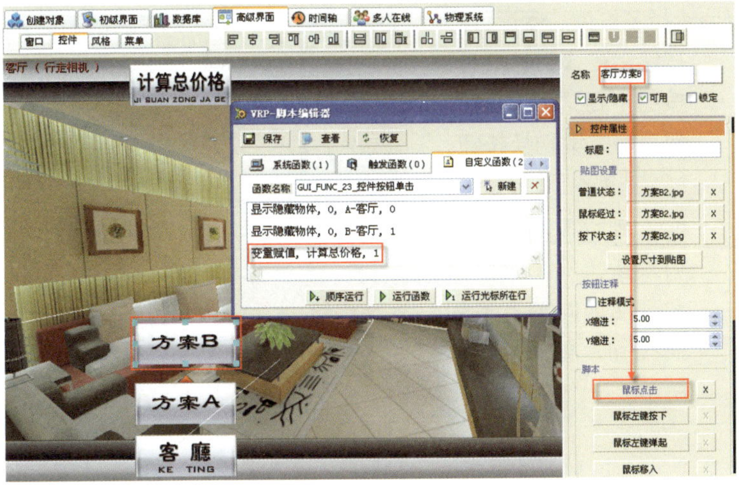

图4-4-49

07 选择名称为“退出”的按钮，添加【关闭程序】脚本函数，设置显示对话框，提示信息设置成“是否关闭场景”，如图4-4-50所示。

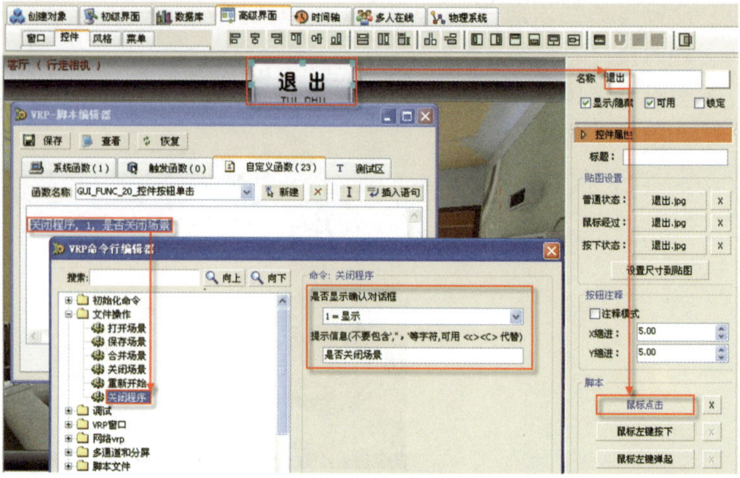

图4-4-50

08 按F5快捷键，运行场景，预览场景时，单击【客厅】按钮显示客厅方案按钮，单击【餐厅】按钮时显示餐厅方案按钮，同时，可以看到客厅的方案按钮没有隐藏，类似的情况在场景中单击其他方案切换的时候也同样会出现，如图4-4-51所示。

图4-4-51

09 选择名称为“客厅”的按钮，在【鼠标点击】按钮下面添加隐藏其他房间方案切换按钮，当单击【客厅】按钮时，除了显示客厅的方案切换按钮外，可以隐藏其他房间的方案切换按钮，如图4-4-52所示。

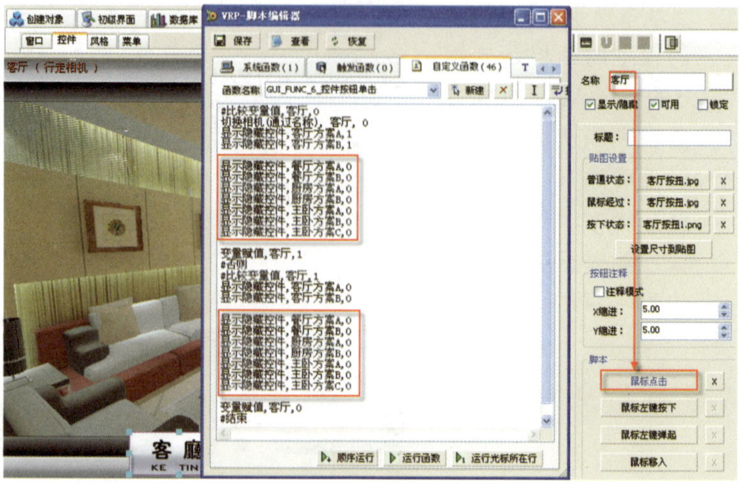

图4-4-52

10 单击【客厅】按钮时，隐藏其他方案切换的按钮，当再次单击其他房间按钮时或出现单击多次才有效果，因此，需要在【客厅】按钮下面，添加其他按钮的【变量赋值】脚本，将其他房间按钮的变量值设为初始状态，如图 4-4-53 所示。

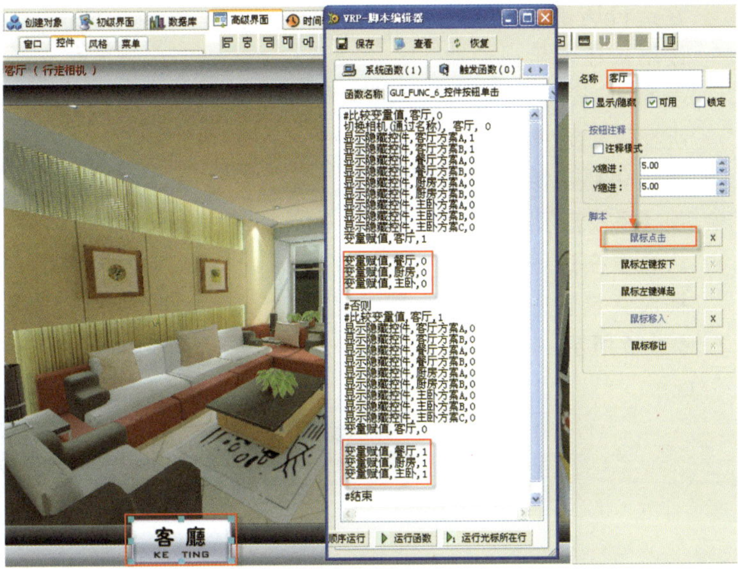

图4-4-53

注：

其他房间按钮的脚本参见【客厅】按钮脚本的设置。

4.4.10　设置播放音乐脚本

01 为使场景更绚丽，我们可以在每个【鼠标移入】按钮下面添加【播放音乐】脚本，这样当鼠标移入按钮的时候，可以播放音乐，移出时音乐自动停止，播放音乐时，场景中其他的音乐不关闭，脚本最后一项选择“1”，如图4-4-54所示。

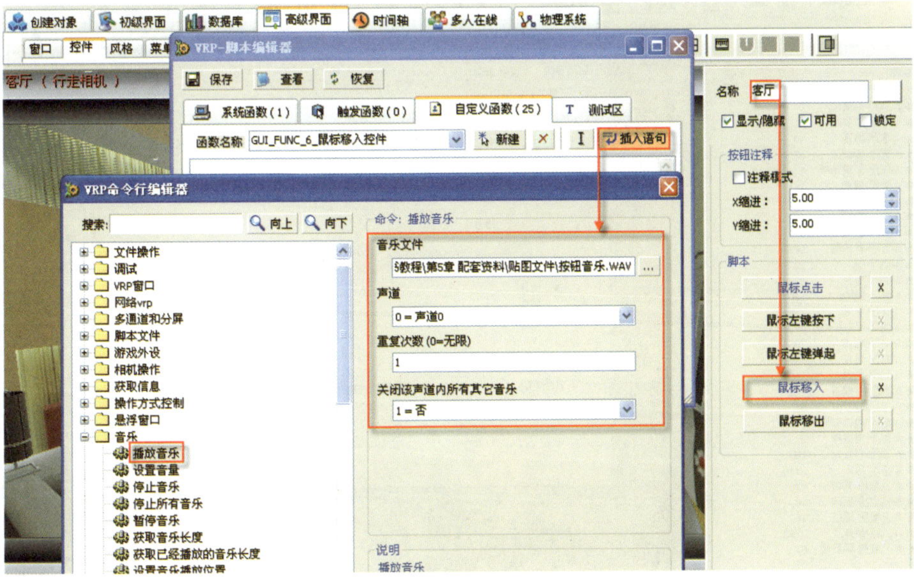

图4-4-54

02 在运行场景时，可以让用户在满足视觉冲击的同时，也能够有听觉的享受，可以在【#初始化】函数中，添加【播放音乐】脚本，让场景在运行的同时播放背景音乐，如图4-4-55所示。

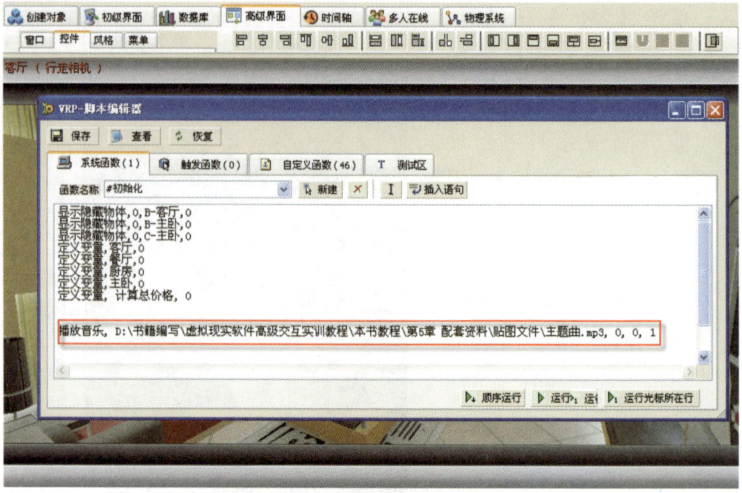

图4-4-55

4.5 最终完成效果

4.5.1 设置【项目设置】对话框

01 按F4快捷键，或者单击主工具栏中的【项目设置】按钮，在弹出的【项目设置】对话框中，选择【启动窗口】选项卡，设置启动窗口标题文字、介绍图片以及说明文字等信息，如图4-5-1所示。

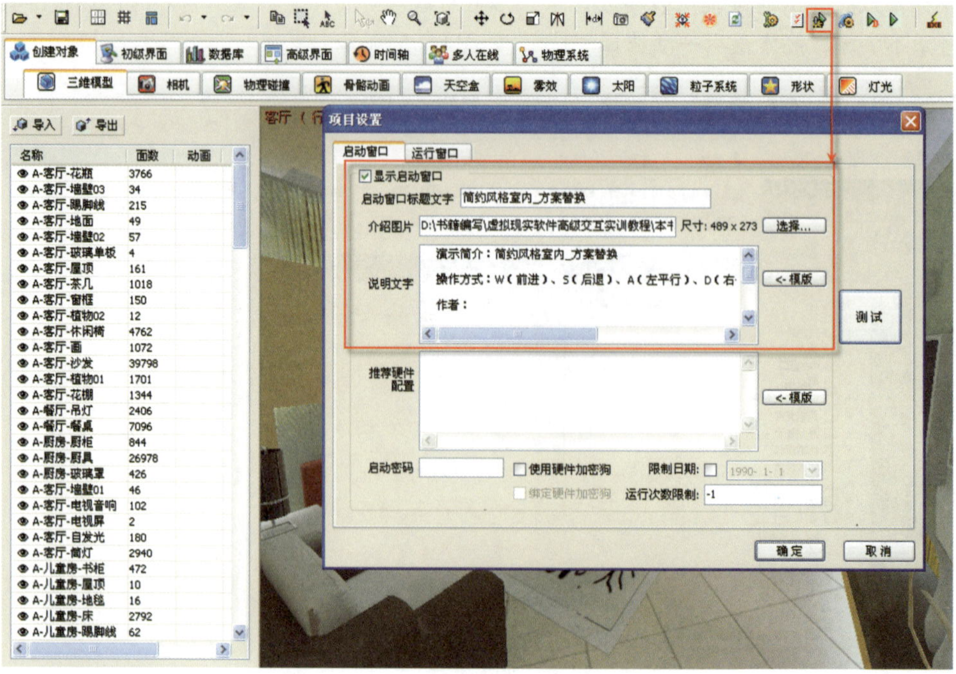

图4-5-1

02 选择【运行窗口】选项卡，设置标题文字、初始相机、窗口大小和桌面的长宽比等信息，如图4-5-2所示。

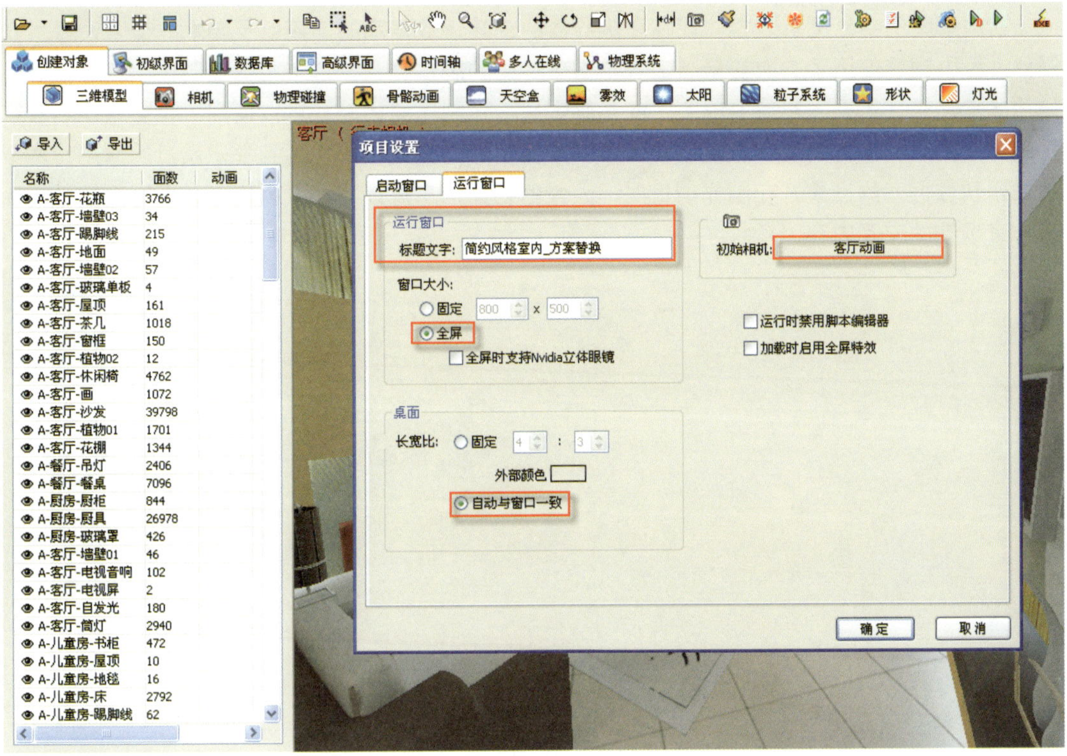

图4-5-2

4.5.2　预览最终效果

按 F5 快捷键，或者是单击主工具栏中的【运行】按钮▷，预览完成的场景效果，如图 4-5-3 所示。

图4-5-3

4.6 本章小结

在本章案例中，主要内容体现在高级界面的创建，数据库的连接以及脚本的交互设置。在制作过程中频繁使用了二次变量（二次单击事件）的脚本交互，这个脚本在制作项目过程中，使用非常频繁，掌握本章节中的二次变量脚本后，在制作项目时，可以使用二次变量来制作音乐的开关效果、模型的显示隐藏效果等多种丰富多彩的交互效果，达到举一反三的作用。本章节中用到数据库的设置，在制作项目时，大量的物体信息可以写在数据库中，通过连接数据库来丰富场景的交互内容。

第 5 章

数据库应用——水果时节

案例分析:

VRP的数据库功能能够让用户便捷地将VRP场景与数据库信息进行关联，实现数据库的数据和场景的信息实时响应。

本章案例将重点讲述如何连接Access数据库，以及使用脚本调用数据库信息进行交互等方面的内容。同时本章案例还会展示一个VRP11的新功能：【渲染到贴图】功能。此功能可以将高级界面设计的控件渲染到三维模型贴图上显示，从而实现在模型的贴图上进行同样的交互功能。

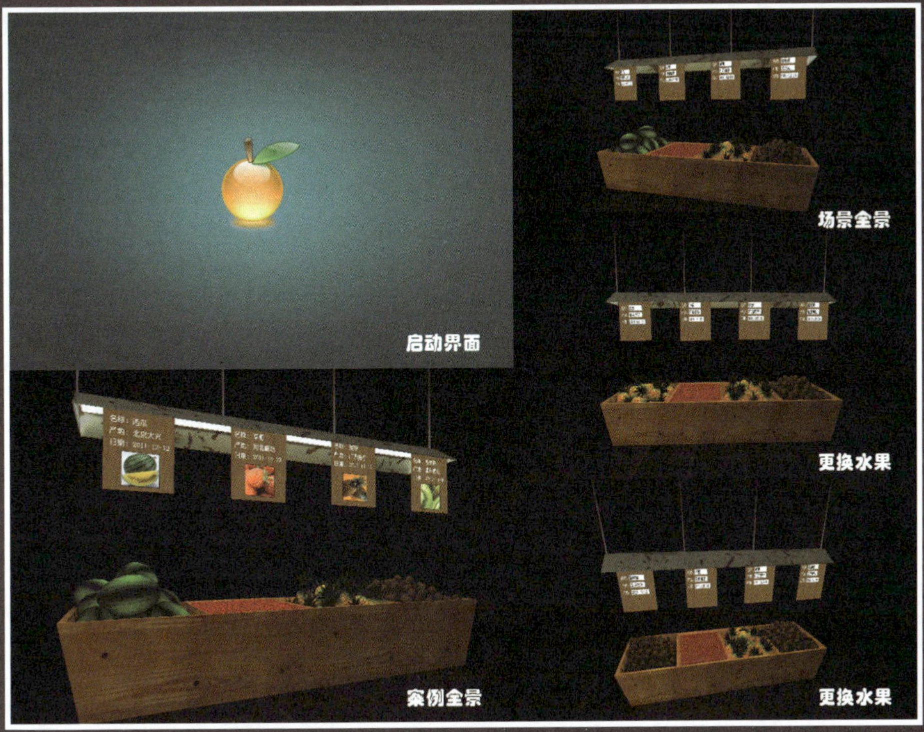

5.1 场景前期介绍

在本章案例中，场景模型已经在3ds Max中搭建烘焙完成，导入VRP编辑器后对一些材质（比如地板）进行了后期编辑，同时数据库文件也已经提供。

5.2 相机设置

本章案例的场景很精巧但不属于大场景，所以只需要设置一台绕物旋转相机即可。

01 打开【创建对象】|【相机】面板，单击【绕物旋转相机】按钮，在弹出的【Camera name】对话框中，设置相机名称为“观察相机”，如图5-2-1所示。

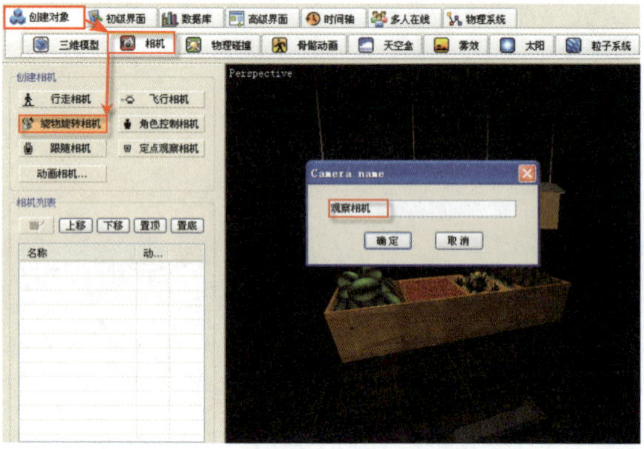

图5-2-1

02 选择“观察相机”，在右侧【旋转参数】卷展栏中设置【旋转中心参照物】，单击【None】按钮，然后在视图窗口中双击名称为“水果台”的模型，接着设置旋转相机的【最低高度】值为20.00，然后按Enter键，如图5-2-2所示。

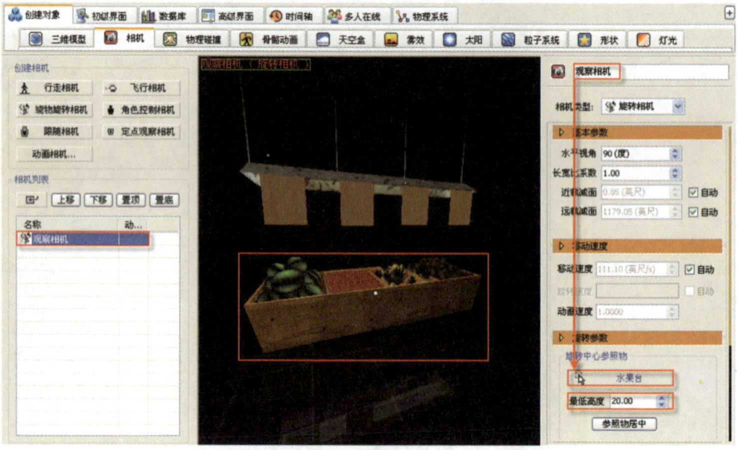

图5-2-2

5.3 界面设置

用户在将烘焙好的场景导入VRP编辑器之后，通常需要为该场景创建一个合适的交互界面。本章案例中的界面部分还会讲到VRP软件的一个新功能——【渲染到贴图】功能。

5.3.1　创建“西瓜”窗口界面

01 打开【高级界面】|【窗口】面板，单击【新建窗口】按钮并在视图窗口中拖曳出一个窗口控件，并在右侧【窗口属性】卷展栏中将其名称设置为“西瓜”，如图 5-3-1所示。

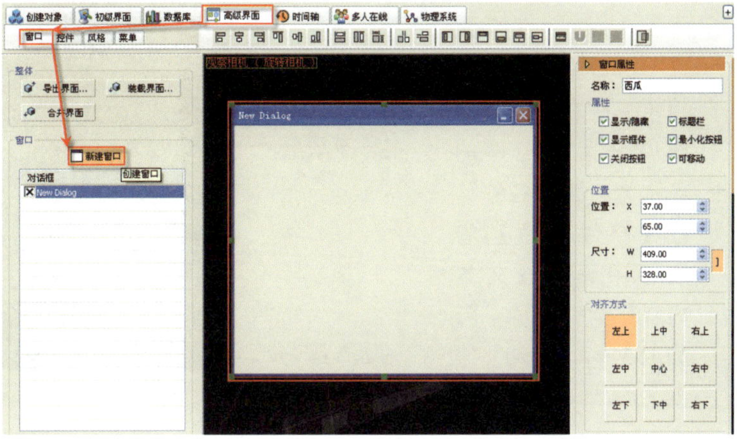

图5-3-1

02 打开【高级界面】|【控件】面板，单击【静态图片】按钮，在“西瓜”窗口中创建图片控件，如图5-3-2所示。

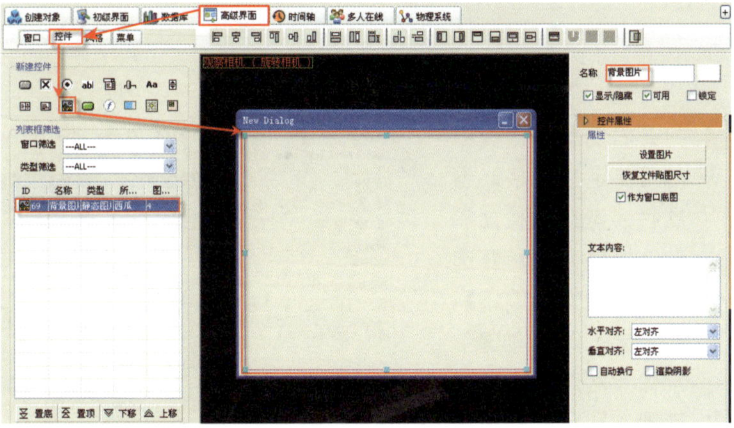

图5-3-2

注：

在【高级界面】面板中，窗口控件的功能相当于一个组，可以整体管理窗口内的所有控件；在此步骤中【背景图片】控件创建在“西瓜”窗口中，说明“背景图片”将被“西瓜”窗口管理。

03 单击【控件属性】卷展栏中的【设置图片】按钮，给图片控件设置一个背景图片，并且取消勾选【作为窗口底图】复选框，如图5-3-3所示。

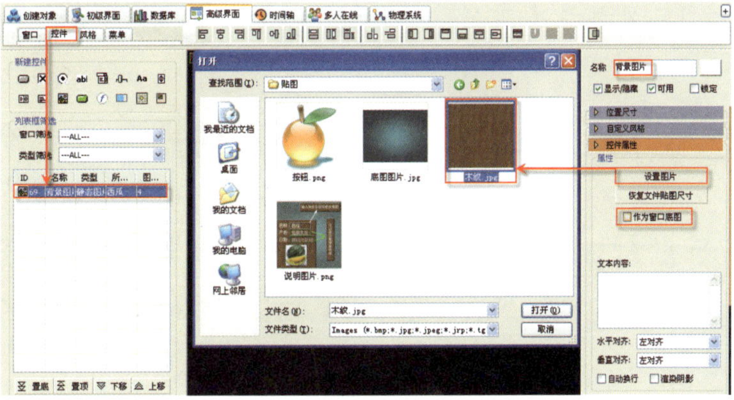

图5-3-3

04 下面创建【静态文本】控件。单击【静态文本】按钮，在“西瓜”窗口中创建文本控件；在右侧属性面板中设置此控件的名称为“西瓜名称”，在【控件属性】卷展栏中设置【文本内容】为“名称：”，如图 5-3-4 所示。

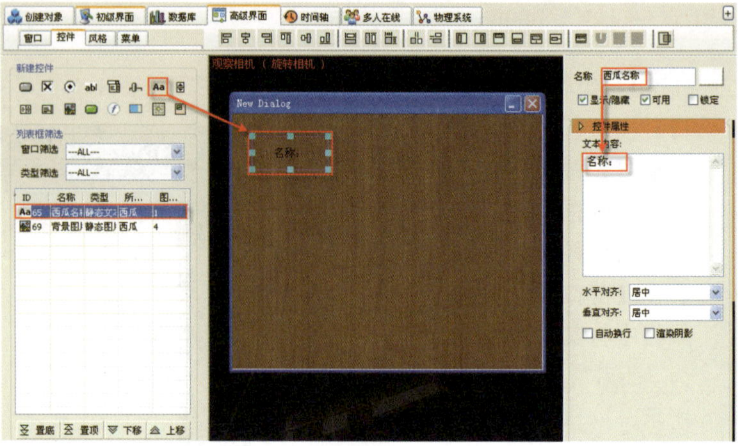

图5-3-4

注：

创建界面控件时要注意命名的规范性，这样在后续编写高级交互脚本时方便对其调用。

05 打开右侧属性面板中的【自定义风格】卷展栏，勾选【独立调节该控件元素】复选框，在【文字编辑】栏中选择“7：幼圆”字体，然后单击【普通状态】后的按钮，将R、G、B的值均设置为255，即改为白色，如图5-3-5所示。

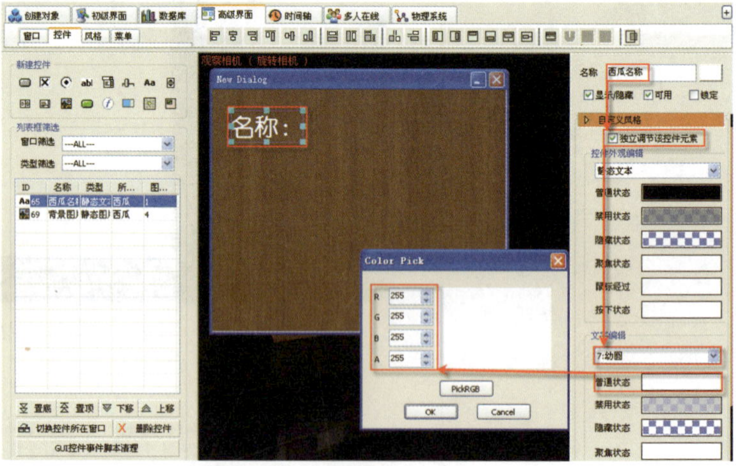

图5-3-5

注：

在修改颜色时，可以调整R、G、B的数值，A代表不透明度的数值；同时也可以单击【PickRGB】按钮，在弹出的对话框中选择颜色面板中的颜色。

06 使用与上述相同的方法，继续创建其他静态文本控件，如图5-3-6所示。

注：

创建相同属性的控件时，可以按Ctrl+C和Ctrl+V快捷键进行复制和粘贴。

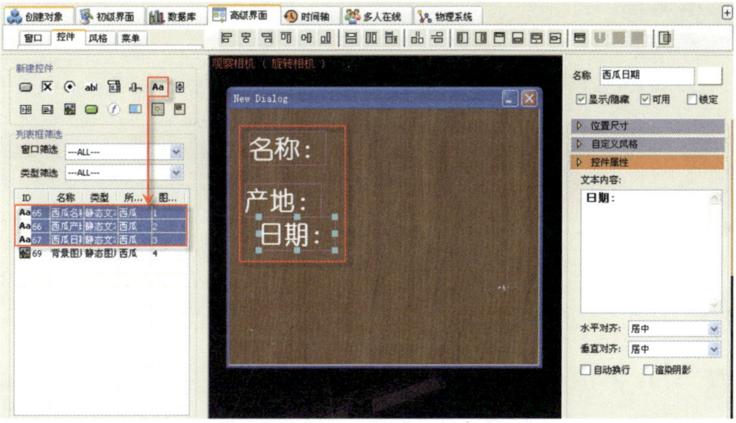

图5-3-6

07 下面调整三个静态文本所在的位置。选择这三个文本控件，单击【对齐工具】中的【左对齐】按钮和【垂直均布】按钮，将控件对齐并平均分布，如图 5-3-7 所示。

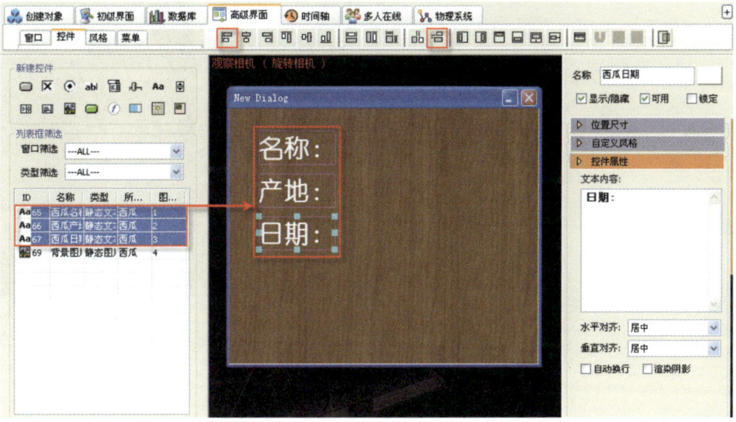

图5-3-7

08 下面接着创建【输入框】控件。单击【控件】面板中的【输入框】按钮并在“西瓜”窗口中单击一次，一个【输入框】控件就创建好了；在右侧属性面板中设置控件的名称为“名称输入西瓜”，然后打开【自定义风格】卷展栏，勾选【独立调节该控件元素】复选框激活下面的调节面板，将【文字编辑】栏中的字体设置为“7：幼圆”，其余设置不变，如图 5-3-8 所示。

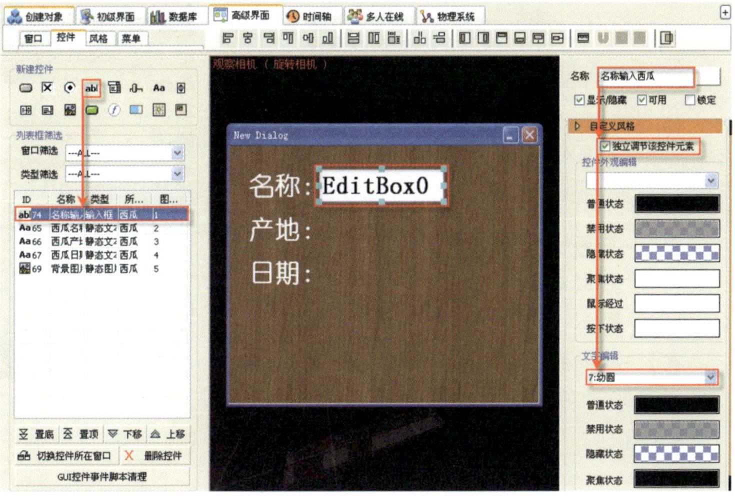

图5-3-8

注：

如果创建【输入框】控件后在视图中没有显示，只需要单击左下方的【置顶】按钮 置顶 即可显示，此功能与Photoshop中的图层功能类似。

09 打开【控件属性】卷展栏，设置其【文字】为“西瓜”，取消勾选【回车清空文字】复选框，如图5-3-9所示。

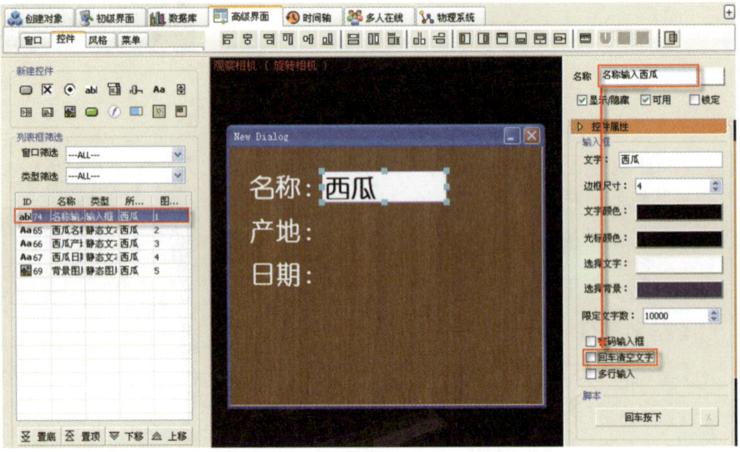

图5-3-9

10 使用与上述相同的方法，继续创建“产地”和“日期”后边的【输入框】控件，并分别将其命名为“产地输入西瓜”和“日期输入西瓜”，最后单击【对齐工具】中的【左对齐】按钮 和【垂直均布】按钮 将控件对齐并平均分布，如图5-3-10所示。

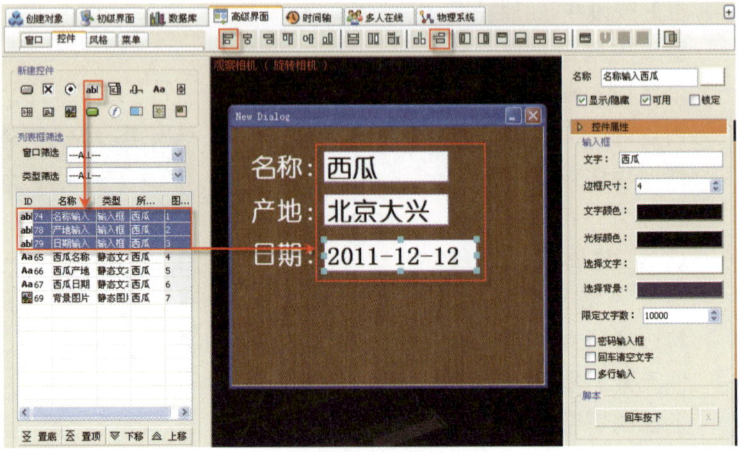

图5-3-10

11 打开【高级界面】|【窗口】面板，选择“西瓜”窗口，在其右侧【窗口属性】卷展栏中取消勾选【标题栏】、【显示框体】和【关闭按钮】复选框；在【对齐方式】栏中设置【对齐方式】为“右上”，如图 5-3-11 所示。

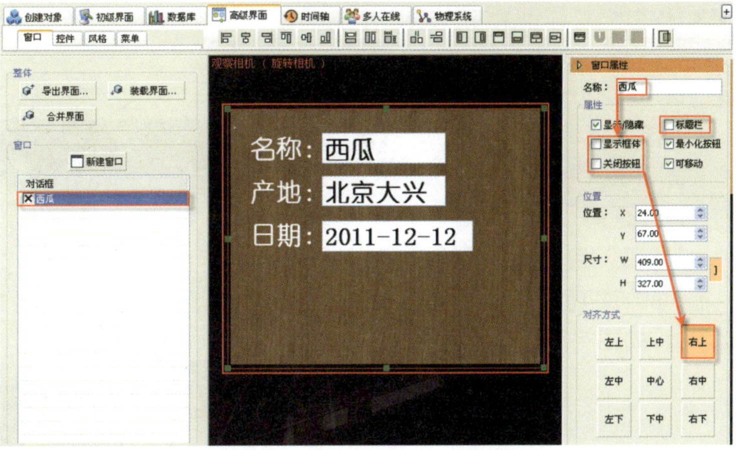

图5-3-11

注：

取消勾选此步骤中的三个复选框，可以将“西瓜”窗口的框体等隐藏，仅显示窗口中其他控件；但不能直接取消勾选【显示/隐藏】复选框，否则将隐藏窗口中所有的控件。

12 下面设置将“西瓜”窗口渲染到某一贴图上。在【渲染到贴图】栏中单击【未绑定贴图】按钮，在弹出的对话框中选择“mw004.jpg”贴图，并勾选【支持鼠标交互】复选框，如图5-3-12所示。

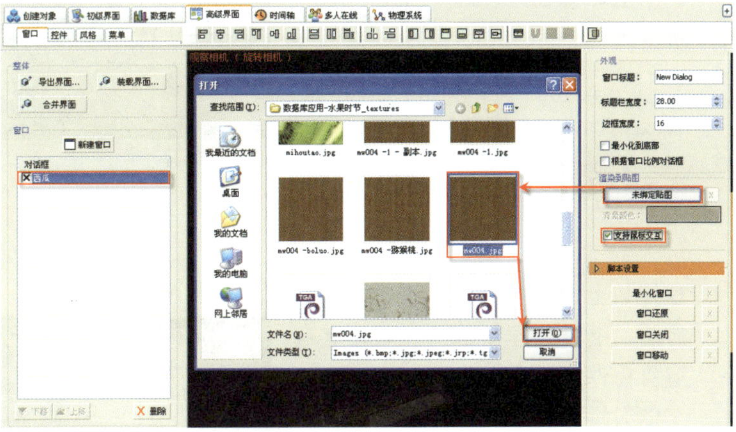

图5-3-12

注：

如果要更换绑定贴图，首先要单击【删除】按钮[X]，删除已绑定的贴图后才能正确添加新贴图，否则会有“该对话框已经绑定到贴图”的错误提示。

5.3.2 创建其他水果窗口界面

01 使用与上一节相同的方法，继续创建新的窗口控件，并命名为“草莓”，然后将“草莓”窗口渲染到“mw004-1.jpg”贴图上，如图5-3-13所示。

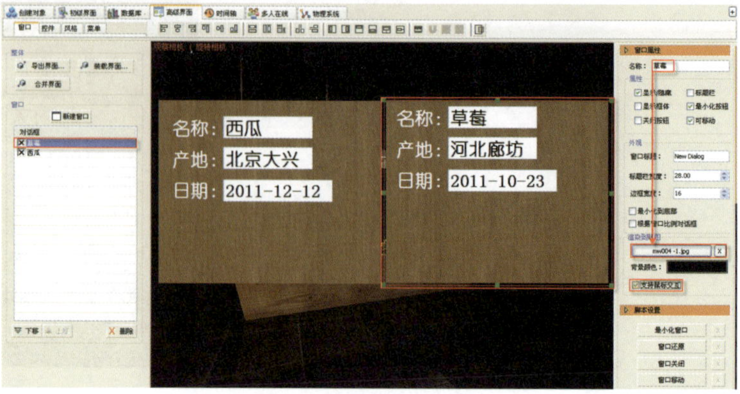

图5-3-13

02 使用与上一节相同的方法，继续创建新的窗口控件，并命名为“菠萝”，然后将“菠萝”窗口渲染到“mw004-boluo.jpg”贴图上，如图5-3-14所示。

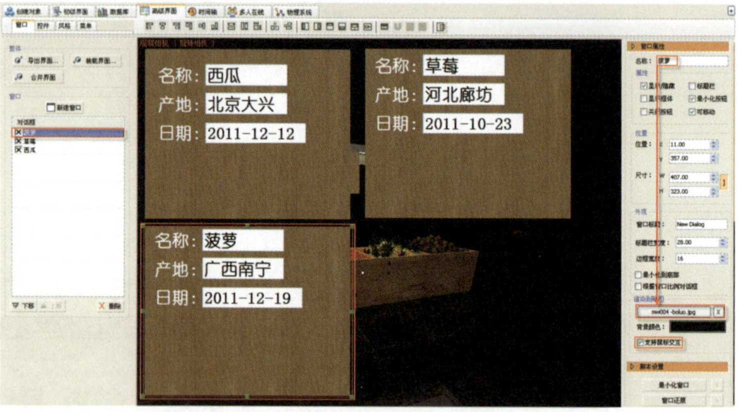

图5-3-14

03 使用与上一节相同的方法，继续创建新的窗口控件，并命名为“猕猴桃”，然后将“猕猴桃”窗口渲染到“mw004-猕猴桃.jpg”贴图上，如图5-3-15所示。

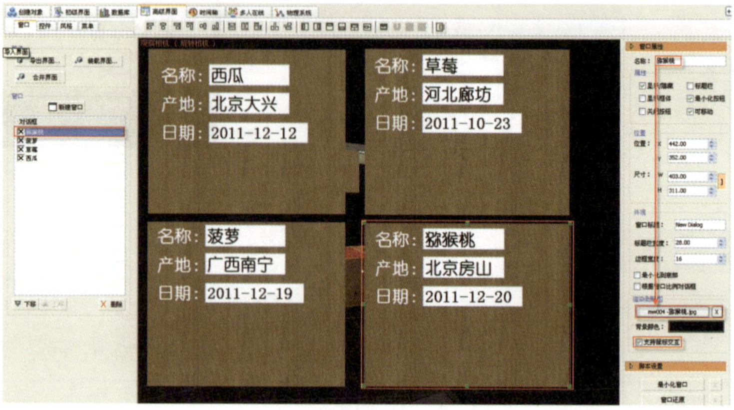

图5-3-15

04 单击每个窗口名称前的按钮☒，将四个窗口隐藏，如图5-3-16所示。

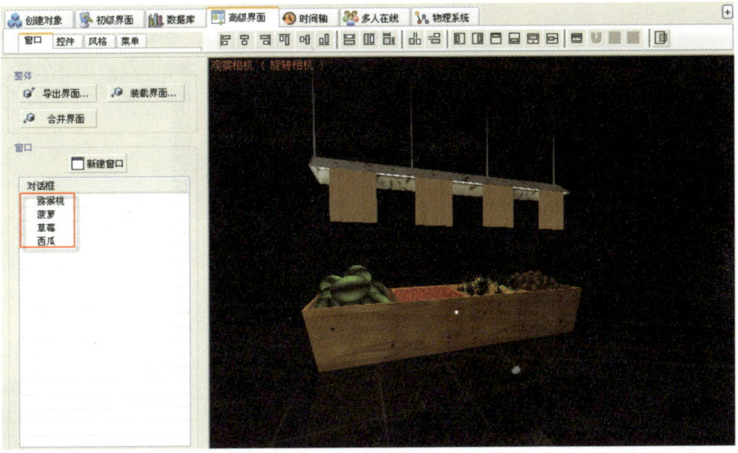

图5-3-16

> **注：**
>
> 此时隐藏四个窗口控件是为了不影响继续创建其他控件。

5.3.3　创建帮助窗口界面

01 帮助窗口中显示的是如何操作此案例的信息，首先打开【高级界面】|【窗口】面板，新建一个窗口并命名为“帮助窗口”，如图 5-3-17 所示。

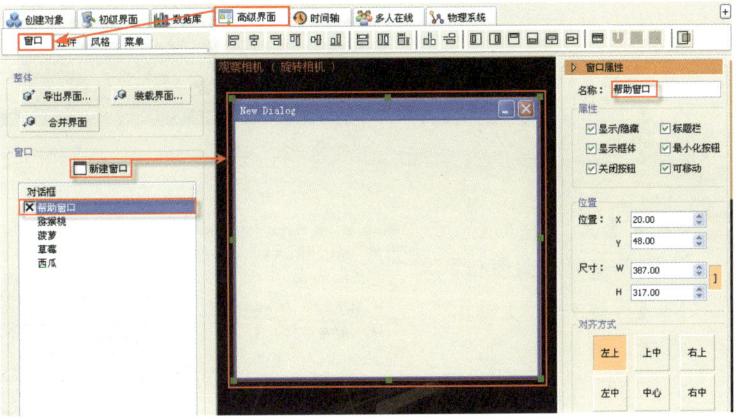

图5-3-17

02 打开【高级界面】|【控件】面板，单击【静态文本】按钮，在“帮助窗口”窗口中创建一个【静态文本】控件，接着在右侧属性面板中设置其【名称】为“帮助信息”，然后设置其【文本内容】为“更改数据库同时改变场景中的模型状态和数据信息，也可以更改场景中的数据来修改数据库文件(模型替换部分只在第一种水果名称中更改有效，有效名称为

西瓜、菠萝、猕猴桃），输入其他名称可以改变数据库信息，但场景表现为空”，最后勾选【自动换行】复选框，如图5-3-18所示。

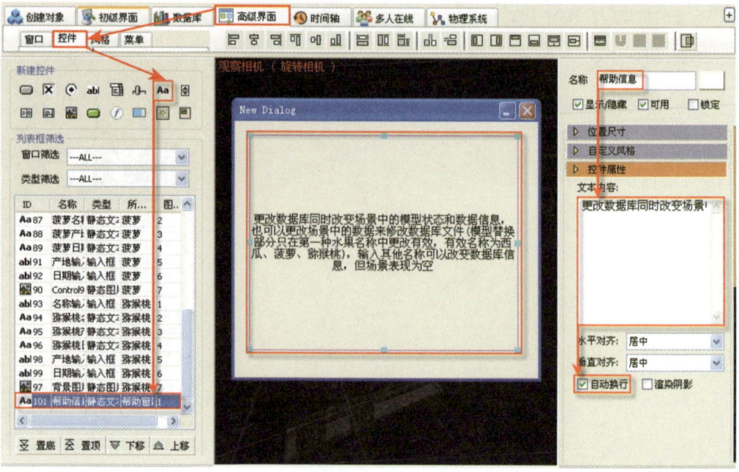

图5-3-18

03 打开【自定义风格】卷展栏，勾选【独立调节该控件元素】复选框，然后将文字的颜色改为白色，如图5-3-19所示。

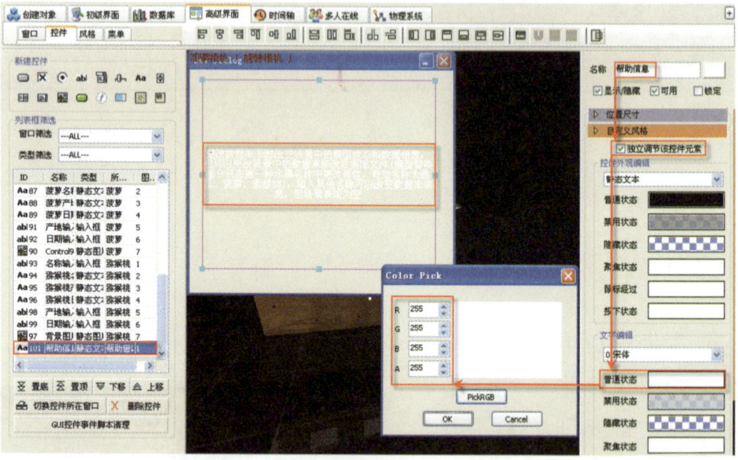

图5-3-19

04 返回【窗口】面板，取消勾选“帮助窗口”的【标题栏】、【显示框体】复选框，如图5-3-20所示。

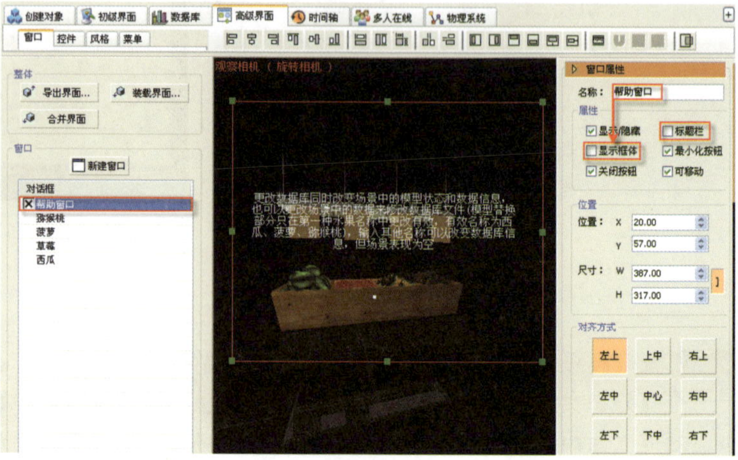

图5-3-20

05 下面设置触发“帮助信息”显示的帮助按钮。打开【高级界面】|【控件】面板，单击【图片按钮】并在视图窗口中拖曳出一个图片按钮控件，并命名为“帮助按钮”，如图 5-3-21 所示。

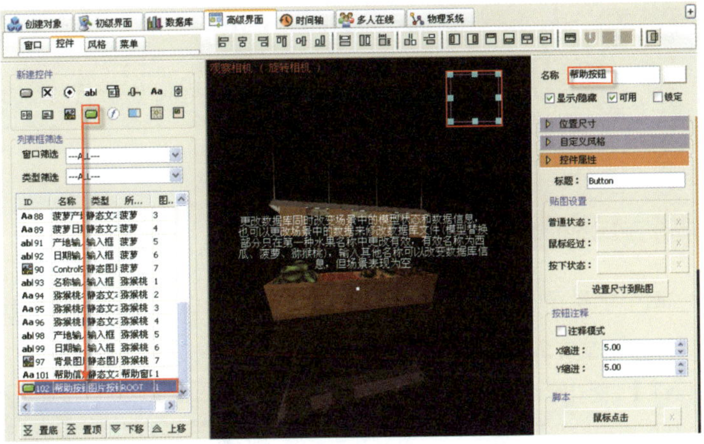

图5-3-21

注：

“帮助按钮”不需要窗口控件进行管理，所以创建在视图窗口中即可。

06 打开【控件属性】卷展栏，将其【标题】栏中的文字删除，然后在【普通状态】通道中设置一张名称为“按钮.png”的贴图，如图 5-3-22 所示。

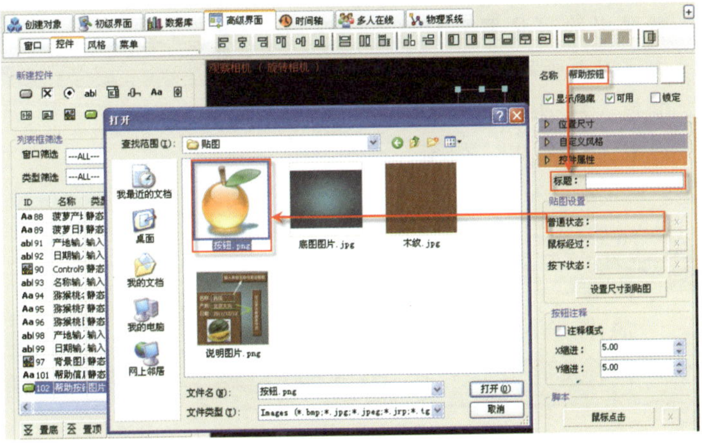

图5-3-22

07 使用相同的方法再创建一个【图片按钮】控件，并命名为“说明图片”，然后为其设置一张名称为“说明图片.png”的贴图，如图 5-3-23 所示。

图5-3-23

注：

“说明图片”不需要窗口控件进行管理，所以创建在视图窗口中即可。

5.3.4 设置窗口控件的位置

四个水果窗口创建好后，下面需要调整窗口的位置，将其移出视图区。

01 打开【高级界面】|【窗口】面板，将“西瓜”、“草莓”、“菠萝”和“猕猴桃”四个窗口控件显示出来，然后选择“猕猴桃”窗口，在其右侧【窗口属性】卷展栏的【位置】栏中可以调整X轴和Y轴的值，将其数值分别设置为3000.00，如图5-3-24所示。

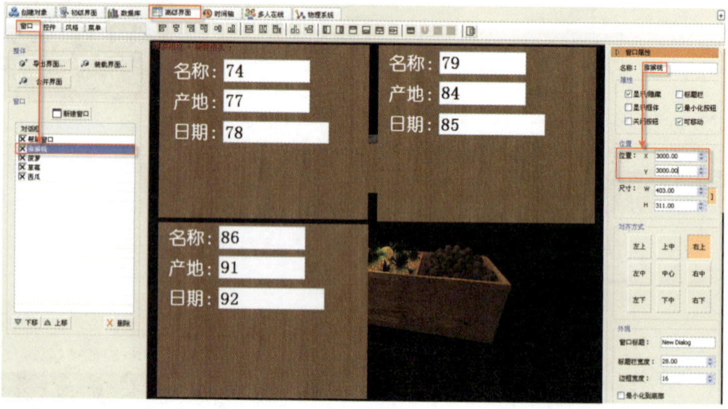

图5-3-24

注：

将窗口移动到视图窗口外，是为了保证窗口在显示状态下并且不影响画面，这样方便【渲染到贴图】功能更好地发挥作用。

02 使用与上述相同的方法，将“西瓜”、“草莓”和“菠萝”三个窗口的X、Y轴值均设置为3000.00，如图5-3-25所示。

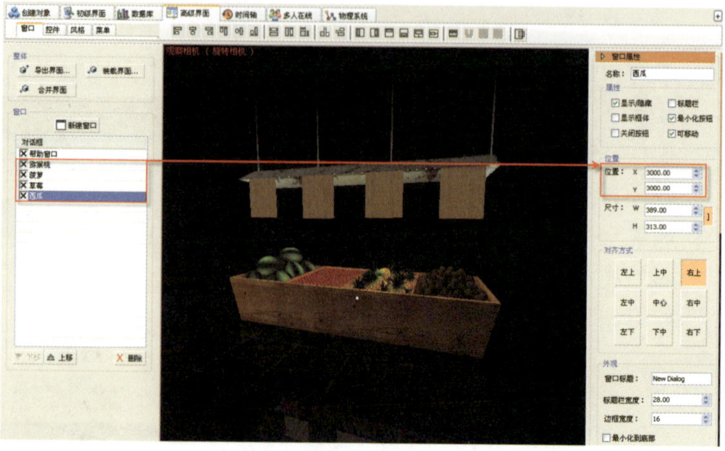

图5-3-25

5.3.5　设置初级界面元素

01 打开【初级界面】面板，单击【创建新面板】按钮并在弹出的列表中选择【图片】命令，然后在弹出的窗口选择名称为“底图图片.jpg”的贴图，并在视图窗中拖曳出一张图片，使其铺满视图窗口，最后在右侧属性面板中设置其名称为“底图”，如图5-3-26所示。

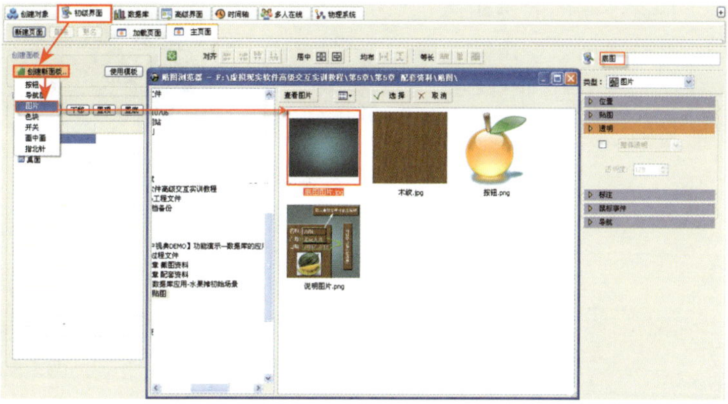

图5-3-26

02 打开【初级界面】面板，单击【创建新面板】按钮并在弹出的列表中选择【按钮】命令，然后在视图窗口中拖曳出一个按钮元素，最后在右侧属性面板中设置其名称为“开始”，如图5-3-27所示。

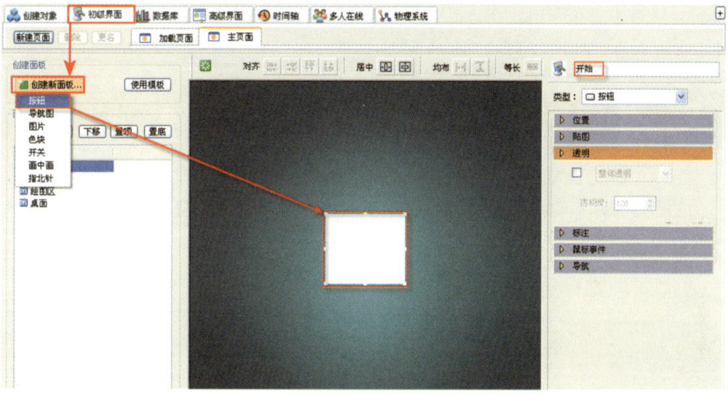

图5-3-27

03 打开右侧的【贴图】卷展栏，单击【图片】后的按钮，为【开始】按钮设置一张名称为“按钮.png”的贴图，如图5-3-28所示。

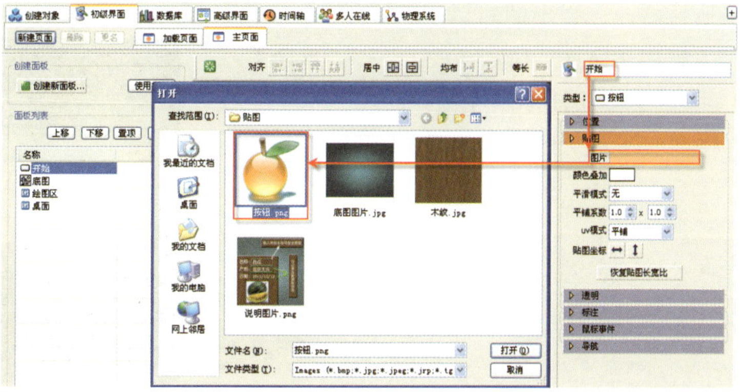

图5-3-28

04 打开【透明】卷展栏，勾选下面的复选框，将这张贴图的透明属性设置为“使用贴图alpha”，如图5-3-29所示。

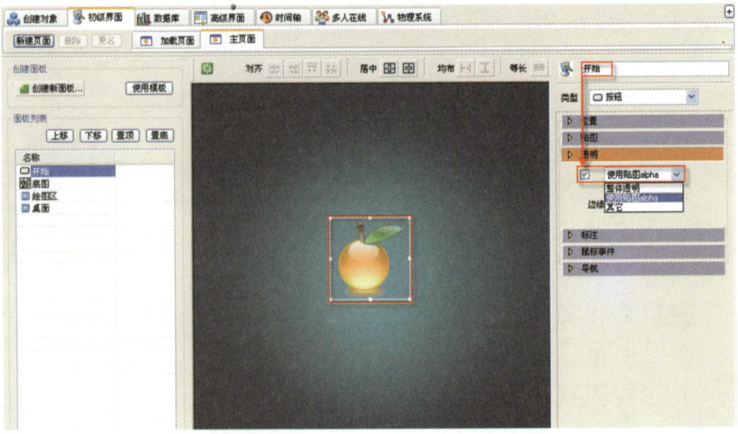

图5-3-29

注：

这个触发按钮界面也可以在【高级界面】面板中制作，用户可以根据自己的制作习惯进行选择。

5.4 时间轴动画的设置

界面设计完成后，可以借助时间轴功能对GUI控件做动画，控件动画可以使场景看起来更加丰富多彩。

5.4.1 设置帮助窗口的时间轴动画

01 打开【时间轴】面板，单击【新建时间轴】按钮，在弹出的对话框中输入时间为30，如图5-4-1所示。

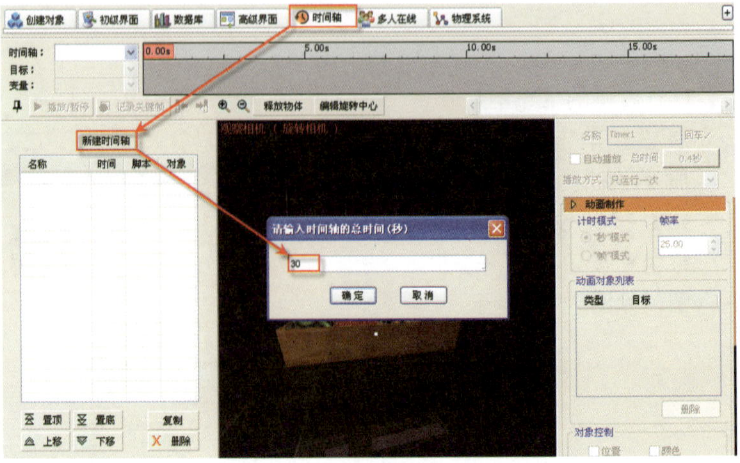

图5-4-1

注：

设置时间轴总时间时对话框中采用的单位是秒。

02 在【时间轴】面板中单击左上角的【锁定窗口】按钮，然后在右侧属性面板中将时间轴的名称命名为“信息时间轴”，并按下Enter键，如图5-4-2所示。

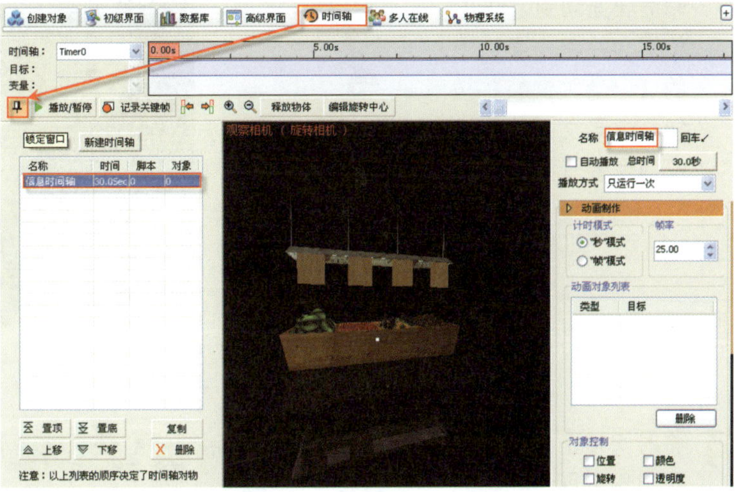

图5-4-2

注：

将时间轴重新设置名称后要按下Enter键，否则会修改不成功。

03 打开【高级界面】|【窗口】面板，选择“帮助窗口”控件将其调整为如图5-4-3所示大小。

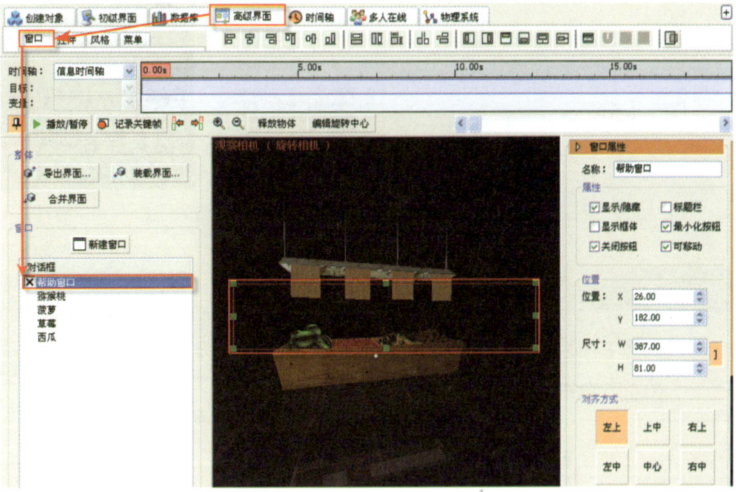

图5-4-3

注：

调整窗口大小后，窗口中静态文字显示的有效范围也将改变。

04 打开【高级界面】|【控件】面板，选择“帮助信息”静态文本控件，然后将时间轴滑块拖动到0.00s的位置，并单击面板上的【记录关键帧】按钮，记录文本控件当前的位置状态，如图5-4-4所示。

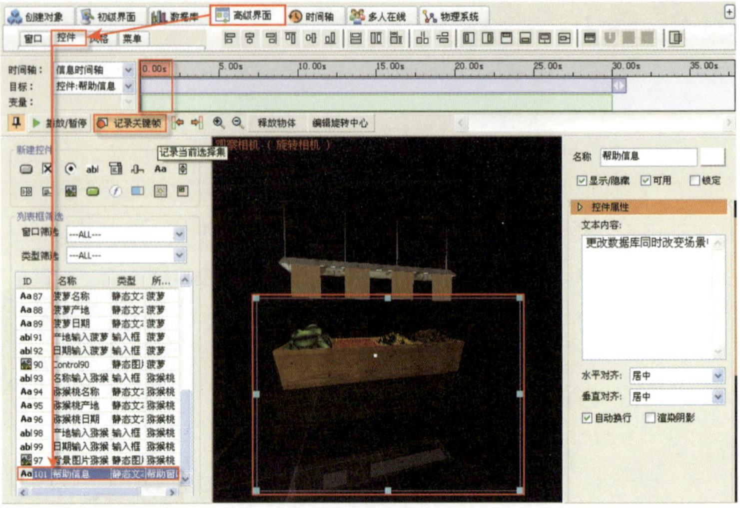

图5-4-4

05 将时间轴上的滑块拖动到最后即30.00s的位置，再次选中“帮助信息”静态文本控件，并把控件向正上方拖动，以拖出“帮助窗口”为准，然后单击【记录关键帧】按钮，记录文本控件当前的位置状态，如图5-4-5所示。

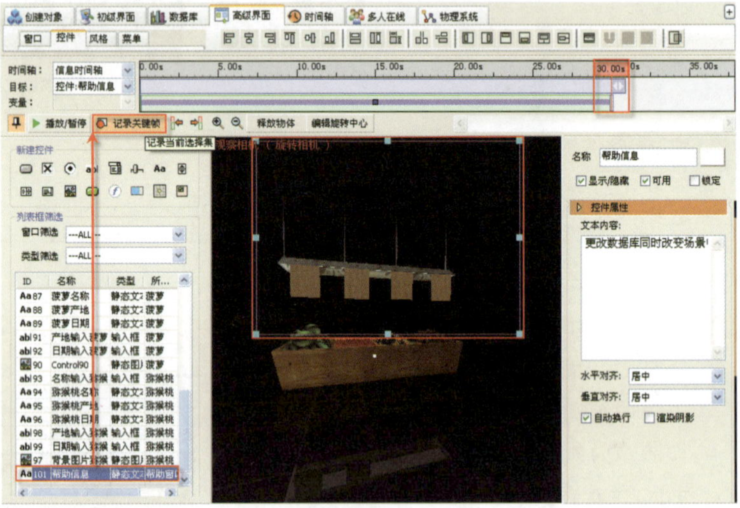

图5-4-5

注：

制作时间轴动画时，注意要先将时间轴滑块移动到对应的时间上，再移动控件或模型进行动画制作。

5.4.2 设置说明图片控件的时间轴动画

01 打开【时间轴】面板，单击【新建时间轴】按钮，在弹出的对话框中输入时间为0.4，并将其命名为“说明图片时间轴”，如图5-4-6所示。

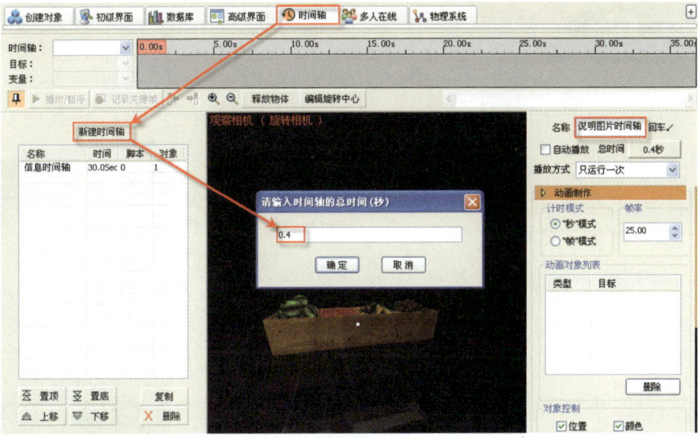

图5-4-6

02 单击左上角的【锁定窗口】按钮，打开【高级界面】|【控件】面板，接着将时间轴上的滑块拖动到0.00s的位置，然后选择“说明图片”静态文本控件，将【位置尺寸】卷展栏中【尺寸】中的W和H的值均设置为0，最后单击【记录关键帧】按钮，记录下窗口当前的大小状态，如图5-4-7所示。

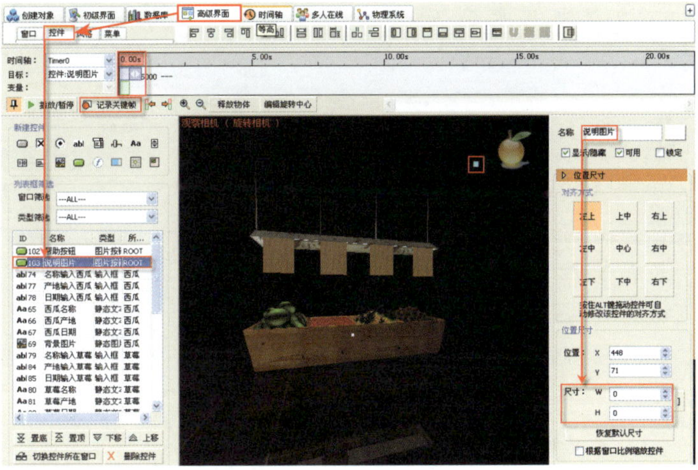

图5-4-7

03 接着将时间轴上的滑块拖动到0.40s的位置，然后选择“说明图片”静态文本控件，将【位置尺寸】卷展栏中【尺寸】的W和H值均设置为300，最后单击【记录关键帧】按钮，记录下窗口当前的大小状态，如图5-4-8所示。

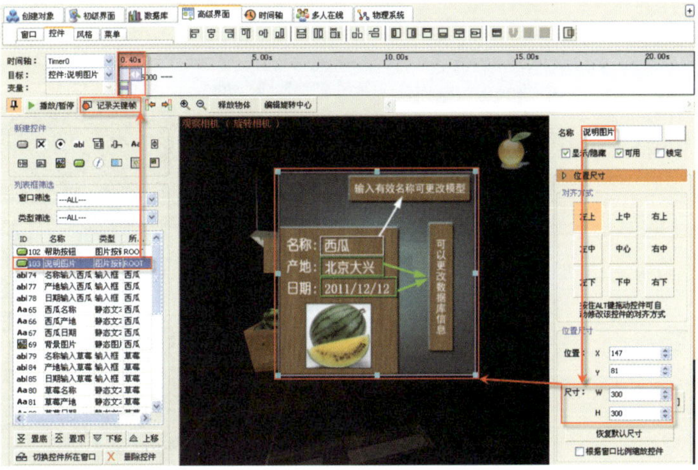

图5-4-8

5.5 Access数据库设置

Access数据库是一种关系式数据库，关系式数据库由一系列表组成，表又由一系列行和列组成，每一行是一个记录，每一列是一个字段，每个字段有一个字段名，字段名在一个表中不能重复。

01 打开【数据库】|【连接数据库】面板，选择数据库类型为“Access 2000/2003”，如图5-5-1所示。

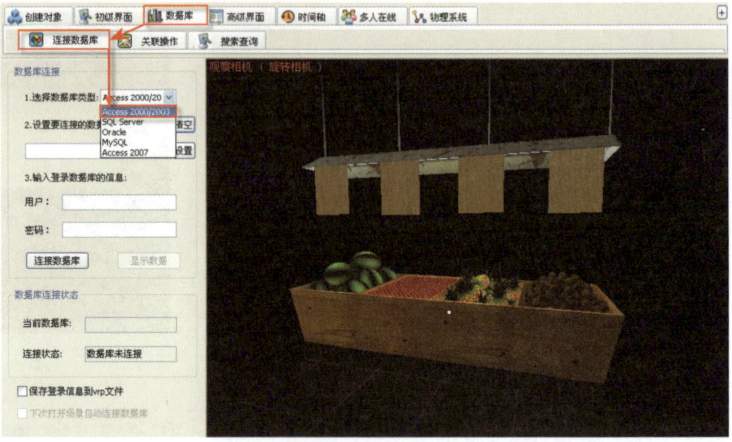

图5-5-1

02 单击【设置】按钮，在弹出的对话框中添加数据库文件“new.mdb”，如图5-5-2所示。

图5-5-2

03 打开【数据库】|【连接数据库】面板，单击【连接数据库】按钮，与上一步骤设置的数据库进行连接，如图5-5-3所示。

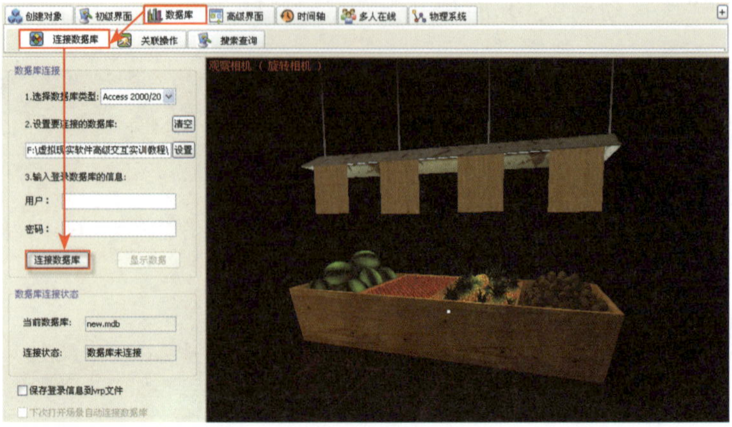

图5-5-3

04 检查数据库的连接状态是否成功，如果连接成功，数据库连接状态会更新，并显示当前连接的数据库和连接状态，接着在【数据库连接状态】栏中勾选【保存登录信息到vrp文件】和【下次打开场景自动连接数据库】复选框，如图5-5-4所示。

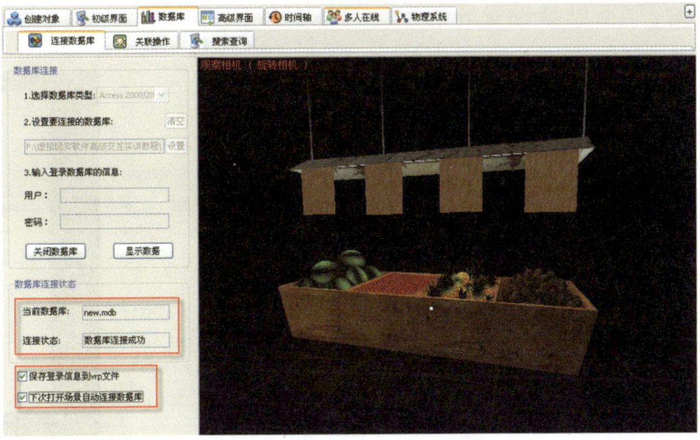

图5-5-4

05 下面切换到【关联操作】面板中，将数据库信息和VRP对象建立起联系，建立关联以后再单击VRP对象，就能根据关联信息查询到对应的数据库记录。首先在场景中选择“西瓜”模型，然后单击【记录列表】按钮，会打开【数据库记录】窗口，在其中选择相应的记录，如图5-5-5所示。

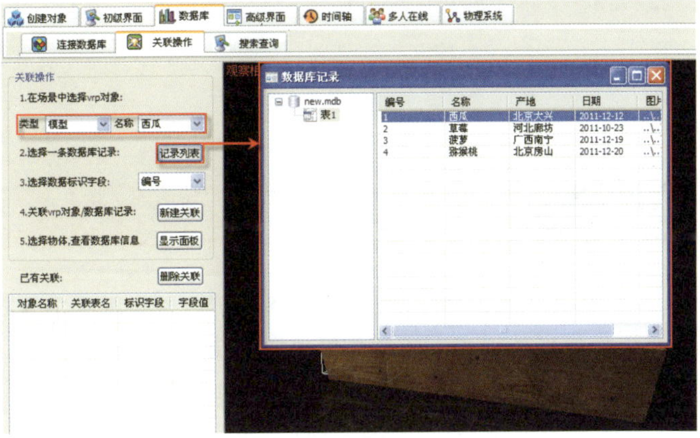

图5-5-5

注：

双击选择场景中的模型后，会在【在场景中选择vrp对象】栏中显示出模型的类型和名称。

06 设置【选择数据标识字段】栏为“名称”，单击【新建关联】按钮，完成模型与数据库的关联，如图5-5-6所示。

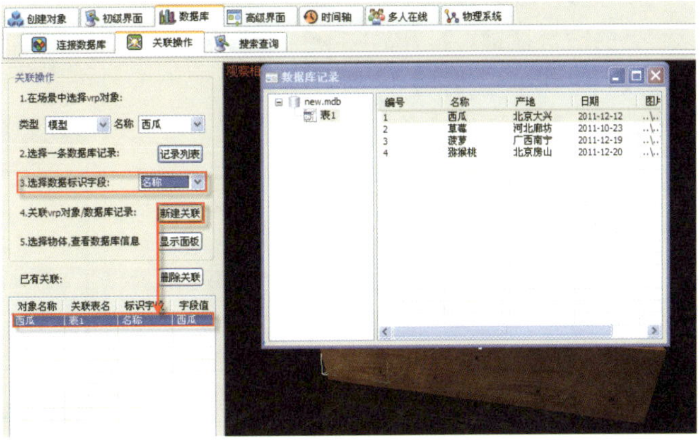

图5-5-6

07 下面继续设置场景中其他物体与数据库关联，操作方法请参见上面的步骤，结果如图5-5-7所示。

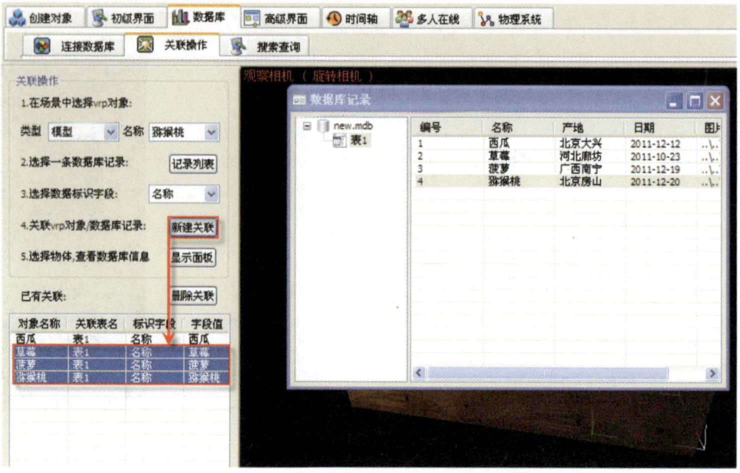

图5-5-7

5.6 脚本交互设置

使用VRP编辑器中的脚本编辑器，可以设置很多丰富有趣的交互功能。本章案例中交互主要体现在根据数据库中的信息影响VRP场景中的模型状态、将VRP模型状态保存到数据库中并保存以及触发GUI时间轴动画等交互效果。

5.6.1 设置【#初始化】函数脚本

01 单击主工具栏中的【VRP脚本编辑器】按钮，或者按键盘上的F7快捷键，打开【VRP-脚本编辑器】窗口，然后选择【系统函数】选项卡，单击【新建】按钮，此时会弹出【系统函数类型】对话框，如图5-6-1所示。

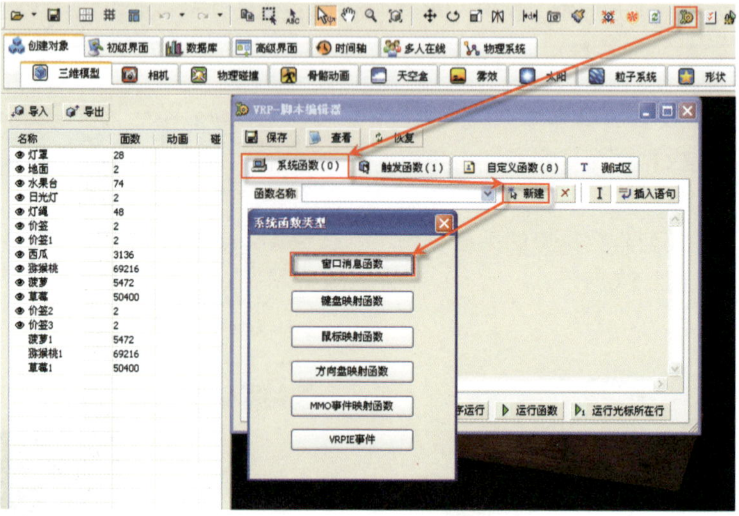

图5-6-1

02 在弹出的【系统函数类型】对话框中单击【窗口消息函数】按钮，并在弹出的【创建窗口消息映射函数】对话框中选择【#初始化】事件，最后单击【确定】按钮，如图5-6-2所示。

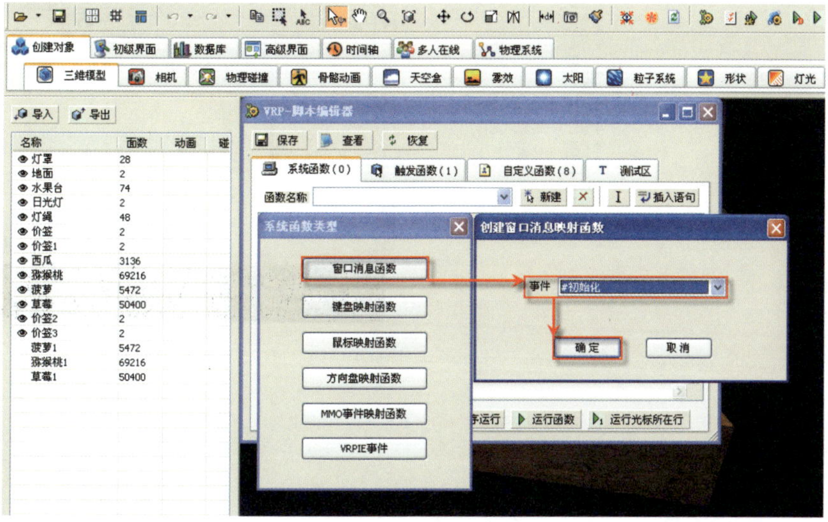

图5-6-2

5.6.2　设置【西瓜】内部函数脚本

下面开始设置【西瓜】内部函数，此函数需要在【#初始化】函数中定义多个变量，然后在【自定义函数】面板中创建内部函数，以便运行时调用。

01 在【#初始化】函数中单击【插入语句】按钮，在弹出的【VRP命令行编辑器】对话框中添加【定义变量】脚本，在其【变量名称】栏中输入“西瓜名称”，在【变量值，上一次的返回值】栏中输入“0”，如图5-6-3所示。

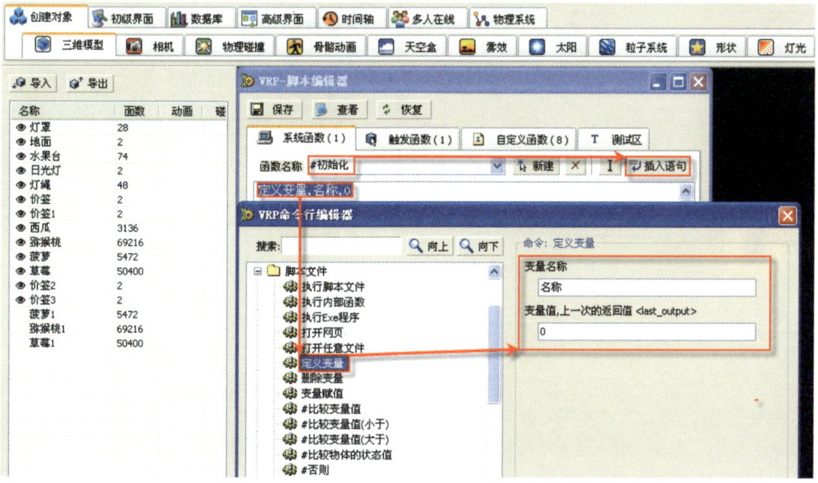

图5-6-3

02 打开【自定义函数】面板，单击【新建】按钮，在弹出的对话框中设置新函数名称为“西瓜”，最后单击【确定】按钮，如图5-6-4所示。

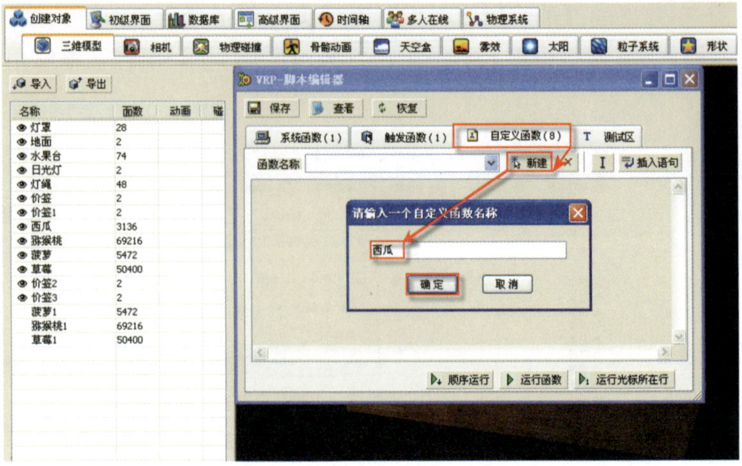

图5-6-4

注：

通常内部函数需要在【自定义函数】面板中创建。

03 在【西瓜】函数中添加【获取字段值(通过字段值)】脚本，在其【表名】栏中输入“表1”，在【字段名】栏中输入“编号”，在【字段值】栏中输入“1”，在【查询的字段名】栏中输入“名称”，在【操作失败是否提示】栏中选择“0=不提示”，如图5-6-5所示。

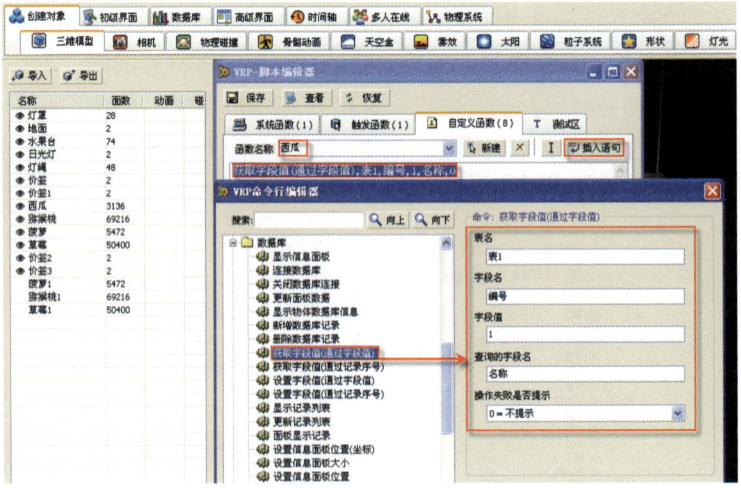

图5-6-5

注：

步骤中的脚本是连接数据库文件的必要的脚本语句。

04 添加【变量赋值】脚本，在其【变量名称】栏中输入“西瓜名称”，在【变量值，上一次的返回值】栏中输入“<last_output>”，如图5-6-6所示。

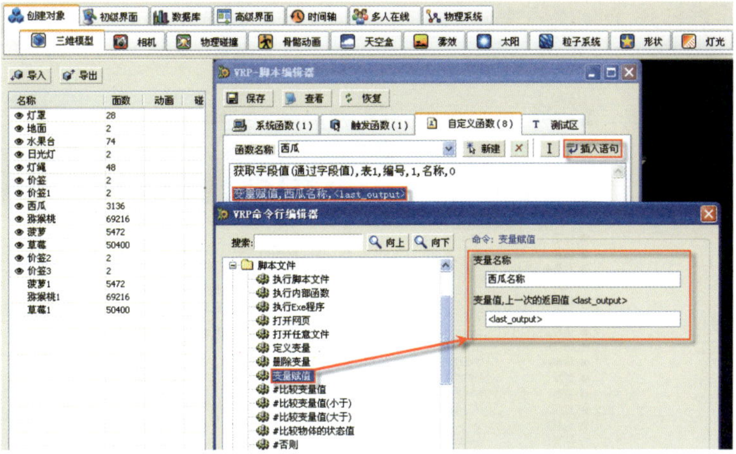

图5-6-6

注：

在【变量值，上一次的返回值】栏中输入“<last_output>”，其含义是获取上一句脚本中的返回值，即获取到数据库中的水果名称。

05 添加【设置编辑框文字】脚本，在其【编辑框名称】栏中输入“名称输入西瓜”，在【文字】栏中输入“$西瓜名称”，如图5-6-7所示。

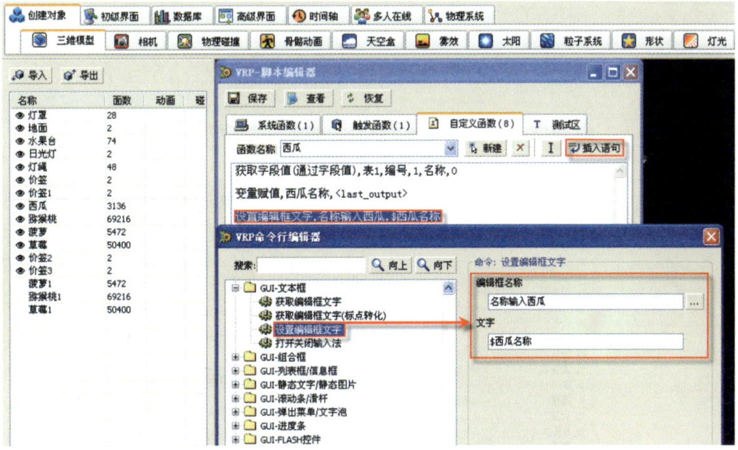

图5-6-7

注：

在变量名称前添加“$”符号，含义是将此变量中包含的值提取出来并进行调用。一般当需要获取随机的数值时，也会使用到“$”符号。这一步骤完成了一个完整脚本，含义是获取数据库中的名称信息，并将其保存到“西瓜名称”这个变量中，最后根据这一变量的值修改“名称输入西瓜”控件的文字内容。应注意新脚本中获取的数据库字段值、变量名称、控件名称等设置的变化。

06 打开【#初始化】函数，并添加【定义变量】脚本，在【初始化】函数中定义一个名称为“西瓜产地”的变量，以便后续函数使用，如图5-6-8所示。

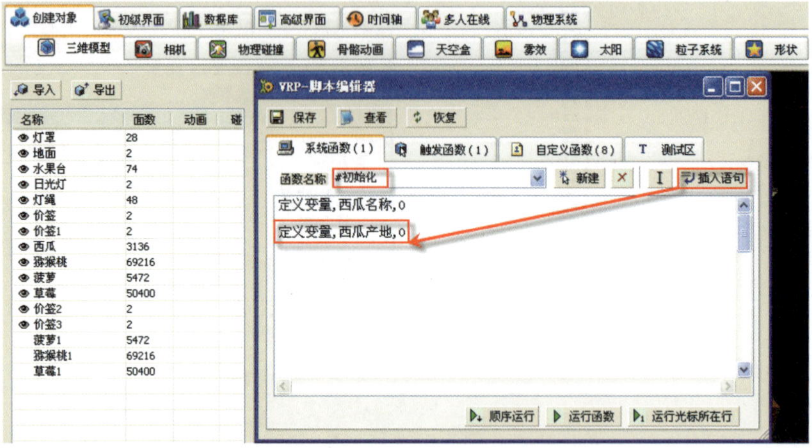

图5-6-8

注：

注意新定义的变量名称的变化，不要与第一个变量名称混淆。

07 打开【自定义函数】面板中的【西瓜】函数，然后添加如图5-6-9所示脚本。

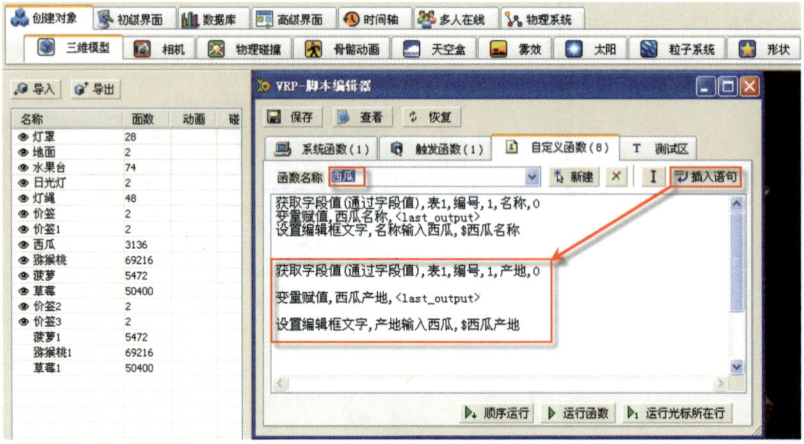

图5-6-9

注：

这一步骤完成了一个新的完整脚本，含义是获取数据库中的产地名称，并将其保存到“西瓜产地”这个变量中，最后根据这一变量的值修改“产地输入西瓜”控件的文字内容。

08 再次打开【#初始化】函数，并添加【定义变量】脚本，在【#初始化】函数中定义一个名称为“西瓜日期”的变量，以便后续函数使用，如图5-6-10所示。

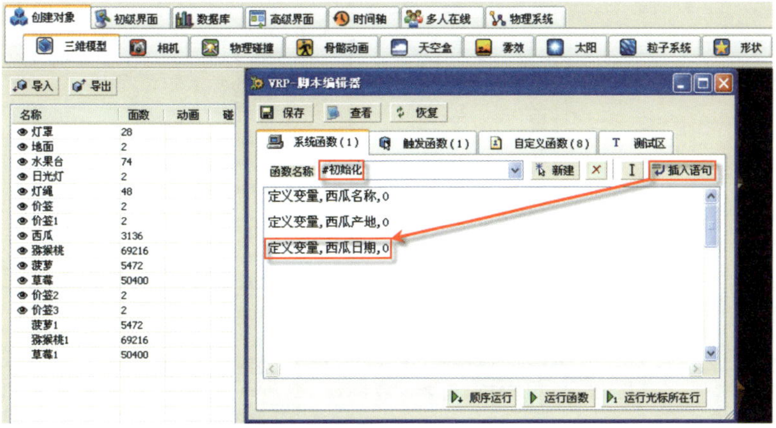

图5-6-10

09 再次打开【自定义函数】面板中的【西瓜】函数，然后添加如图5-6-11所示脚本。

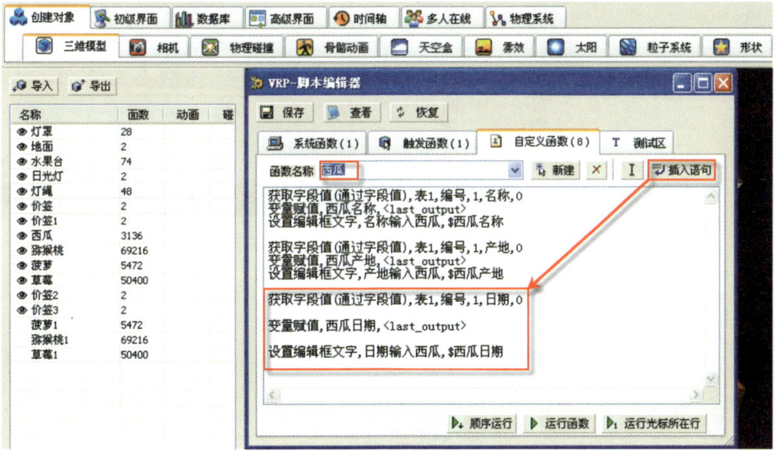

图5-6-11

注：

这一步骤同样完成了一个完整脚本，含义是获取数据库中的日期信息，并将其保存到“西瓜日期”这个变量中，最后根据这一变量的值修改“日期输入西瓜”控件的文字内容。

5.6.3 设置【草莓】内部函数脚本

【草莓】内部函数的创建方法和【西瓜】内部函数相似，具体创建方法如下。

01 打开【#初始化】函数，并添加【定义变量】脚本，在【#初始化】函数中定义名称为“草莓名称”、“草莓产地”和“草莓日期”的变量，以便后续函数使用，如图5-6-12所示。

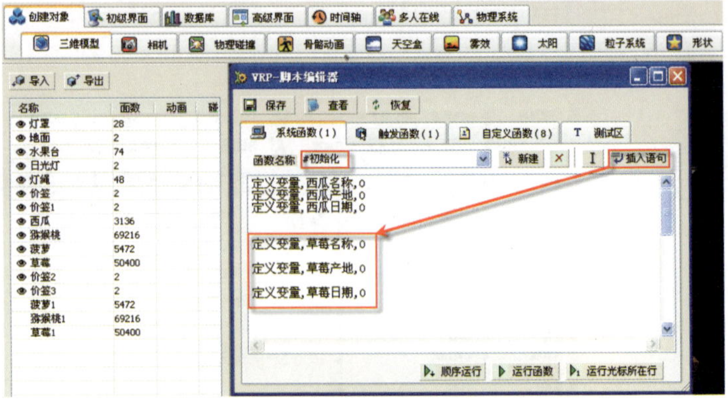

图5-6-12

02 打开【自定义函数】面板，单击【新建】按钮创建一个名称为“草莓”的内部函数，如图 5-6-13 所示。

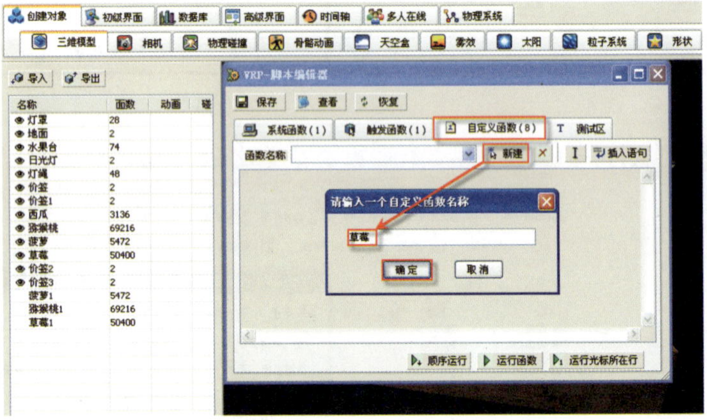

图5-6-13

注：

同【西瓜】内部函数一样，这里创建的【草莓】内部函数将实现的效果是，通过获取到的数据库信息修改“草莓”系列输入框中的内容。

03 在新创建的【草莓】函数中添加如图5-6-14所示脚本。

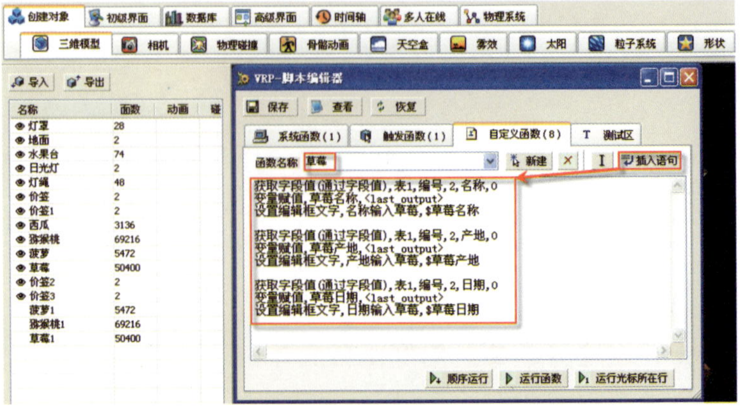

图5-6-14

注：

【草莓】内部函数添加脚本的方法，同【西瓜】内部函数相同，但需要注意获取的数据库字段值、变量名称、控件名称等设置的变化。

5.6.4　设置【菠萝】内部函数脚本

【菠萝】内部函数的创建方法和【西瓜】内部函数相似，具体创建方法如下。

01 打开【# 初始化】函数，并添加【定义变量】脚本，在【# 初始化】函数中定义三个名称为“菠萝名称”、“菠萝产地”和“菠萝日期”的变量，以便后续函数使用，如图 5-6-15 所示。

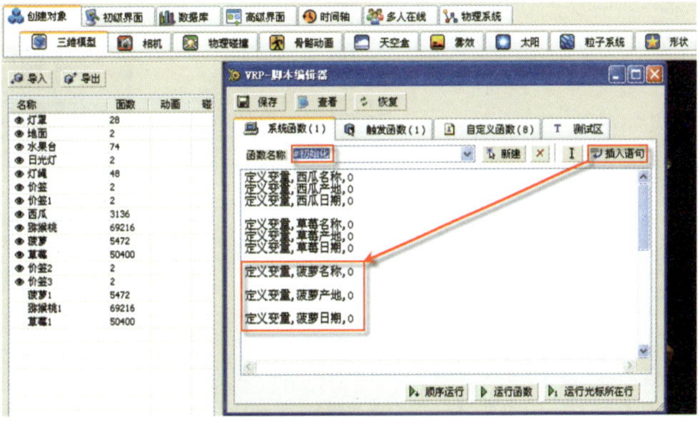

图5-6-15

02 打开【自定义函数】面板，单击【新建】按钮创建一个名称为“菠萝”的内部函数，如图 5-6-16 所示。

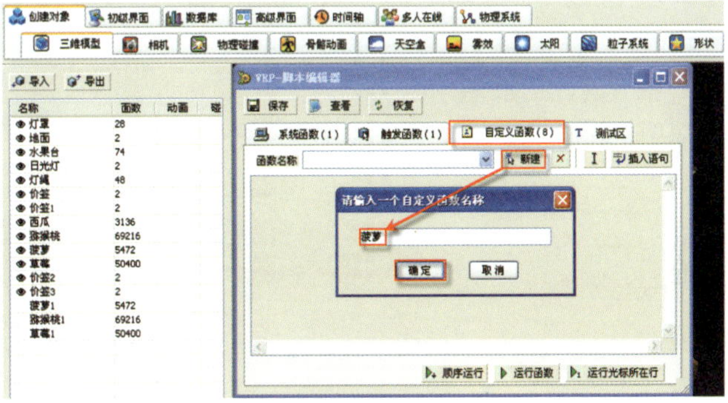

图5-6-16

03 在新创建的【菠萝】函数中添加如图 5-6-17所示的脚本。

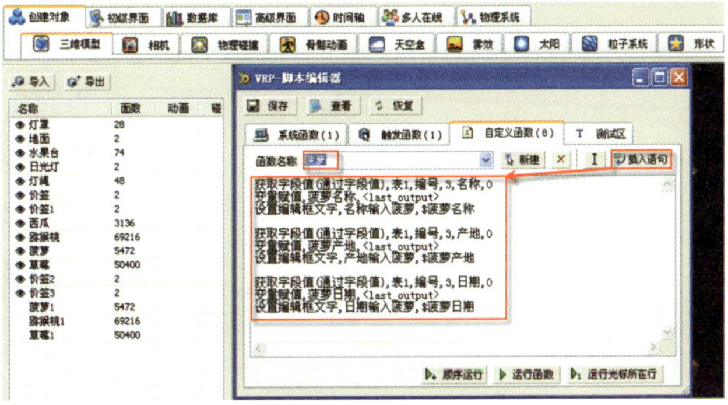

图5-6-17

5.6.5 设置【猕猴桃】内部函数脚本

【猕猴桃】内部函数的创建方法和【西瓜】内部函数相似，具体创建方法如下。

01 打开【#初始化】函数，并添加【定义变量】脚本，在【#初始化】函数中定义三个名称为“猕猴桃名称”、“猕猴桃产地”和“猕猴桃日期”的变量，以便后续函数使用，如图5-6-18所示。

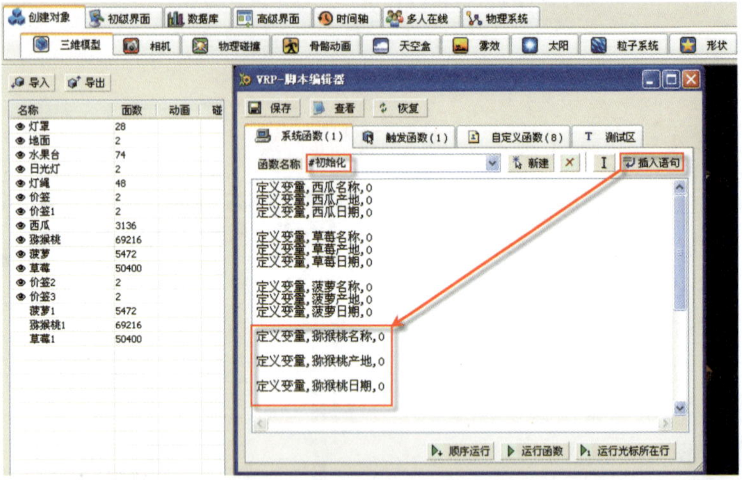

图5-6-18

02 打开【自定义函数】面板，单击【新建】按钮创建一个名称为“猕猴桃”的内部函数，如图5-6-19所示。

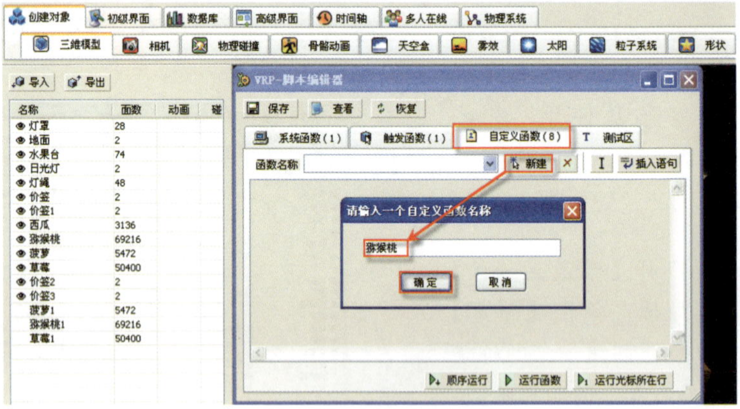

图5-6-19

03 在新创建的【猕猴桃】函数中添加如图5-6-20所示的脚本。

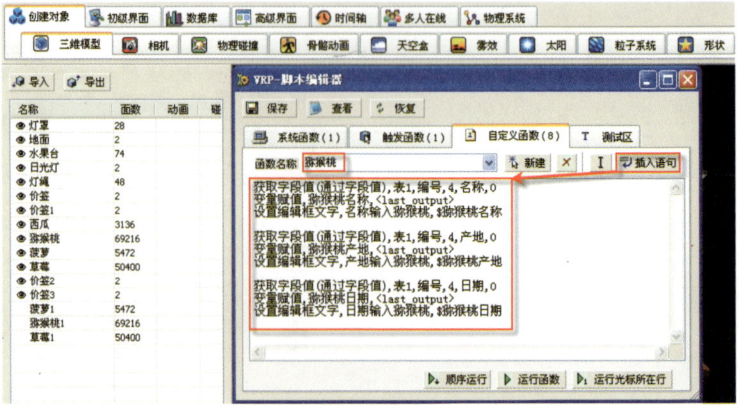

图5-6-20

5.6.6 设置【执行内部函数】脚本

01 打开【#初始化】函数，单击【插入语句】按钮并添加【执行内部函数】脚本，在其【函数名称】栏中输入“西瓜”，如图5-6-21所示。

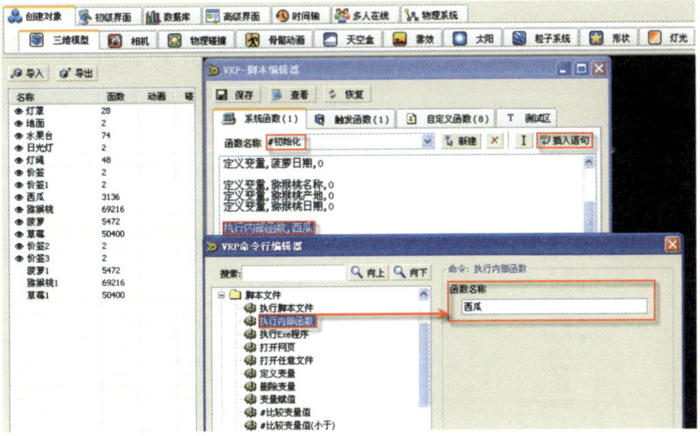

图5-6-21

02 使用与上述相同的方法，继续添加如图5-6-22所示的【执行内部函数】脚本。

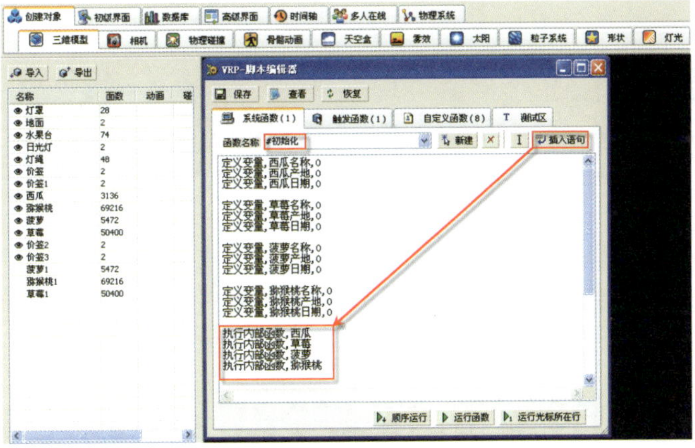

图5-6-22

03 下面开始创建【输入框归零】内部函数，使用与上述相同的方法，继续添加【执行内部函数】脚本，在其【函数名称】栏中输入“输入框归零”，如图5-6-23所示。

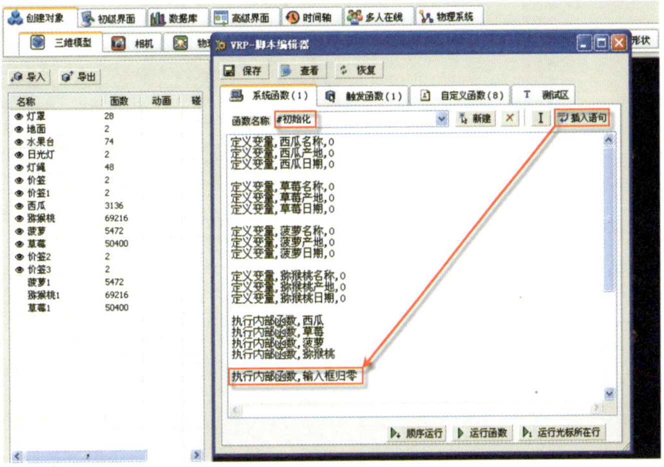

图5-6-23

04 打开【自定义函数】面板，单击【新建】按钮创建一个名称为“输入框归零”的内部函数，如图5-6-24所示。

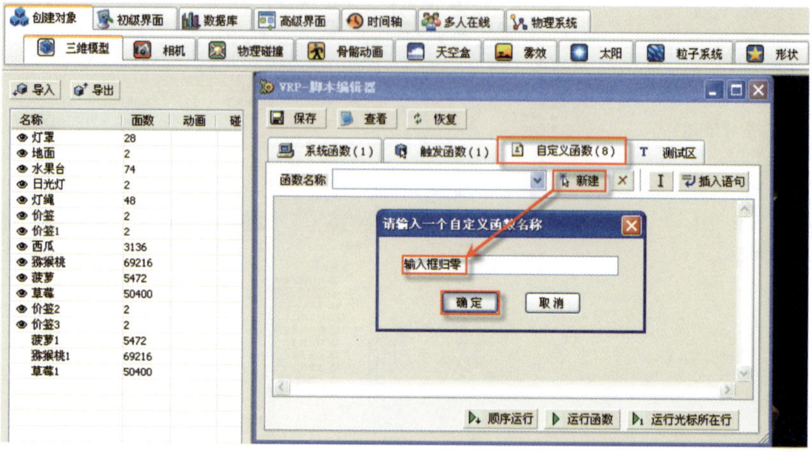

图5-6-24

注：

注意新设置的内部函数名称要和上一步骤函数中的名称一致。

05 在创建好的【输入框归零】内部函数中添加【设置编辑框文字】脚本，在其【编辑框名称】栏中选择“名称输入西瓜”，【文字】栏空白即可，如图5-6-25所示。

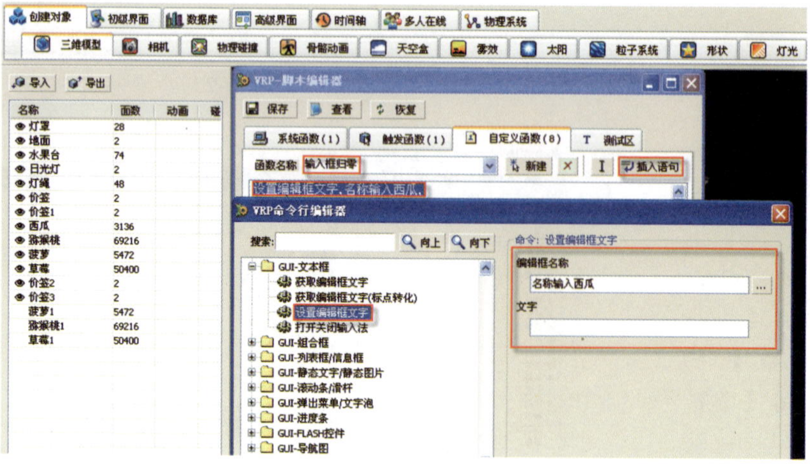

图5-6-25

注：

此步骤脚本中将【文字】栏设置为空白，其用意就是将编辑框的内容清零。

06 使用与上述相同的方法继续添加其他【设置编辑框文字】脚本，如图 5-6-26 所示。

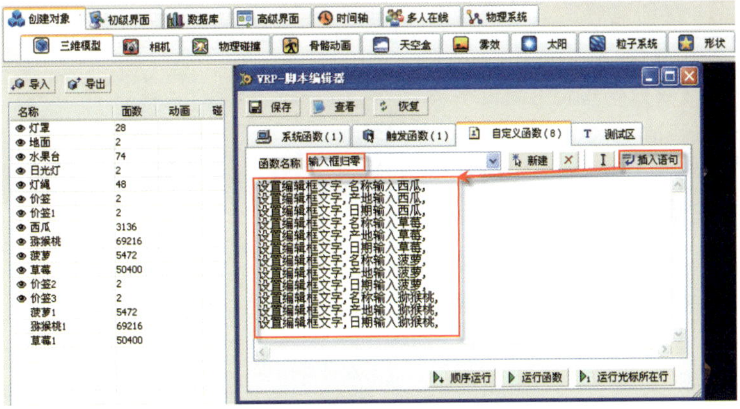

图5-6-26

07 下面开始创建【更换模型】内部函数，打开【#初始化】函数，并添加【执行内部函数】脚本，在其【函数名称】栏中输入“更换模型”，如图5-6-27所示。

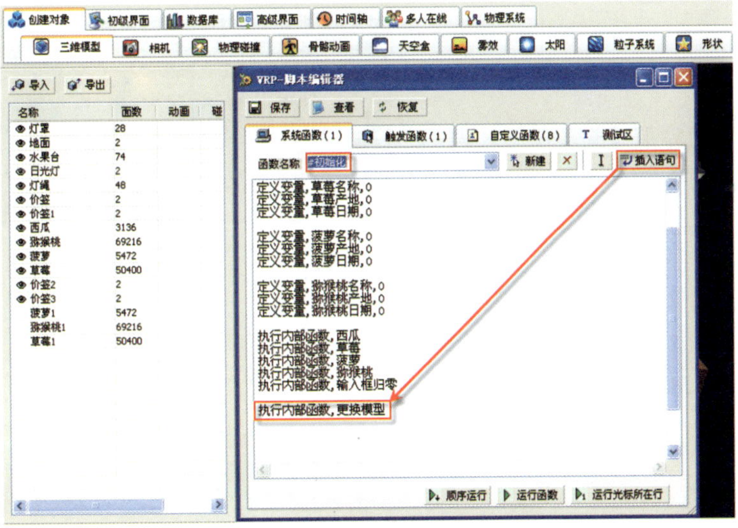

图5-6-27

08 打开【自定义函数】面板，单击【新建】按钮创建一个名称为“更换模型”的内部函数，如图 5-6-28 所示。

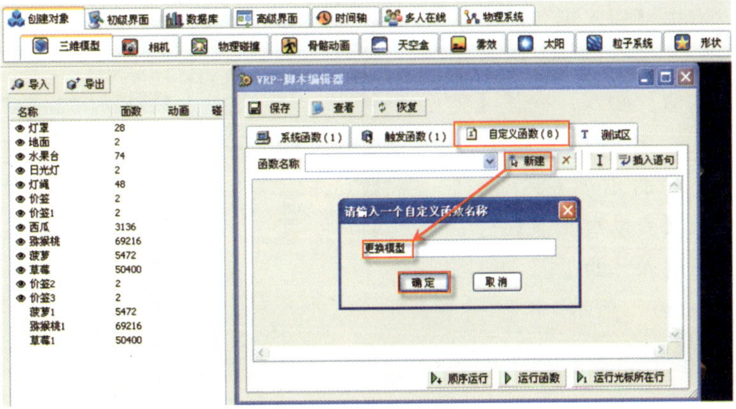

图5-6-28

09 在创建好的【更换模型】内部函数中添加【获取字段值(通过字段值)】脚本,在其【表名】栏中输入“表1”,在【字段名】栏中输入“编号”,在【字段值】栏中输入“1”,在【查询的字段名】栏中输入“名称”,在【操作失败是否提示】栏中选择“0=不提示”,如图5-6-29所示。

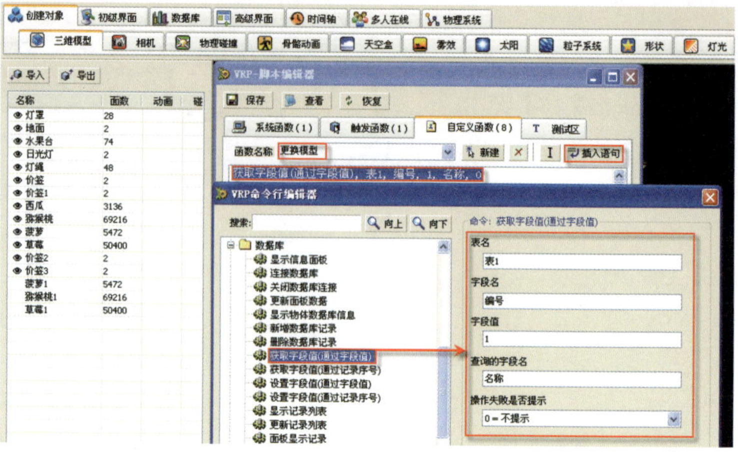

图5-6-29

10 添加【变量赋值】脚本,在其【变量名称】栏中输入“西瓜名称”,在【变量值,上一次的返回值】栏中输入“<last_output>”,如图5-6-30所示。

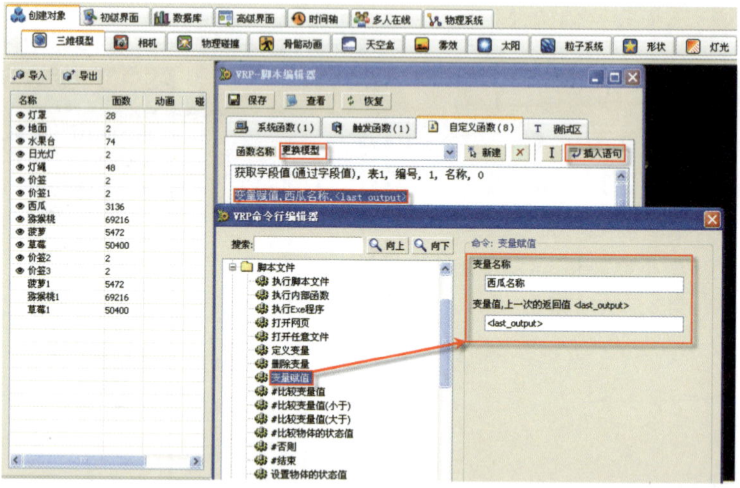

图5-6-30

11 下面将添加第一次比较变量值的脚本,单击【插入语句】按钮并添加【#比较变量值】脚本,在其【变量名称】栏中输入“西瓜名称”,在【变量对比值】栏中输入“西瓜”,如图5-6-31所示。

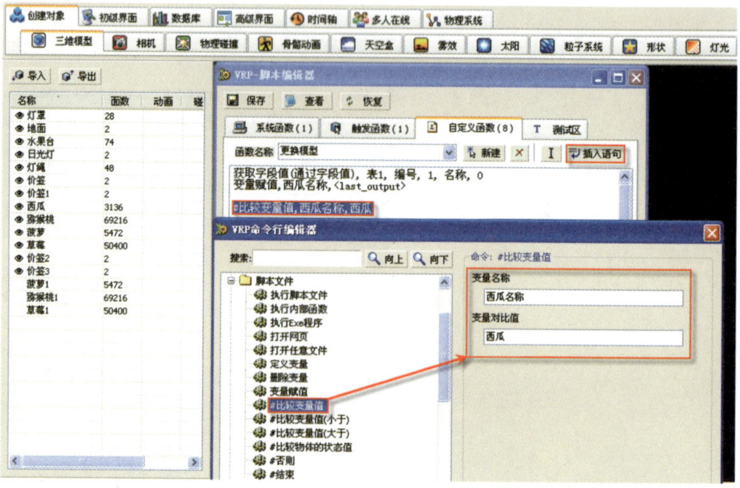

图5-6-31

注：

从这一步骤开始，将设置多次变量比较的脚本。

12 添加【显示隐藏物体】脚本，在其【物体类型】栏中选择“1=模型”，在【物体名称】栏中选择“西瓜”，在【选项】栏中选择“1=显示”，如图5-6-32所示。

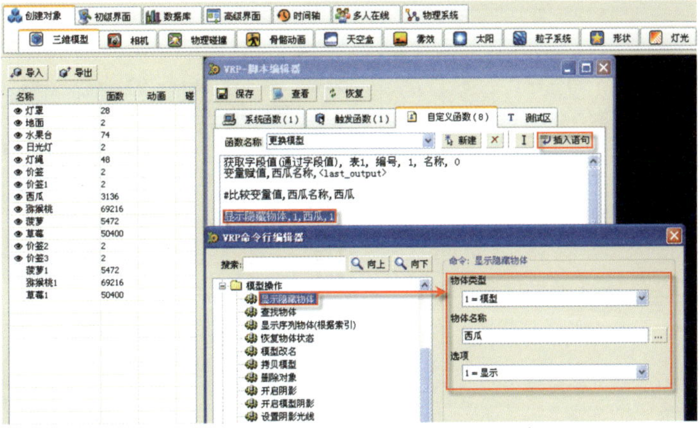

图5-6-32

13 添加【显示隐藏物体】的脚本，注意【物体名称】和【选项】的不同设置，如图5-6-33所示。

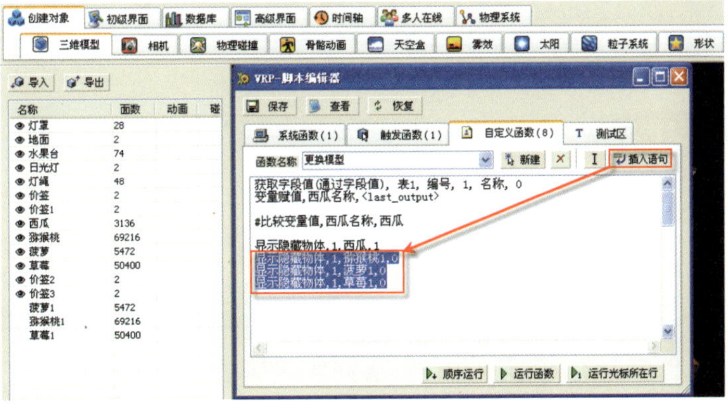

图5-6-33

14 添加【#否则】脚本，如图5-6-34所示。

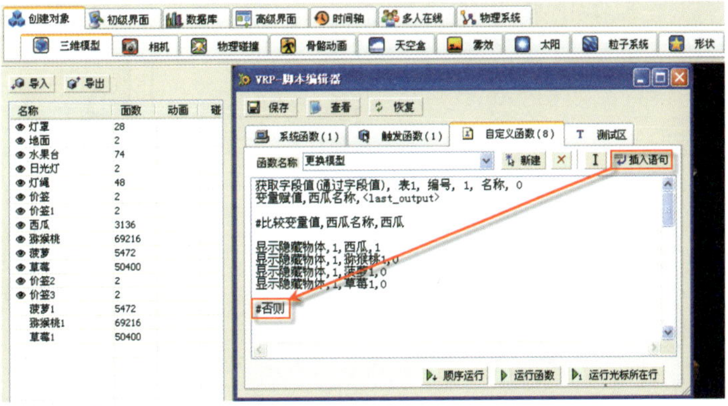

图5-6-34

注：

到这一步骤为止，【#比较变量值】脚本含义是，将“西瓜名称”这一变量的值和“西瓜”进行比较，如果变量的值也是“西瓜”，则显示西瓜模型并隐藏其他设置的模型，否则将执行下面设置的脚本语句。

15 下面将添加第二次比较变量值的脚本，注意以下脚本中变量名称、模型属性的不同设置，如图5-6-35所示。

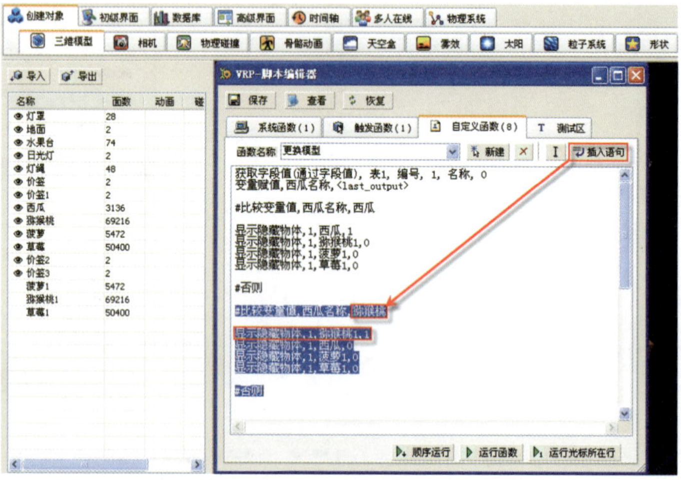

图5-6-35

注：

此步骤中【#比较变量值】脚本含义是，将“西瓜名称”这一变量的值和“猕猴桃”进行比较，如果变量的值也是“猕猴桃”，则显示猕猴桃模型并隐藏其他设置的模型，否则将执行下面设置的脚本语句。

16 下面添加第三次比较变量值的脚本，注意以下脚本中变量名称、模型属性的不同设置，如图5-6-36所示。

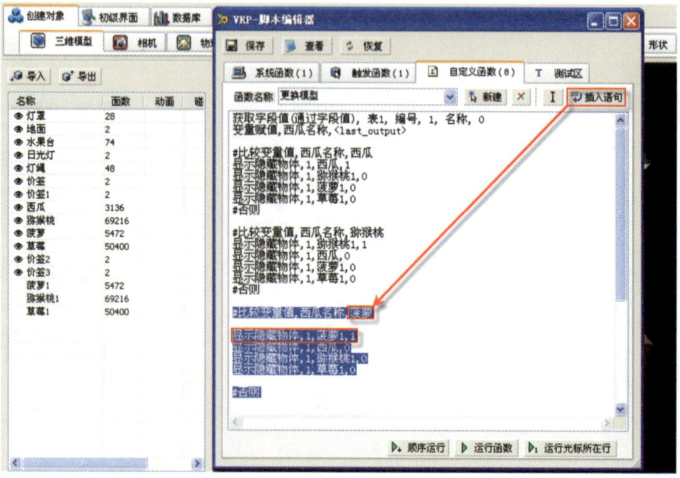

图5-6-36

注：

此步骤中【# 比较变量值】脚本含义是，将“西瓜名称”这一变量的值和“菠萝”进行比较，如果变量的值也是“菠萝”，则显示菠萝模型并隐藏其他设置的模型，否则将执行下面设置的脚本语句。

17 下面添加第四次比较变量值的脚本，注意以下脚本中变量名称、模型属性的不同设置，如图5-6-37所示。

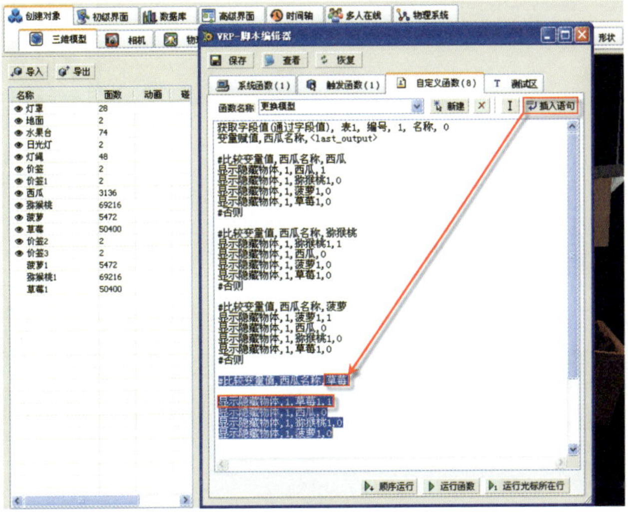

图5-6-37

注：

此步骤中【# 比较变量值】脚本含义是，将“西瓜名称”这一变量的值和“草莓”进行比较，如果变量的值也是“草莓”，则显示草莓模型并隐藏其他设置的模型，注意此步骤中不需要添加【# 否则】语句。

18 添加【#结束】脚本，如图5-6-38所示。

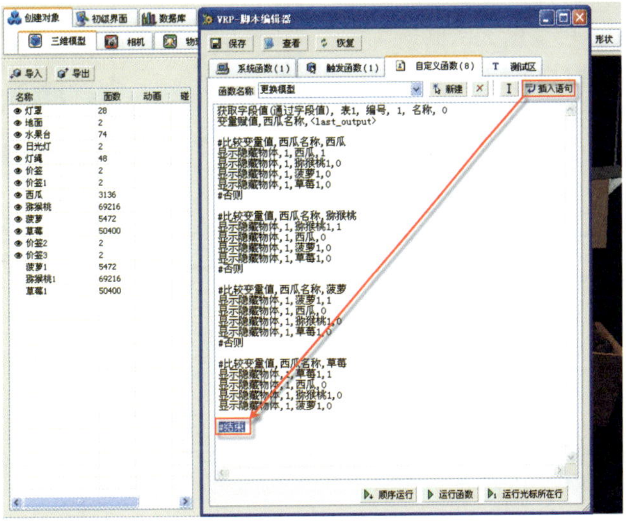

图5-6-38

19 打开【#初始化】函数，将“执行内部函数,输入框归零”和“执行内部函数,更换模型”两句脚本的位置调整到如图5-6-39所示位置。

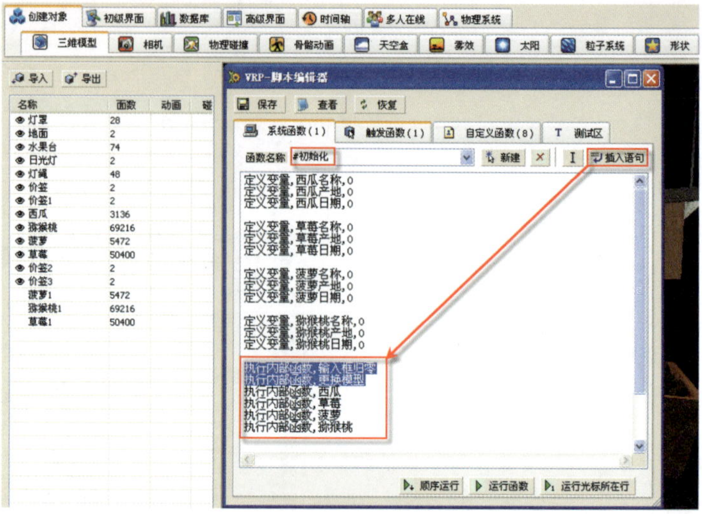

图5-6-39

注：

将这两句脚本放置到此组函数的顶部，是为了符合VRP脚本运行的逻辑顺序，否则函数将不能正确运行。

5.6.7 设置【设置定时器】函数脚本

01 打开【# 初始化】函数，单击【插入语句】按钮并添加【设置定时器】脚本，在其【定时器id】栏中输入“刷新”，在其【定时器类型参数】栏中选择“1= 循环执行”，在其【定时器执行的间隔时间】栏中输入“3”，在其【定时器调用函数】栏中输入“刷新”，如图 5-6-40 所示。

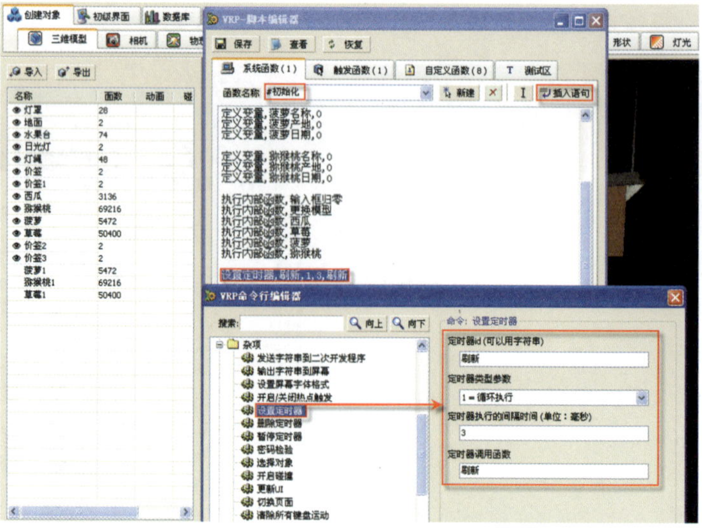

图5-6-40

注：

在VRP脚本中可以使用【设置定时器】脚本实现循环函数的效果。

02 打开【自定义函数】面板，单击【新建】按钮创建一个名称为“刷新”的内部函数，如图 5-6-41 所示。

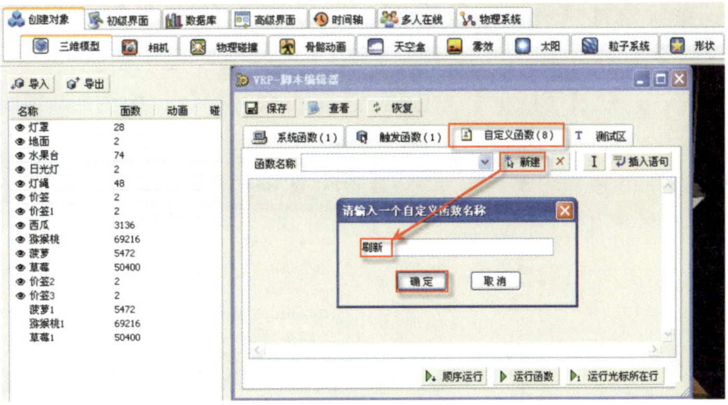

图5-6-41

注：

注意此函数名称要和上一步骤中【设置定时器】脚本的调用函数名称一致。

03 在创建好的【刷新】函数中，添加【获取编辑框文字】脚本，在其【编辑框名称】栏中选择“名称输入西瓜”，如图5-6-42所示。

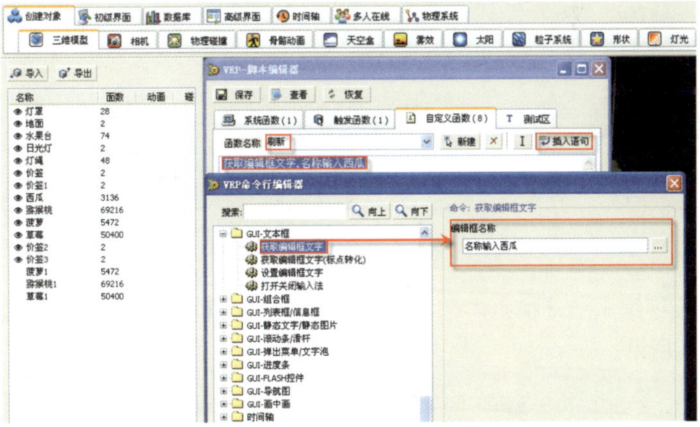

图5-6-42

04 继续在【刷新】函数中添加【变量赋值】脚本，在其【变量名称】栏中输入“西瓜名称”，在其【变量值，上一次的返回值】栏中输入“<last_output>”，如图5-6-43所示。

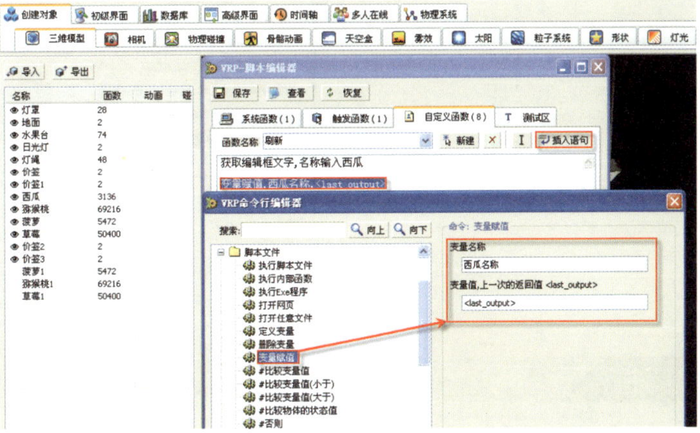

图5-6-43

05 继续添加【设置字段值(通过字段值)】脚本，在其【表名】栏中输入“表1”，在【主键名】栏中输入“编号”，在【主键值】栏中输入“1”，在【字段名】栏中输入“名称”，在【字段值】栏中输入“$西瓜名称”，如图5-6-44所示。

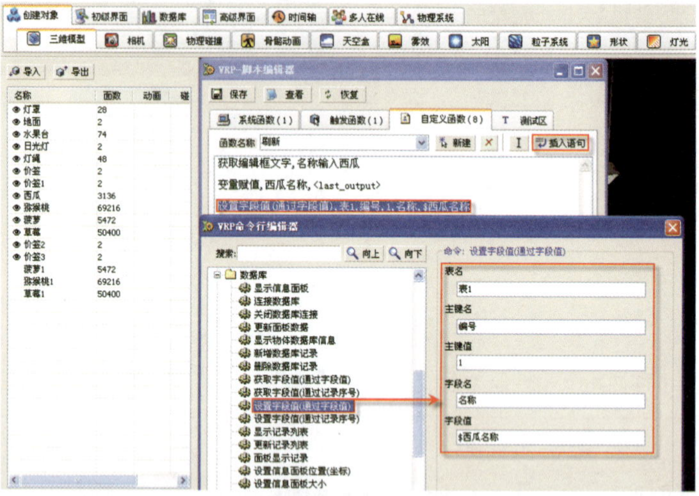

图5-6-44

注：

注意在【字段值】栏中要调用“西瓜名称”这个变量的值。

06 继续添加【执行内部函数】脚本，在其【函数名称】栏中输入“更换模型”，如图5-6-45所示。

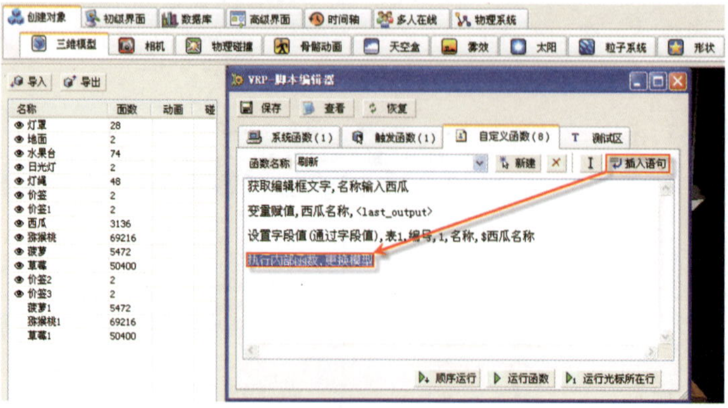

图5-6-45

注：

【更换模型】内部函数已经在上一节编写完成。

5.6.8　设置【执行内部函数】脚本

打开【高级界面】|【控件】面板，选择名称为“日期输入西瓜”的控件，然后打开右侧【控件属性】卷展栏，在其【回车按下】按钮中添加【执行内部函数】脚本，在其【函数名称】栏中输入“刷新”，如图5-6-46 所示。

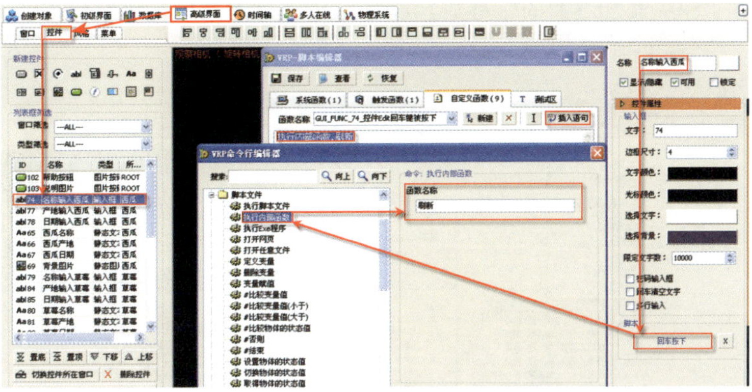

图5-6-46

注：

【刷新】内部函数已经在上一节编写完成。

5.6.9　设置【时间轴定位】函数脚本

01 首先在【#初始化】函数中添加【时间轴定位】脚本，在其【时间轴名称】栏中选择“说明图片时间轴”，在【时间】栏中输入“0”，如图5-6-47所示。

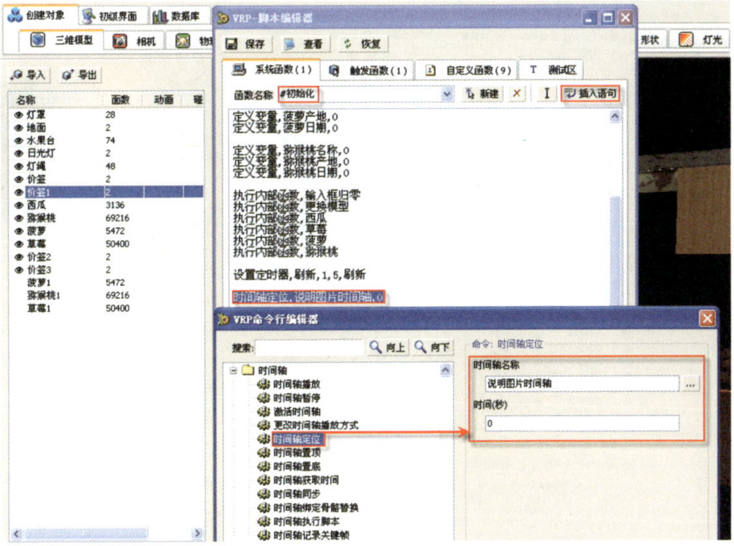

图5-6-47

注：

【时间轴定位】脚本的含义是将设定的时间轴定位到某一时间点上。

02 下面设置高级界面控件中关于时间轴的脚本。首先打开【高级界面】|【控件】面板，选择名称为“帮助按钮”的控件，然后打开右侧【控件属性】卷展栏，在其【鼠标移入】按钮中添加【时间轴播放】脚本，在其【时间轴名称】栏中选择“说明图片时间轴”，如图5-6-48所示。

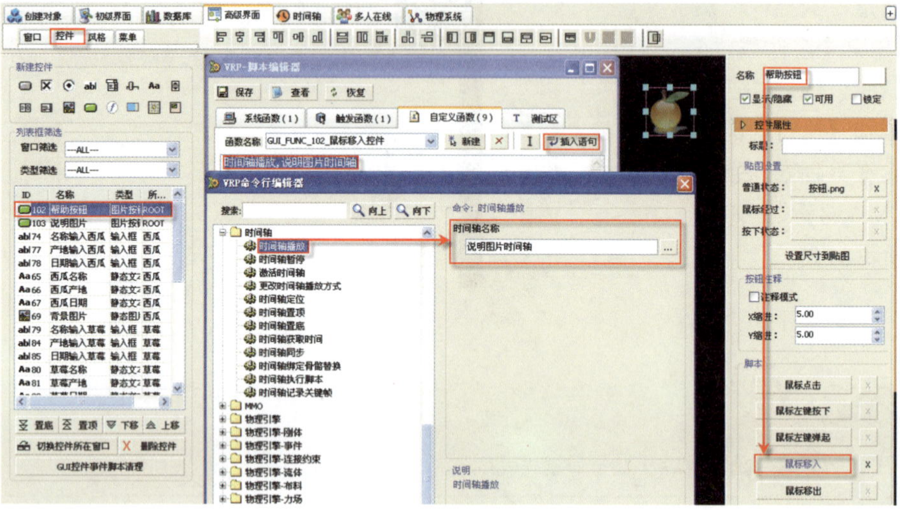

图5-6-48

03 继续添加【更改时间轴播放方式】脚本，在其【时间轴名称】栏中选择“说明图片时间轴”，在其【播放方式】栏中选择“0=顺序执行一次”，在其【是否重置】栏中选择“1=重置”，如图5-6-49所示。

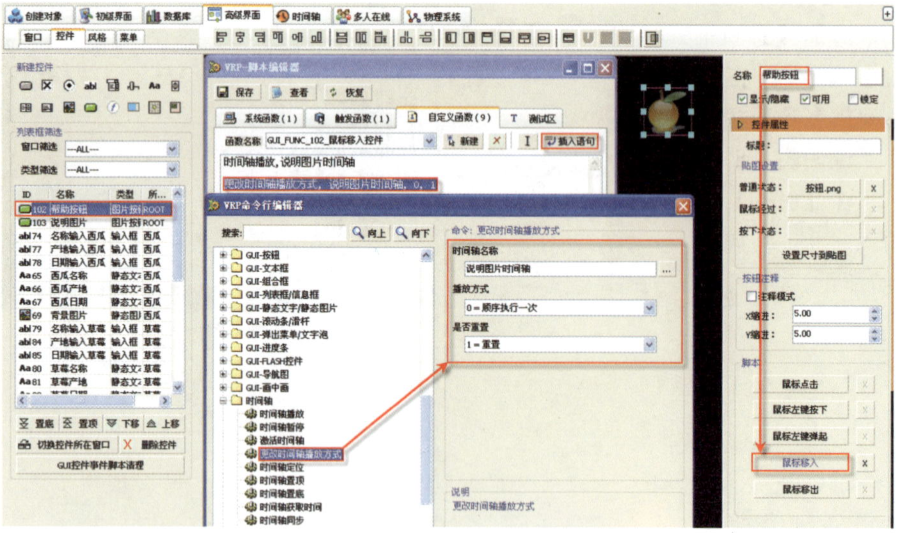

图5-6-49

04 继续添加【激活时间轴】脚本，在其【时间轴名称】栏中选择“信息时间轴”，在其【播放控制】栏中选择“1=播放”，在其【是否重置】栏中选择“1=重置”，如图5-6-50所示。

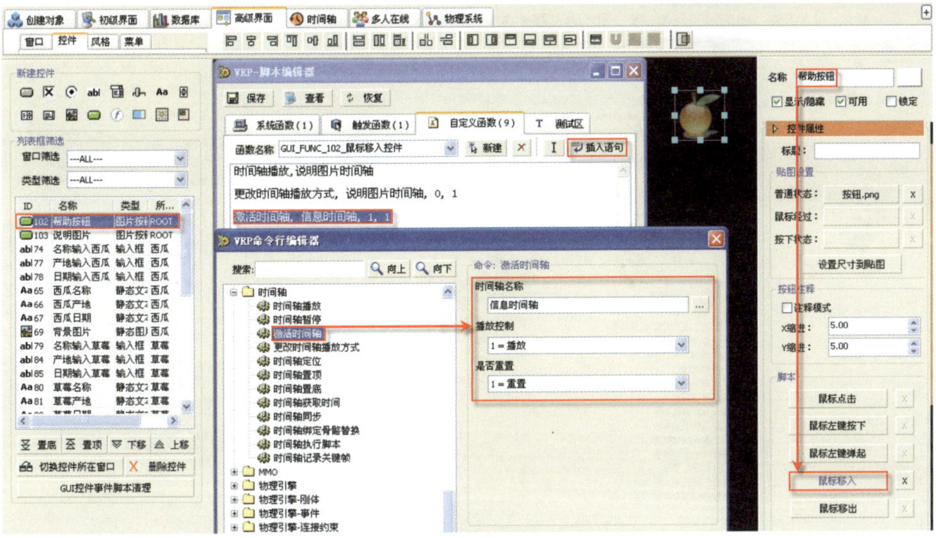

图5-6-50

05 下面设置【鼠标移出】函数，选择名称为“帮助按钮”的控件，打开右侧【控件属性】卷展栏，在【脚本】栏单击【鼠标移入】按钮，在打开的【VRP-脚本编辑器】窗口中添加【更改时间轴播放方式】和【时间轴播放】脚本，如图 5-6-51 所示。

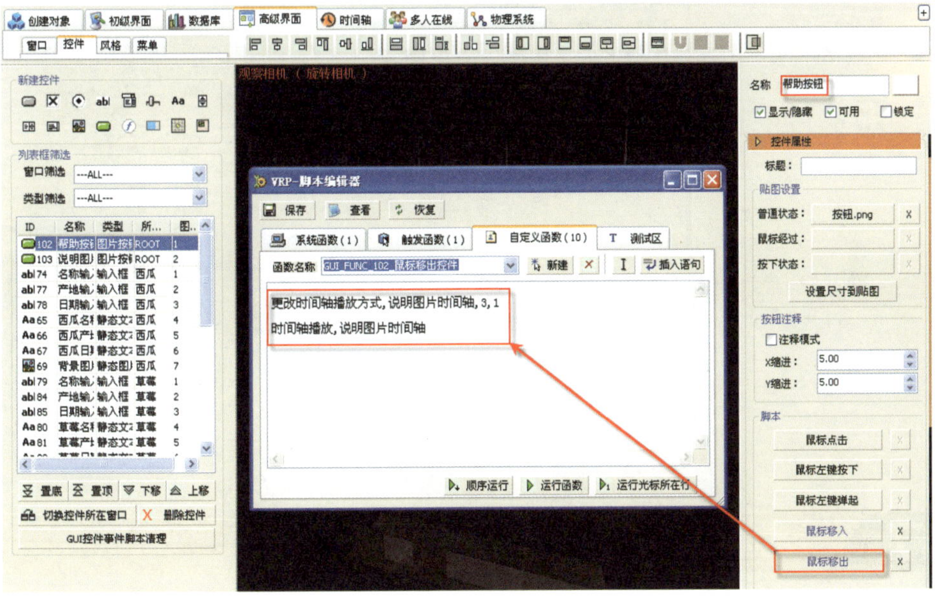

图5-6-51

5.6.10 设置【显示隐藏物体】函数脚本

01 打开【初级界面】面板并选择名称为“开始”的按钮，然后打开右侧【鼠标事件】卷展栏，在【左键按下】按钮中添加【显示隐藏物体】脚本，如图5-6-52所示。

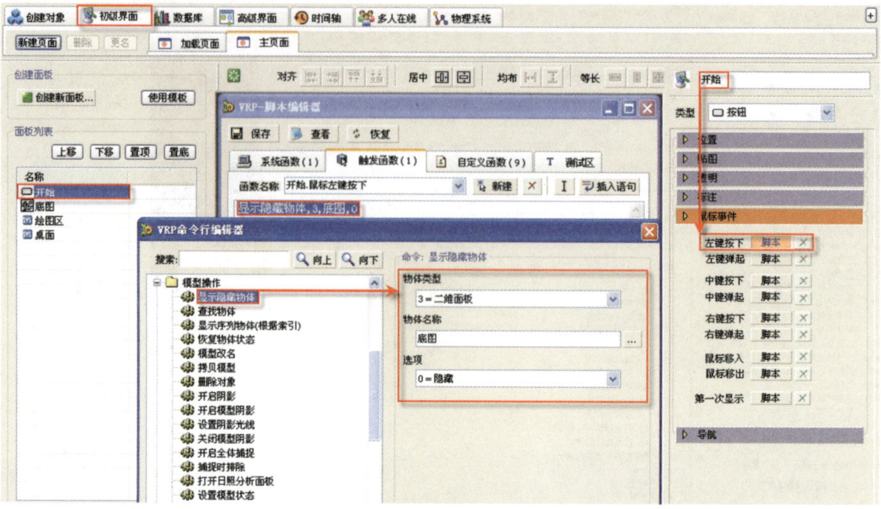

图5-6-52

02 继续添加【显示隐藏物体】脚本，注意其中各项参数的设置，如图5-6-53所示。

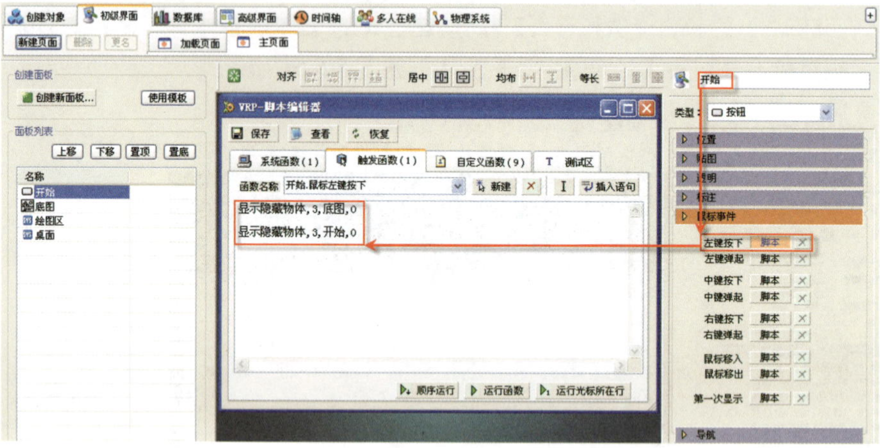

图5-6-53

5.7 最终完成效果

场景的界面和交互脚本制作完成后，使用VRP软件中的【编译独立执行Exe文件】命令可以将当前场景编译成一个可独立执行的EXE工程文件，方便用户随时在不同的计算机上进行操作浏览。

在【项目设置】对话框中选择【启动窗口】选项卡，在其中不仅可以设置启动窗口的标题文字、显示图片、说明文字等内容，还可以设置文件启动密码、文件运行次数和限制日期等信息；另外，在【运行窗口】选项卡中还可以设置初始相机、文件窗口大小、初始相机等信息。

5.7.1　设置【项目设置】对话框

01 按 F4 快捷键，在弹出的【项目设置】对话框中选择【启动窗口】选项卡，在其中设置标题文字、启动界面以及说明文字等信息，如图 5-7-1 所示。

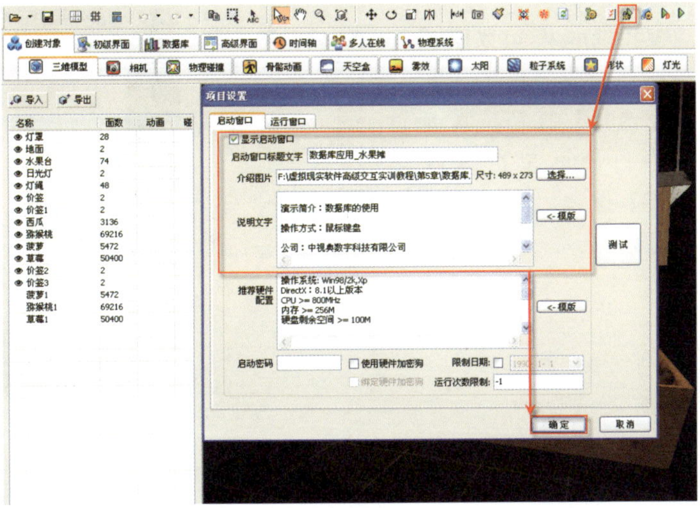

图5-7-1

02 选择【运行窗口】选项卡，设置标题文字、初始相机、窗口大小和桌面的长宽比等信息，如图 5-7-2 所示。

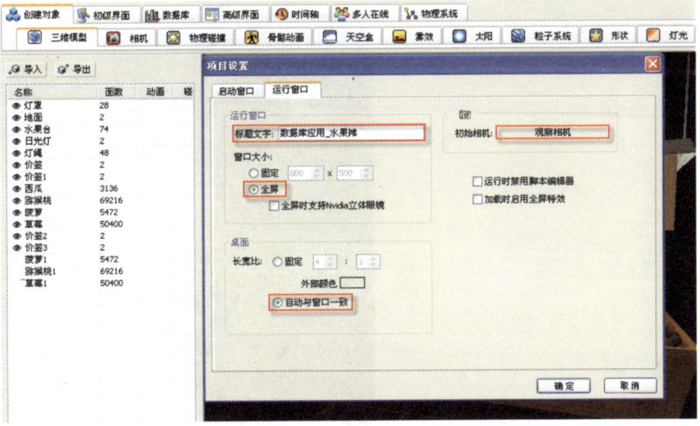

图5-7-2

03 输出EXE文件，在主工具栏中单击【编译独立执行Exe文件】按钮 ，在弹出的对话框中设置文件名称与保存路径，然后单击【开始编译】按钮，如图5-7-3所示。

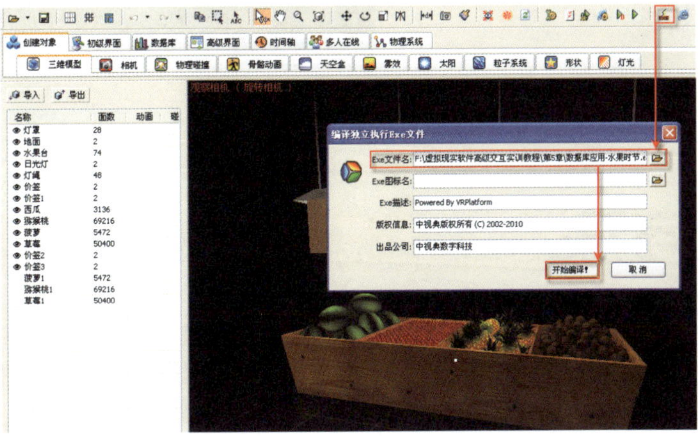

图5-7-3

04 在打开的【脚本资源收集】窗口中，勾选其中的new.cur数据库文件，或者单击【全部选择】按钮将其选中，最后单击【确定】按钮，如图5-7-4所示。

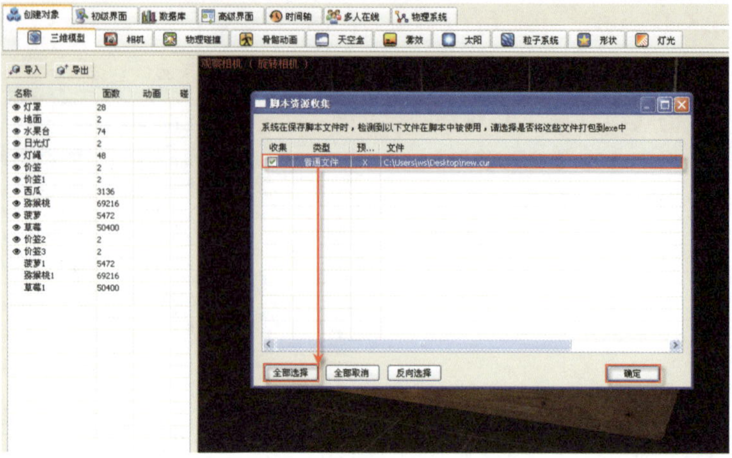

图5-7-4

5.7.2 预览最终效果

执行EXE文件，对场景进行浏览或者交互，查看最终效果，如图5-7-5所示。

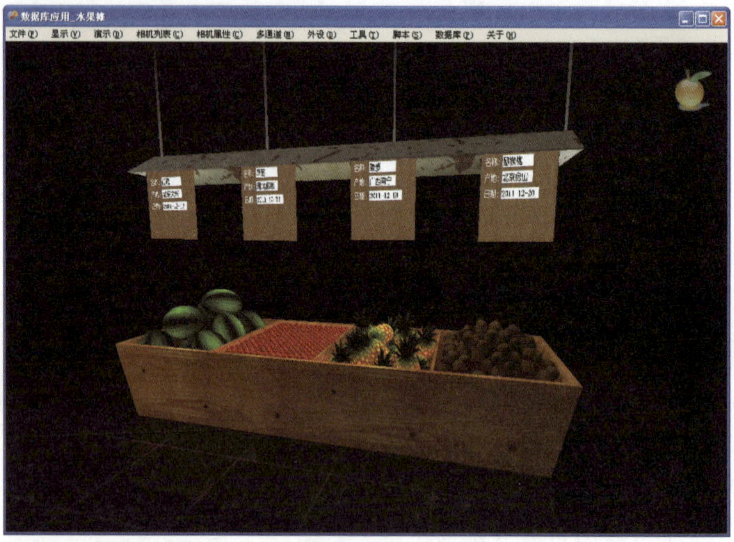

图5-7-5

5.8 本章小结

在本章案例中，通过使用VRP数据库模块和高级交互脚本，实现了连接Access数据库、调用Access数据库信息，以及实时修改Access数据库信息的功能，同时实现展现了的新功能：【渲染到贴图】功能，通过此功能可以更美化数据库显示面板。

第 6 章

古建仿真——舟山普济寺

案例分析:

旅游业的高速发展满足了人们日益增长的精神和文化生活需求，促进了当地经济繁荣发展，同时也带来了环境污染和旅游资源超载等问题。近年来，国内许多旅游景区的开发与保护工作向有关部门敲响了警钟。随着虚拟现实、3D互联网等技术的不断发展和深入，虚拟旅游应运而生，让用户足不出户在计算机前就能游览风景名胜区。

所谓虚拟旅游，就是以现实生活场景为基础，通过模拟和超现实景，构建一个虚拟空间环境，让人能够沉浸于虚拟的空间中。

在本章案例中，场景中的材质已经设置完成，在制作过程中，使用VRP的脚本编辑器进行场景的交互设置，主要体现骨骼角色的动作的设置、天气变化、特效切换、镜头切换、多种漫游方式和视频添加等来实现场景丰富的交互效果。

6.1 场景前期介绍

在本章案例中，场景的模型、动画、材质、灯光、烘焙等，需要提前在3ds Max中制作完成，制作完成后将其导入VRP编辑器中进行编辑即可。

6.2 相机设置

打开资料中的VRP文件，场景中的动画相机可以选择在3ds Max中制作，也可以在VRP中制作，用户可以根据自己的情况进行制作。

6.2.1 创建行走相机

在浏览场景时，可以通过创建绕物旋转相机实现锁定一个物体，然后围绕着这个物体展示绕物浏览的效果。还可以通过结合F11快捷键录制一个绕物旋转的相机动画效果。

01 打开【创建对象】|【相机】面板，在【创建相机】栏中单击【行走相机】按钮，在弹出的【Camera name】对话框中，输入所创建相机的名称，如图6-2-1所示。

图6-2-1

02 根据场景大小，设置场景中行走相机的参数，设置【水平视角】为74°，【移动速度】为0.70米/秒，【身高】为2.00米，【模式】设置为行走，如图6-2-2所示。

图6-2-2

03 使用与创建行走相机同样的方法，继续创建场景中其他景点的行走相机，可以通过面板中的【上移】或者【下移】按钮调整相机的顺序，如图6-2-3所示。

图6-2-3

6.2.2　创建动画相机

动画相机的创建有三种方法：第一种，选择在3ds Max中制作完成，然后导入VRP编辑器；第二种，选择在VRP编辑器中使用时间轴制作相机动画；第三种，选择在VRP编辑器中，按F5快捷键运行浏览，然后在运行状态下，按F11快捷键进行动画的录制，这也是使用最方便、最广泛的一种动画相机的制作方法。

01 在VRP编辑器状态下，按键盘上的F5快捷键运行场景，接着按键盘上的F11快捷键开始录制动画相机。运行界面的左上角有时间提示。接着，可以结合键盘上的W、A、S、D键，来控制场景中相机的运动方向，如图6-2-4所示。

图6-2-4

02 再次按键盘上的F11快捷键停止录制，此时会弹出对话框提示“动画相机录制完成，是否保留”，单击【是】按钮，然后在弹出的对话框中给动画相机命名为“路线1”，在VRP编辑器的相机列表中就会出现刚刚录制好的动画相机，到这里动画相机就录制完毕，如图6-2-5所示。

图6-2-5

03 使用与创建动画相机同样的方法，录制完成场景中其他的相机的创建，可以通过面板中的【上移】或者【下移】按钮调整相机的顺序，如图6-2-6所示。

图6-2-6

注：

场景中动画相机的播放是按照相机列表中的顺序进行的，因此可以通过【上移】或者【下移】按钮来调整动画相机的播放顺序。

6.3 环境特效的添加

在本章案例中，场景中的天空盒是在3ds Max中做了一个半球的模型模拟的天空盒，除了可以在3ds Max中做以外，还可以直接在VRP编辑器中的【天空盒】面板中添加软件中自带的天空盒。

在本章案例中除了可以添加天空盒以外，还可以添加太阳光晕来模拟逼真的太阳光的效果，同时，场景中也可以添加一些粒子特效来丰富场景效果。

6.3.1 添加太阳光晕效果

01 打开【创建对象】|【太阳】面板，在【样式列表】栏中双击样式，添加太阳光晕，同时调整【方向】与【高度】参数，让场景中的太阳光晕与场景中的太阳光的方向一致，如图6-3-1所示。

图6-3-1

02 由于场景中的天空盒是在3ds Max中做的一个半球模型，因此，在VRP编辑器中添加的太阳光晕在默认情况下是无法穿过模型的，需要选择“天空球”模型，然后在【动作】面板下面，打开【一般属性】卷展栏，勾选【是天空球（太阳光晕可穿过）】复选框，如图6-3-2所示。

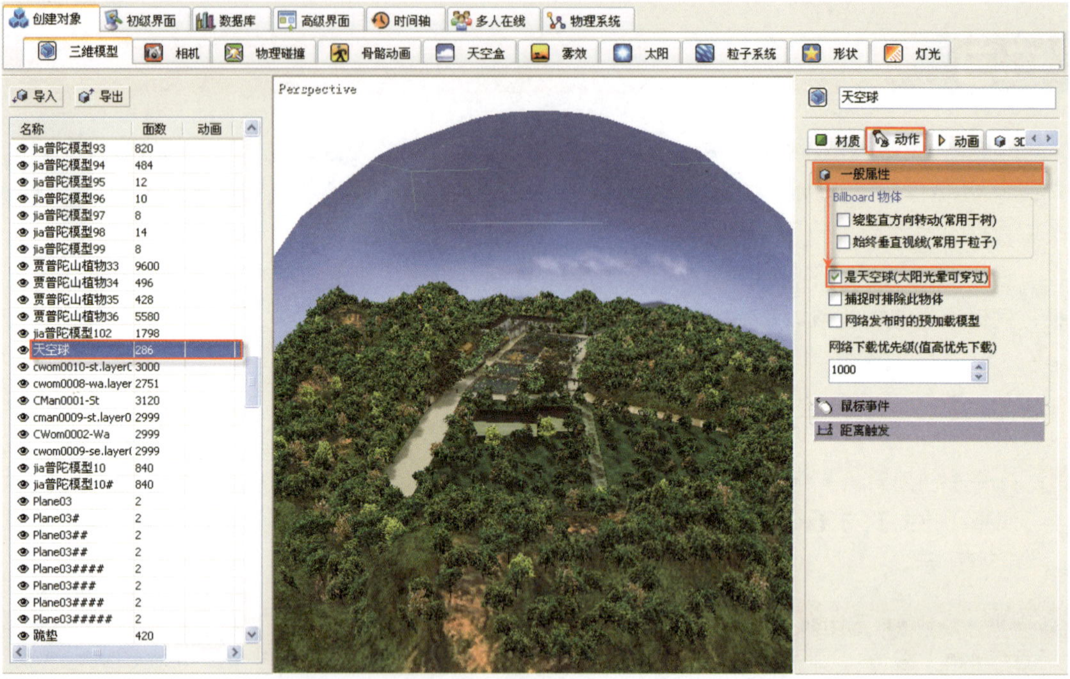

图6-3-2

6.3.2 添加粒子特效效果

01 打开【创建对象】｜【粒子系统】面板，然后单击【粒子库】按钮，在弹出的【粒子库】对话框中找到“香炉烟”粒子特效，然后双击或者单击鼠标右键，在弹出的快捷菜单中选择【引用应用】命令，完成场景中模拟烟雾的效果，如图6-3-3 所示。

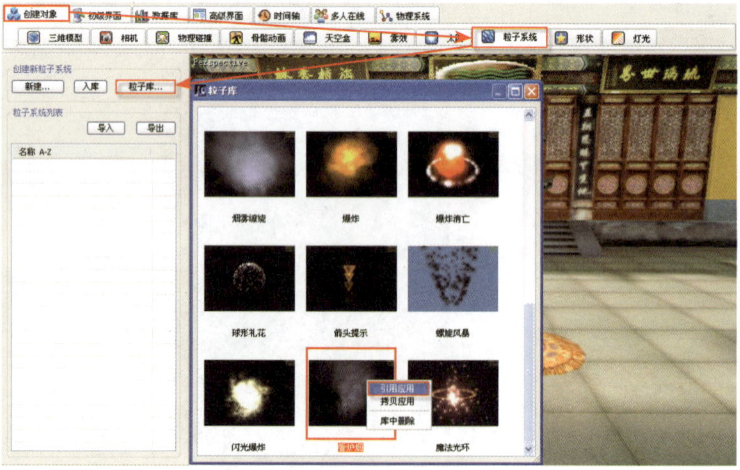

图6-3-3

注：

粒子库中的效果可以通过粒子的属性面板进行修改，并且可以自己制作粒子，然后保存在粒子库中，方便下次调用。

02 选择添加的“香炉烟”粒子特效，然后在右侧的属性面板中单击【粒子预览】按钮进行效果预览，如图6-3-4所示。

图6-3-4

6.4 界面设置

场景中的交互界面是非常重要的元素之一，初级界面使用比较容易掌握，同时与脚本编辑器结合，可以实现多功能的交互效果。

本章案例中使用【初级界面】面板中的【图片】、【按钮】、【色块】、【导航图】等命令，使场景实现了完美绚丽的交互效果。

6.4.1 创建图片

01 打开【初级界面】|【主页面】面板，单击【创建新面板】按钮，在弹出的列表中选择【图片】命令，然后在资源管理器中选择名称为“界面底图.jpg”的图片，如图6-4-1所示。

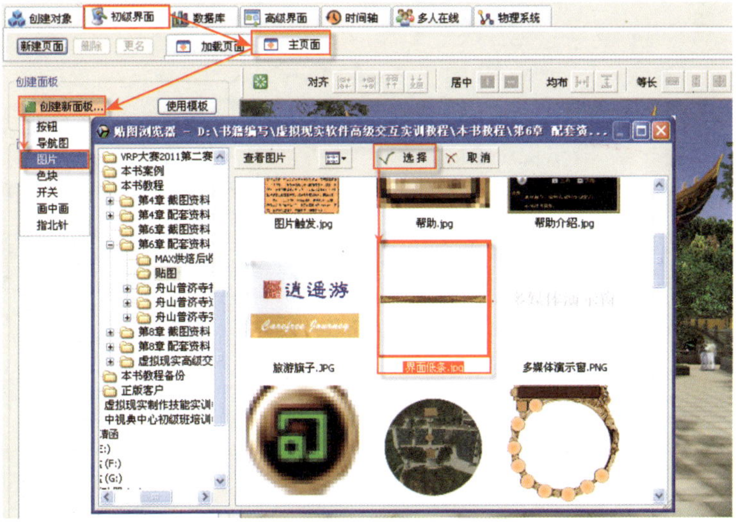

图6-4-1

02 添加底图后，在右边的属性面板中修改底图名称为“下面底图”，如图 6-4-2 所示。

图6-4-2

03 使用与创建底图同样的方法创建“左边龙”的图片，并打开【透明】卷展栏，勾选【使用贴图 alpha】复选框，如图 6-4-3 所示。

图6-4-3

04 选择“左边龙”的图片，按下Ctrl+C快捷键复制、Ctrl+V快捷键粘贴，然后修改其名称为“右边龙”，接着打开【贴图】卷展栏，修改【UV模式】为“镜像”，【贴图坐标】为“水平翻转”，如图6-4-4所示。

图6-4-4

05 按下 Ctrl 快捷键，加选两个龙的图片，然后单击【对齐工具】中的【底部对齐】按钮，将两个图片的底部对齐，如图 6-4-5 所示。

图6-4-5

注：

在使用对齐工具时，选择多个物体的时候，是以最后一个选择的物体（即带白色选框的物体）为参考。

6.4.2　创建按钮

01 打开【初级界面】｜【主页面】面板，单击【创建新面板】按钮，在弹出的列表中选择【按钮】命令，然后在弹出的【打开】对话框中选择名称为“按钮.png”的图片，并修改按钮的名称为“景点查询按钮”，如图6-4-6所示。

图6-4-6

02 选择名称为“景点查询按钮”的按钮，在【透明】卷展栏下面勾选【使用贴图alpha】复选框，然后在【标注】卷展栏下输入文字“景点查询”，如图6-4-7所示。

图6-4-7

03 打开【标注】卷展栏，单击【字体】按钮，弹出【字体】对话框，修改字体的样式，如图6-4-8所示。

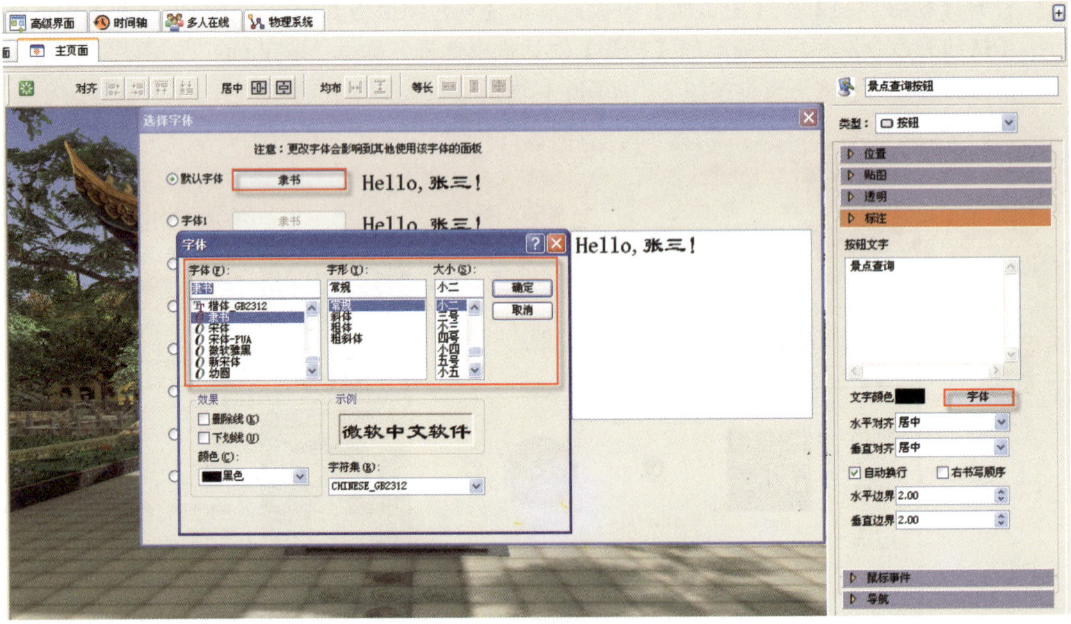

图6-4-8

04 使用同样的方法，创建场景中其他的图片按钮，并使用【对齐工具】对按钮进行“长宽都相等”、“底部对齐”、“水平均布”操作，如图6-4-9所示。

图6-4-9

05 使用同样的方法，创建上面的底图和按钮，并结合【上移】和【下移】按钮来调整图片的层级顺序，如图6-4-10所示。

图6-4-10

6.4.3 创建色块

01 打开【初级界面】|【主页面】面板，单击【创建新面板】按钮，在弹出的列表中选择【色块】命令，然后在窗口中创建色块，如图6-4-11所示。

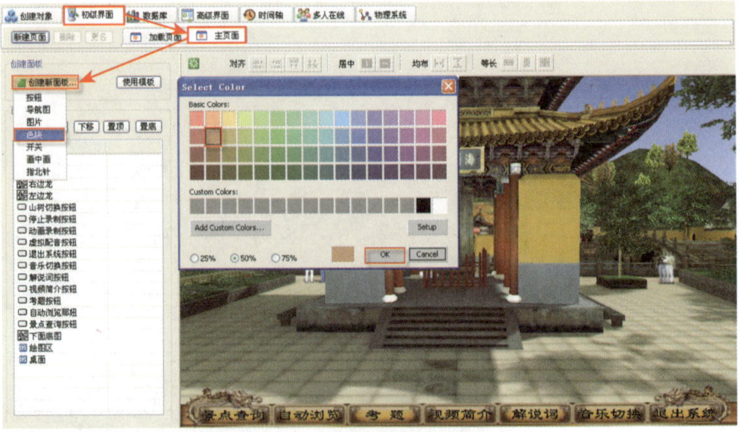

图6-4-11

02 打开右侧属性面板，修改按钮的名称为“景点底色”，打开【透明】卷展栏，勾选【整体透明】复选框，并修改【透明度】为“128”，如图6-4-12所示。

图6-4-12

03 使用与创建按钮同样的方法创建其他景点切换的按钮，并结合【对齐工具】调整按钮的对齐方式，如图6-4-13所示。

图6-4-13

04 结合Ctrl快捷键，加选所有的景点切换按钮，然后单击主工具栏中的【显示物体编组】按钮，对景点切换按钮进行编组，以方便后期的脚本设置，如图6-4-14所示。

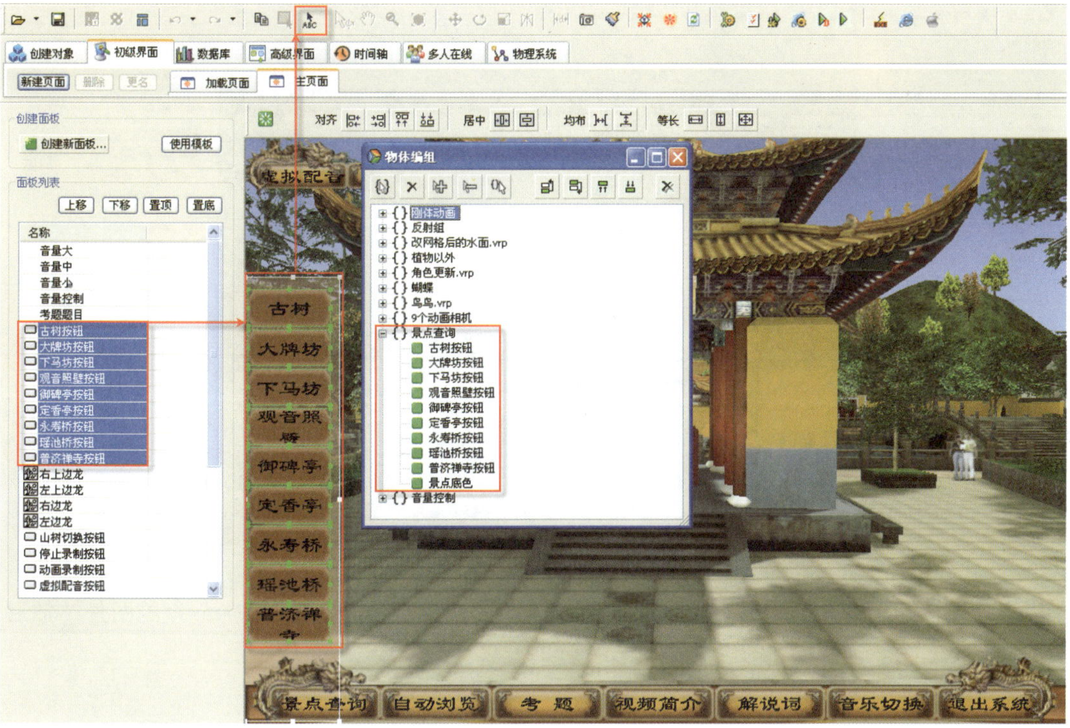

图6-4-14

05 打开【初级界面】|【主页面】面板，单击【创建新面板】按钮，在弹出的列表中选择【图片】命令，然后在资源管理器中选择名称为“考题题目.jpg”的图片，然后在右边的【按钮文字】下面输入考题，如图6-4-15所示。

图6-4-15

06 选择【图片】命令，然后在资源管理器中选择名称为“音量控制.png”的图片，然后打开【透明】卷展栏，勾选【使用贴图alpha】复选框，如图6-4-16所示。

图6-4-16

07 选择【按钮】命令，然后在资源管理器中选择名称为“缩放音乐点灰.png”的图片，然后打开【透明】卷展栏，勾选【使用贴图alpha】复选框，如图6-4-17所示。

图6-4-17

注：

按钮音量大、中、小三个按钮的创建方法是相似的。

08 结合Ctrl快捷键，加选所有的音量按钮，然后单击主工具栏中的【显示物体编组】按钮，对音量按钮进行编组，以方便后期的脚本设置，如图6-4-18所示。

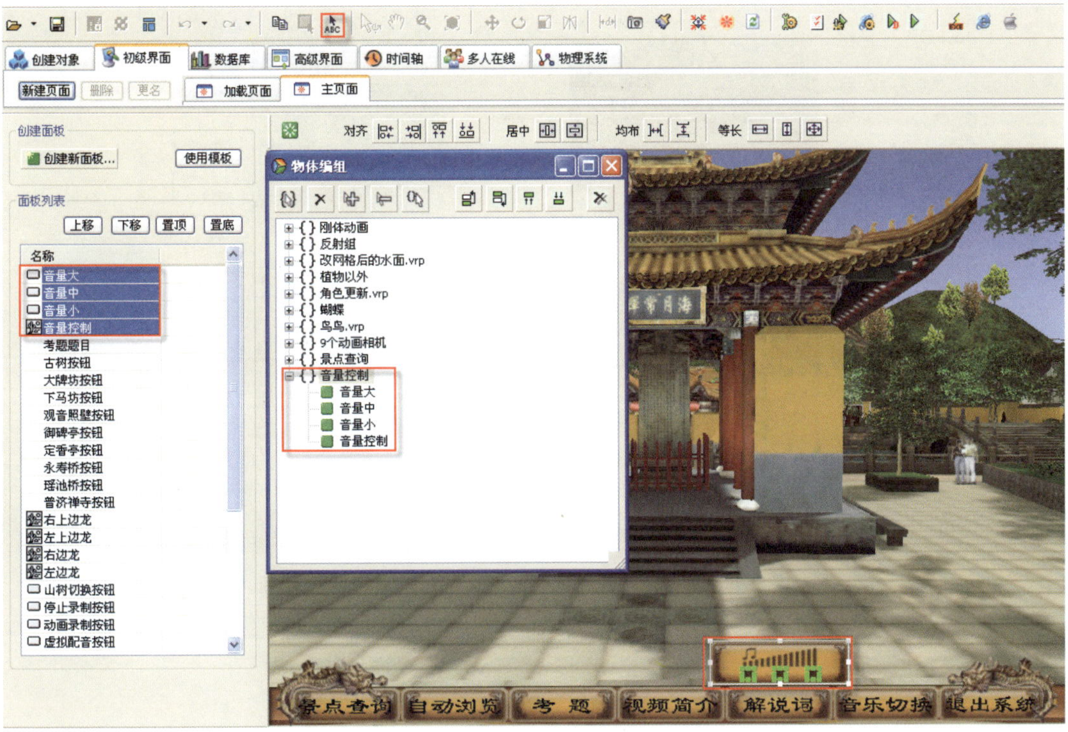

图6-4-18

09 创建特效按钮，添加特效底图，并在【按钮文字】下面添加文字“特效”，如图 6-4-19 所示。

图6-4-19

10 创建特效按钮，添加特效按钮图片，并设置【按钮文字】为“E1”，如图6-4-20所示。

图6-4-20

注：

场景中其他特效按钮的创建方法与上面类似，修改不同的按钮文字即可。

6.4.4 创建导航图

01 创建图片，添加导航图外轮廓的图片，并打开【透明】卷展栏，勾选【使用贴图alpha】复选框，如图6-4-21所示。

图6-4-21

02 创建导航图，添加导航图图片，并打开【透明】卷展栏，勾选【使用贴图alpha】复选框，如图6-4-22所示。

图6-4-22

03 按T快捷键，将视图切换到顶视图，单击主工具栏中的【距离测量】按钮，修改测量方式为“点测量”，如图6-4-23所示。

图6-4-23

04 打开【工具】菜单，选择【坐标捕捉】命令，在弹出的对话框中勾选【开启坐标捕捉】复选框，如图6-4-24所示。

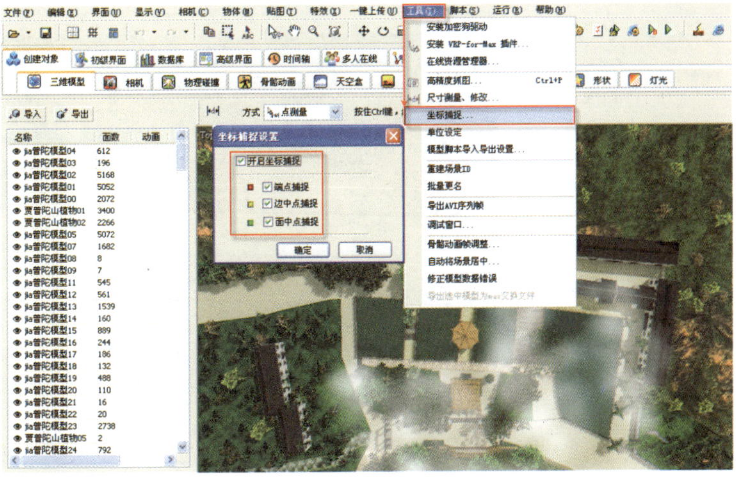

图6-4-24

05 按住Ctrl快捷键，然后单击进行点拾取，获取场景最上面的顶点坐标Z=85.77米，双击取消，结束点拾取，如图6-4-25所示。

图6-4-25

注：

在场景中捕捉场景最上面和最下面的顶点坐标时，观察的是Z轴的坐标值，相当于3ds Max中获取的Y轴坐标值。使用同样的操作，捕捉场景最左边和最右边的顶点坐标。

在捕捉场景坐标的时候，需要重点注意导航图的图片上的坐标位置，捕捉时必须一致，否则会导致导航图数据显示不正确。

06 打开【导航】面板，输入捕捉到的坐标值，上下对应Z轴的数值，左右对应X轴的数值，如图6-4-26所示。

图6-4-26

07 在【箭头】按钮位置添加箭头图片，替换系统默认的导航键箭头，同时可以修改导航箭头的长度和宽度，如图6-4-27所示。

图6-4-27

08 创建【热点切换】按钮，添加“导航圆1.png”图片，同时打开【透明】卷展栏，勾选【使用贴图alpha】复选框，如图6-4-28所示。

图6-4-28

注：

使用同样的方法创建导航图中的【线路预设】按钮。

09 在【初级界面】面板中选择【色块】命令，创建色块，打开【透明】卷展栏，勾选【整体透明】复选框，并修改【透明度】为1，然后在【标注】卷展栏下面添加“导航还原”文字，同时修改【文字颜色】为白色，如图6-4-29所示。

图6-4-29

> **注：**
> 使用同样的方法创建场景中其他的色块，并添加相应的文字标注。同时将所有与导航图有关系的按钮、色块、图片等进行编组。

10 参照前面创建【音乐切换】按钮的方法创建音乐按钮，同时使用主工具栏中的编组命令，对按钮进行编组，以方便后期脚本控制，如图 6-4-30 所示。

图6-4-30

11　创建按钮，然后打开【贴图】卷展栏，添加名称“热点.atx2”的动态贴图，并勾选【透明】卷展栏下面的【使用贴图alpha】复选框，如图6-4-31所示。

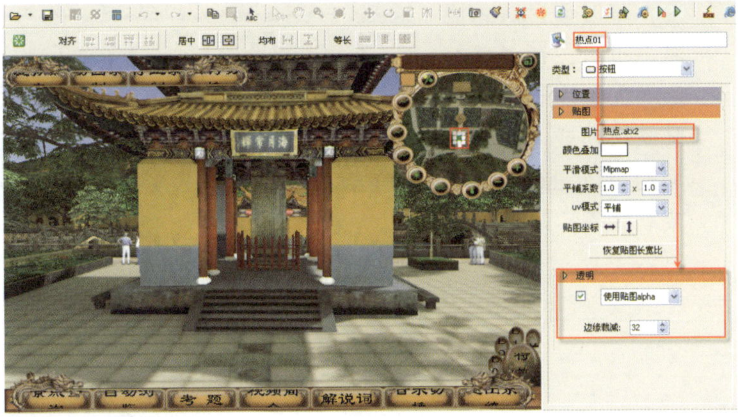

图6-4-31

12　参照前面创建【音乐切换】按钮的方法创建音乐按钮，同时使用主工具栏中的编组命令，对按钮进行编组，以方便后期脚本控制，如图6-4-32所示。

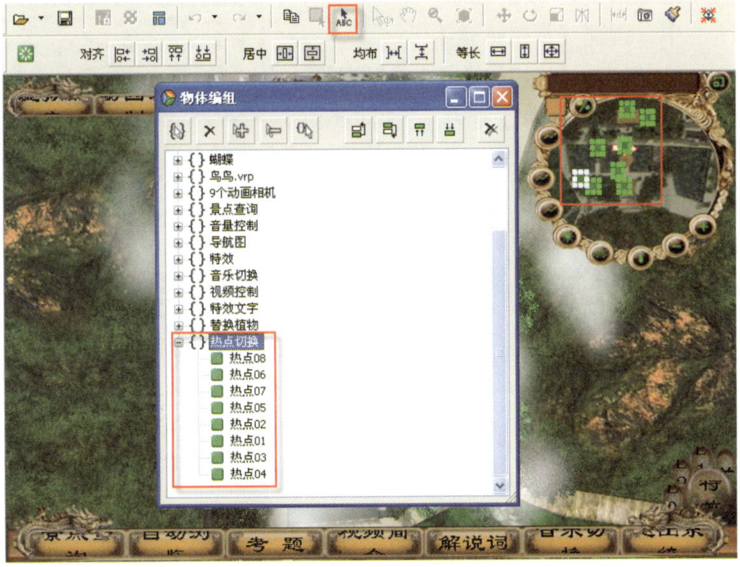

图6-4-32

6.5 脚本交互

本案例中使用到的脚本交互是比较丰富的，除了简单的景点切换以外，还有音乐脚本的切换、特效脚本的切换以及导航图的路线切换等多方面的脚本交互，结合初级界面的使用，创造出丰富多彩的交互效果。

6.5.1　设置【#初始化】脚本

01　场景最初运行的时候，有部分按钮和图片是需要隐藏的，隐藏初级界面的方法有两种情况，可以通过脚本隐藏，也可以通过【初级界面】面板下面的隐藏按钮或者图片前面的小按钮进行显示或者隐藏，如图6-5-1所示。

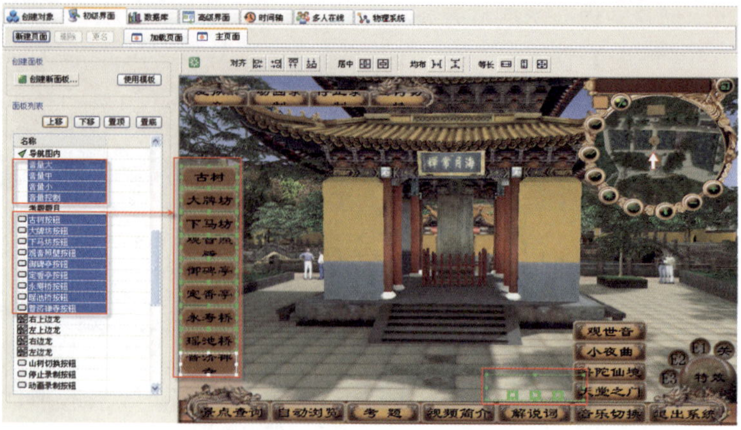

图6-5-1

02 在【系统函数】面板中，创建【#初始化】函数，在【#初始化】函数下面添加【显示隐藏物体】脚本，设置【物体类型】为“0=组”，【物体名称】为“景点查询”，【选项】为“0=隐藏”，如图6-5-2所示。

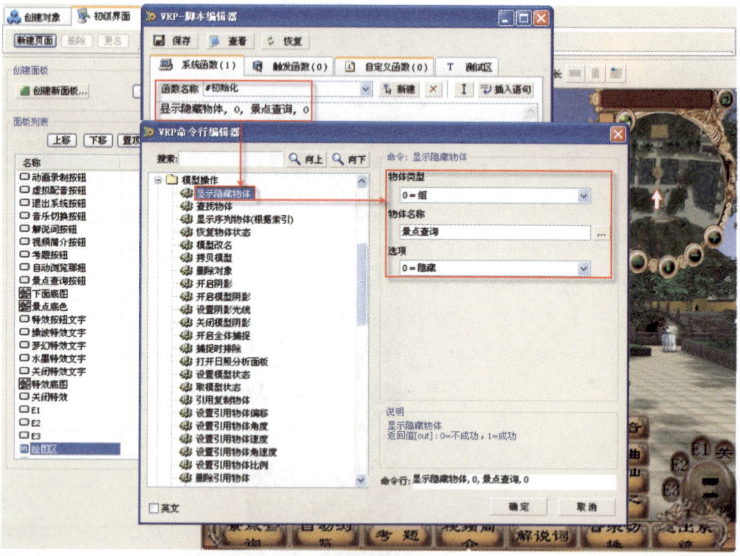

图6-5-2

03 继续添加【显示隐藏物体】脚本，对场景中的音乐控制按钮、特效按钮、导航图按钮等进行隐藏脚本的设置，如图6-5-3所示。

图6-5-3

6.5.2 设置【景点切换按钮】脚本

01 选择名称为“景点查询按钮”，实现显示或者隐藏景点按钮组的切换，进行二次变量脚本的编写，在【#初始化】函数中添加【定义变量】脚本函数，如图6-5-4所示。

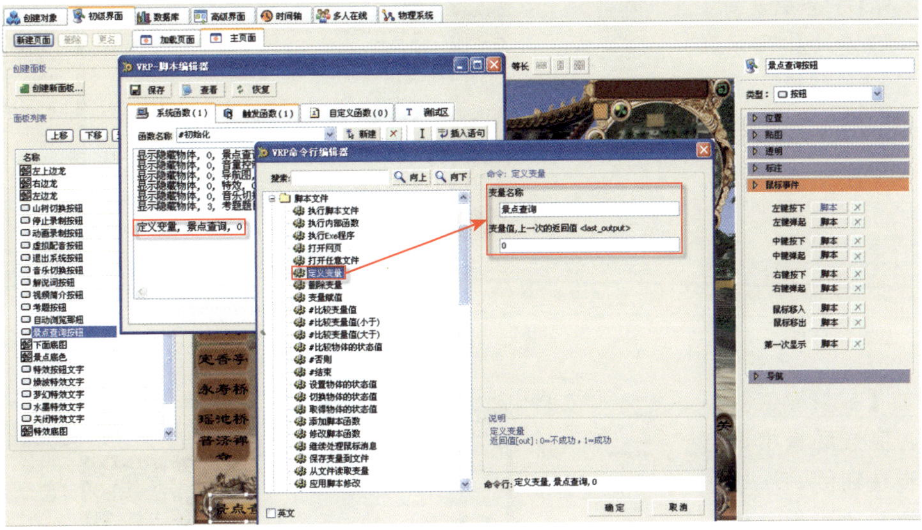

图 6-5-4

02 选择名称为“景点查询按钮”的按钮，在【鼠标事件】卷展栏中的【左键按下】按钮下面添加【# 比较变量值】脚本，设置【变量名称】为“景点查询”，【变量对比值】为“0”，如图 6-5-5 所示。

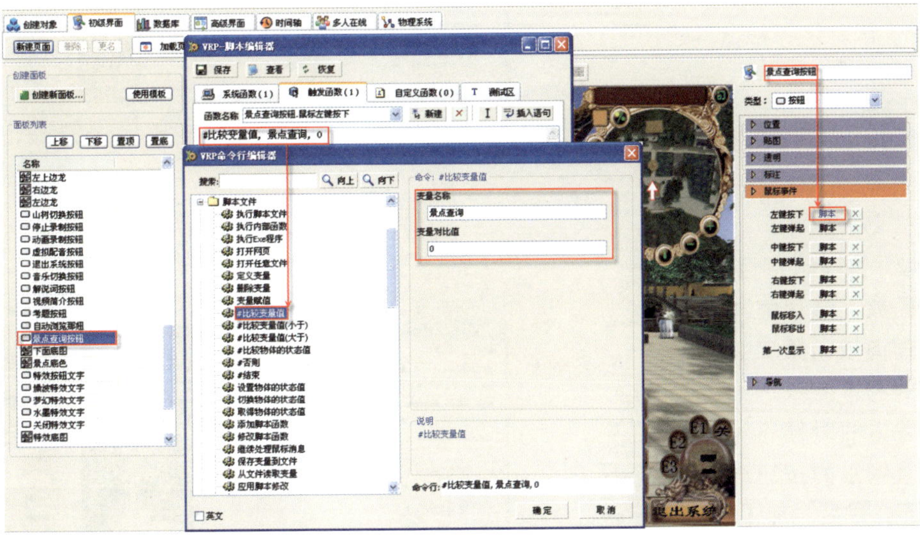

图6-5-5

注：

使用变量脚本的时候，变量名称必须保持一致。

03 继续在【左键按下】按钮下添加【显示隐藏物体】脚本，设置【物体类型】为“组”，【物体名称】为“景点查询”，【选项】为“1= 显示”，如图 6-5-6 所示。

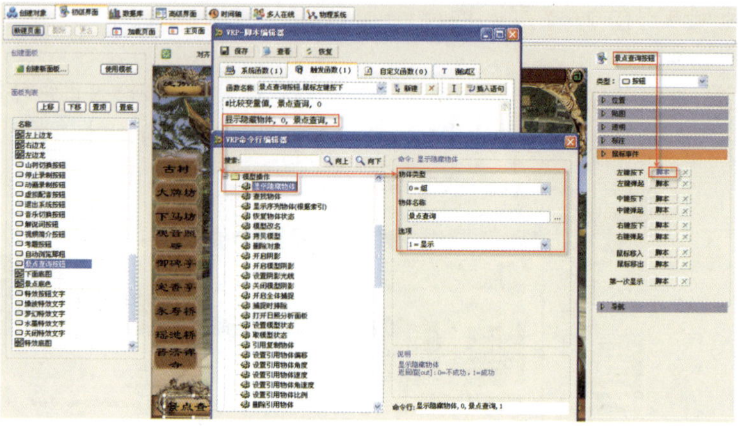

图6-5-6

04 添加【变量赋值】脚本，完成场景中景点查询按钮的一次单击所执行的脚本函数，如图6-5-7所示。

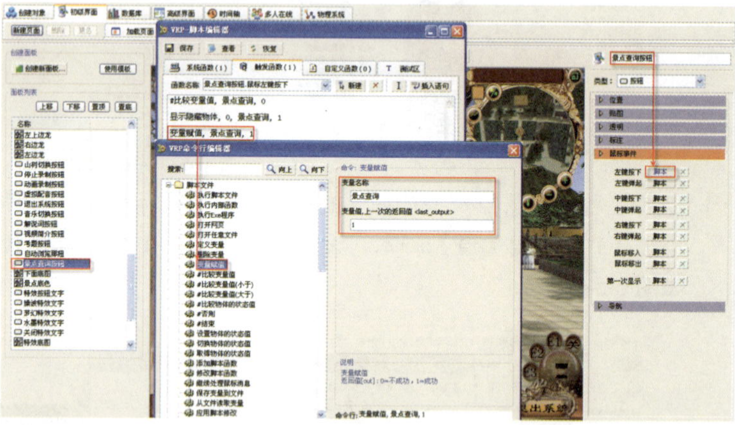

图6-5-7

05 继续添加【#否则】脚本函数，然后编写景点查询按钮第二次单击的脚本函数，第二次单击的时候，对景点查询组的按钮进行显示，最后添加【#结束】脚本函数，完成一个完整的二次变量脚本函数的编写，如图6-5-8所示。

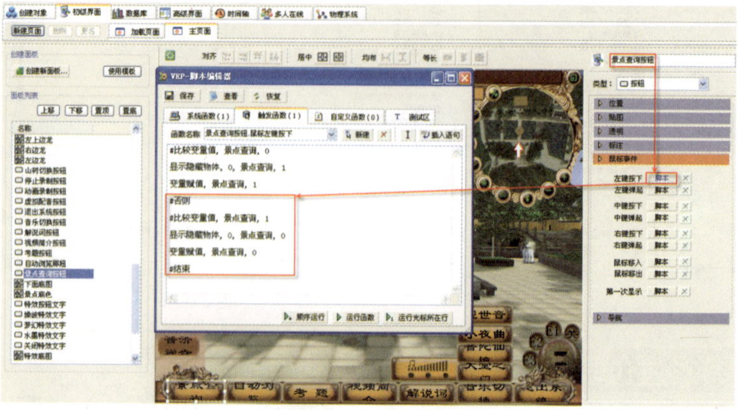

图6-5-8

注：

场景中所有的二次变量的脚本，均可使用上面的脚本函数进行编写，修改相应的执行函数的脚本即可。

06 选择场景中的“古树按钮”，在【鼠标事件】卷展栏中的【左键按下】按钮下面添加【切换相机（通过名称）】脚本，设置【相机名称】为“行走古树”，【重置相机参数】为“0=重量”，如图6-5-9所示。

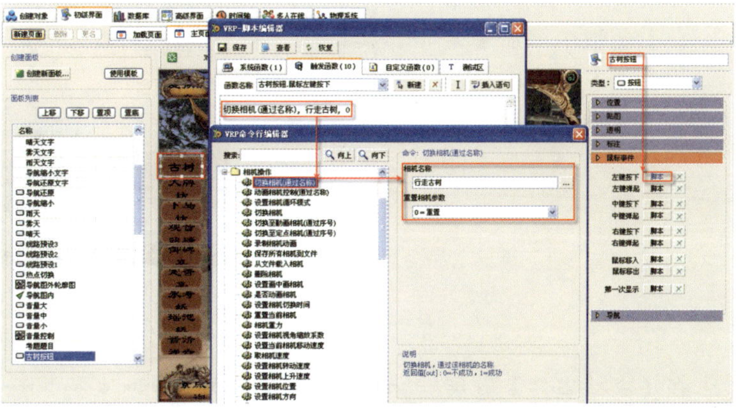

图6-5-9

注：

使用同样的设置方法，在场景中其他的景点切换按钮下面添加【切换相机】脚本函数，修改相应的相机名称即可。

6.5.3　设置【自动浏览按钮】脚本

选择场景中的“自动浏览按钮”，在【鼠标事件】卷展栏中的【左键按下】按钮下面添加【切换相机（通过名称）】脚本，设置【相机名称】为“动画相机02”，【重置相机参数】为“0=重置”，如图6-5-10所示。

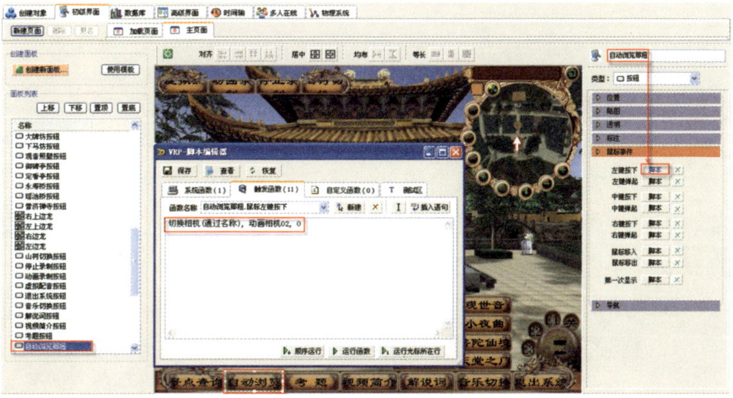

图6-5-10

6.5.4 设置【考题按钮】脚本

01 【考题按钮】脚本与前面编写的【自动浏览按钮】脚本一样，使用的是二次变量脚本编写的。在【#初始化】函数中添加【定义变量】脚本函数，如图6-5-11所示。

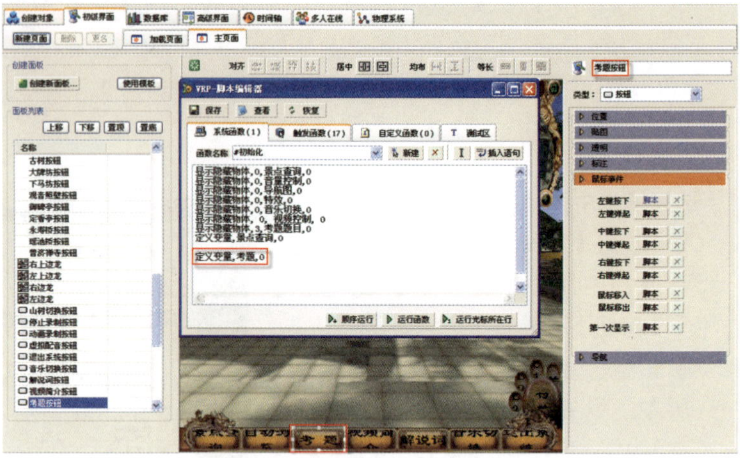

图6-5-11

02 在【鼠标事件】卷展栏中的【左键按下】按钮下面添加【显示隐藏物体】脚本，将考试题目进行显示或隐藏，如图6-5-12所示。

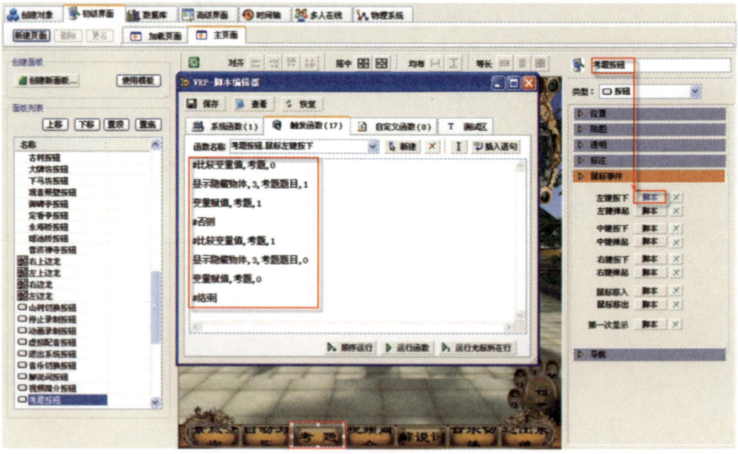

图6-5-12

6.5.5 设置【视频简介按钮】脚本

在VRP编辑器中可以给模型或者初级界面添加视频文件，不仅可以直接添加视频，让视频自动播放，而且可以通过添加脚本，控制视频的播放，本章案例中使用的是通过脚本控制视频的播放、停止、继续等功能。

在添加视频文件时，需要注意以下事项：

1．视频文件的大小最好是2的N次方。

2．如果无法播放场景中的视频文件，请安装一个终极解码器。

【视频简介按钮】脚本的设置步骤如下。

01 视频控制同样使用二次变量进行编写，在【#初始化】函数中添加【定义变量】脚本函数，如图 6-5-13 所示。

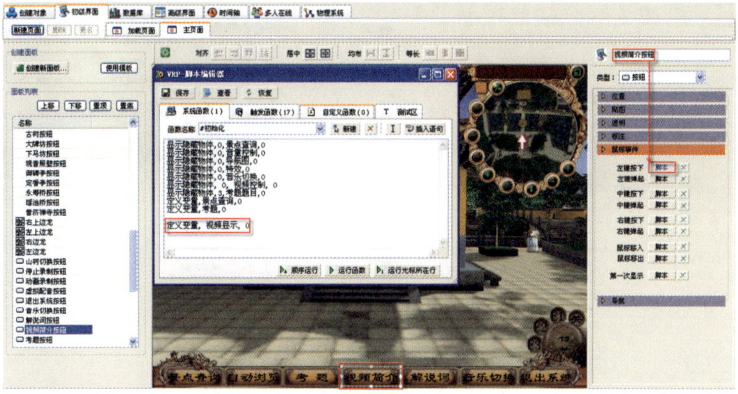

图6-5-13

02 在【鼠标事件】卷展栏中的【左键按下】按钮下面添加视频播放的脚本，首先添加显示视频控制组的脚本和【加载视频】文件的脚本，如图 6-5-14 所示。

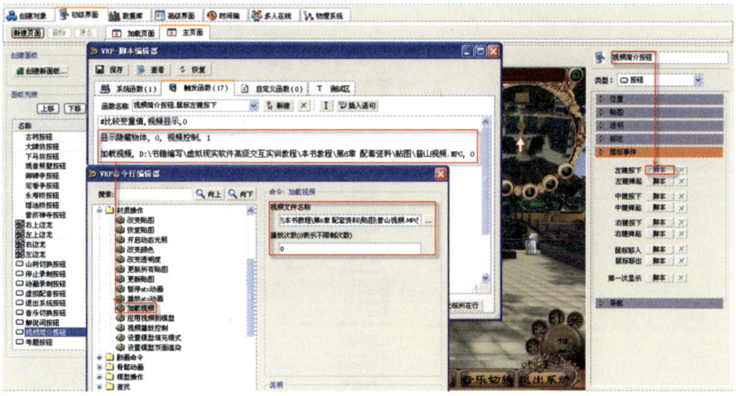

图6-5-14

03 添加【应用视频到模型】脚本函数，设置【模型名称】为“视频添加色块”，【操作】为“1=添加”，如图6-5-15所示。

图6-5-15

04 添加【视频播放控制】脚本函数，设置【模型名称】为“视频添加色块”，【播放】为“1= 播放”，如图 6-5-16 所示。

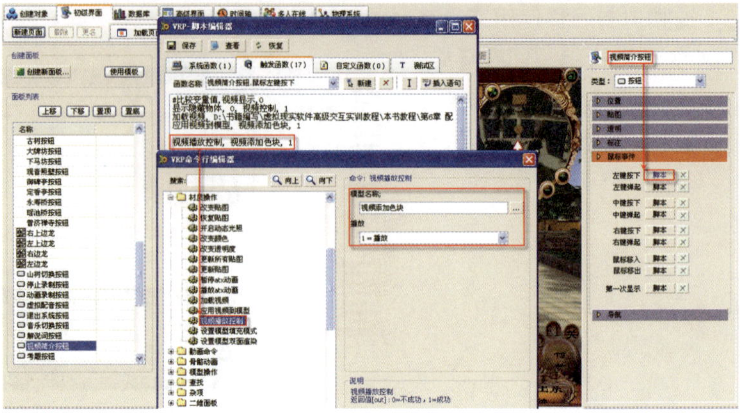

图6-5-16

05 添加【# 否则】和【# 比较变量值】脚本函数，让脚本继续执行视频停止的脚本函数，如图 6-5-17 所示。

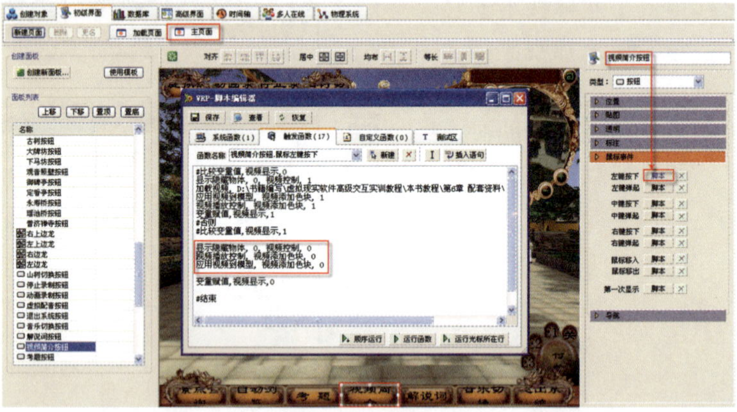

图6-5-17

注：

在编写视频停止的脚本函数时，需要先将视频从模型上停止，然后再进行删除，需要按照逻辑顺序编写；如果先删除，再停止，会出现视频无法停止的现象。

6.5.6 设置【解说词按钮】脚本

在【解说词按钮】下面添加二次变量脚本函数，实现第一次单击按钮显示音量按钮，并播放解说词，再次单击隐藏音量按钮，并停止导游词的解说。同时，用单击显示的音量按钮可以控制解说词的音量大小。

01 在【#初始化】函数中添加【定义变量】脚本函数，如图6-5-18所示。

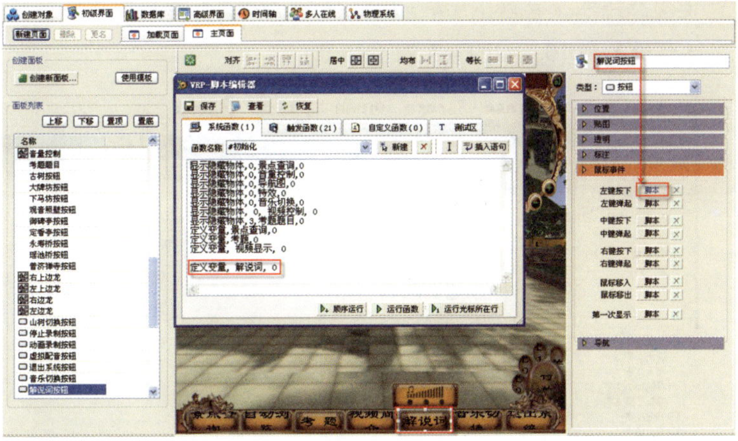

图6-5-18

02 选择名称为“解说词按钮”的按钮，进行二次变量脚本的编写，添加【显示隐藏物体】脚本函数，让音量按钮显示，同时添加【播放音乐】脚本，播放解说词，如图6-5-19所示。

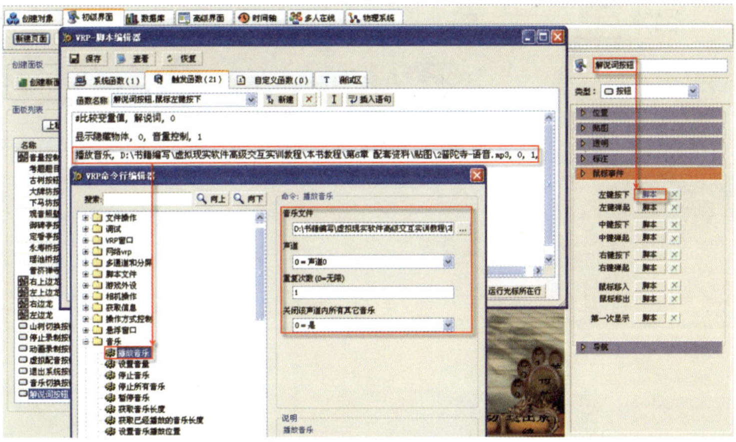

图6-5-19

03 添加【#否则】和【#比较变量值】脚本函数，然后添加【显示隐藏物体】脚本函数，让音量按钮隐藏，同时添加【停止音乐】脚本，停止播放解说词，如图6-5-20所示。

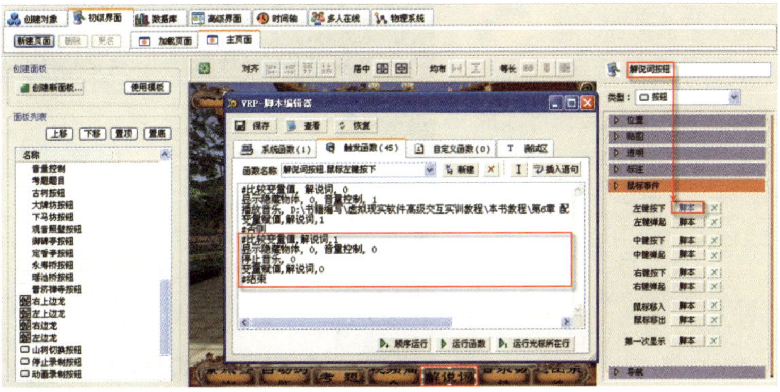

图6-5-20

04 选择名称为“音量小”的按钮，添加【设置音量】脚本函数，设置【声道】为“0= 声道 0”，【音量】为 10，如图 6-5-21 所示。

图6-5-21

注：

音量中按钮与音量大按钮的脚本设置与音量小按钮的脚本设置一样，只需要修改音量的大小即可。一般将音量中与音量大按钮的脚本音量分别设置成50和100。

6.5.7 设置【音乐切换按钮】脚本

在【音乐切换按钮】下面添加二次变量脚本函数，实现第一次单击显示多个音乐播放按钮，再次单击隐藏音乐播放按钮，同时，单击不同的音乐按钮可以播放不同的音乐文件。

01 在【#初始化】函数中添加【定义变量】脚本函数，如图6-5-22 所示。

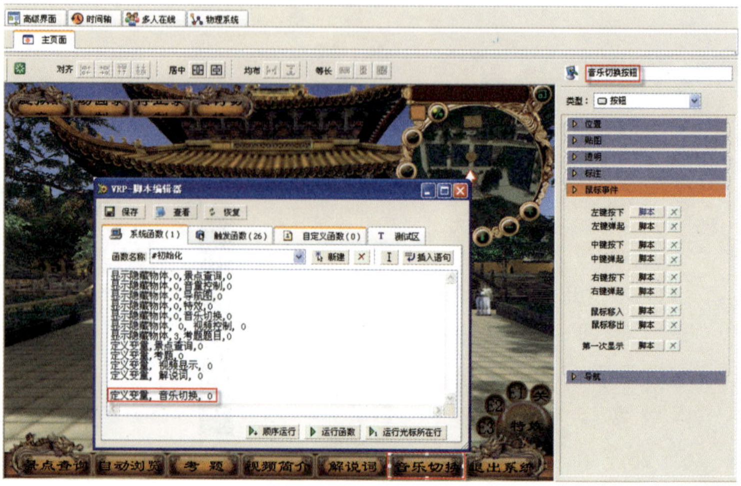

图6-5-22

02 选择名称为“音乐切换按钮”的按钮，编写二次变量脚本函数，实现显示或隐藏音乐播放按钮的效果，如图6-5-23所示。

03 选择名称为“观世音”的按钮，添加【播放音乐】脚本函数，播放名称为“观世音.wma”的音乐文件，如图6-5-24所示。

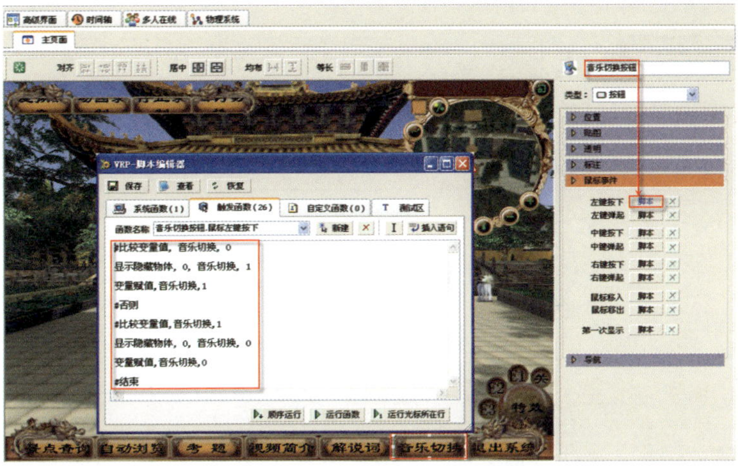

图6-5-23

注：

场景中其他音乐播放按钮的音乐文件添加方法与【观世音】按钮类似，添加【播放音乐脚本】播放相应的音乐即可，播放的时候，停止播放场景中其他的音乐文件。

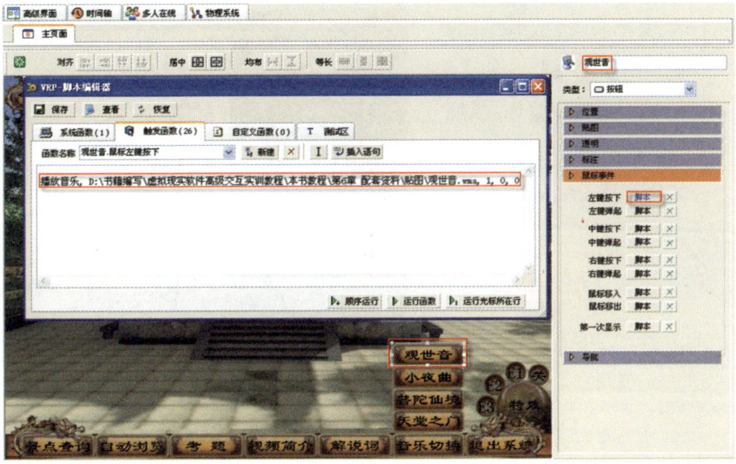

图6-5-24

6.5.8　设置【退出系统按钮】脚本

选择名称为“退出系统按钮”的按钮，添加【关闭程序】脚本函数，设置【是否显示确认对话框】为“1= 显示”，设置【提示信息】为“是否关闭场景”，如图 6-5-25 所示。

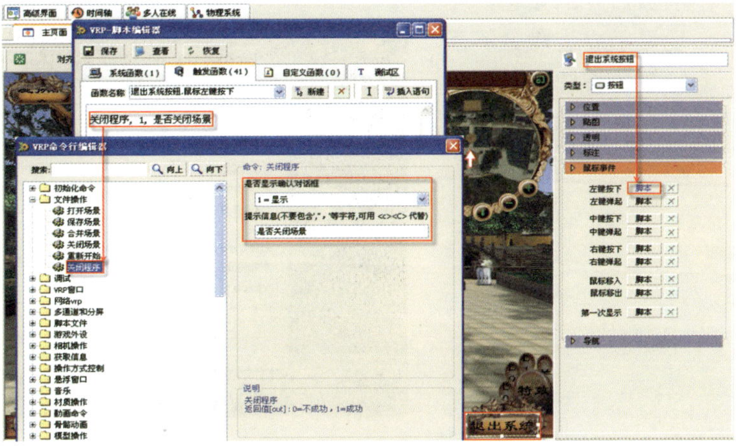

图6-5-25

注：

添加【关闭程序】脚本时，如果想单击按钮的时候不显示确认对话框，在【提示信息】栏中不需要添任何文字。

6.5.9 设置【特效文字按钮】脚本

01 在特效按钮下面添加二次变量脚本函数，实现不同特效按钮的显示与隐藏。在【#初始化】函数中添加【定义变量】脚本函数，如图6-5-26所示。

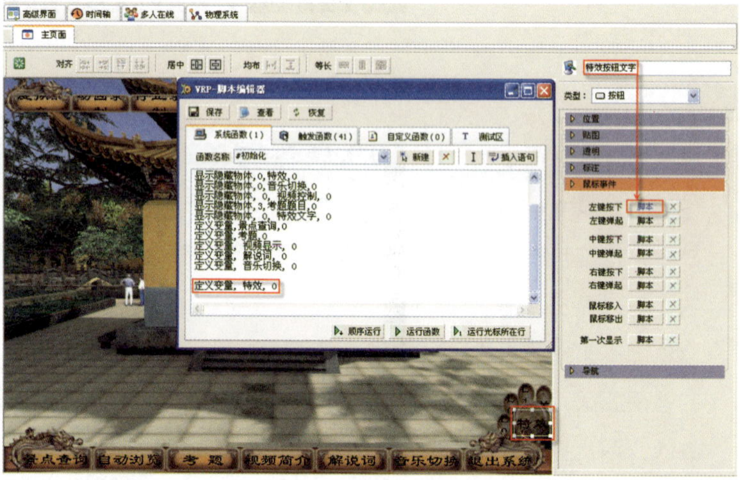

图6-5-26

02 选择名称为“特效文字按钮”的按钮，实现显示或者隐藏不同特效的按钮，进行二次变量脚本的编写，如图6-5-27所示。

图6-5-27

03 选择名称为“E1”的按钮，添加【切换全屏特效】脚本函数，设置【参数】为“5=Bloom”特效，如图6-5-28所示。

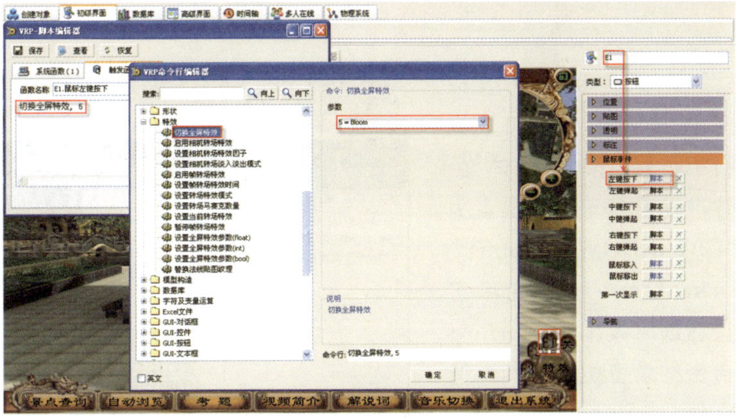

图6-5-28

04 在【E1】按钮的【鼠标移入】按钮下面添加【显示隐藏物体】脚本，实现鼠标移入到按钮的时候显示该特效的名称，如图6-5-29所示。

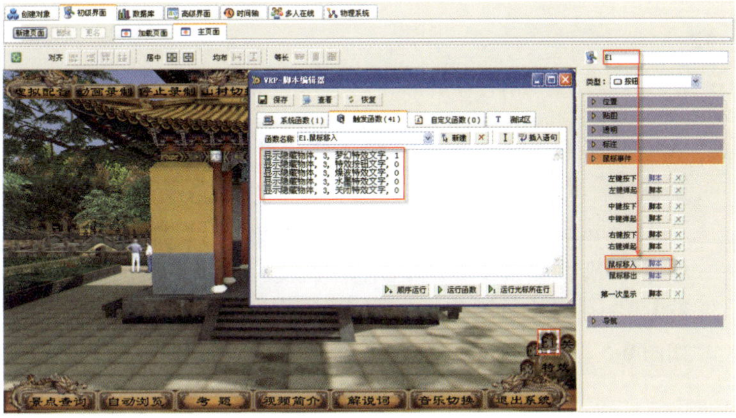

图6-5-29

05 在【E1】按钮的【鼠标移出】按钮下面添加【显示隐藏物体】脚本，实现鼠标移出到按钮的时候隐藏该特效的名称，如图6-5-30所示。

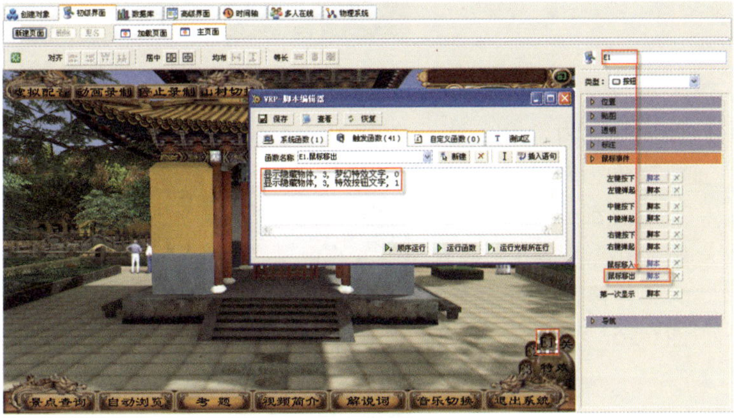

图6-5-30

注：

场景中其他特效按钮的脚本编写与【E1】按钮类似，修改不同的脚本参数即可。

6.5.10 设置【虚拟配音按钮】脚本

选择名称为“虚拟配音按钮”，添加【执行Exe程序】脚本函数，设置Exe程序位置为“C:\WINDOWS\system32\sndrec32.exe”，实现单击按钮的时候出现Windows自带的录音机，录制声音文件，如图6-5-31所示。

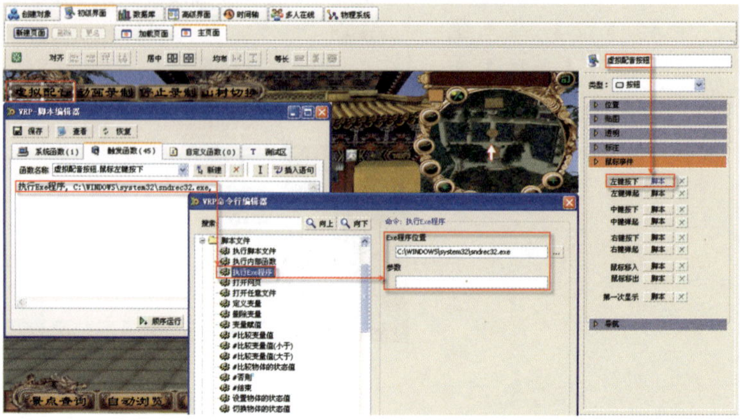

图6-5-31

6.5.11 设置【动画录制/停止按钮】脚本

01 选择名称为“动画录制按钮”的按钮，添加【录制相机动画】脚本函数，设置【参数】为“1=开始录制”，如图6-5-32所示。

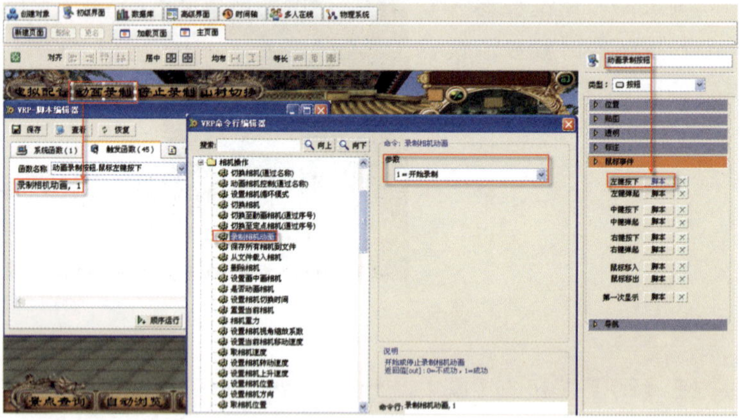

图6-5-32

02 选择名称为“停止录制按钮”的按钮，添加【录制相机动画】脚本函数，设置【参数】为“0=停止录制”，如图6-5-33所示。

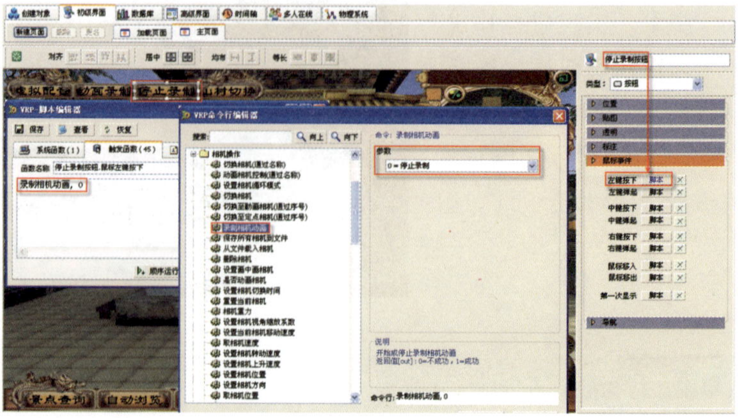

图6-5-33

6.5.12　设置【山树切换按钮】脚本

01 设置山树切换脚本交互，使用二次变量脚本实现山树切换的效果。在【#初始化】函数中添加【定义变量】脚本函数，如图6-5-34所示。

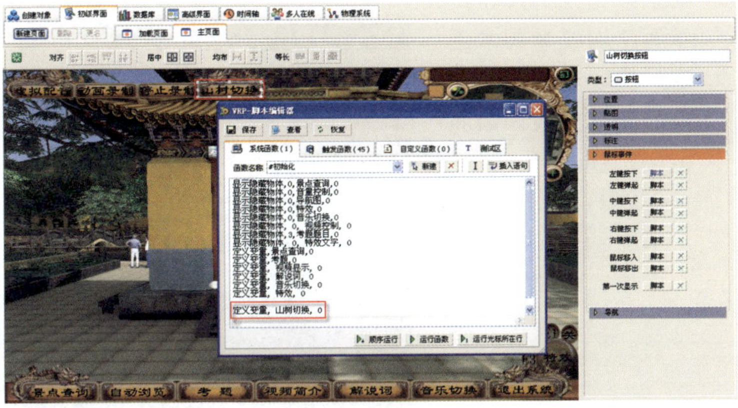

图6-5-34

02 选择名称为“山树切换按钮”的按钮，编写二次变量脚本函数，实现显示或隐藏山树切换的效果，如图6-5-35所示。

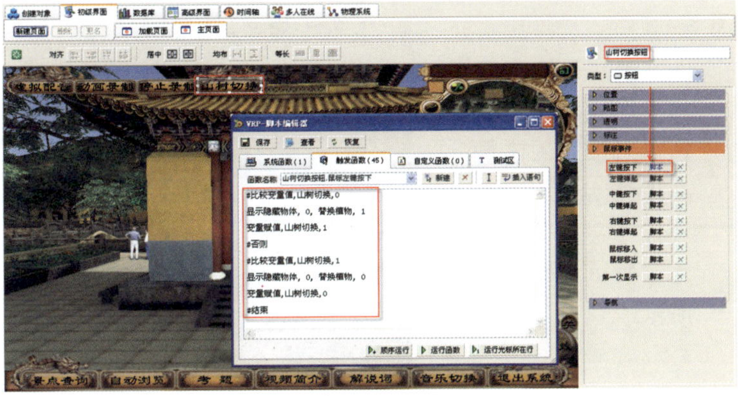

图6-5-35

6.5.13　设置【导航图切换按钮】的脚本

01 设置导航图切换按钮的脚本交互，使用二次变量脚本实现显示或隐藏导航图的效果。在【#初始化】函数中添加【定义变量】脚本函数，如图6-5-36所示。

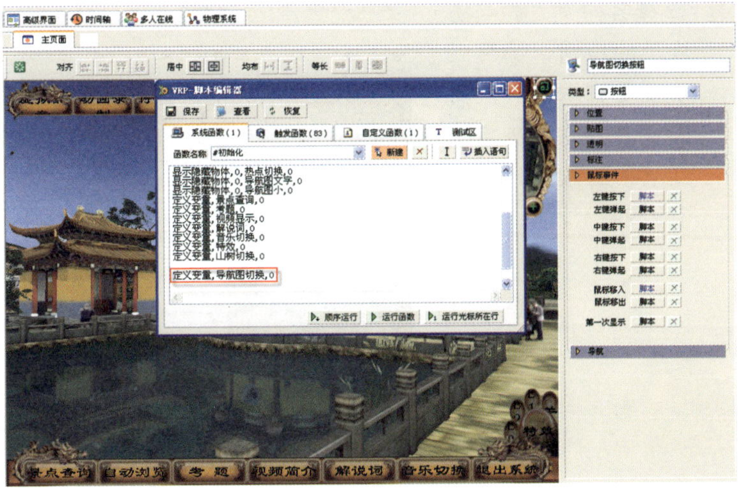

图6-5-36

02 选择名称为“导航图切换按钮”的按钮，编写二次变量脚本函数，实现显示或隐藏导航图的效果，如图6-5-37所示。

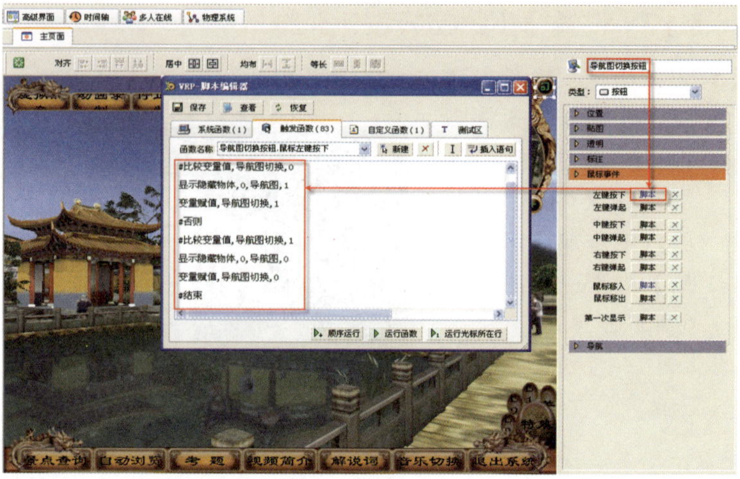

图6-5-37

03 设置热点切换脚本交互，使用二次变量脚本实现显示或隐藏按钮热点按钮的效果。在【#初始化】函数中添加【定义变量】脚本函数，如图6-5-38所示。

图6-5-38

04 选择名称为“热点切换”的按钮，编写二次变量脚本函数，实现显示或隐藏热点按钮切换的效果，如图6-5-39所示。

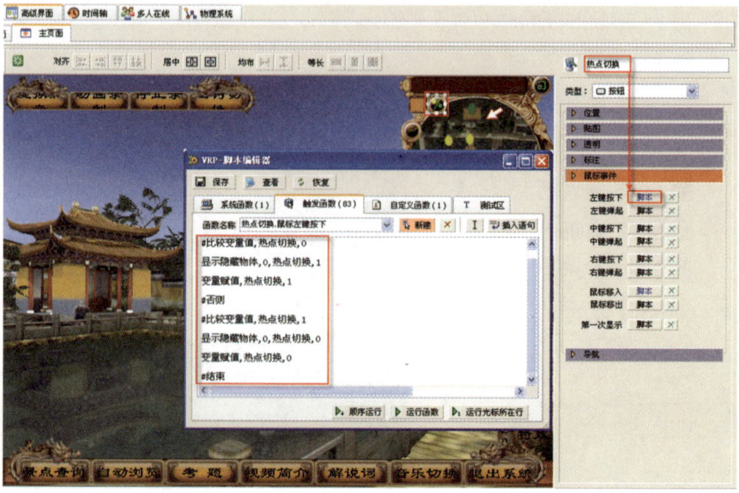

图6-5-39

05 选择名称为“线路预设1”的按钮，添加【切换相机】脚本切换相机到“线路1”，然后添加【设置相机循环模式】脚本，同样设置相机“线路1”进行循环播放，如图6-5-40所示。

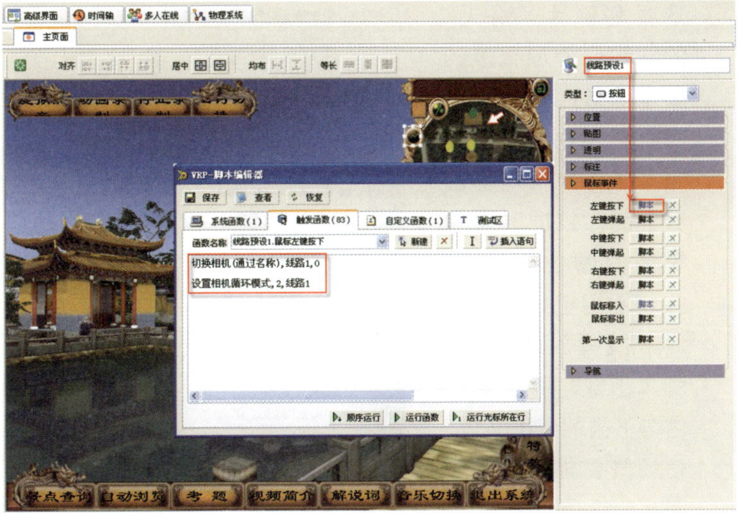

图6-5-40

注：

在编写【设置相机循环模式】脚本时，要先将需要循环的相机编组。同时，按钮【线路预设2】与【线路预设3】的脚本设置与按钮【线路预设1】的设置一样，修改相应的相机即可。

06 按F7快捷键打开【VRP-脚本编辑器】窗口，在【自定义函数】面板下面新建名称为“rain”的函数，然后添加下雨的脚本，首先添加【开启雨雪】脚本，然后添加【设置雨雪的边界】脚本，接着设置雨雪粒子的大小、个数、速度、颜色和贴图等脚本，如图6-5-41所示。

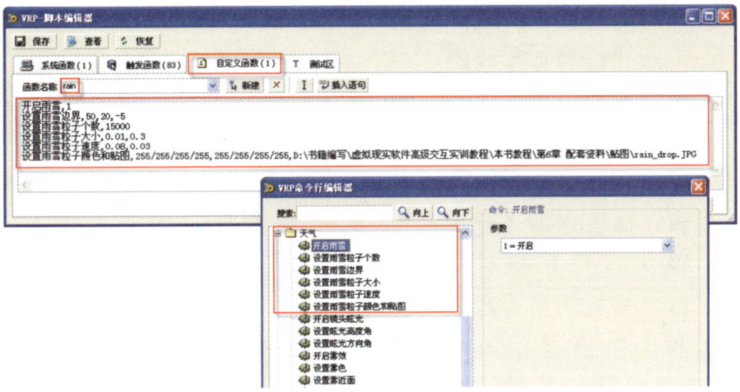

图6-5-41

07 选择名称为“雨天”的按钮，添加相应的脚本函数，首先切换相机到下雨视角，接着添加【执行内部函数】脚本，同时设置雾色的颜色、范围，并显示闪电模型，最后添加【播放 atx 动画】脚本函数，并添加打雷与下雨的音乐文件，使场景更加真实，如图 6-5-42 所示。

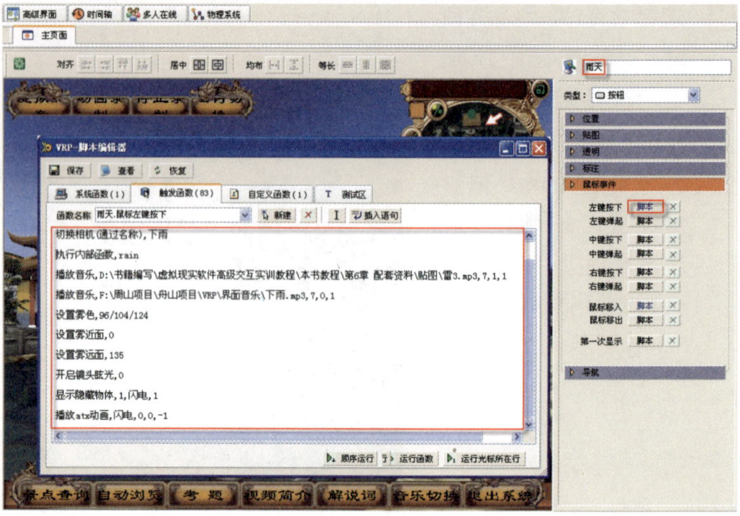

图6-5-42

注：

雾色的设置脚本在脚本编辑器中【天气】文件夹下面，播放atx动画的脚本在【材质操作】文件夹下面。

08 选择名称为“晴天”的按钮，添加相应的脚本函数，设置【开启雾效】脚本，同时设置雾的颜色和距离，然后添加【开启镜头眩光】脚本函数，并关闭雷雨音效和闪电模型，如图 6-5-43所示。

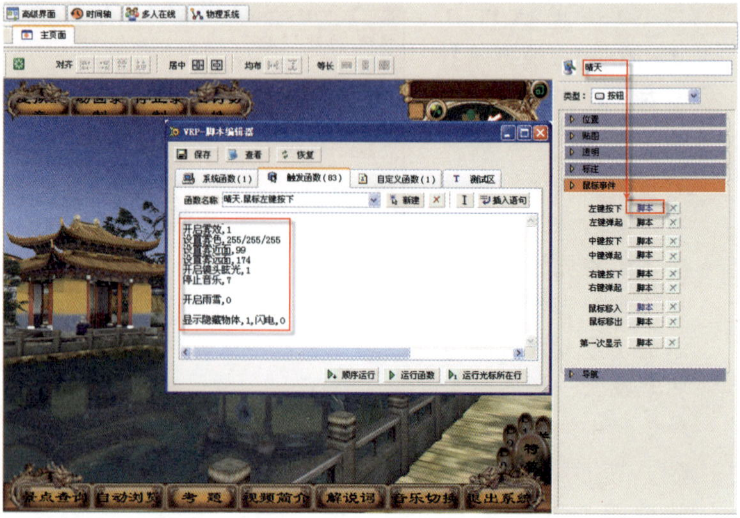

图6-5-43

09 使用与【晴天】按钮类似的脚本设置【雾天】按钮的脚本函数，修改雾效的距离即可，如图 6-5-44 所示。

图6-5-44

10 选择名称为“热点切换”的按钮，在【鼠标移入】按钮下面添加显示热点切换文字的脚本，在【鼠标移出】按钮下添加隐藏热点切换文字的脚本，如图6-5-45所示。

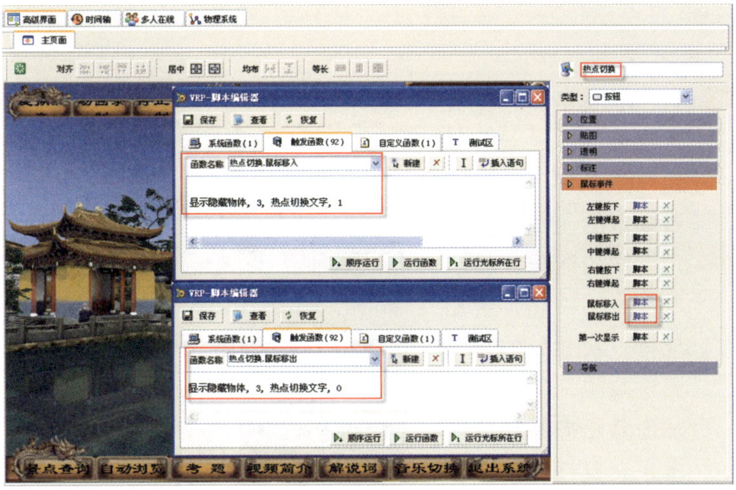

图6-5-45

注：

其他的按钮使用与【热点切换】按钮类似的脚本，实现鼠标移入时选择名称为显示按钮功能的文字，鼠标移出时隐藏按钮功能的脚本。

11 选择名称为“热点切换”的按钮，显示热点切换按钮组，这时候，当在选择名称为“线路预设1”的按钮时，发现热点切换按钮组还是显示状态，因此，添加显示隐藏热点切换按钮组的脚本，同时，将【热点切换】按钮的变量值设为0，如图6-5-46所示。

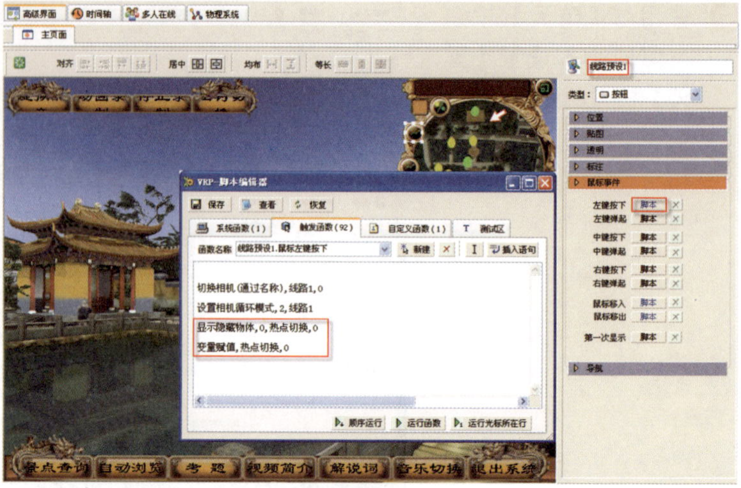

图6-5-46

注：

在导航图组里的按钮下面添加同样的显示隐藏热点切换按钮组的脚本，同时，将【热点切换】按钮的变量值设为0脚本函数。

12 按F5快捷键，预览交互效果，这时候会发现凡是添加了二次变量脚本的函数，在单击一次的时候，再次单击别的按钮，会出现第一次显示的按钮无法隐藏，因此，添加隐藏相应按钮的脚本，设置按钮的变量值为0，如图6-5-47所示。

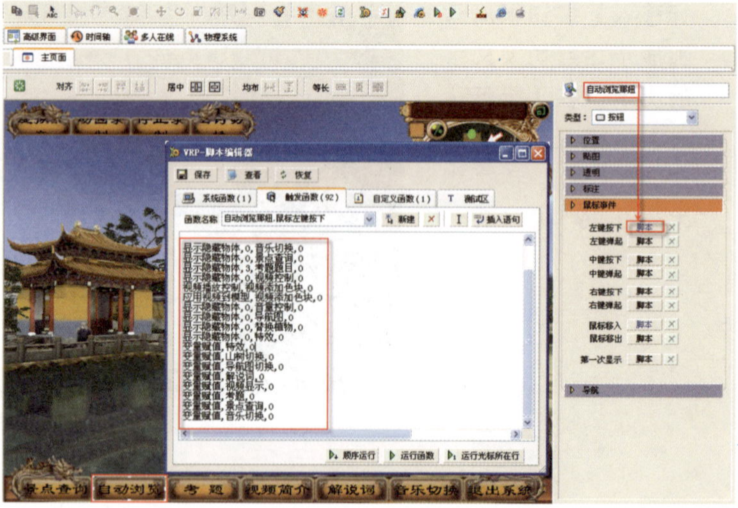

图6-5-47

注：

如果是【景点查询】按钮，则无须添加该按钮的隐藏脚本和变量脚本函数。场景中其他写有二次变量脚本函数的按钮的脚本函数的添加方法与此类似。

13 在场景中凡是有脚本函数的按钮的【左键按下】按钮下面添加播放名称为“鼠标点击.wav”的音乐文件，如图 6-5-48 所示。

图6-5-48

14 在场景中凡是有脚本函数的按钮的【鼠标移入】按钮下面添加播放名称为“移入.wav”的音乐文件，如图 6-5-49 所示。

图6-5-49

15 添加背景音乐，按 F7 快捷键打开【VRP-脚本编辑器】窗口，在【#初始化】函数中添加播放名称为“普陀仙境.wma”的音乐文件，如图 6-5-50 所示。

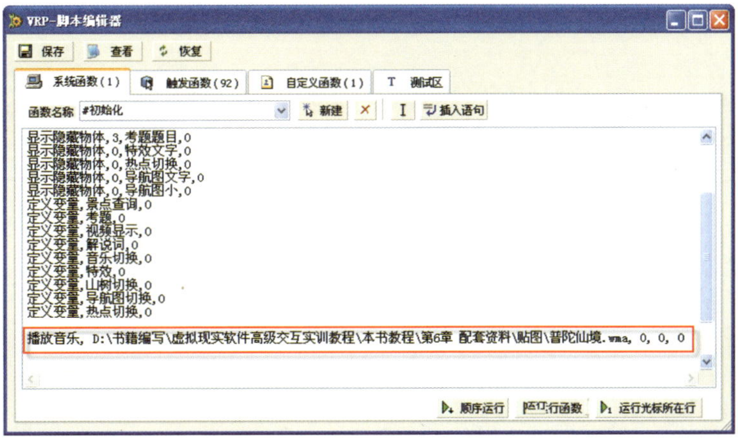

图6-5-50

16 添加播放骨骼动画的脚本，按F7快捷键打开【VRP-脚本编辑器】窗口，在【#初始化】函数中添加【播放骨骼动作】脚本，如图6-5-51所示。

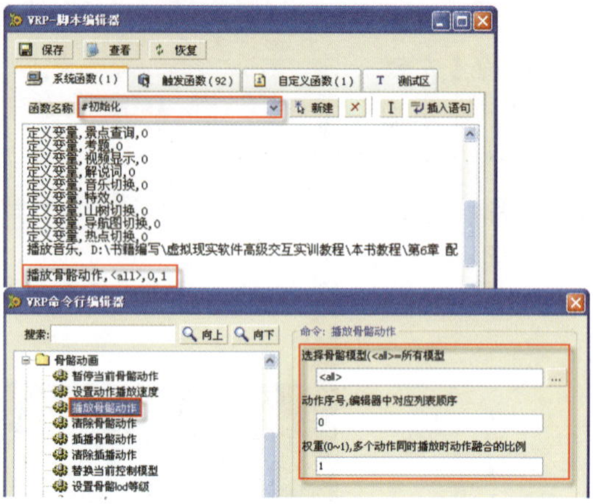

图6-5-51

17 播放刚体动画，按F7快捷键打开【VRP-脚本编辑器】窗口，在【#初始化】函数中添加播放群鸟飞翔的脚本函数，如图6-5-52所示。

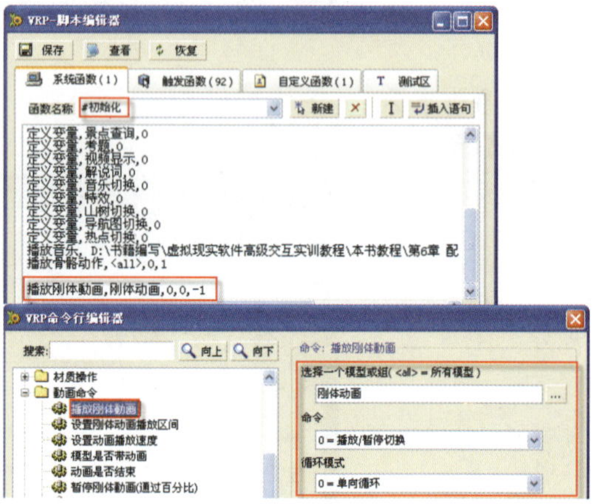

图6-5-52

注：

场景中群鸟飞翔的模型需要在ABC里编组，并修改名称为“刚体动画”，这样方便编写脚本语句。

6.6 最终完成效果

完成场景的制作后，通过VRP编辑器可将场景编译成可独立执行的EXE文件，方便用户在不同的计算机上进行场景的浏览和交互。

6.6.1 设置【项目设置】对话框

01 按F4快捷键，在弹出的【项目设置】对话框中，设置启动窗口标题文字、启动界面以及说明文字等效果，如图6-6-1所示。

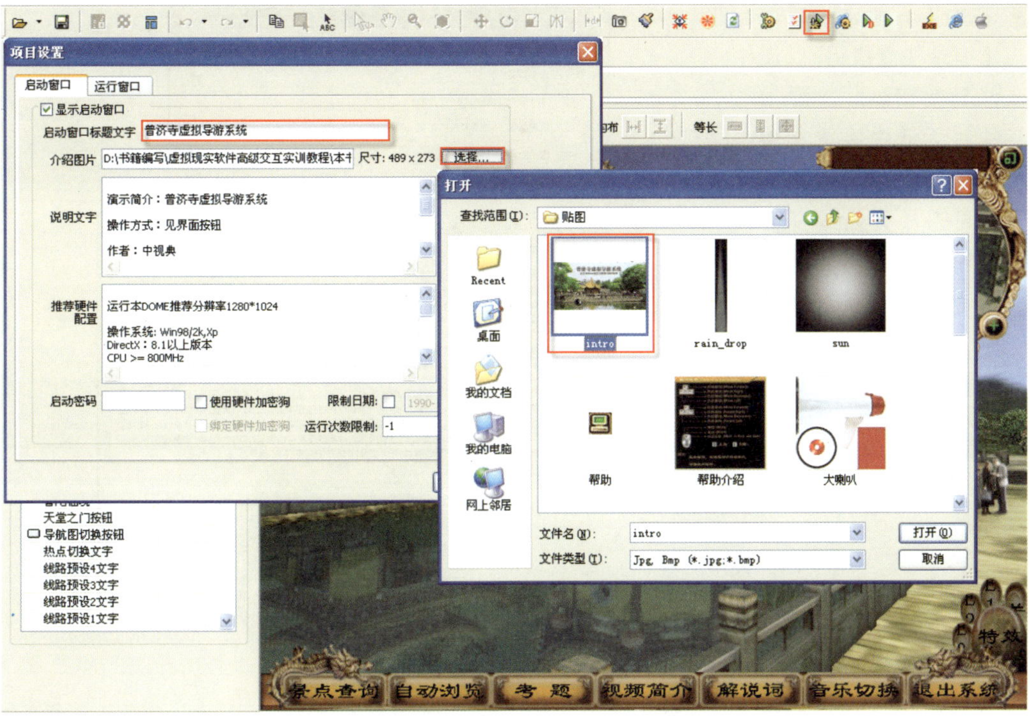

图6-6-1

02 选择【运行窗口】选项卡，设置标题文字、初始相机，以及桌面等效果，如图 6-6-2 所示。

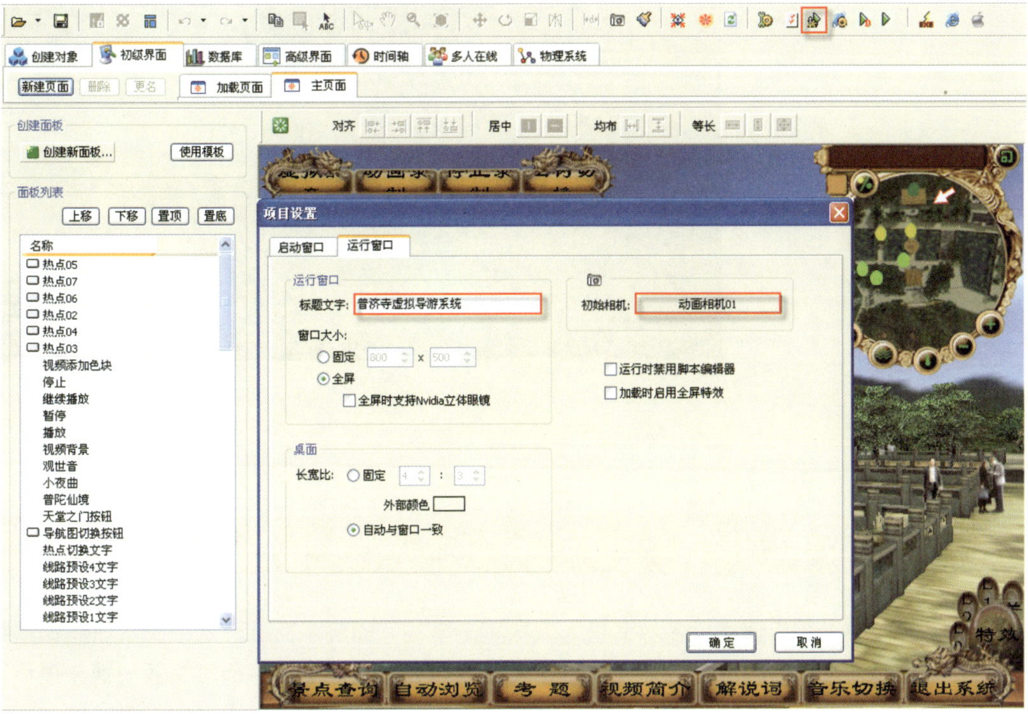

图6-6-2

03 在主工具栏中，单击【编译独立执行Exe文件】按钮，在弹出的对话框中设置文件名称与保存路径，然后单击【开始编译】按钮，在弹出的【脚本资源搜集】对话框中，单击【全部选择】按钮，选择全部的外部文件，然后单击【确定】按钮，如图6-6-3所示。

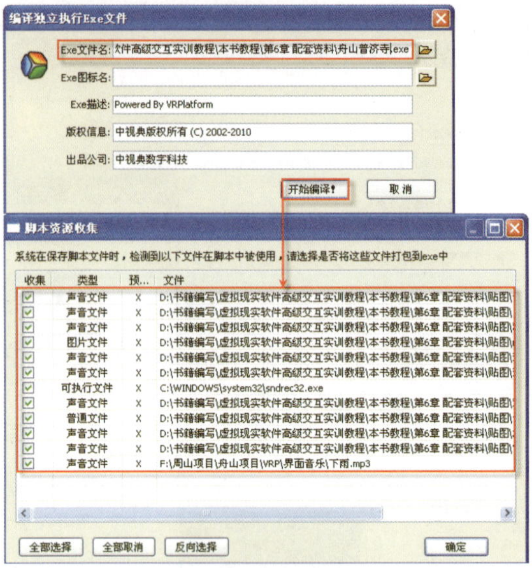

图6-6-3

6.6.2 预览最终效果

执行EXE文件，对场景进行浏览或者交互，查看最终效果，如图6-6-4所示。

图6-6-4

6.7 本章小结

在本章案例中，频繁使用了多次变量（二次单击事件）的脚本交互，这个脚本在制作项目过程中，使用非常广泛，同时，在场景中结合粒子效果、导航图交互、天气交互、视频播放、音乐播放等脚本交互实现了色彩丰富的场景交互效果。场景交互虽然有限，但是覆盖的知识面比较广泛，掌握这些知识点，在以后的项目制作过程中可以达到事半功倍的效果。

第 7 章

综合案例——魅影飞龙

案例分析

《阿凡达》电影曾给很多用户带来震撼体验，其中跌宕起伏的剧情、奇幻绚丽的场景和绝妙的人物设计使我们印象深刻。随着电影谢幕，相信大家仍然意犹未尽。如果能置身于电影中的场景，充当魅影骑士并操控魅影飞龙遨游天空，那将是非常难忘的体验！本章案例将带领您体验这段神奇之旅！

本章案例制作了《阿凡达》电影片段中的一部分3D场景，将结合前面章节讲到的高级交互脚本，综合完成本章案例中的高级交互脚本。同时，还会应用到角色骨骼动画和界面时间轴动画，使案例场景更生动，更具表现力。

7.1 场景前期介绍

在本章案例中，场景模型、角色模型、角色骨骼动画等需要在3ds Max中制作完成，然后通过【VRP-for-Max】的插件导入到VRP编辑器中进行后期编辑。

7.2 骨骼动画的导出

角色骨骼动画已经在3ds Max中制作完成了，下面将讲述如何通过【VRP-for-Max】的插件将骨骼动画导入到VRP编辑器中。

01 打开魅影飞龙的3ds Max文件，选择场景中的飞龙模型，然后打开【VRP-for-Max】插件面板，单击【导出骨骼动画】按钮，将飞龙模型导出，然后到VRP编辑器中进行角色模型的入库，如图7-2-1所示。

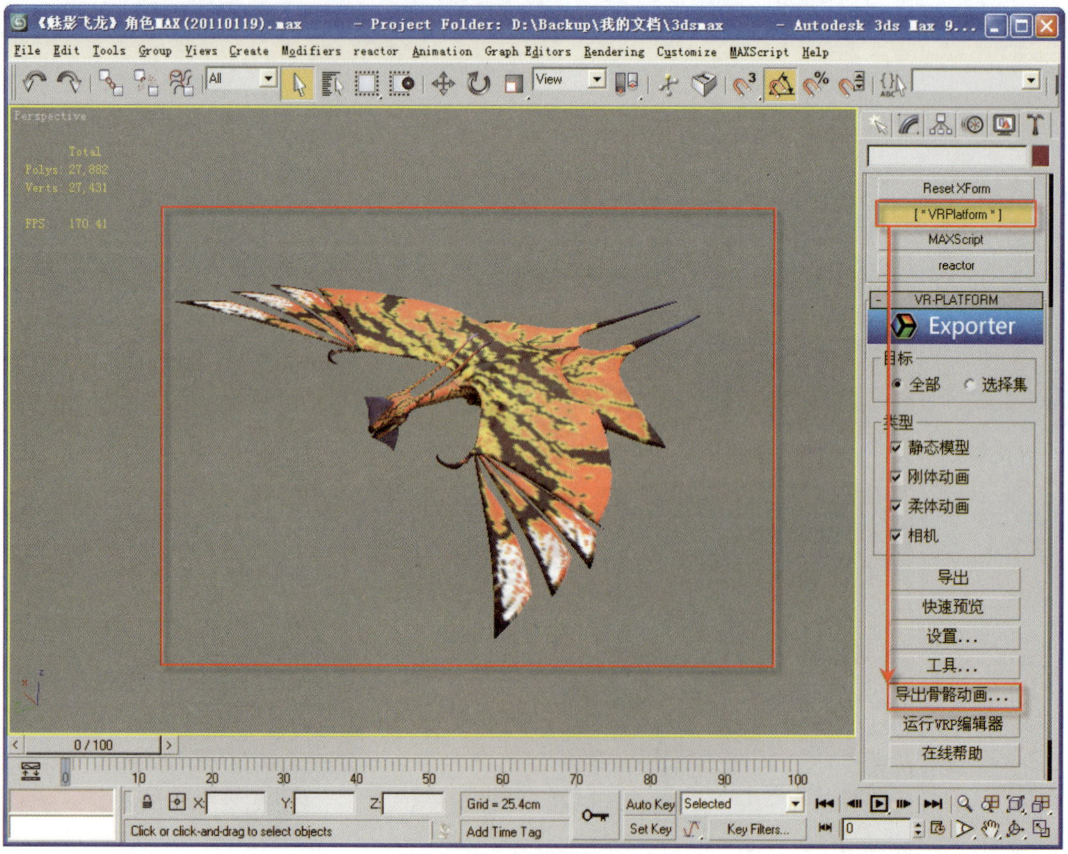

图7-2-1

02 打开角色动作的3ds Max文件，结合【导出骨骼动画】按钮，将场景中的骨骼动画文件导出，然后到VRP中进行动作的入库，如图7-2-2所示。

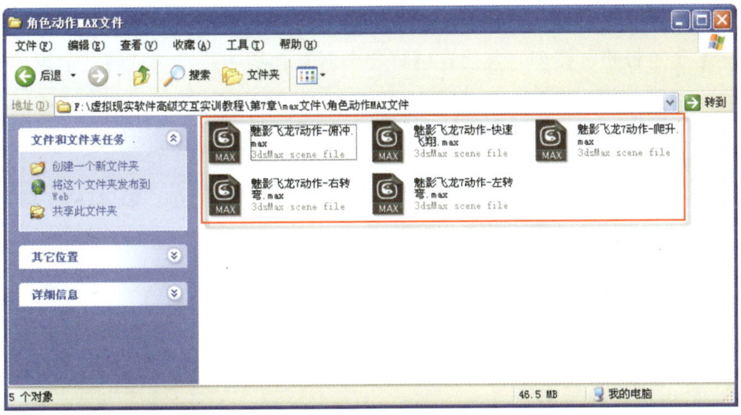

图7-2-2

7.3 相机设置

为了使用户有身临其境的互动感觉，本章案例将综合使用定点观察相机、飞行相机、角色控制相机等，以浏览场景和实现操控魅影飞龙的效果。

7.3.1 创建角色控制相机

01 打开【创建对象】|【相机】面板，在【创建相机】栏中单击【角色控制相机】按钮，在弹出的【Camera name】对话框中，设置相机名称为“角色控制相机”，如图7-3-1所示。

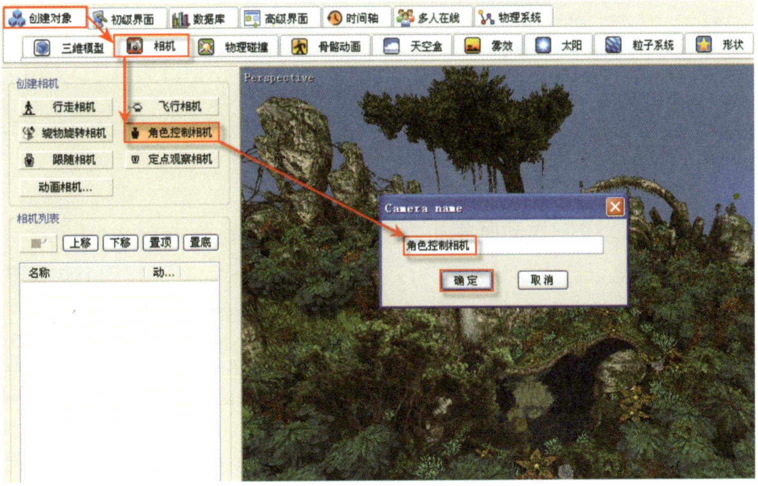

图7-3-1

注：

创建好角色控制相机后，按键盘中的W、A、S、D键能够控制角色的前进、后退、左行走（跑）和右行走（跑）。

02 选择创建好的角色控制相机，在右侧【跟踪控制】卷展栏中单击【None】右侧按钮，在弹出的对话框中选择“魅影飞龙骨骼”模型；然后在【碰撞参数】面板中取消勾选【开启重力】复选框，如图7-3-2所示。

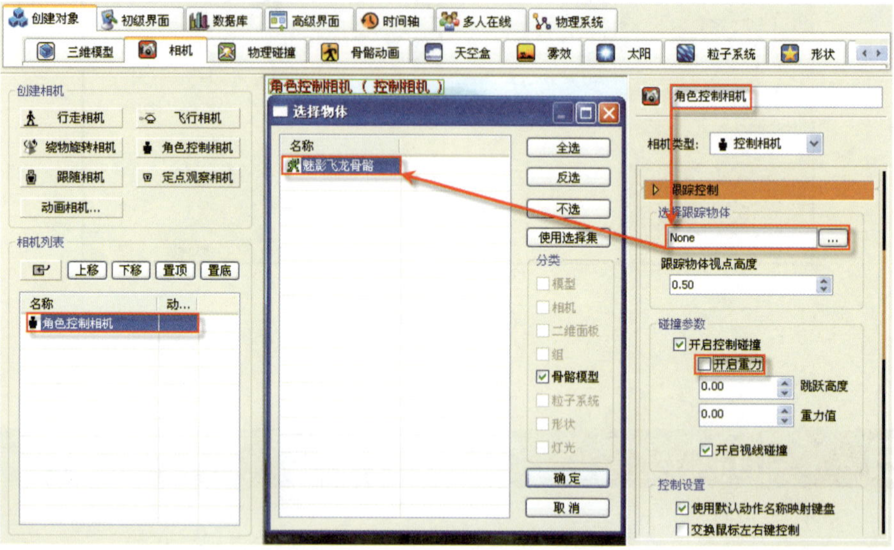

图7-3-2

注：

在本章案例中，魅影飞龙角色始终是飞翔状态，因此不需要开启其重力属性，否则飞龙角色会因受到重力影响而下落。

7.3.2 创建动画相机

动画相机的创建方式有三种：

01 在3ds Max中制作动画相机然后导入到VRP场景中；

02 在VRP编辑器中单击【运行】按钮，在运行状态下按F11快捷键开始录制动画相机，录制过程中可以按W、A、S、D键控制相机的运动轨迹，再次按下F11快捷键可以停止录制；

03 通过时间轴模块进行录制。

本章案例中的动画相机是在3ds Max中制作完成的，用户也可以将自己制作好的动画相机导入到VRP场景中。

7.3.3 创建跟随相机

01 打开【创建对象】|【相机】面板，在【创建相机】栏中单击【跟随相机】按钮，在弹出的【Camera name】对话框中，设置相机名称为“镜头 2 跟随相机”；接着在【跟随属性】卷展栏中单击【None】右侧按钮，在弹出的对话框中选择“魅影飞龙骨骼”模型，如图 7-3-3 所示。

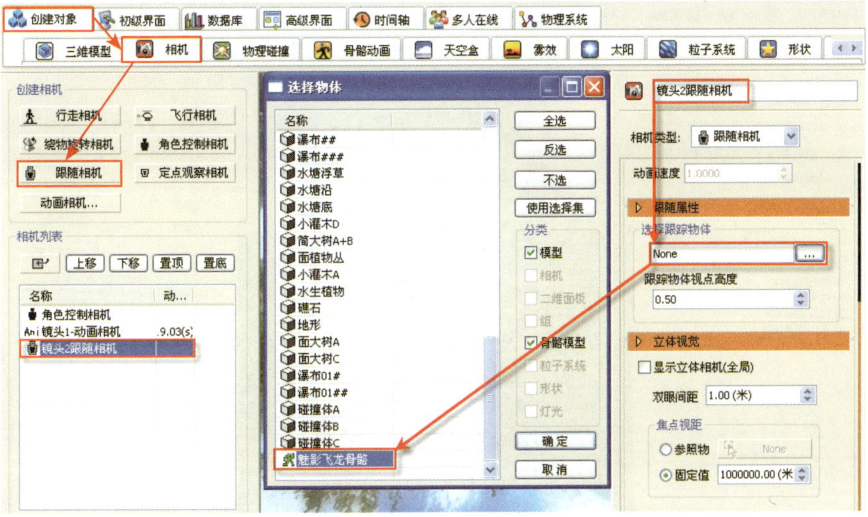

图7-3-3

注：

跟随相机会随着绑定物体转换视角，通常用于第三人称视角的效果。

02 用上述方法在如图 7-3-4 所示位置再创建一台跟随相机，设置相机名称为“镜头 3 跟随相机”。

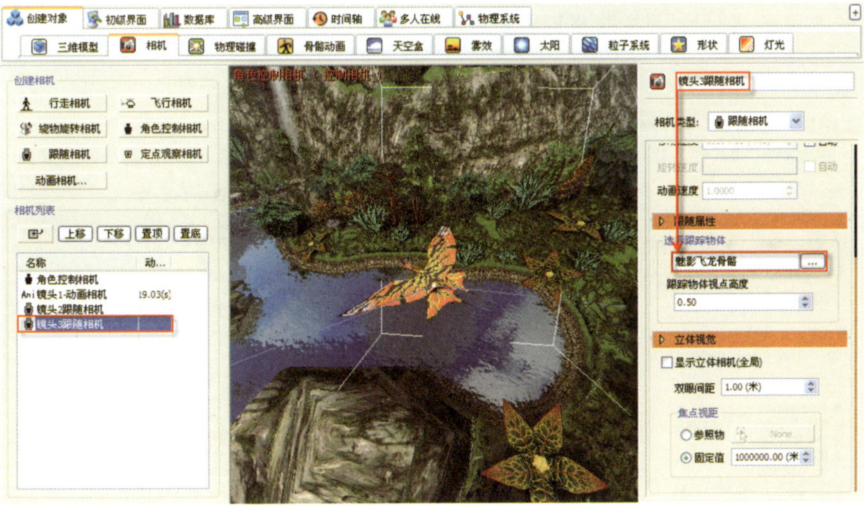

图7-3-4

7.3.4 创建绕物旋转相机

在【创建相机】栏中单击【绕物旋转相机】按钮，在弹出的【Camera name】对话框中，设置相机名称为“镜头4绕物相机”；接着在右侧【旋转参数】卷展栏中设置【旋转中心参照物】，单击【None】按钮，然后在视图窗口中双击名称为“生命树”的模型，如图7-3-5所示。

图7-3-5

7.3.5 创建定点观察相机

将视图调整到下图位置，然后在【创建相机】栏中单击【定点观察相机】按钮，在弹出的【Camera name】对话框中，设置相机名称为“镜头5定点相机”；接着在右侧【定点观察属性】卷展栏中单击【魅影飞龙骨骼】右侧按钮，在弹出的对话框中选择“魅影飞龙骨骼”模型，如图7-3-6所示。

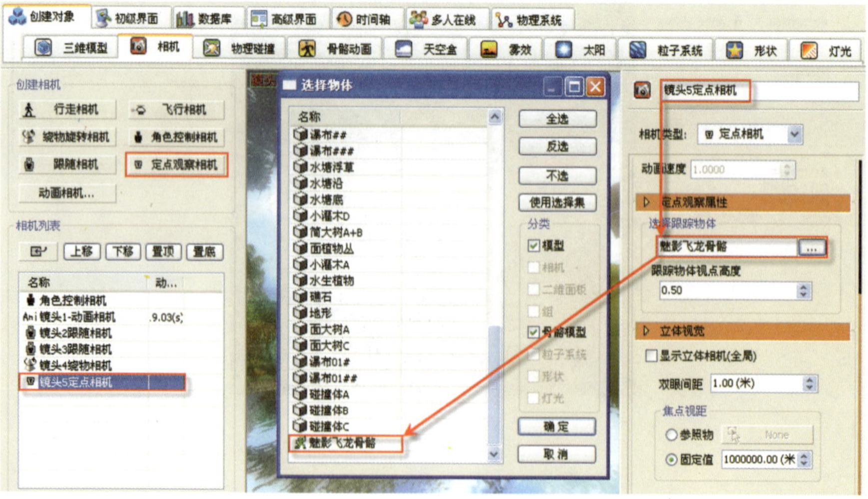

图7-3-6

注：

定点观察相机可以在某一固定视角，以第三人称观察场景，设置其跟踪物体后，相机视角会随着跟踪物体的运动而运动。

7.4 环境特效和角色路径的添加

无论制作什么项目，很多时候都需要增加环境特效，环境特效不仅可以增加用户在浏览场景时的沉浸感，而且也能增加场景的真实度，在本章案例中，我们可以通过增加天空盒与太阳光晕效果来烘托整个场景的气氛，同时，通过增加一些场景特效，来配合交互的同时有相应的特效效果。

7.4.1 添加天空盒与太阳光晕效果

01 在VRP编辑器中，打开【创建对象】|【天空盒】面板，单击【新建】按钮，在弹出的对话框中，分别添加在3ds Max中渲染出的六张图片，然后单击【存入样式库】按钮，如图7-4-1所示。

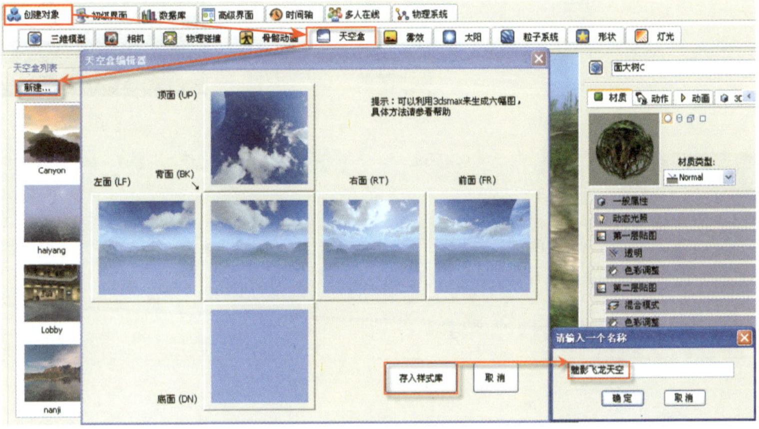

图7-4-1

> **注：**
>
> 天空盒使用的六张图片可以在3ds Max中渲染出来，其制作方法可以参考以下教程：
>
> http://jiaocai.vrp3d.com

02 添加之后双击素材中的天空盒，完成天空盒的添加，如图7-4-2所示。

图7-4-2

03 接着添加太阳光晕效果，打开【创建对象】|【太阳】面板，在【样式列表】栏中双击样式，添加太阳光晕，如图7-4-3所示。

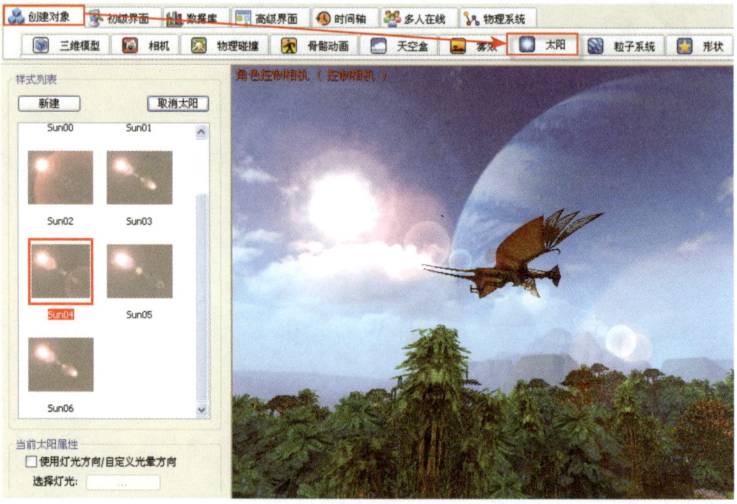

图7-4-3

注：

添加太阳光晕效果时要注意，如果天空盒中已经有一个“太阳”，那么就要将两个太阳的位置调整好，不要出现一个天空两个太阳的错误。通过调节【当前太阳属性】栏中【方向】及【高度】的数值，即可移动太阳的位置。

7.4.2 添加Bloom特效

为了使场景看起来更柔和梦幻，可以给场景添加Bloom特效，打开菜单栏中的【特效】菜单，选择【Bloom】选项，然后选择【配置】选项调整其参数，如图7-4-4所示。

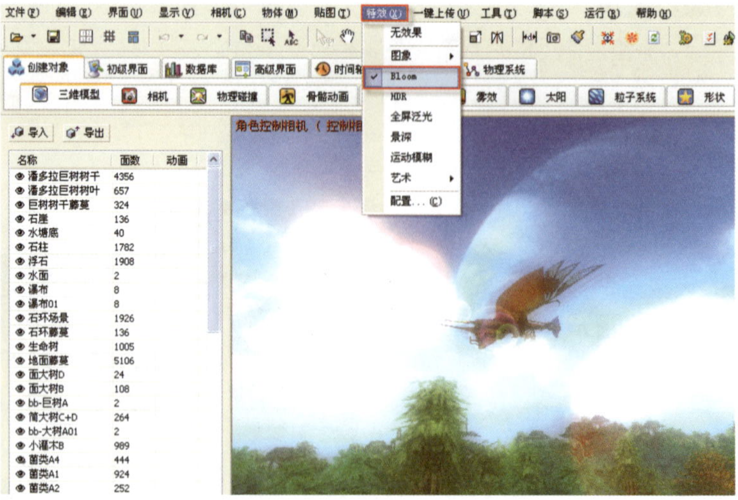

图7-4-4

注：

【特效】菜单中的所有效果都可以调整，通过菜单底部的【配置】选项即可调整。

7.4.3 添加雾效

雾效是制作室外场景经常使用到的效果，能够实现逼真的室外效果。打开【创建对象】|【雾效】面板，勾选【开启】复选框，然后取消勾选【开始距离】和【结束距离】项后面的【自动】复选框，并设置相应的数值，如图 7-4-5 所示。

图7-4-5

7.4.4 添加粒子特效

01 为了丰富场景的细节，可以在场景中添加粒子效果。打开【创建对象】|【粒子系统】面板，单击【粒子库】按钮，在弹出的对话框中选择“夜色星痕”粒子效果，如图 7-4-6 所示。

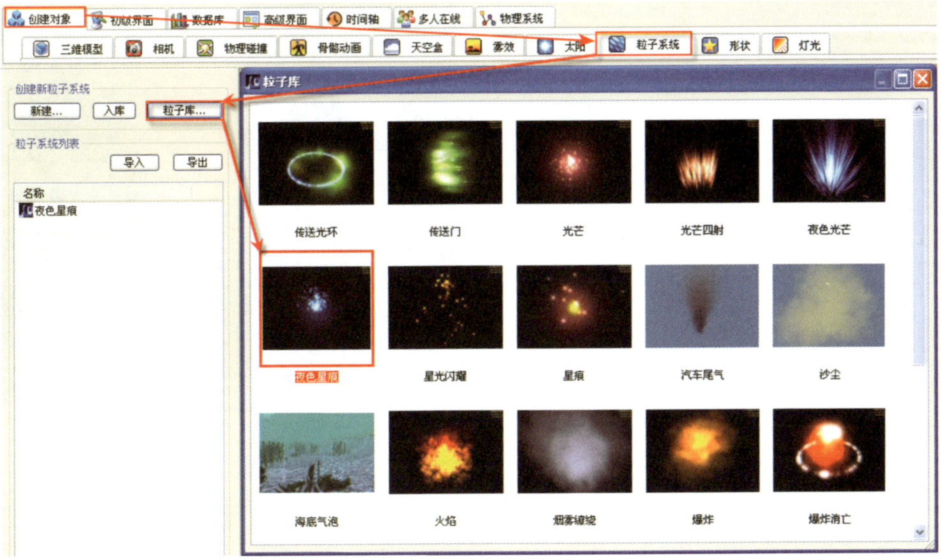

图7-4-6

注：

VRP软件中自带了丰富的粒子效果，用户也可以打开粒子的属性面板自行制作粒子。

02 单击右侧属性面板中的【粒子预览】按钮，在场景中预览粒子的效果，如图7-4-7所示。

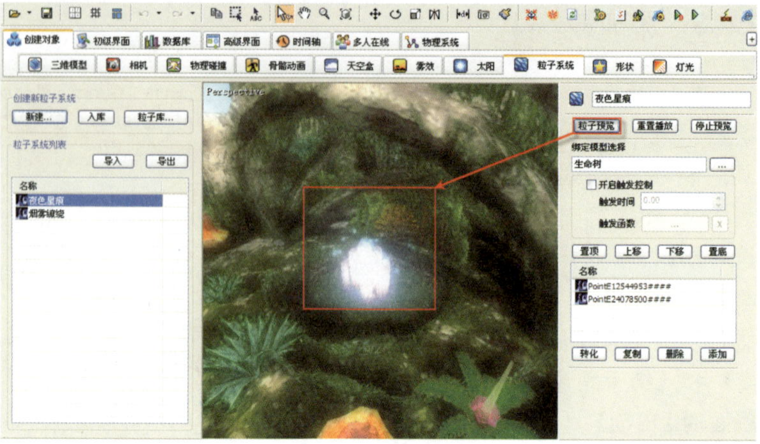

图7-4-7

注：

粒子同三维模型一样，也可以通过主工具栏中的【移动工具】【旋转工具】【缩放工具】进行调整。

03 使用同样的方法继续添加“夜色星痕”粒子效果，如图7-4-8所示。

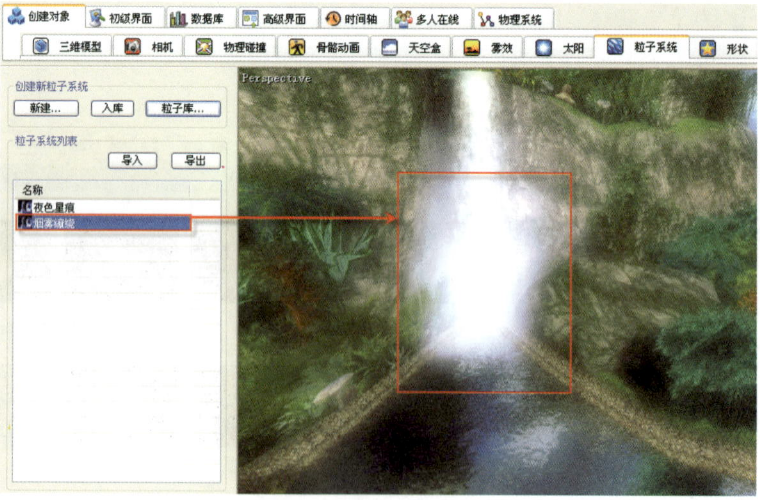

图7-4-8

7.4.5 添加角色路径

在VRP软件中用户可以应用【折线-路径】功能，为VRP场景中的角色模型创建一条自定义行走路线。本案例中已经为魅影飞龙模型创建好五条路径，下面将简单讲述路径的创建方法。

01 将场景中影响路径绘制的模型树暂时隐藏，然后打开【创建对象】|【形状】面板，单击【折线-路径】按钮，此时会弹出一个“操作说明”提示对话框，用户需要先了解创建方法，如图7-4-9所示。

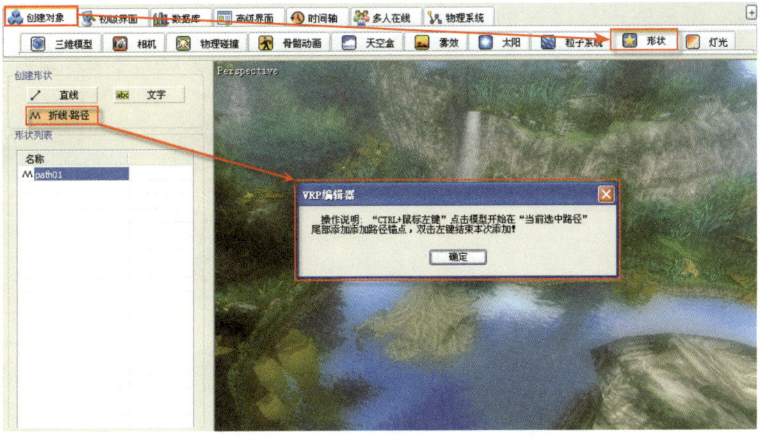

图7-4-9

02 按住Ctrl键，将鼠标放在场景中单击以绘制角色行走路径。绘制完毕后，双击鼠标以结束路径绘制操作，如图7-4-10所示。

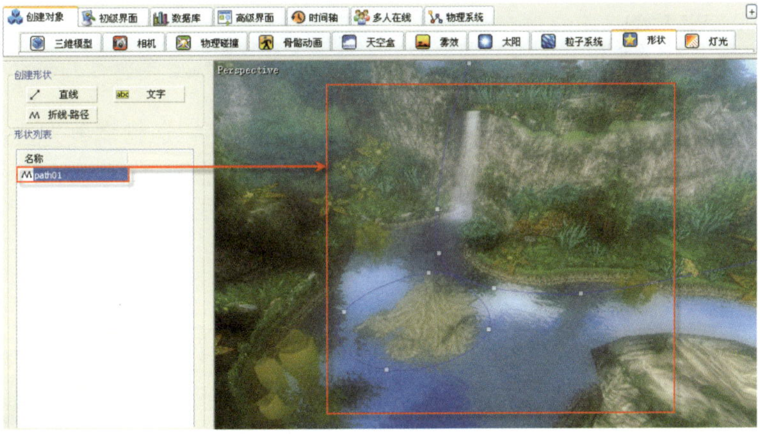

图7-4-10

03 下面需要将飞龙模型绑定到路径上。在路径【属性】面板中，单击【路径运动选择】栏中【物体选择】下的按钮，在弹出的【选择物体】对话框中选择“魅影飞龙骨骼”模型，最后单击【确定】按钮即可将选择的角色模型绑定到路径上，如图7-4-11所示。

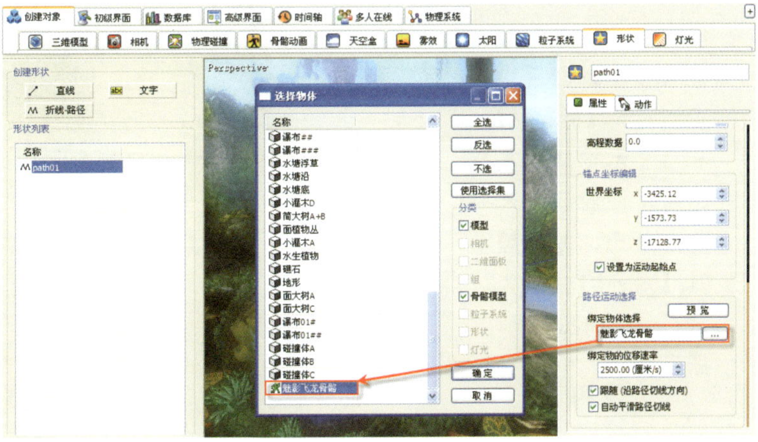

图7-4-11

04 如果要调整路径的位置，可以双击选择某一路径锚点，然后用【移动工具】调整其位置，如图7-4-12所示。

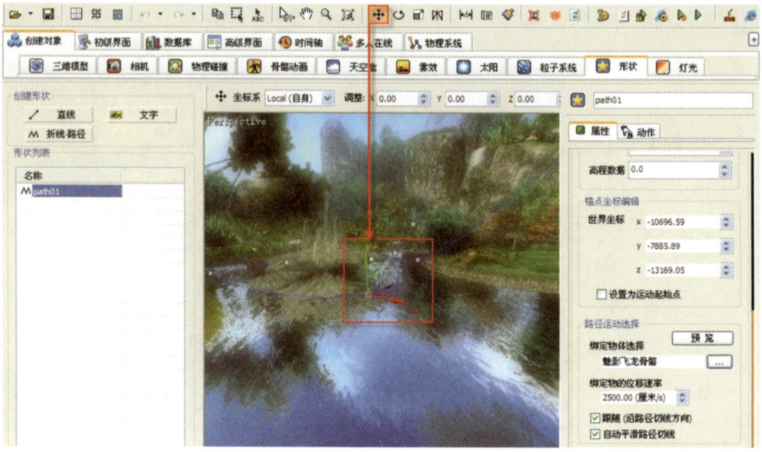

图7-4-12

7.5 界面设置

用户在将烘焙后的场景导入VRP编辑器之后，通常需要为该场景创建一个合适的交互界面，界面可以根据项目的风格通过【高级界面】面板设定。

7.5.1 创建【up】界面控件

01 打开【高级界面】|【窗口】面板，单击【新建窗口】按钮创建窗口控件，在右侧【窗口属性】卷展栏中将【名称】修改为“up”，接着在【属性】面板中取消勾选【标题栏】和【显示框体】复选框，使窗口处于隐藏状态，并调整其【对齐方式】为“右上”，如图7-5-1所示。

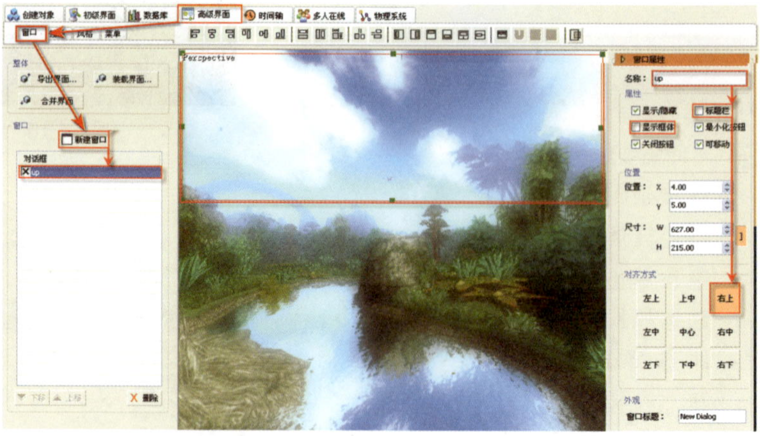

图7-5-1

注：

此步骤中只取消勾选【标题栏】和【显示框体】复选框，而没有直接取消勾选【显示/隐藏】复选框，是为了实现窗口“隐藏”而窗口中其他控件还继续显示的效果。

02 打开【高级界面】|【控件】面板，单击【静态图片】按钮，在“up”窗口中创建图片控件，将【名称】设置为“顶部面板图片”，在【控件属性】卷展栏下的【设置图片】按钮中添加名称为“阿凡达二维界面顶部 .jpg”的图片，接着取消勾选【控件属性】卷展栏中的【作为窗口底图】复选框，并调整图片大小和位置，如图 7-5-2 所示。

图7-5-2

注：

取消勾选【作为窗口底图】复选框后，图片即可完整显示，不会被其他控件遮挡。

03 在【控件】面板下单击【图片按钮】按钮，在“up”窗口中创建图片按钮控件，设置其【名称】为“关闭键”，同时删除【控件属性】卷展栏中的【标题】内容，并在【贴图设置】栏中【鼠标经过】中设置名称为“阿凡达二维界面-结束框.png”的贴图，最后将图片按钮控件移动到关闭按钮的位置，如图 7-5-3所示。

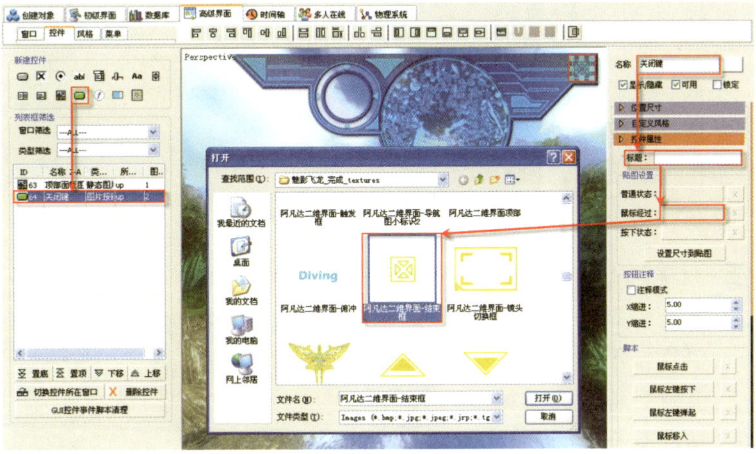

图7-5-3

注：

图片按钮中的【普通状态】、【鼠标经过】、【按下状态】均可以设置不同的图片，这样在操作的时候图片按钮可以呈现不同的效果。

04 在【控件】面板下单击【信息显示框】按钮，在“up”窗口中创建信息显示框控件，设置其【名称】为“相机名称框”，打开【自定义风格】卷展栏并勾选【独立调节该控件元素】复选框，单击【普通状态】后的按钮，在弹出的【Color Pick】对话框中将“A”的数值调为“0”，最后单击【OK】按钮，如图7-5-4所示。

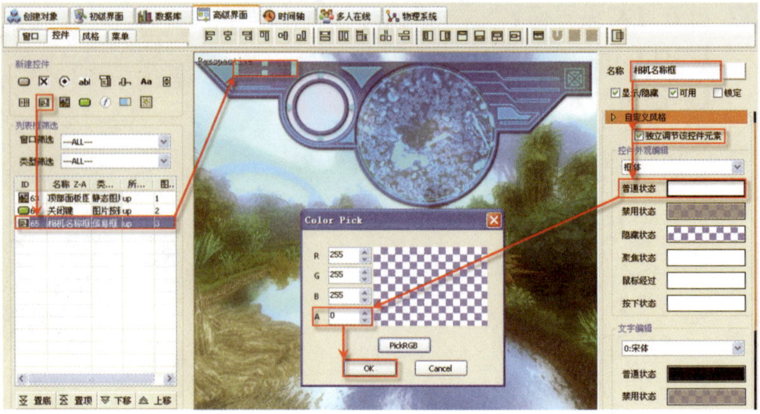

图7-5-4

05 打开【控件属性】卷展栏，勾选【禁用滚动条】复选框，此时信息显示框就被隐藏起来，该控件将显示当前相机的名称，如图7-5-5所示。

图7-5-5

06 根据与上述相同的方法，再创建一个信息显示框，设置其【名称】为“场景时间框”，并移动到如图7-5-6所示的位置。

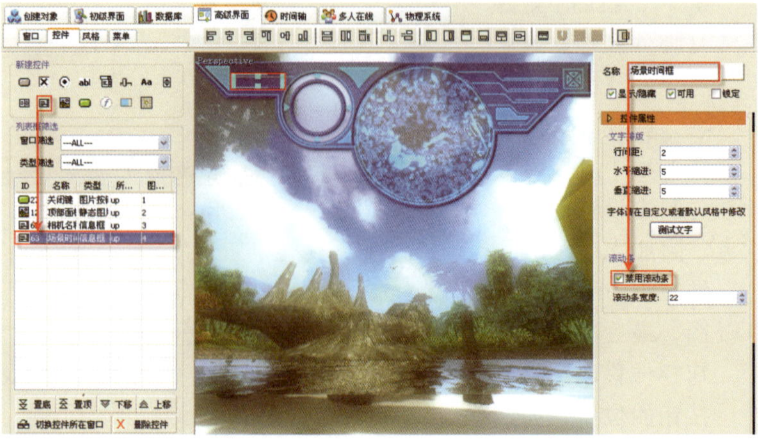

图7-5-6

07 选择【顶部面板图片】控件，在右侧属性栏中勾选【锁定】复选框，如图7-5-7所示。

图7-5-7

注：

勾选【锁定】复选框，可以防止在创建其他控件的同时移动现在图片的位置。

7.5.2 创建【down】界面控件

01 根据上一节的方法，下面继续创建【down】的界面控件。首先新建一个名称为“down”的窗口放置到视图底部，然后在窗口中创建图片控件，命名为“底部面板图片”，然后给图片控件添加名称为“阿凡达二维界面下部.png”的贴图，最后取消【控件属性】卷展栏下的【作为窗口底图】复选框；调整好图片的位置后勾选【锁定】复选框，防止在创建其他控件时移动图片的位置，如图7-5-8所示。

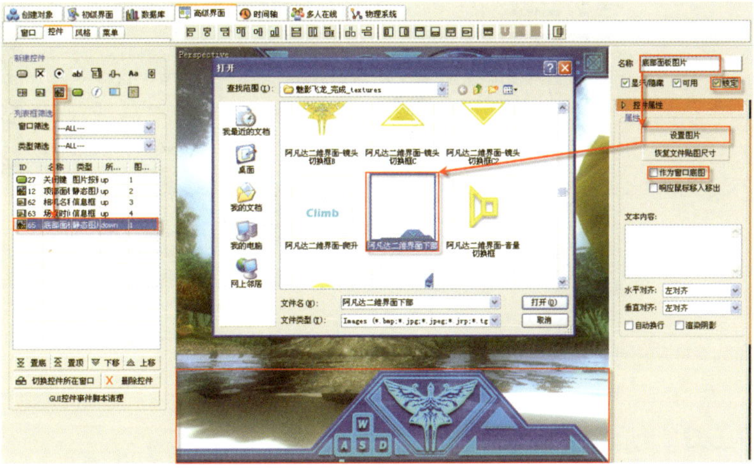

图7-5-8

02 单击【图片按钮】按钮，在“W”、“S”、“A”、“D”的位置上创建图片按钮控件，分别命名为“触发文字-俯冲”、“触发文字-爬升”、“触发文字-左转”、“触发文字-右转”，并给所有图片按钮的【鼠标经过】中添加名称为“阿凡达二维界面-触发框.png”的贴图，如图7-5-9所示。

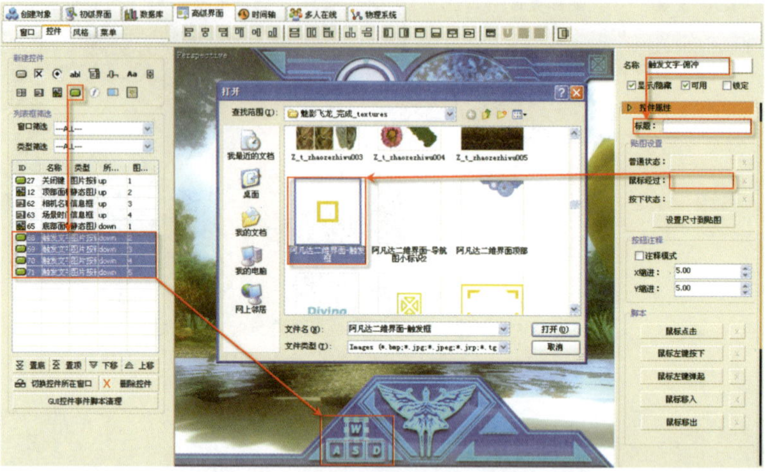

图7-5-9

03 单击【图片按钮】按钮，在魅影飞龙图案的位置也创建一个图片按钮控件，命名为“飞行镜头切换键”， 并在【贴图设置】栏的【鼠标经过】中设置名称为“阿凡达二维界面-镜头切换框B.png”的贴图，如图7-5-10所示。

图7-5-10

7.5.3 创建【left】界面控件

01 根据上一节的方法，下面继续创建【left】的界面控件。首先新建一个名称为“left”的窗口放置到视图左侧，然后在窗口中创建图片控件，命名为“左部面板图片”，然后给图片控件添加名称为“阿凡达二维界面左部.png”的贴图，最后取消勾选【控件属性】卷展栏下的【作为窗口底图】复选框；调整好图片的位置后勾选【锁定】复选框，防止在创建其他控件时移动图片的位置，如图7-5-11所示。

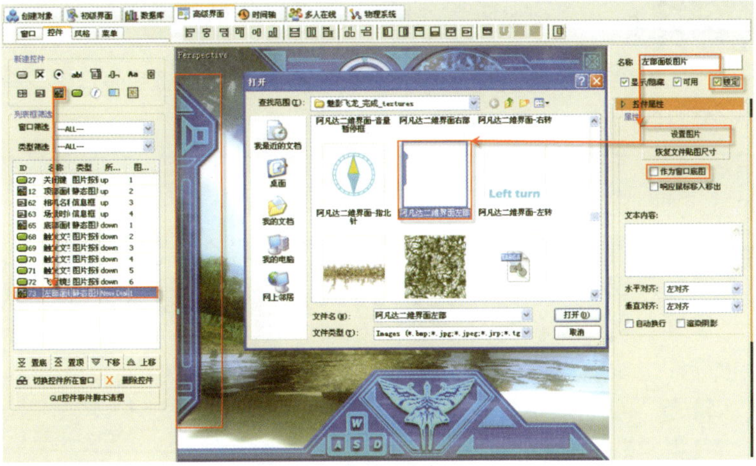

图7-5-11

02 单击【图片按钮】按钮，在喇叭的位置上创建图片按钮控件，命名为“音乐暂停键”，并将【标题】中的内容删除，最后给其添加名称为“阿凡达二维界面-音量切换框.png”的贴图，如图7-5-12所示。

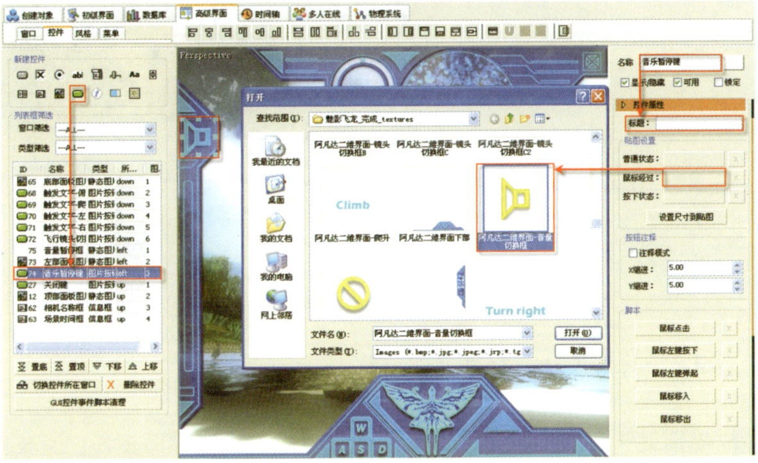

图7-5-12

03 单击【静态图片】按钮，同样在喇叭的位置上创建静态图片控件，命名为“音量暂停框”，并给其添加名称为“阿凡达二维界面-音量暂停框.png”的贴图，如图7-5-13所示。

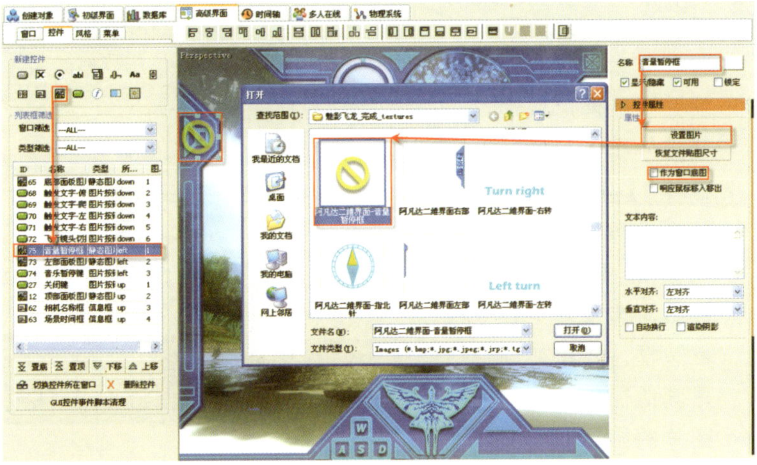

图7-5-13

小技巧：

如果创建的静态图片看不清，可以单击【上移】按钮 上移，将控件在列表中上移即可使静态图片清晰地显示出来。

04 单击【滚动条】按钮，在控制音量的位置上创建滚动条控件，命名为“音量条”，并勾选【锁定】复选框，如图7-5-14所示。

图7-5-14

7.5.4 创建【right】界面控件

01 根据上一节的方法，下面继续创建【right】的界面控件。首先新建一个名称为“right”的窗口将其放置到视图右侧，并在窗口中创建静态图片控件，命名为“右部面板图片”，然后给图片控件添加名称为“阿凡达二维界面右部.png”的贴图，最后取消【控件属性】卷展栏中【作为窗口底图】复选框；调整好图片的位置后勾选【锁定】复选框，防止在创建其他控件时移动图片的位置，如图7-5-15所示。

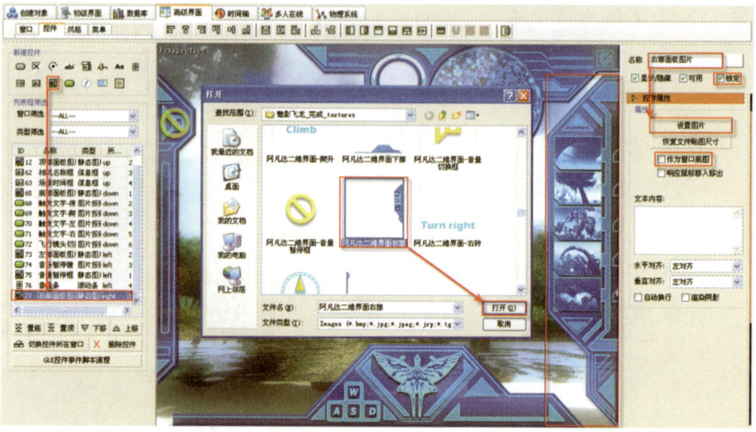

图7-5-15

02 单击【图片按钮】按钮，在五个相机缩略图的位置上创建图片按钮控件，将其分别命名为“镜头切换键A1”、“镜头切换键A2”、“镜头切换键A3”、“镜头切换键A4”和“镜头切换键A5”，并将【标题】中的内容删除，最后给所有图片按钮的【鼠标经过】中添加名称为“阿凡达二维界面-镜头切换框.png”的贴图，如图7-5-16所示。

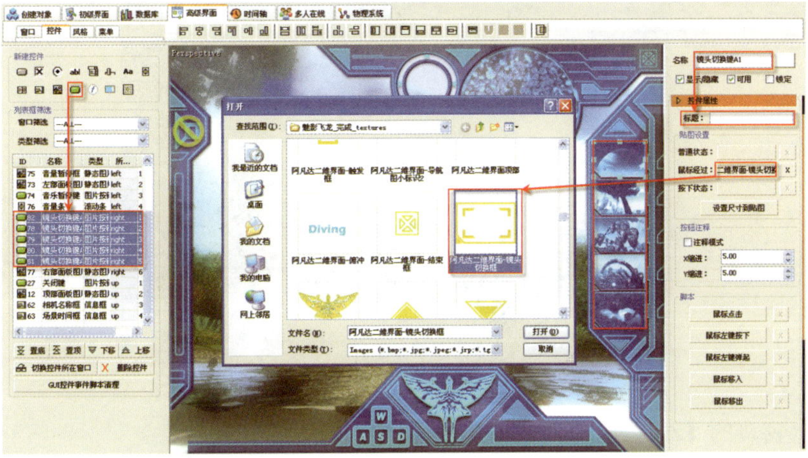

图7-5-16

7.5.5 调整窗口控件的对齐方式

01 给控件设置对齐方式，可以保持窗口控件在视图中的位置相对不变，例如将“up”窗口的【对齐方式】设置为“右上”，如图7-5-17所示。

图7-5-17

注：

控件的对齐方式是指当运行时放大或缩小运行窗口后，控件以什么位置为准进行移动，在此步骤中设置“up”窗口的【对齐方式】为“右上”，那么无论窗口怎么调整，它都会以右上角的位置为准进行移动，以保持相对位置不变。

02 将“right”和“down”窗口的【对齐方式】设置为“右下”，如图7-5-18所示。

图7-5-18

03 将“left”窗口的【对齐方式】设置为“左中”，如图7-5-19所示。

图7-5-19

7.5.6 创建初级界面控件

在创建界面的时候，有些功能需要初级界面的元素配合制作，例如【指北针】元素，触发时间轴动画的面板等，下面将一一进行讲解。

01 打开【初级界面】面板，单击【创建新面板】按钮，在弹出的列表中选择【指北针】，在视图中拖曳出一个指北针元素，打开右侧的【贴图】卷展栏，在【图片】中设置一张名为“阿凡达二维界面-指北针.png”的贴图；然后打开【透明】卷展栏，勾选【使用贴图alpha】复选框，如图7-5-20所示。

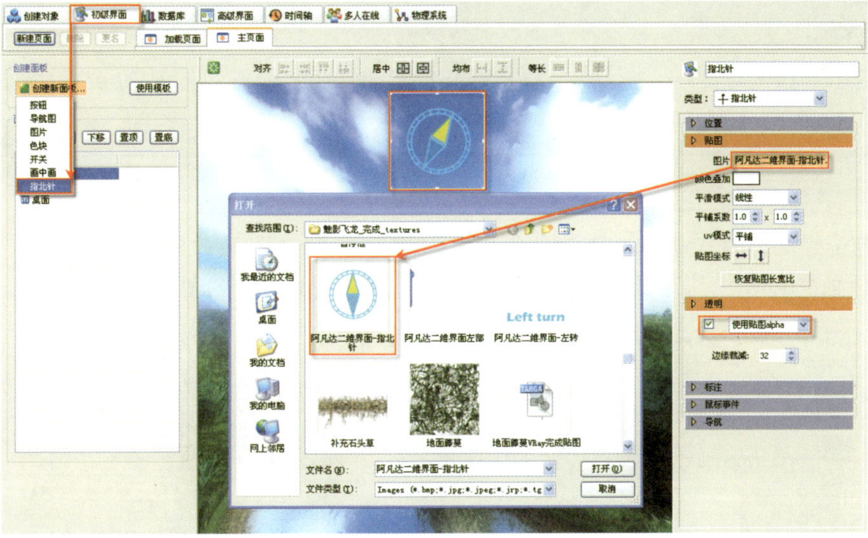

图7-5-20

注：

指北针的图形需要和“up”里的圆形匹配，由于初级界面和高级界面的控件不能同时显示，所以用户可以先导入一张“up”控件的图片，再调整指北针的位置，同时可以配合F5快捷键预览效果，如有偏差再进行微调。

02 单击【创建新面板】按钮，在弹出的列表中选择【按钮】，在视图中拖曳出一个按钮元素，以“up”窗口为例，首先将新创建好的按钮元素命名为“面板触发up”，打开【透明】卷展栏，勾选【整体透明】复选框，设置【透明度】为“1”， 最后将其移动到“up”窗口的位置，如图7-5-21所示。

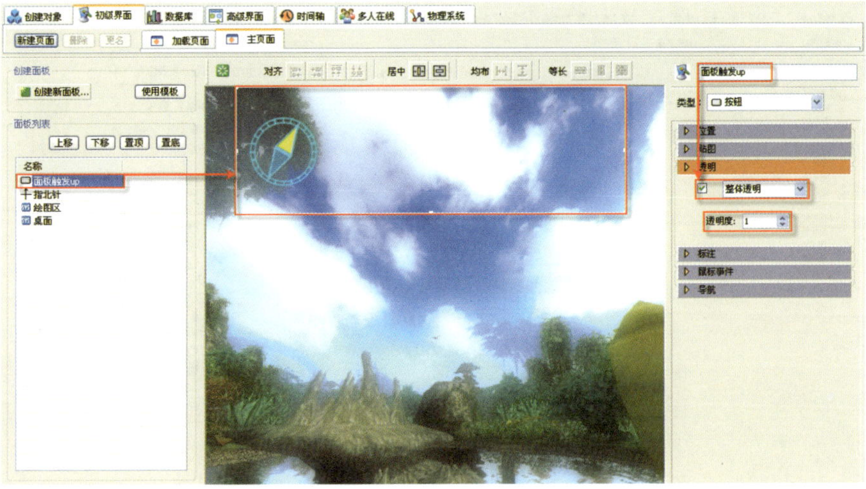

图7-5-21

注：

创建此按钮的原因是，为了触发高级界面中的窗口控件的时间轴动画，因此按钮的大小最好与高级界面中每个窗口的大小一致。

03 使用与上述同样的方法，创建“down”、“left”、“right”窗口的触发框，并分别命名为“面板触发down”、“面板触发left”和“面板触发right”，如图7-5-22所示。

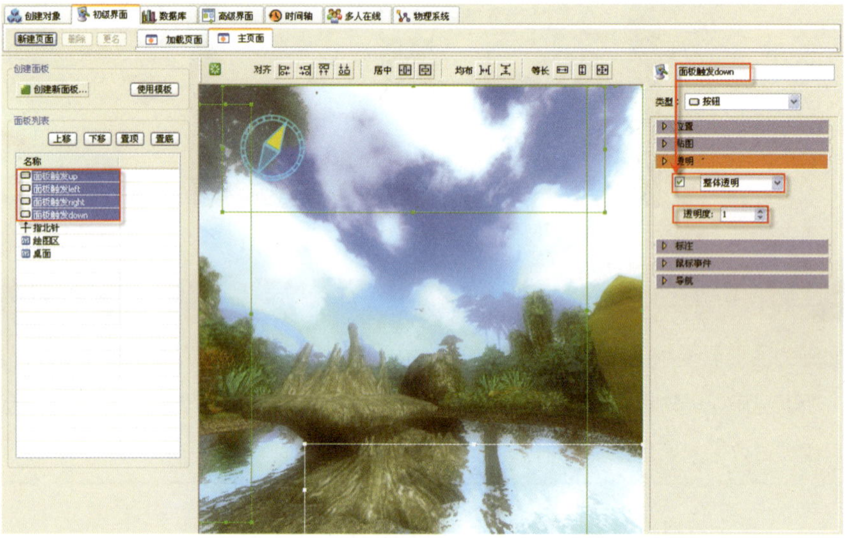

图7-5-22

04 单击【创建新面板】按钮，在弹出的列表中选择【色块】，在视图中创建一个白色色块，设置其名称为“白渐变色块”，将其拖曳到和视图一样的大小（全屏），这个元素将被作为开场的画面，在下一节时间轴动画中将讲解其制作方法，如图7-5-23所示。

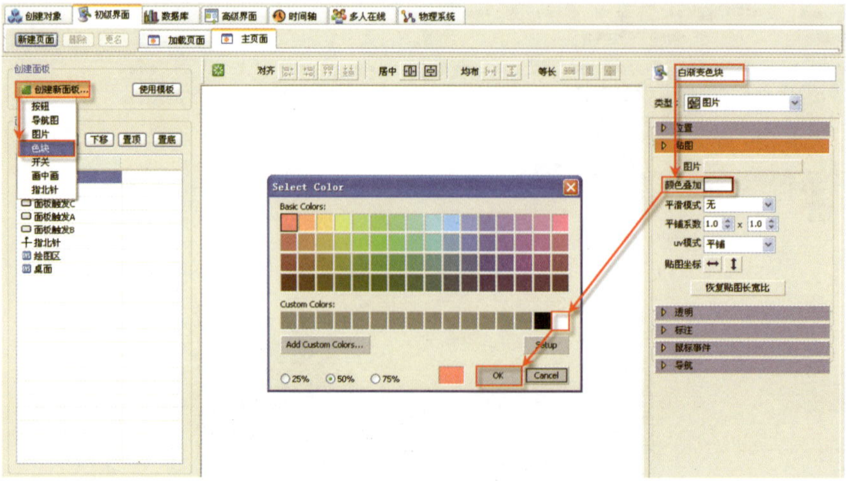

图7-5-23

7.6 时间轴动画设置

界面设置完成后，可以借助时间轴功能对GUI控件制作动画，使场景看起来更加生动有趣，以提升作品的完整性和观赏性。

7.6.1 设置面板展开动画

01 打开【时间轴】面板，单击【新建时间轴】按钮，在弹出的对话框中输入时间为0.3，并设置其名称为“面板展开”，如图7-6-1所示。

图7-6-1

02 在【时间轴】面板中单击左上角的【锁定窗口】按钮，然后切换到【高级界面】|【窗口】面板并选中“up”窗口，接着将时间轴上的滑块拖动到最后即0.30s的位置，单击【记录关键帧】按钮，记录“up”窗口当前的位置状态，如图7-6-2所示。

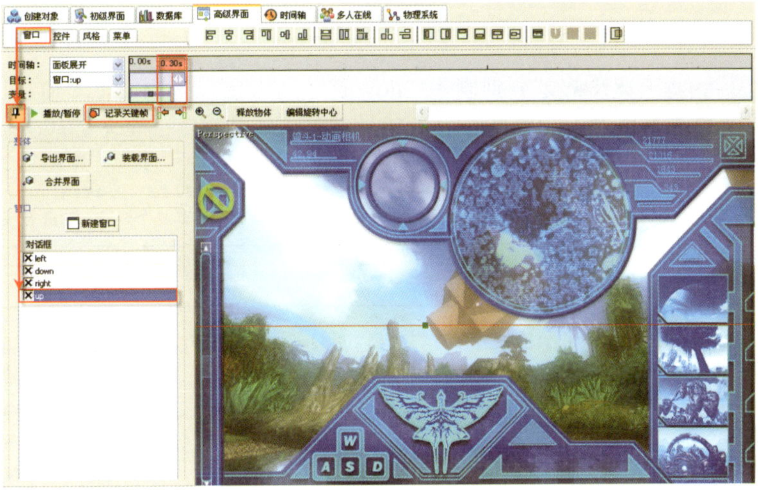

图7-6-2

注：

记录时间轴动画时，初始帧和结尾帧的记录顺序可以灵活运用，比如此步骤中就是先记录窗口的结尾帧。

03 将时间轴上的滑块拖动到0.00s的位置，然后将“up”窗口向上拖动直到拖出视图窗口，接着单击【记录关键帧】按钮，记录“up”窗口当前的位置状态，这样就记录下来“up”窗口的展开动画，如图7-6-3所示。

图7-6-3

注：

在制作时间轴动画时，必须先将时间滑块移动到正确的位置，再调整控件或模型的位置。

04 根据上述步骤，分别制作“down”、“left”、“right”窗口以及初级界面中“指北针”的展开动画，但需要注意的是每个面板的动画方向是不同的，如图7-6-4所示。

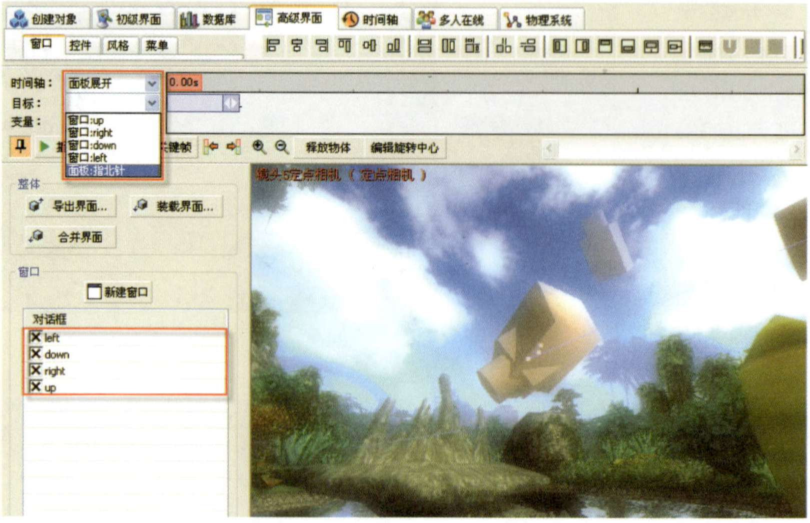

图7-6-4

7.6.2 设置色块透明动画

01 打开【时间轴】面板，单击【新建时间轴】按钮，在弹出的对话框中输入时间为5.0，并设置其名称为“开场白渐变”，如图7-6-5所示。

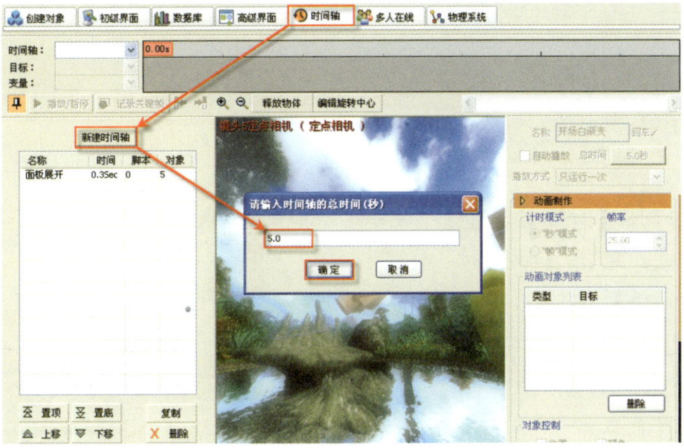

图7-6-5

02 在【时间轴】面板中单击左上角的【锁定窗口】按钮，然后切换到【初级界面】面板并选中“白渐变色块”，接着将时间轴上的滑块拖动到0.00s的位置，单击【记录关键帧】按钮，记录“白渐变色块”当前的不透明度状态，如图7-6-6所示。

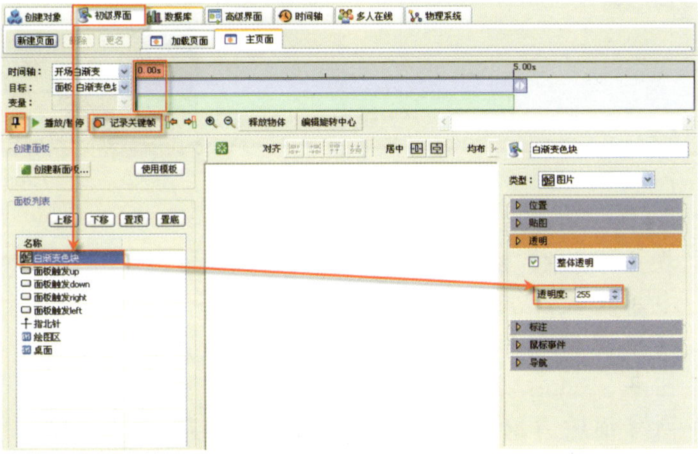

图7-6-6

03 将时间轴上的滑块拖动到5.00s的位置，然后将“白渐变色块”的透明度设置为“1”，接着单击【记录关键帧】按钮，记录“白渐变色块”当前的不透明度状态，如图7-6-7所示。

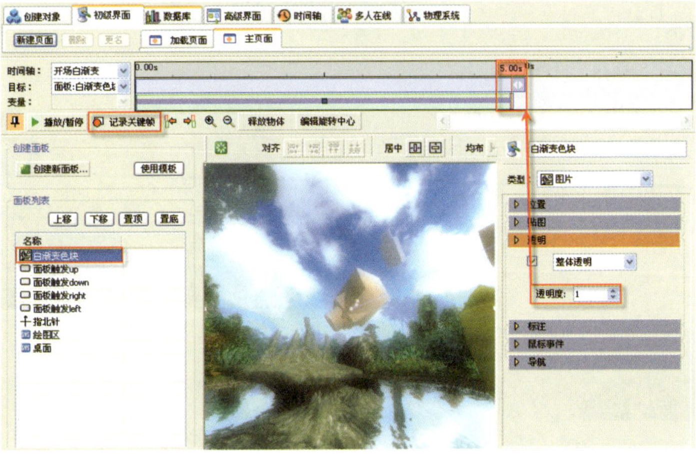

图7-6-7

注：

透明度不要设置为0，否则下次触发时面板的功能会失效。

7.6.3 设置绕物旋转相机动画

01 打开【时间轴】面板，单击【新建时间轴】按钮，在弹出的对话框中输入时间为20.0，并设置其名称为“镜头4时间轴”，如图7-6-8所示。

图7-6-8

02 在【时间轴】面板中单击左上角的【锁定窗口】按钮，然后切换到【创建对象】|【相机】面板并选中“镜头4绕物相机”相机，分别在5.00s、10.00s、15.00s、20.00s将相机调整到如图7-6-9所示的位置，记录相机的动画。

图7-6-9

注：

相机初始位置也就是0. 00s，注意也要记录动画关键帧。

7.7 脚本交互设置

使用VRP编辑器中的脚本编辑器，可以设置很多丰富有趣的交互功能。本章案例中交互主要体现在模型刚体动画、GUI时间轴动画、切换相机、改变模型贴图等交互效果。

7.7.1 设置【#初始化】函数脚本

01 在【系统函数】面板中创建【#初始化】函数，如图7-7-1所示。

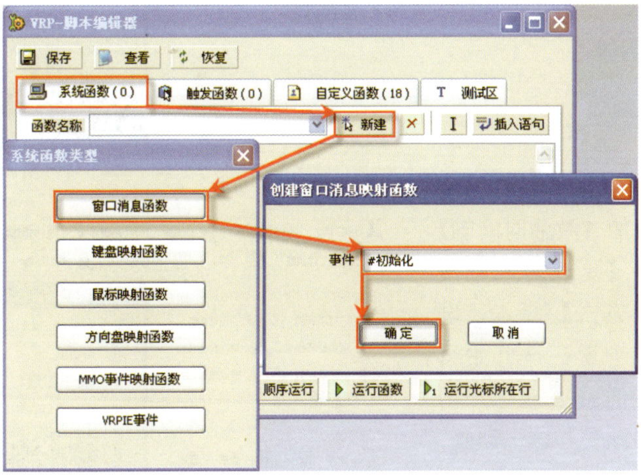

图7-7-1

注：

【#初始化】函数中主要添加一些初始状态时触发的事件。

02 在【#初始化】函数中添加【切换相机(通过名称)】脚本，在其【相机名称】栏中输入“镜头1-动画相机”，在其【重置相机参数】栏中选择“0=重置”，如图7-7-2所示。

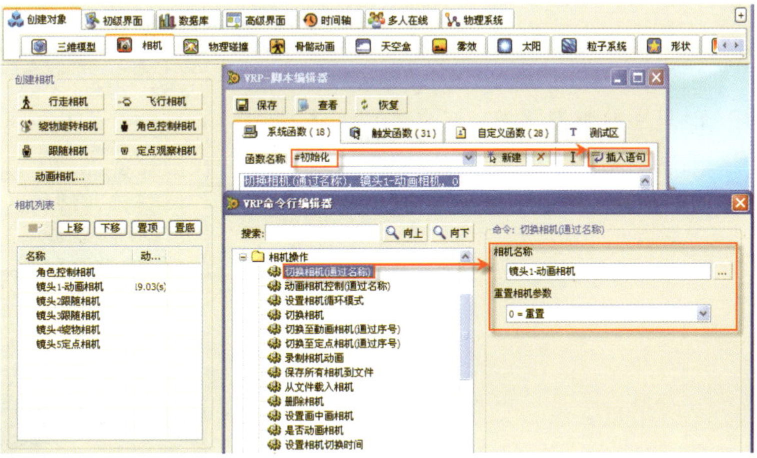

图7-7-2

03 添加【显示隐藏物体】脚本，将初级界面中的触发面板隐藏，如图7-7-3所示。

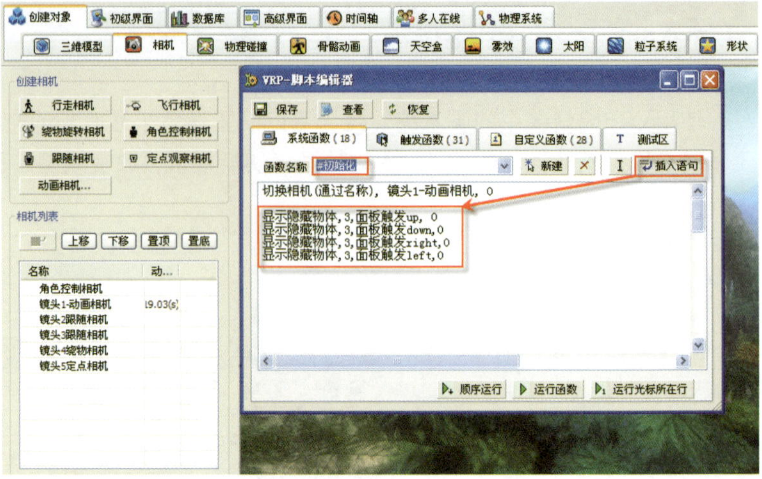

图7-7-3

04 添加【激活时间轴】和【更改时间轴播放方式】脚本，设置场景在一开始运行时就播放“开场白渐变”这一动画，如图7-7-4所示。

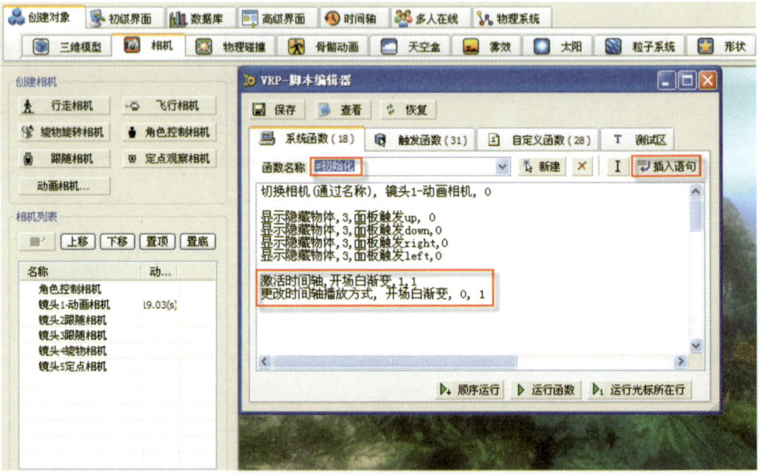

图7-7-4

05 添加【只播放默认动作】脚本，设置场景在一开始运行时只播放魅影飞龙的默认动作，如图7-7-5所示。

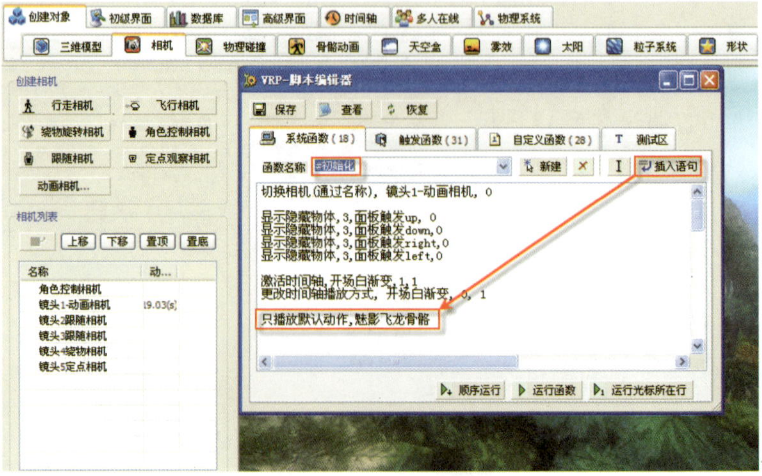

图7-7-5

06 添加【路径动画暂停】脚本，设置场景在一开始运行时只播放“镜头一路径”这一路径动画，其他路径动画全部暂停，如图7-7-6所示。

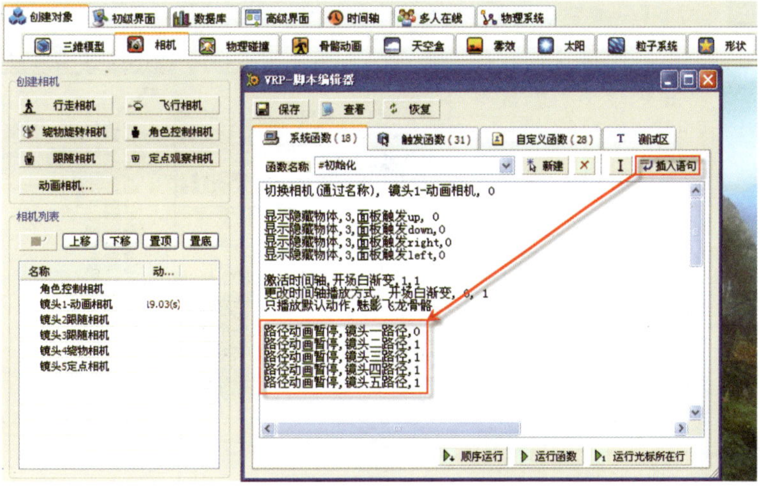

图7-7-6

注：

在此步骤中，需要注意第一行脚本和其余脚本的参数不同，第一行脚本的参数为“0=继续”，其余脚本参数为“1=暂停”。

07 添加【显示/隐藏鼠标触发框】、【播放音乐】和【设置光标】三个脚本，这些脚本主要设定了案例场景的初始状态，如图7-7-7所示。

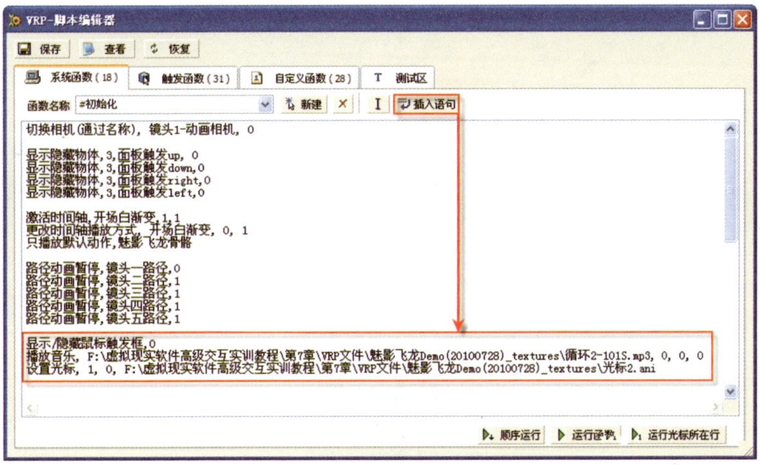

图7-7-7

注：

【显示/隐藏鼠标触发框】脚本的含义是，当鼠标接触设置了触发脚本的模型时，模型周围是否出现绿色触发边框，在本章案例中为了美化场景就需要将其隐藏；【播放音乐】脚本中可以设置一段背景音乐；【设置光标】脚本中可以设置一张图标贴图，改变鼠标光标的样式。

08 添加【设置定时器】脚本，设置【定时器id】为“镜头1定时器”，【定时器类型参数】栏选择“0= 执行一次”，设置【定时器执行的间隔时间】为6000ms，最后设置【定时器调用函数】名称为“镜头一动画相机”，如图7-7-8所示。

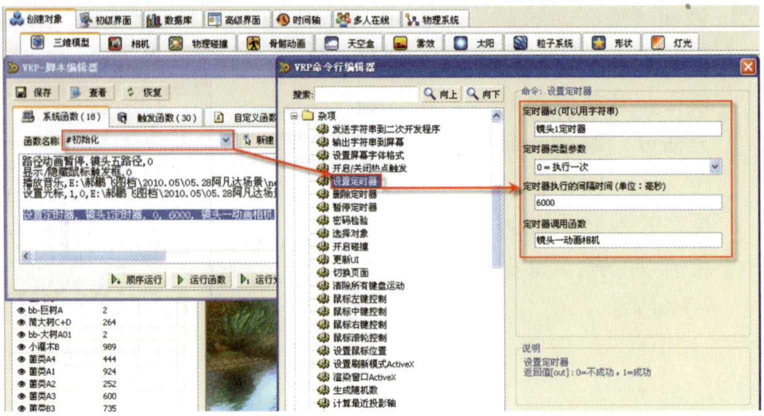

图7-7-8

注：

【设置定时器】脚本中需要注意的是最后一项参数，这个参数的含义是当定时器结束后，就会执行此函数；这里输入的是这个函数的名称，此函数必须在【自定义函数】面板中创建，而且名称必须一致。

09 在【自定义函数】面板中新建一个名称为“镜头一动画相机”的函数，如图7-7-9所示。

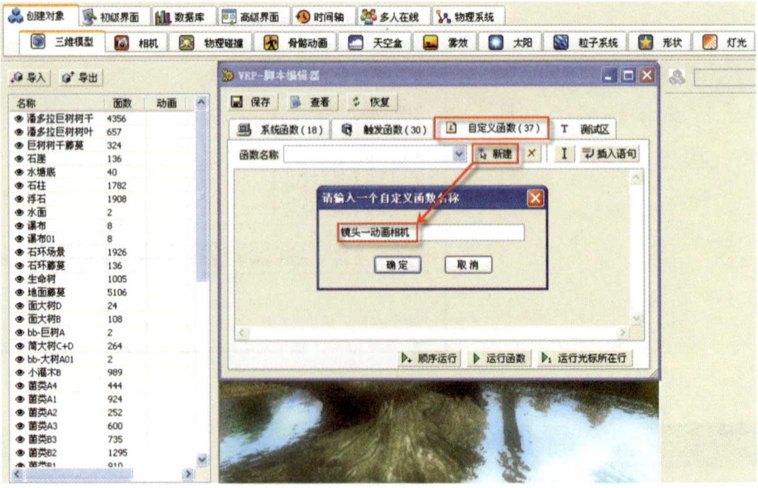

图7-7-9

注：

注意这里的函数名称要和定时器中的名称一致。

10 在【镜头一动画相机】函数中添加如图7-7-10所示的交互脚本，在此函数中实现了显示“面板触发”系列控件，暂停设置的路径动画，更换飞龙动作以及设置了一个定时器，在函数执行8s后就触发名为“镜头一动画相机结束”的函数。

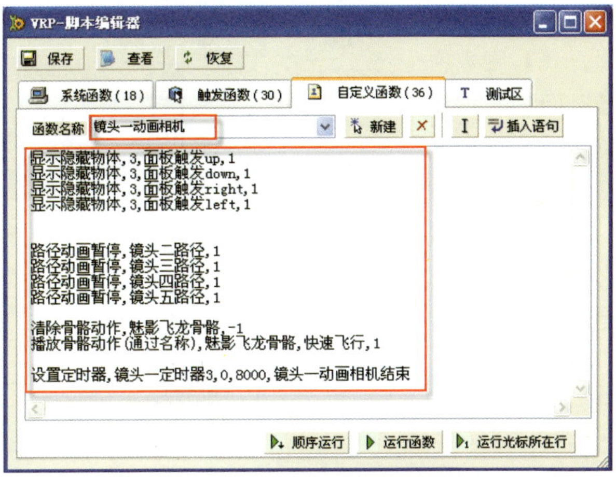

图7-7-10

注：

【清除骨骼动作】与【播放骨骼动作】脚本中的动作序号需要与编辑器中【骨骼动画】中动作面板里面的动作序号一致。

7.7.2 设置界面触发动画脚本

在本章案例中高级界面在初始状态是隐藏的，当鼠标移动到初级界面触发面板上时，就会播放面板展开的时间轴动画，那么下面开始设置这一系列的交互脚本。

01 打开【初级界面】面板，选择“面板触发up”，打开【鼠标事件】卷展栏，在【鼠标移入】按钮下面添加【激活时间轴】脚本，在【时间轴名称】栏输入“面板展开”，在【播放控制】栏选择“1=播放”，在【是否重置】栏选择“0=不重置”，如图7-7-11所示。

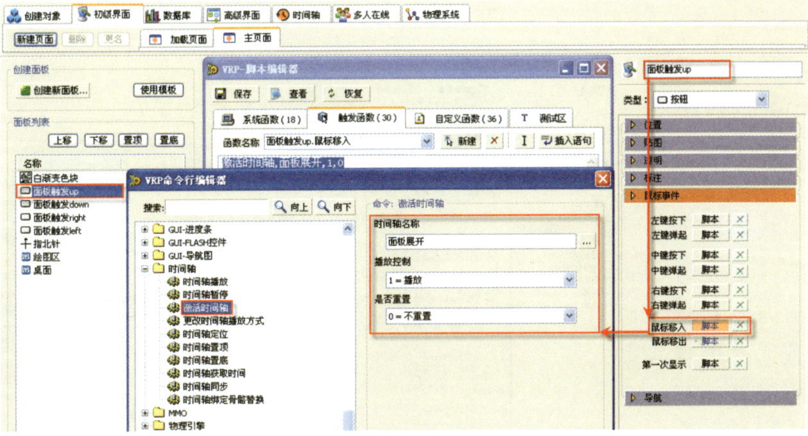

图7-7-11

02 添加【更改时间轴播放方式】脚本，在【时间轴名称】栏输入“面板展开”，在【播放方式】栏选择“0=顺序执行一次”，在【是否重置】栏选择“0=不重置”，如图7-7-12所示。

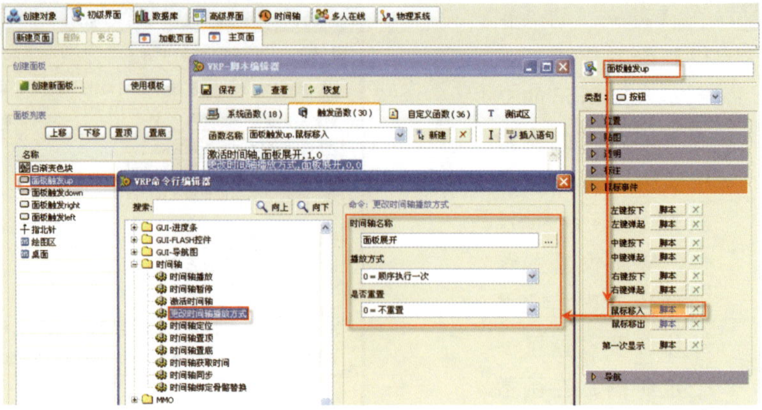

图7-7-12

03 添加【播放音乐】脚本，使鼠标在移入触发面板时就播放一段音乐，如图7-7-13所示。

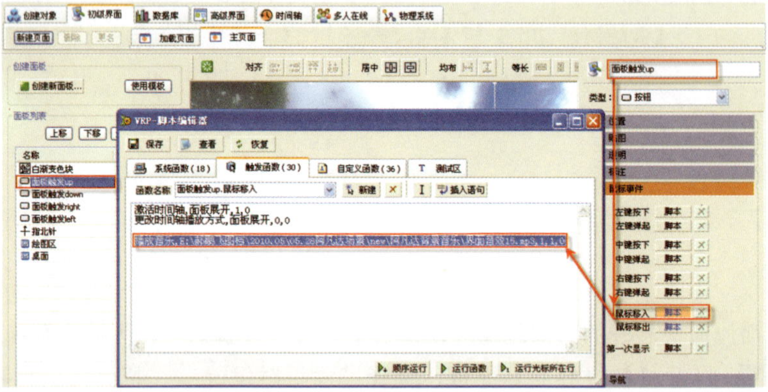

图7-7-13

04 在【鼠标移出】按钮下面添加如图7-7-14所示的脚本，可以实现鼠标移出时触发面板可以收回；注意【更改时间轴播放方式】脚本的设置，这里需要让面板展开动画反向播放一次。

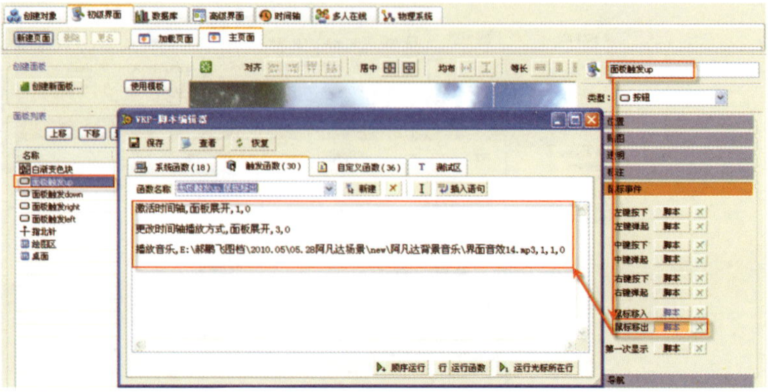

图7-7-14

7.7.3　设置“right”窗口控件的脚本

01 每一个窗口中都含有多个按钮控件，其脚本需要逐个设置，下面首先设置“right”窗口中控件的脚本。打开【高级界面】|【控件】面板并选择“镜头切换键A1”控件，在右侧【控件属性】卷展栏中【鼠标点击】下面添加如图7-7-15所示脚本。

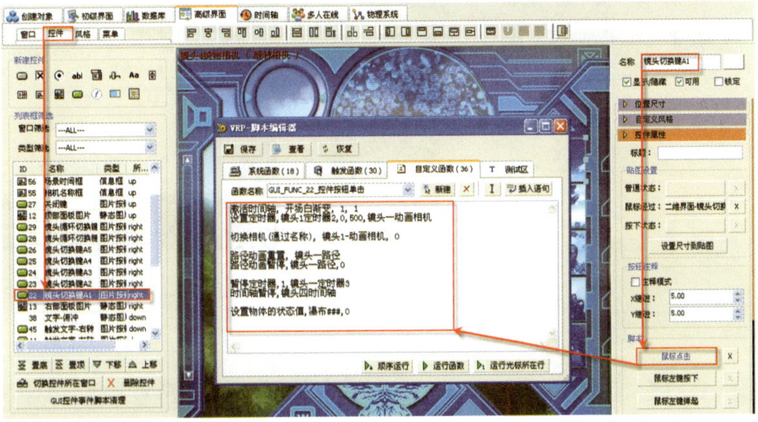

图7-7-15

注：

添加【路径动画重置】脚本，可以使设定的路径回到初始状态；添加【设置物体的状态值】脚本，是为了编写多次变量时进行值的比较。

02 在【鼠标移入】按钮下面添加【播放音乐】脚本，使鼠标一经过图片按钮就播放音乐以增加场景的听觉效果，如图7-7-16所示。

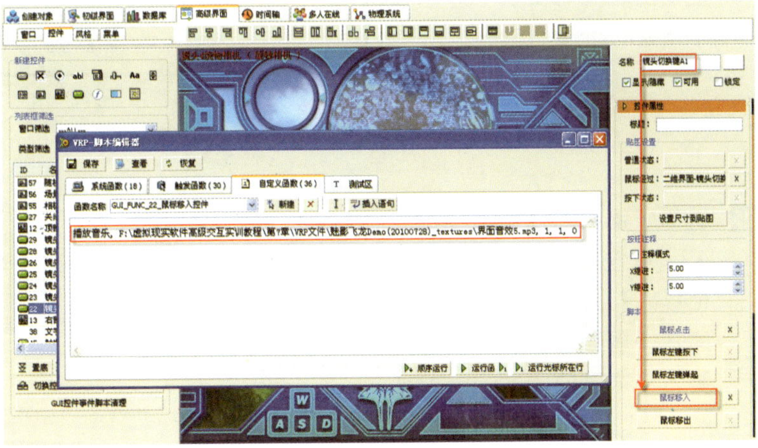

图7-7-16

注：

在后续每个图片按钮控件的【鼠标移入】按钮下面都添加【播放音乐】脚本，这样在运行场景时，只要当鼠标一经过图片按钮就播放音乐。

03 使用与上述相同的方法，继续设置“镜头切换键A2”控件的【鼠标点击】脚本，如图7-7-17所示。

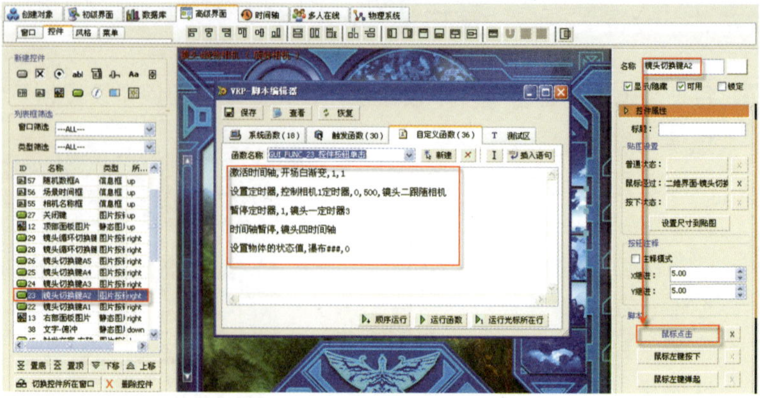

图7-7-17

04 在【自定义函数】面板中新建一个名称为“镜头二跟随相机”的函数，并在此函数中添加如图7-7-18所示脚本，此函数中将播放镜头二的路径动画，而暂停其他路径动画，同时更换了飞龙的动作。

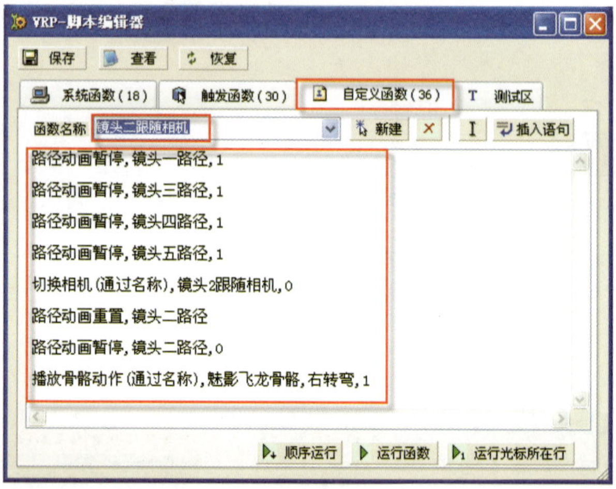

图7-7-18

05 选择“镜头切换键A2”控件，在【鼠标移入】按钮下面添加【播放音乐】脚本，这里的脚本和“镜头切换键A1”中的脚本一致，可以直接将脚本复制过来，如图7-7-19所示。

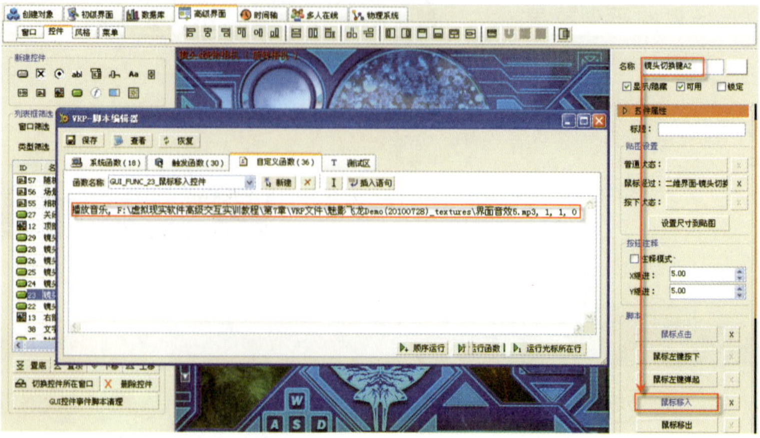

图7-7-19

06 使用与上述相同的方法，继续设置“镜头切换键A3”控件的【鼠标点击】脚本，如图7-7-20所示。

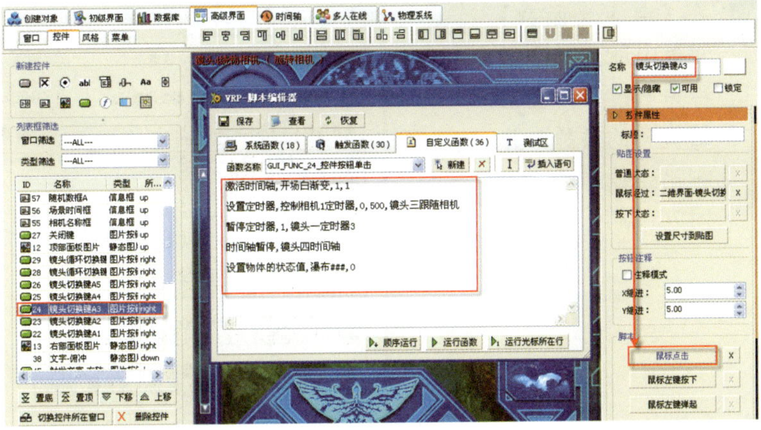

图7-7-20

07 在【自定义函数】面板中新建一个名称为“镜头三跟随相机”的函数，并在此函数中添加如图7-7-21所示脚本。

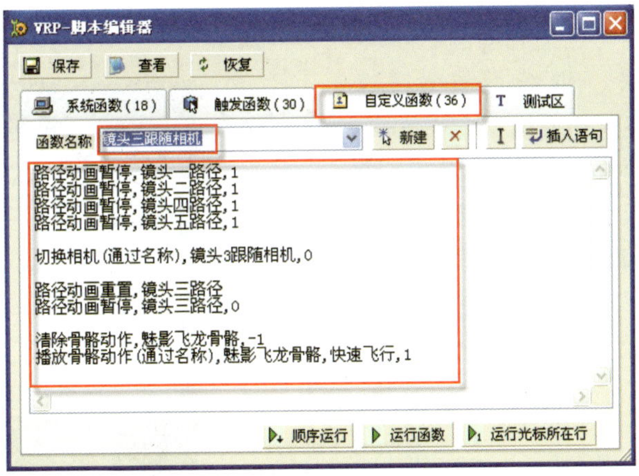

图7-7-21

08 使用与上述相同的方法，继续设置“镜头切换键A4”控件的【鼠标点击】脚本，如图7-7-22所示。

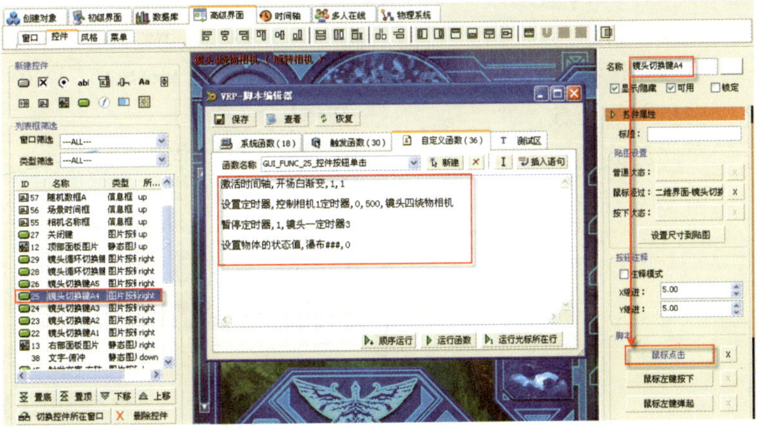

图7-7-22

09 在【自定义函数】面板中新建一个名称为“镜头四绕物相机”的函数，并在此函数中添加如图7-7-23所示脚本。

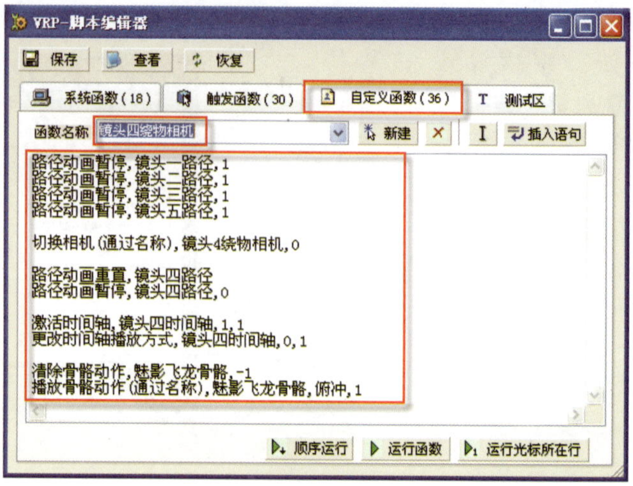

图7-7-23

10 使用与上述相同的方法，继续设置“镜头切换键A5”控件的【鼠标点击】脚本，如图7-7-24所示。

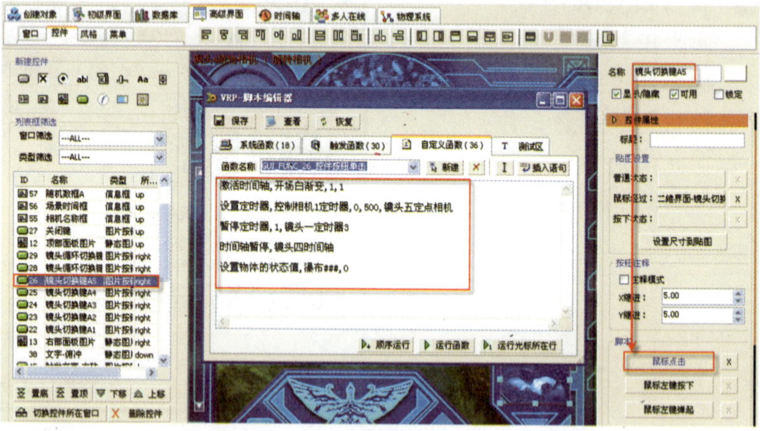

图7-7-24

11 在【自定义函数】面板中新建一个名称为“镜头五定点相机”的函数，并在此函数中添加如图7-7-25所示脚本。

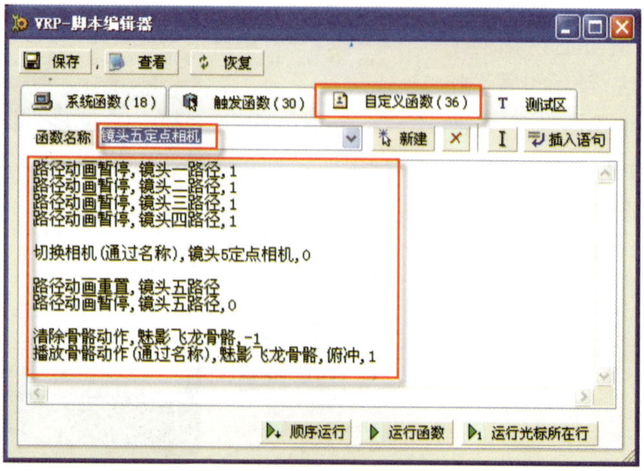

图7-7-25

7.7.4　设置“down”窗口控件的脚本

01 首先设置“飞行镜头切换键”控件的脚本，这个按键的功能是单击一次就可以让用户操纵飞龙。打开【高级界面】|【控件】面板并选择“飞行镜头切换键”控件，在右侧【控件属性】卷展栏中【鼠标点击】按钮下面添加如图 7-7-26 所示脚本。

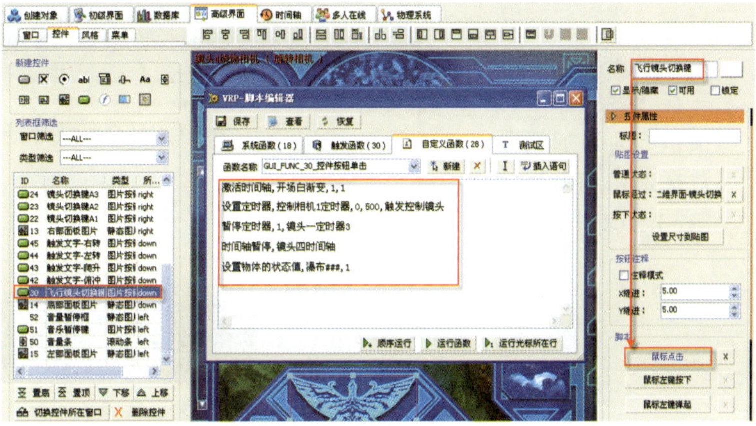

图 7-7-26

02 接着在【自定义函数】面板中新建一个名称为“触发控制镜头”的函数，并在此函数中添加如图 7-7-27 所示脚本。

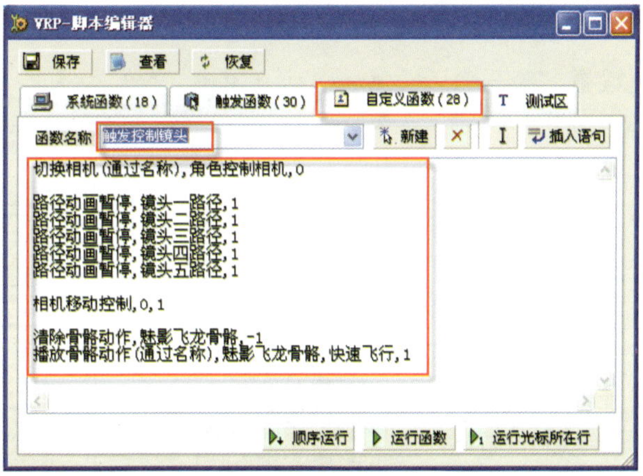

图 7-7-27

03 最后选择“飞行镜头切换键”控件，在其【鼠标移入】按钮下面添加【播放音乐】脚本，如图7-7-28所示。

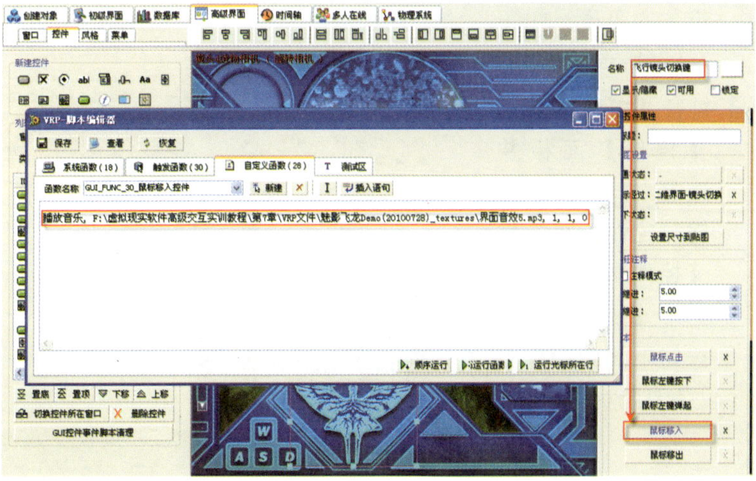

图 7-7-28

04 下面设置“down”窗口中其他控件的脚本。选择“触发文字-俯冲”控件，在其【鼠标移入】按钮下面添加【播放音乐】脚本，如图7-7-29所示。

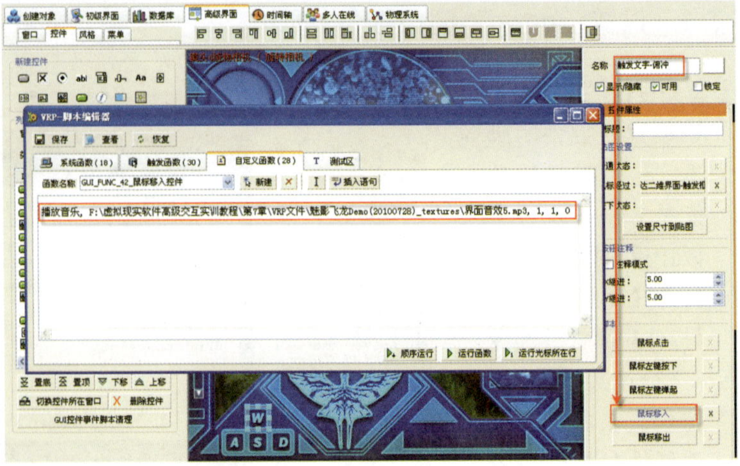

图7-7-29

7.7.5 设置“left”窗口控件的脚本

01 首先设置“音乐暂停键”控件的脚本，这个控件的功能是单击一次关闭音乐，再次单击即可打开音乐，这是一个典型的多次变量事件，因此需要先在【#初始化】函数中定义一个名称为“音乐暂停变量”的变量，如图7-7-30所示。

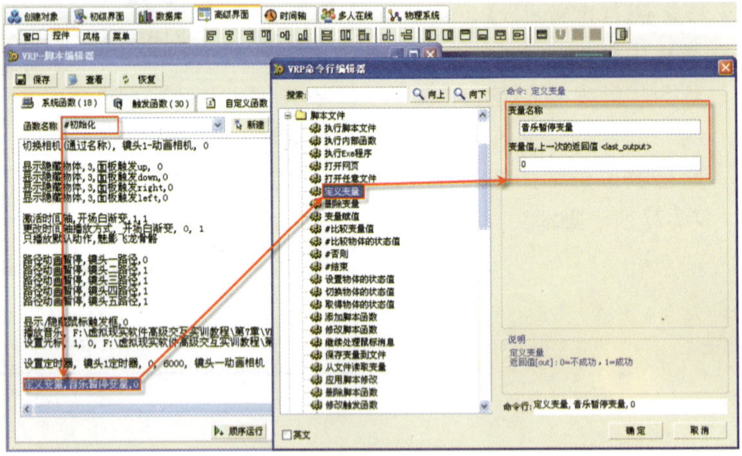

图7-7-30

02 打开【高级界面】|【控件】面板并选择“音乐暂停键”控件，在右侧【控件属性】卷展栏中【鼠标点击】按钮下面添加如图7-7-31所示脚本。

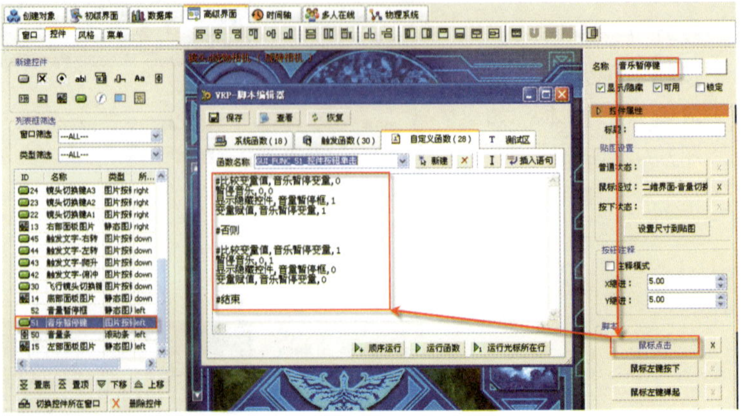

图7-7-31

注：

此步骤里写的脚本是典型的二次变量脚本。

03 最后在【鼠标移入】按钮下面添加【播放音乐】脚本，如图7-7-32所示。

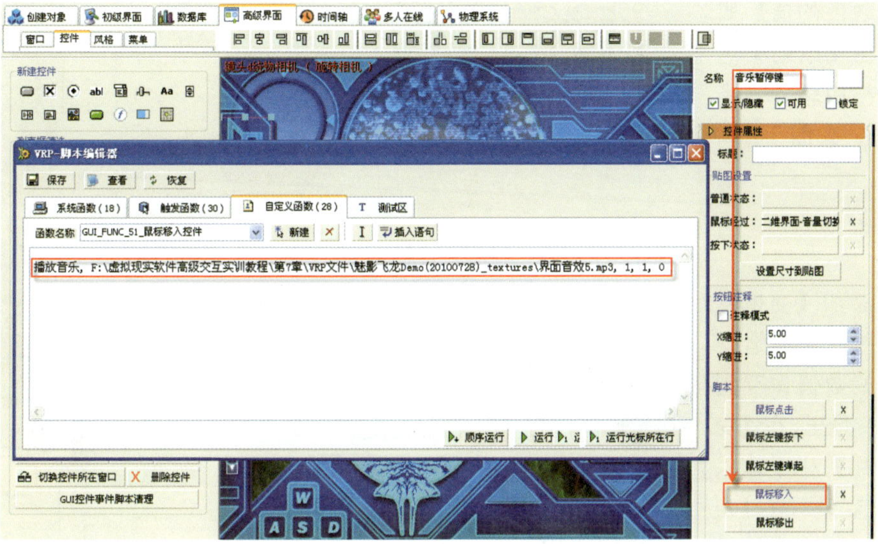

图7-7-32

04 下面设置“音量条”控件的交互脚本，同样需要在【#初始化】函数中定义一个变量，如图7-7-33所示。

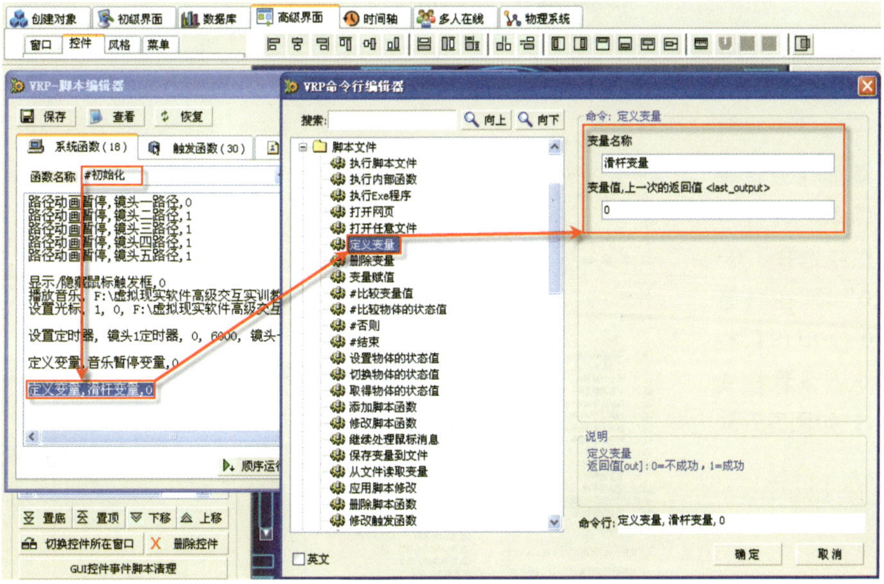

图7-7-33

05 打开【高级界面】|【控件】面板并选择“音量条”控件，在右侧【控件属性】卷展栏中【滑杆值变化】下面添加【获取滚动条的值】脚本，在【滚动条名称】栏中输入“音量条”，如图 7-7-34 所示。

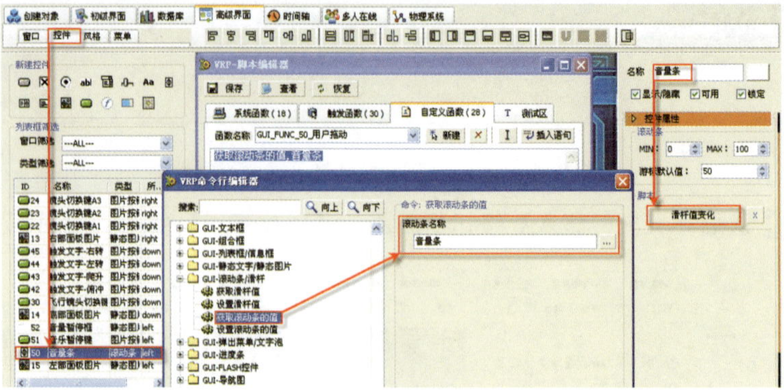

图7-7-34

06 接着添加【变量赋值】脚本，将滑杆产生的数值保存到某个变量里，在【变量名称】栏中输入“滑杆变量”，在【变量值，上一次的返回值】栏中输入“<last_output>”，如图 7-7-35 所示。

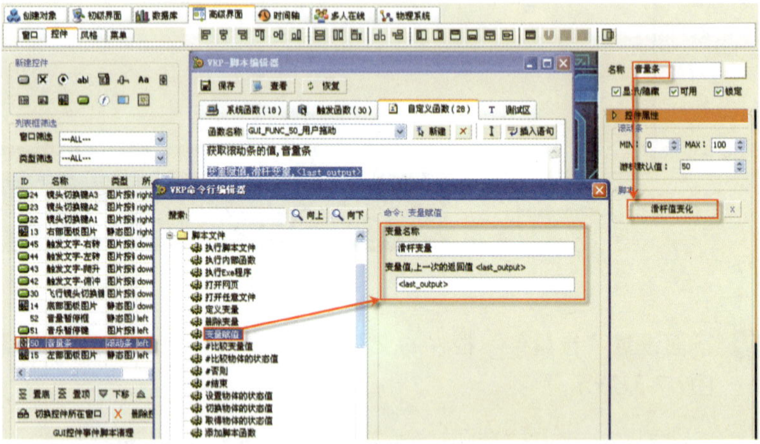

图7-7-35

07 最后添加【设置音量】脚本，在【声道】栏中选择“0=声道0”，在【音量（0~100）】栏中输入“$滑杆变量”，如图7-7-36 所示。

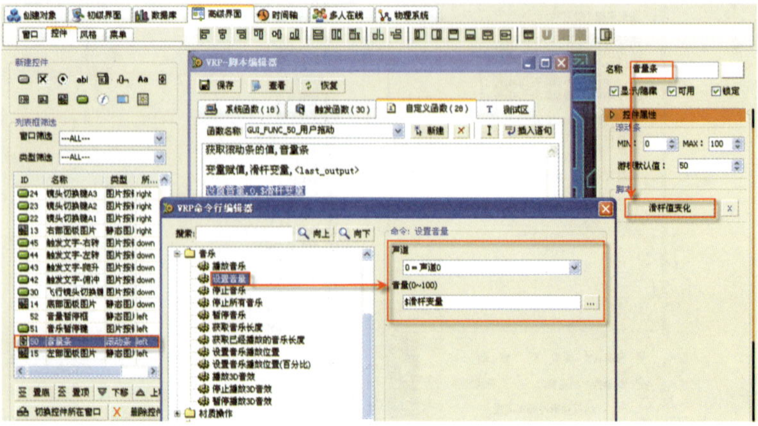

图7-7-36

7.7.6 设置【键盘映射函数】脚本

【键盘映射函数】可以响应键盘消息，一般用于处理键盘上A~Z键【按下】、【弹起】等事件，使其随按下、弹起的动作触发不同的交互事件。下面需要对“W、A、S、D”键设置对应的交互脚本。

01 首先设置“W”键按下状态的映射函数。在【VRP-脚本编辑器】窗口中打开【系统函数】面板，单击【新建】按钮，然后单击【键盘映射函数】按钮，在弹出的对话框的【键】栏中输入“W”，在【事件】栏中选择“按下”，如图7-7-37所示。

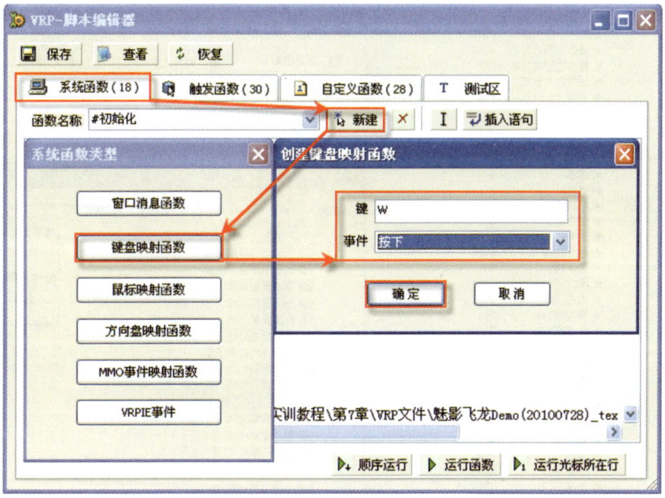

图7-7-37

> **注：**
>
> 【键盘映射函数】中有些按键是不能设置的，比如Esc键。

02 在新建好的【#W.按下】函数中添加【相机移动控制】脚本，用于控制相机的移动类型；在【选项】栏中选择“0=启动”，在【移动类型】栏中选择“6=下移”，如图7-7-38所示。

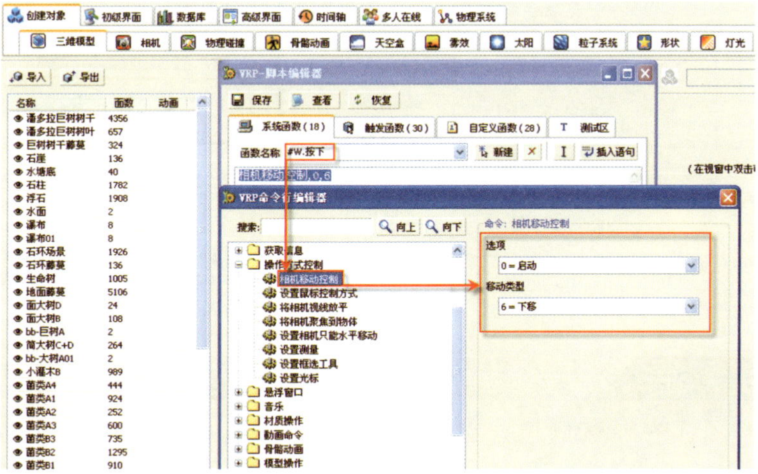

图7-7-38

03 接着添加【播放骨骼动作(通过名称)】脚本，用于控制骨骼模型的运动类型；在【选择骨骼模型】栏中选择“魅影飞龙骨骼”，在【动作名称】栏中输入“俯冲”，在【权重】栏中输入“1”，如图7-7-39所示。

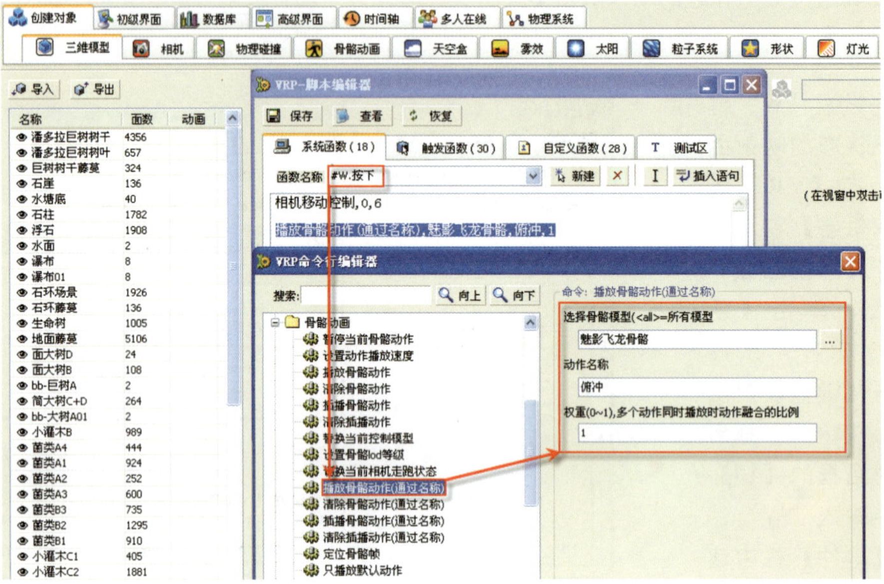

图7-7-39

04 下面设置“W”键弹起状态的映射函数。在【VRP-脚本编辑器】窗口中打开【系统函数】面板，单击【新建】按钮，然后单击【键盘映射函数】按钮，在弹出的对话框的【键】栏中输入“W”，在【事件】栏中选择“弹起”，如图7-7-40所示。

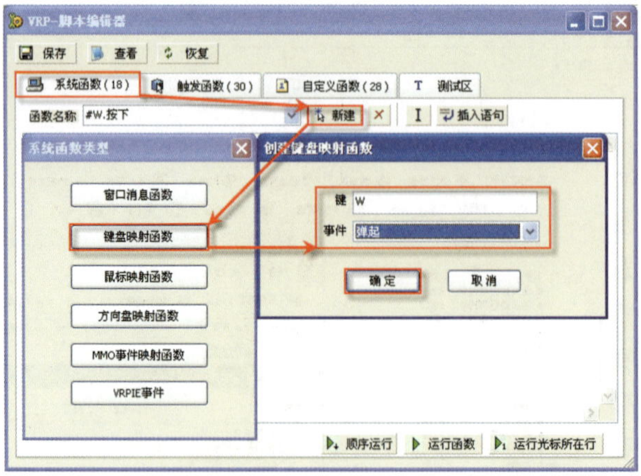

图7-7-40

注：

在本章案例中由于键盘按下和弹起均有触发事件，所以二者都设置了函数，通常根据交互需要，键盘弹起的函数也可以不设置。

05 在新建好的【#W. 弹起】函数中添加如图 7-7-41 所示脚本。

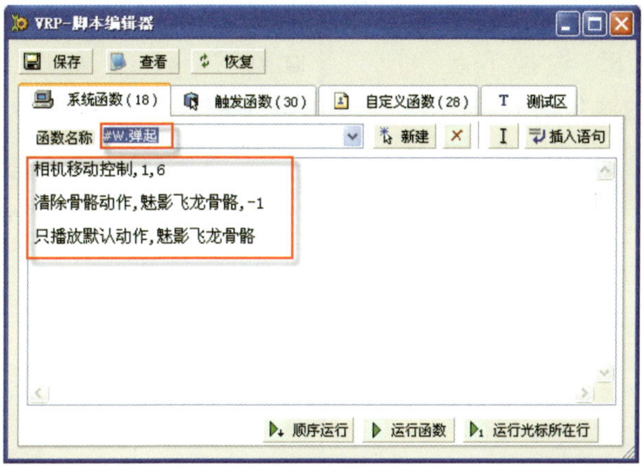

图 7-7-41

注：

注意脚本中参数的设置。

06 使用相同的方法创建“A”键按下状态的映射函数，在新建好的【#A. 按下】函数中添加如图 7-7-42 所示脚本。

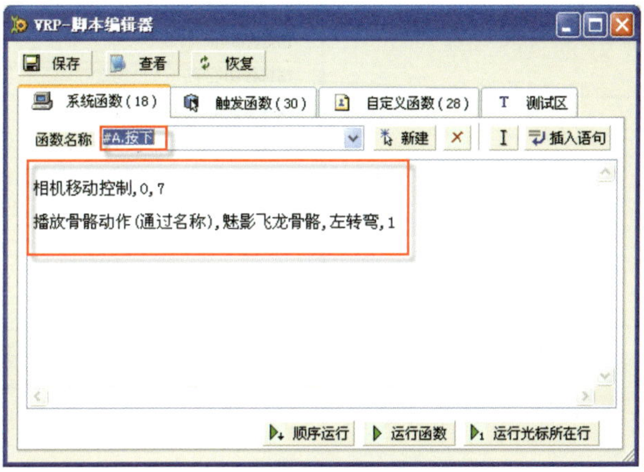

图 7-7-42

07 使用相同的方法创建“A”键弹起状态的映射函数，在新建好的【#A. 弹起】函数中添加如图 7-7-43 所示脚本。

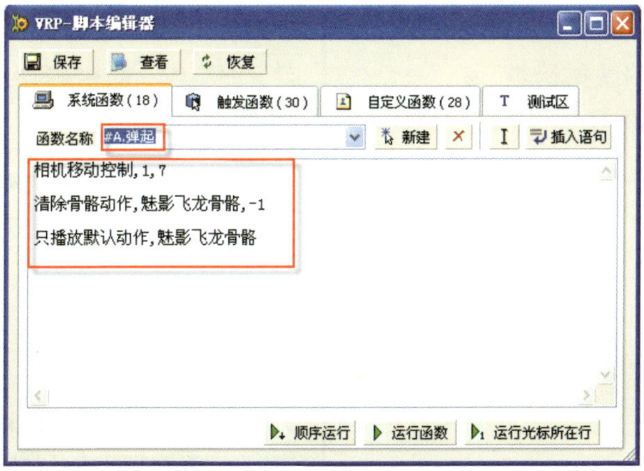

图 7-7-43

08 使用相同的方法创建“S”键按下状态的映射函数，在新建好的【#S. 按下】函数中添加如图7-7-44所示脚本。

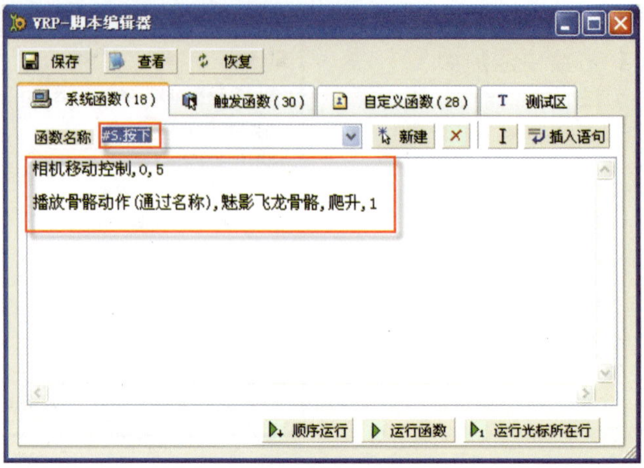

图7-7-44

09 使用相同的方法创建“S”键弹起状态的映射函数，在新建好的【#S. 弹起】函数中添加如图7-7-45所示脚本。

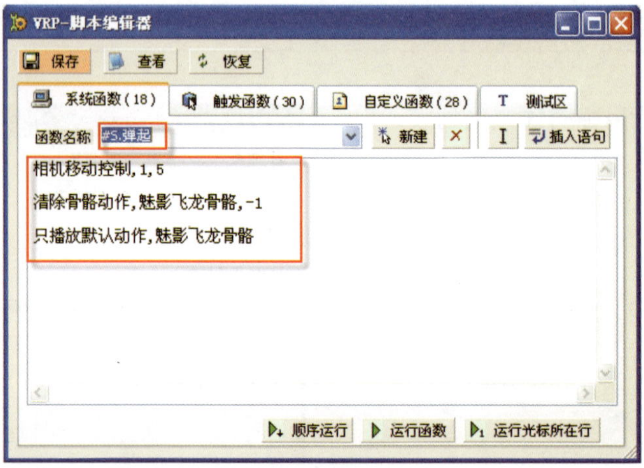

图7-7-45

10 使用相同的方法创建“D”键按下状态的映射函数，在新建好的【#D. 按下】函数中添加如图7-7-46所示脚本。

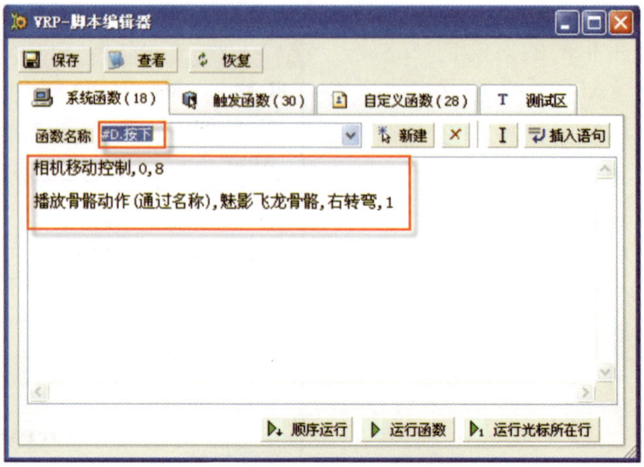

图7-7-46

11 使用相同的方法创建“D”键弹起状态的映射函数，在新建好的【#D.弹起】函数中添加如图7-7-47所示脚本。

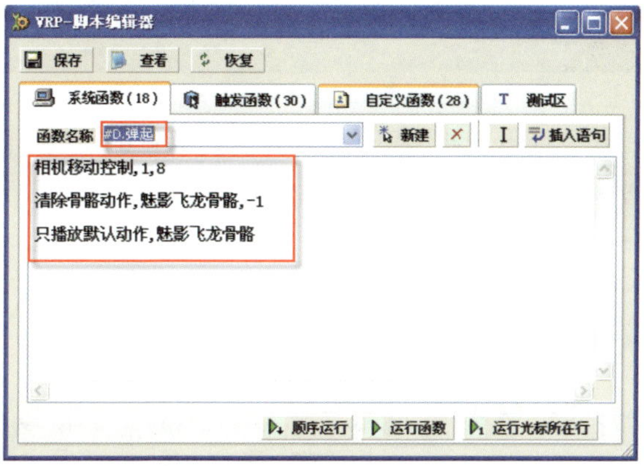

图7-7-47

7.7.7　设置关闭按钮交互脚本

01 打开【高级界面】|【控件】面板并选择“关闭键”控件，在右侧【控件属性】卷展栏中【鼠标点击】按钮下面添加【关闭程序】脚本，在【是否显示确认对话框】栏中选择“0=不显示”，如图7-7-48所示。

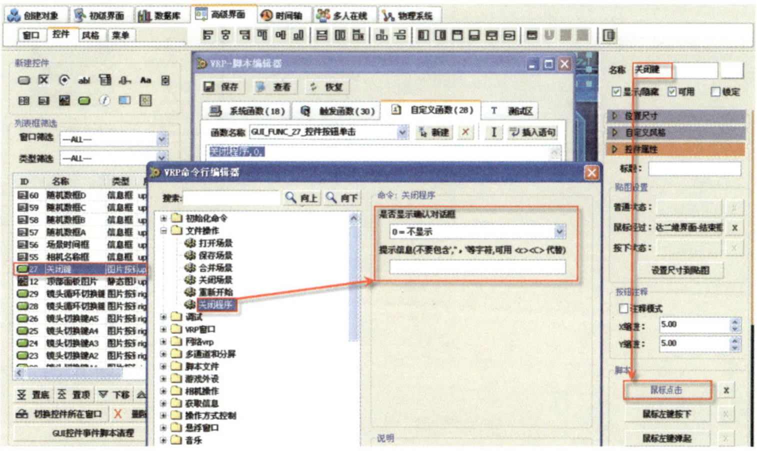

图7-7-48

02 在【鼠标移入】按钮下面添加【播放音乐】脚本，如图7-7-49所示。

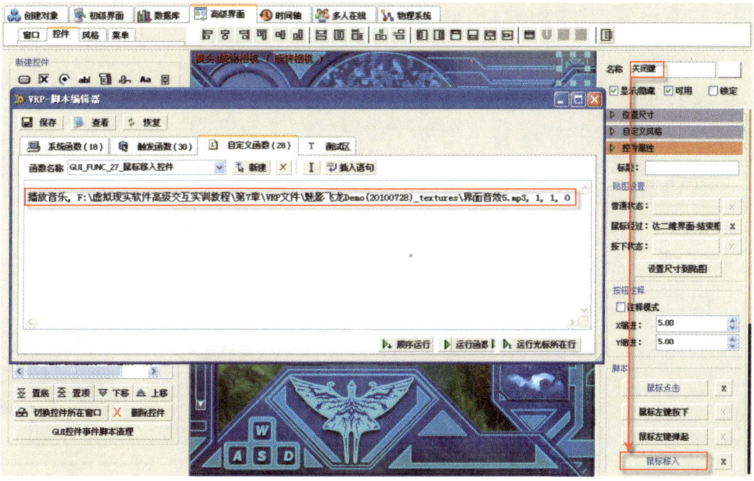

图7-7-49

7.8 最终完成效果

场景制作完成后，通过VRP编辑器可将场景编译成可独立执行的EXE文件，方便用户随时在不同的计算机上进行操作浏览。

7.8.1 设置【项目设置】对话框

01 按F4快捷键，在弹出的【项目设置】对话框中设置标题文字、启动界面以及说明文字等信息，如图7-8-1所示。

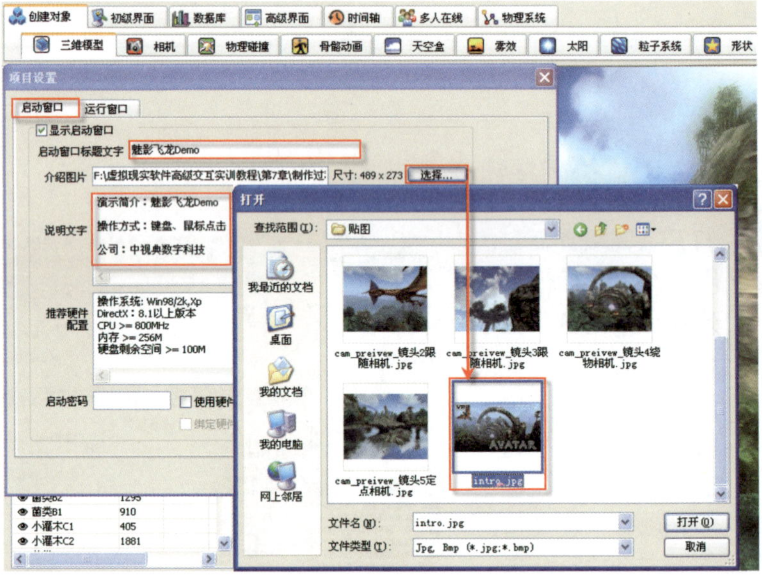

图7-8-1

02 下面设置文件加载时的图片。打开【初级界面】面板，单击【创建新面板】按钮并在弹出的列表中选择“图片”选项，在打开的窗口中选择“加载图.png”图片，如图7-8-2所示。

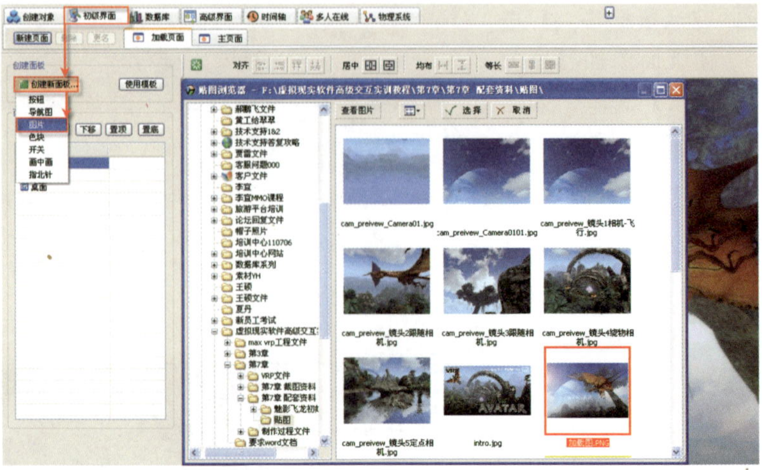

图7-8-2

03 最后输出EXE文件，在主工具栏中单击【编译独立执行Exe文件】按钮，在弹出的对话框中设置文件名称与保存路径，然后单击【开始编译】按钮，如图7-8-3所示。

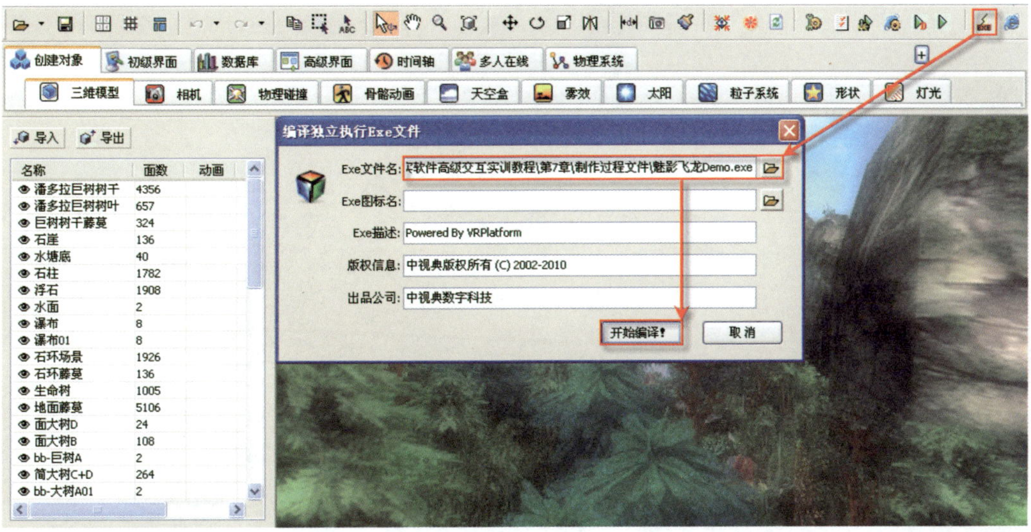

图7-8-3

04 在弹出的【脚本资源搜集】对话框中，单击【全部选择】按钮，选择全部的外部文件，然后单击【确定】按钮，如图7-8-4所示。

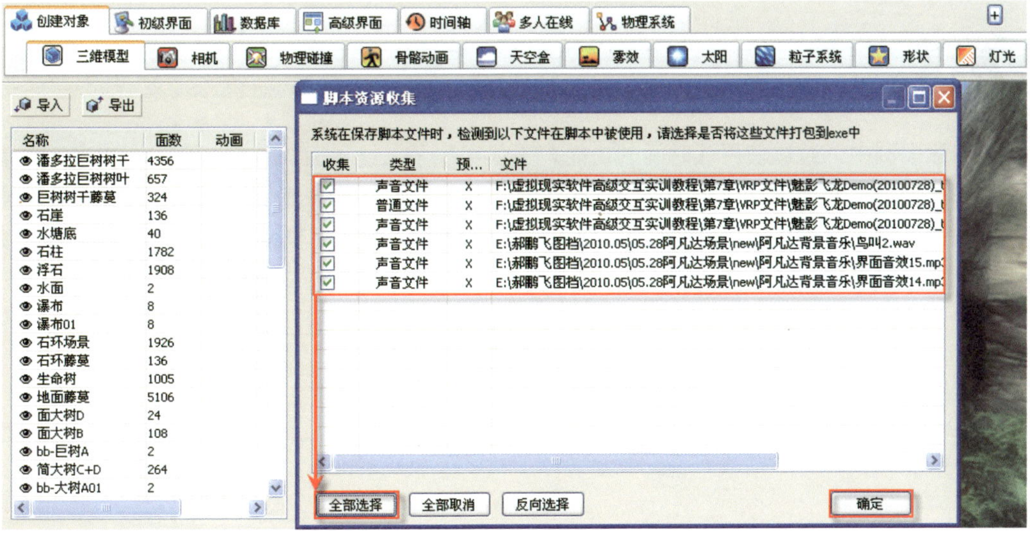

图7-8-4

7.8.2　预览最终效果

执行EXE文件，对场景进行浏览或者交互，查看最终效果，如图7-8-5所示。

图7-8-5

7.9 本章小结

在本章案例中，通过使用【时间轴功能】不仅实现了二维界面的位移动画，还实现了界面的不透明度动画，使操作界面时更加灵活生动不呆板；同时，本章案例中还频繁使用了多次变量、定时器、路径动画、激活时间轴等脚本，这些脚本，尤其是变量脚本之间的相互调用脚本，更丰富了案例的交互效果。

加载界面

瞄准

召唤

默认站立

拉弓

8.1 场景前期介绍

在本章案例中，场景的模型创建、角色创建、角色动作的设置，植物的动画等效果在3ds Max中制作完成，然后导入VRP编辑器中进行后期编辑。

8.2 场景模型的导出

8.2.1 导出3ds Max中的模型

01 打开3ds Max文件，场景中的植物模型在3ds Max中做了柔体动画，导出的时候，需要先编组，并命名为“vrp_rigid”，然后结合VRP-for-Max插件，将模型导出，如图8-2-1所示。

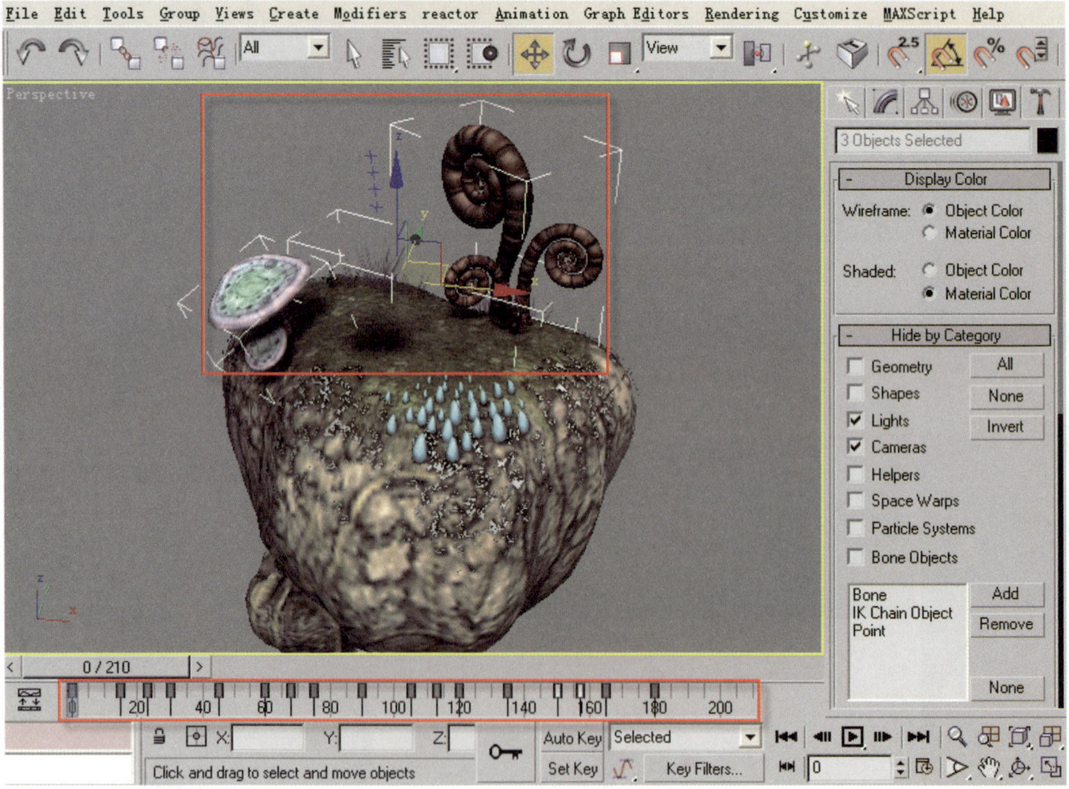

图8-2-1

02 接着选择场景中的弓箭，弓箭模型在3ds Max中分别做了刚体动画，导出的时候，需要先编组，并分别命名，刚体动画命名为“vrp_rigid”，柔体动画命名为“vrp_soft”，然后结合VRP-for-Max插件，将模型导出，如图8-2-2所示。

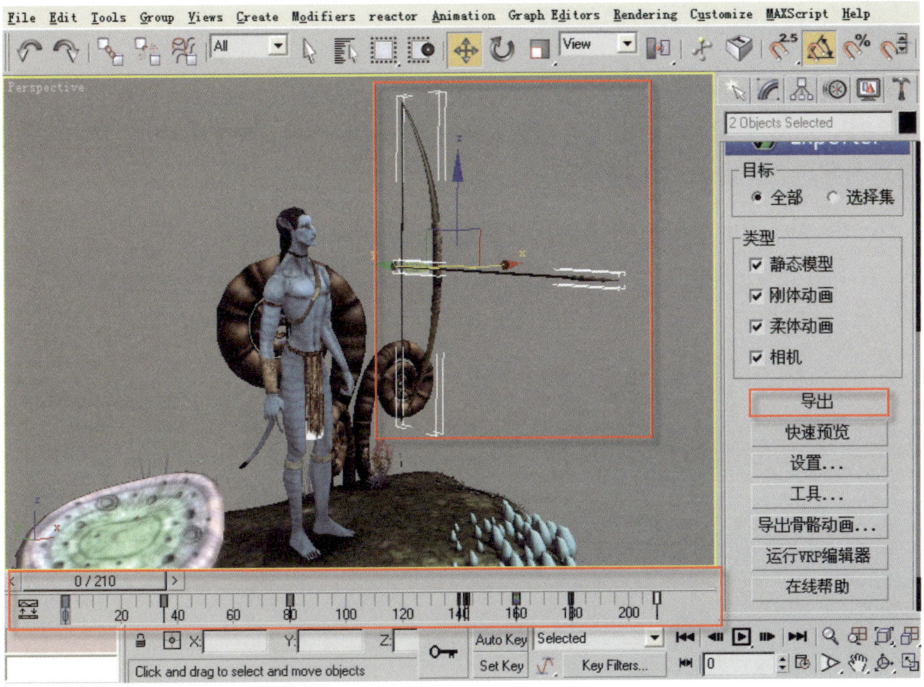

图8-2-2

03 打开步枪的3ds Max文件，选择场景中的步枪模型，步枪模型在3ds Max中做了刚体动画，导出的时候，需要先编组并命名为“vrp_rigid”，然后结合VRP-for-Max插件，将模型导出，如图8-2-3所示。

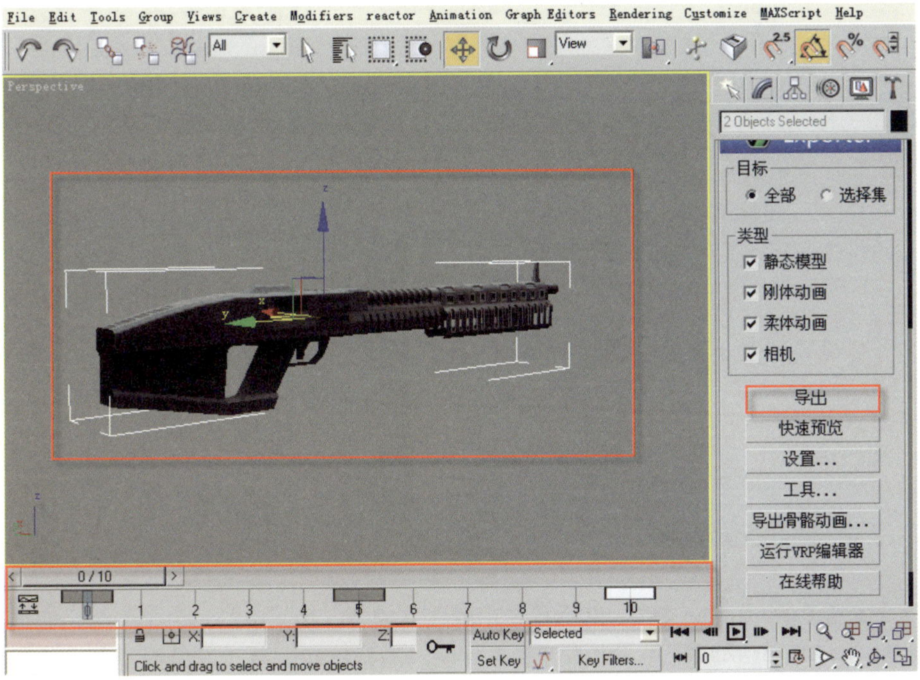

图8-2-3

8.2.2 导出3ds Max中的角色动画

01 打开角色的3ds Max文件，选择场景中的角色模型，场景中的角色模型已经完成蒙皮，然后结合VRP-for-Max插件，单击【导出骨骼动画】按钮，将角色模型导出，然后到VRP编辑器中进行角色入库，如图8-2-4所示。

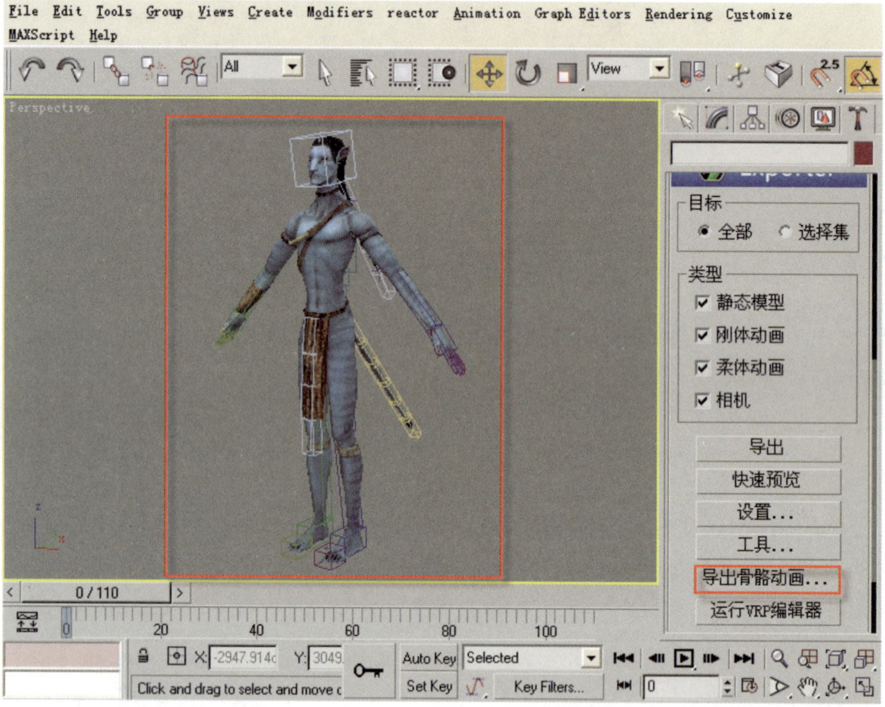

图8-2-4

02 打开角色的动作文件，结合【导出骨骼动画】命令，将场景中角色的动作导出，然后到VRP中进行动作入库，如图8-2-5所示。

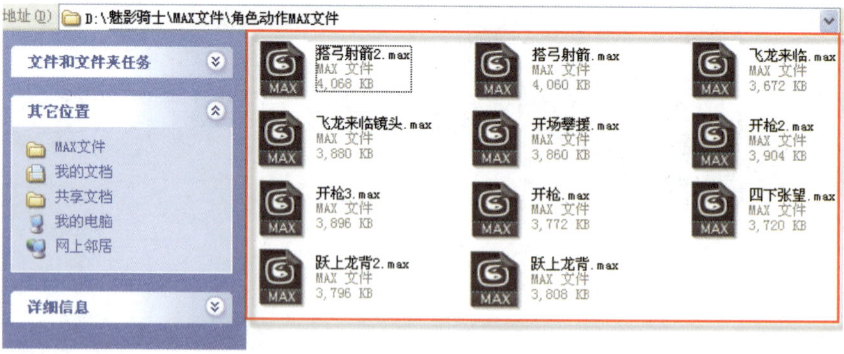

图8-2-5

03 打开飞龙角色的3ds Max文件，选择场景中的飞龙模型，场景中的角色模型已经完成蒙皮，然后结合VRP-for-Max插件，单击【导出骨骼动画】按钮，将飞龙模型导出，然后到VRP编辑器中进行入库，如图8-2-6所示。

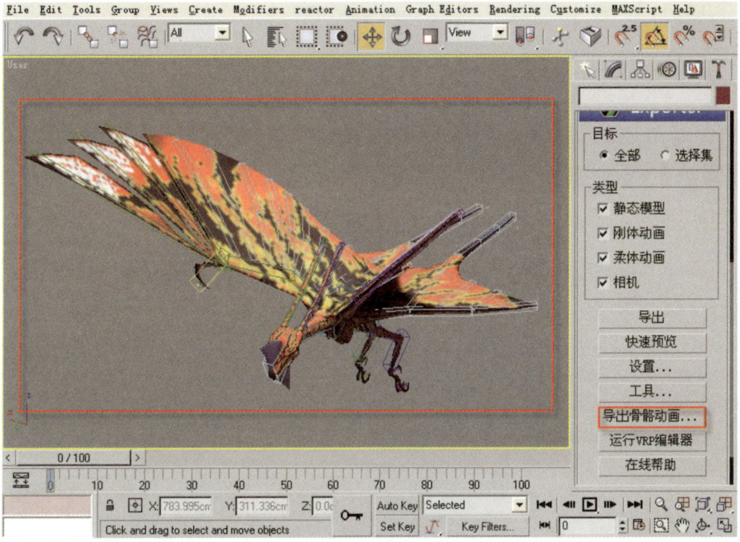

图8-2-6

04 打开飞龙角色的动作文件，然后单击【导出骨骼动画】按钮，将场景中角色的动作导出，然后到VRP中进行动作入库，如图8-2-7所示。

图8-2-7

注：

关于如何进行角色模型与骨骼动作的入库，在导入VRP编辑器后，在【骨骼动画】面板下面与【动作】面板下面单击【入库】按钮，入库后的角色模型与骨骼动作在下次打开的时候，是可以直接调用的。

8.3 相机设置

打开资料中的VRP文件，场景中的动画相机在3ds Max中制作完成，然后结合VRP-for-Max插件导入到VRP编辑器中。除了可以在3ds Max中制作动画相机外，动画相机也可以在VRP中进行制作，在VRP中制作的方法请参见前面章节的内容。

8.3.1 创建绕物旋转相机

在浏览场景时，可以通过创建绕物旋转相机实现锁定一个物体，然后围绕着这个物体进行绕物浏览的效果；还可以通过结合F11快捷键录制一个绕物旋转的相机动画效果。

01 打开【创建对象】|【相机】面板，在【创建相机】栏中单击【绕物旋转相机】按钮，在弹出的【Camera name】对话框中，输入所创建相机的名称，如图8-3-1所示。

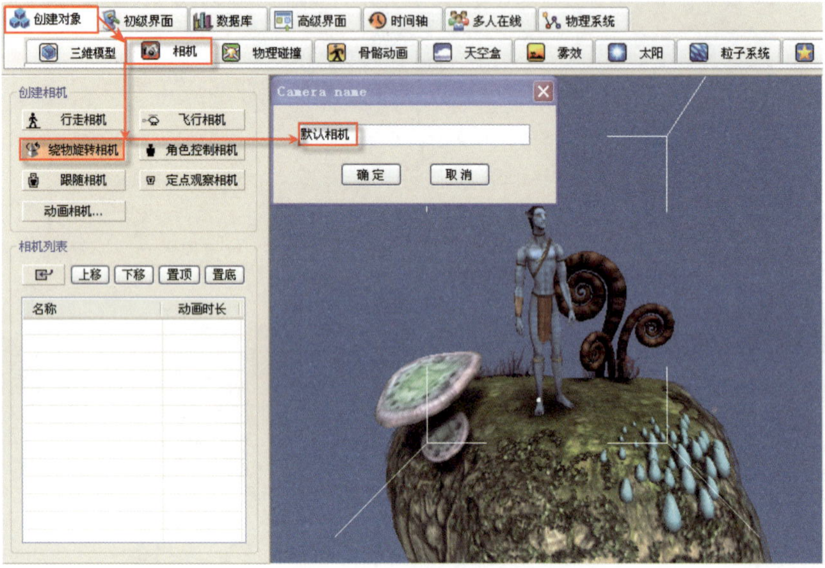

图8-3-1

02 根据场景大小，设置场景中行走相机的参数，设置【水平视角】为90°，设置相机的【近裁减面】为0.50厘米，设置【远裁减面】为500000.00厘米，同时，打开【旋转参数】卷展栏，设置【旋转中心参照物】为名称是“角色阴影”的模型，并设置【最低高度】为“-1000.00”，如图8-3-2所示。

图8-3-2

03 使用与创建绕物旋转相机同样的方法，继续创建平视旋转相机、俯视旋转相机和仰视旋转相机，这三个相机的参数与之前创建的绕物体旋转相机的参数设置一样，可以通过面板中的【上移】或者【下移】按钮调整相机的顺序，如图8-3-3所示。

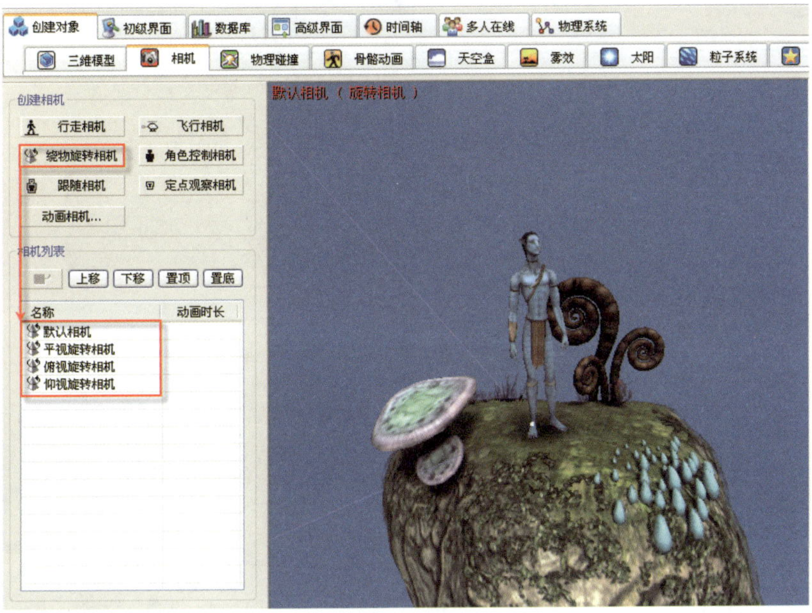

图8-3-3

8.3.2　创建跟随相机

当场景中需要实现一个物体在运动时相机视角始终跟随这个物体的时候，可以通过创建一个跟随相机实现。场景中的飞龙骨骼模型是有动作的，并且在飞行的时候，需要相机始终跟随飞龙，因此可通过跟随相机实现此效果。

01 打开【创建对象】|【相机】面板，在【创建相机】栏中单击【跟随相机】按钮，在弹出的【Camera name】对话框中，输入所创建相机的名称，如图8-3-4所示。

图8-3-4

02 根据场景大小，设置场景中行走相机的参数，设置【水平视角】为90度，设置相机的【近裁减面】为0.10厘米，设置【远裁减面】为9999999.00厘米，同时，打开【跟随属性】卷展栏，设置【选择跟踪物体】为名称是“魅影飞龙-简”的模型，并设置【跟踪物体视点角度】为“0.00”，如图8-3-5所示。

03 完成场景中的相机的创建，如图8-3-6所示。

图8-3-5

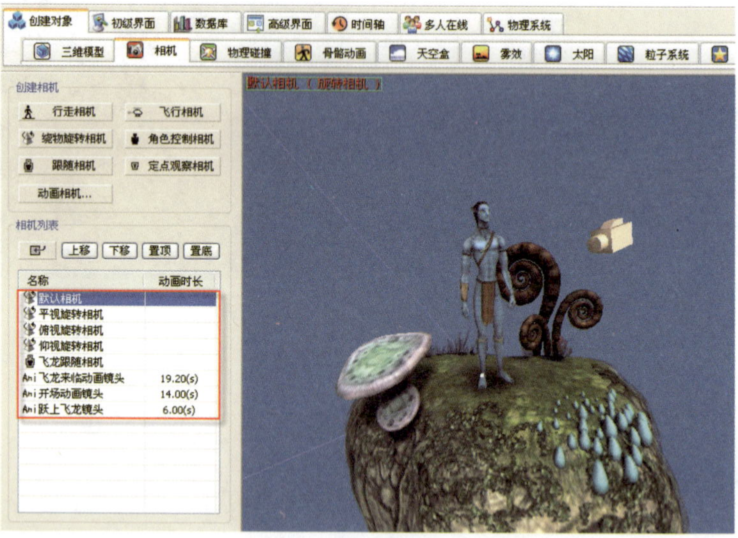

图8-3-6

8.4 环境特效的添加

无论制作什么项目，很多时候都需要增加环境特效，环境特效不仅可以增加用户在浏览场景时的沉浸感，而且也能增加场景的真实度。在本章案例中，我们可以通过增加天空盒与太阳光晕效果，来烘托整个场景的气氛，同时，通过增加一些场景特效，来配合交互的同时，有相应的特效效果。

8.4.1 添加天空盒与太阳光晕效果

项目制作时增加环境特效不仅可以增加用户在浏览场景时的沉浸感，还可以使场景更丰富多彩。

01 在VRP编辑器中，打开【创建对象】|【天空盒】面板，单击【新建】按钮，在弹出的对话框中，分别添加在3ds Max中渲染出的六张图片，然后存入样式库，在这里主要了解天空盒的制作，如图8-4-1所示。

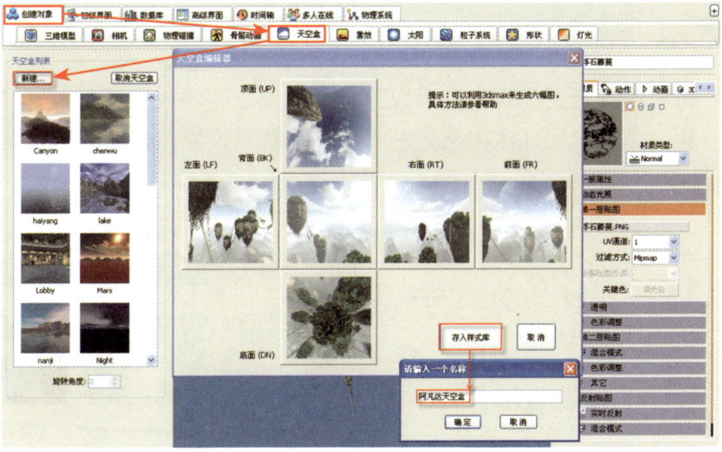

图8-4-1

02 添加之后双击素材中的天空盒，完成天空盒的添加，如图8-4-2所示。

图8-4-2

03 接着添加太阳光晕效果，打开【创建对象】|【太阳】面板，在【样式列表】栏中双击样式，添加太阳光晕，如图8-4-3所示。

图8-4-3

8.4.2 添加粒子特效

01 为了使场景更加真实，可以给场景添加一些特效粒子，打开【创建对象】|【粒子系统】面板，添加“阿凡达夜色光芒（蓝）”粒子效果，如图8-4-4所示。

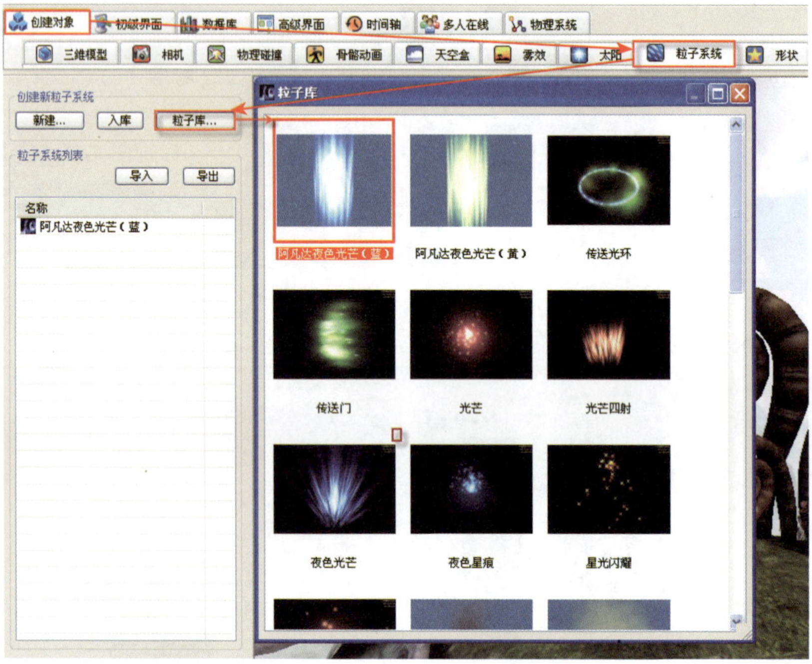

图8-4-4

02 接着在场景中预览粒子效果，如图8-4-5所示。

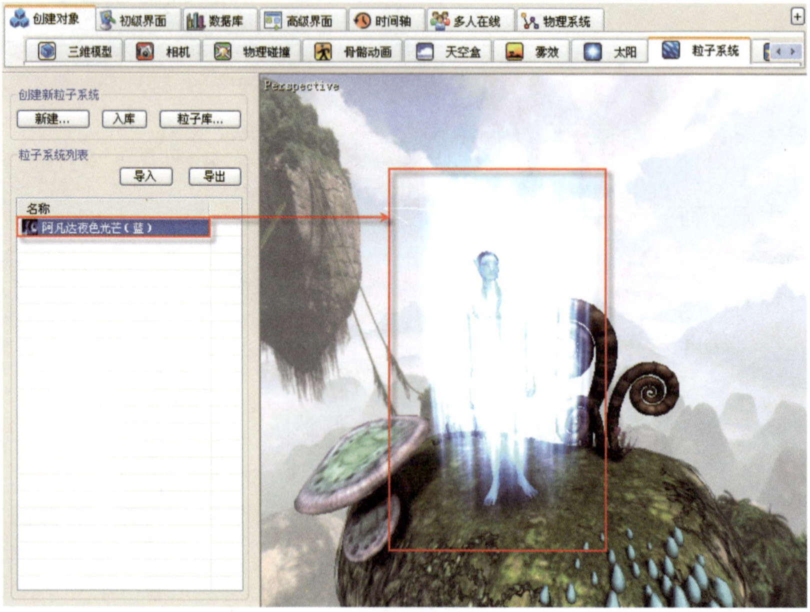

图8-4-5

03 使用同样的方法添加场景中其他的粒子效果，最后添加“阿凡达传递光环”效果，并进行预览，如图 8-4-6 所示。

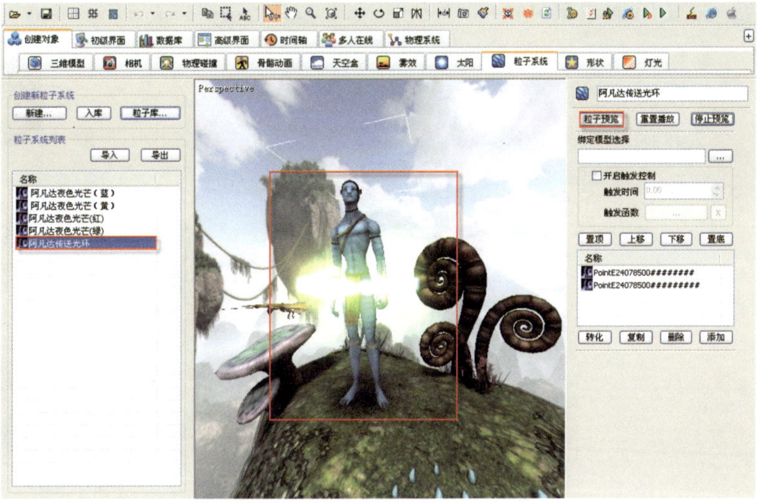

图8-4-6

04 继续添加“阿凡达魔法光环”效果，模拟箭射出去时的特效效果，并进行预览，如图 8-4-7 所示。

图8-4-7

05 接着添加模拟枪口火焰的粒子，并预览效果，如图8-4-8 所示。

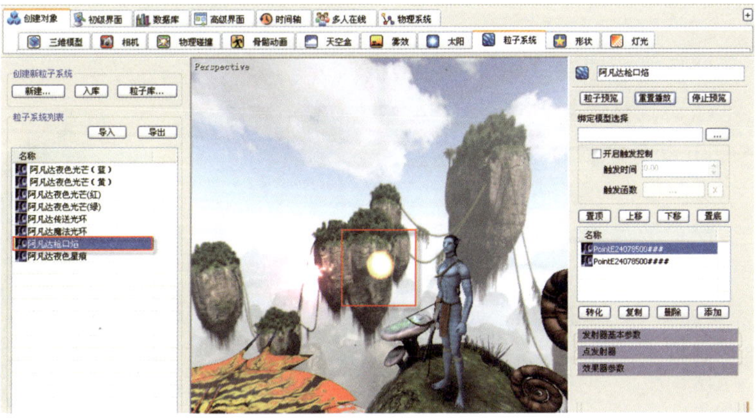

图8-4-8

06 继续添加“阿凡达夜色星痕”特效粒子效果，模拟植物上的粒子效果，然后预览效果，如图8-4-9所示。

图8-4-9

8.5 界面设置

场景中的交互界面是非常重要的元素之一，将高级界面与时间轴完美结合，可以制作出丰富多彩的界面动画，同时将其与脚本编辑器结合，可更好地实现多功能的交互效果。

本章案例中使用时间轴与高级界面结合实现了界面的动画效果，以及角色各个动作的切换效果，使场景实现了完美绚丽的交互。

8.5.1 创建高级界面

01 打开【高级界面】|【窗口】面板，单击【新建窗口】按钮，然后在绘图窗口中拖动鼠标以绘制窗口，将其命名为“杰克头像”，然后修改窗口的属性，并调整【对齐方式】为“左下”，如图8-5-1所示。

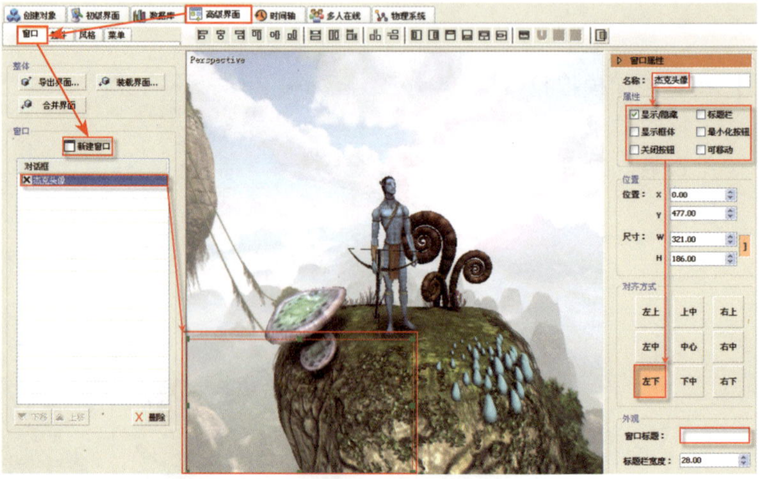

图8-5-1

02 打开【高级界面】|【控件】面板，单击【静态图片】按钮，然后在绘图窗口中拖动鼠标以绘制图片控件，如图8-5-2所示。

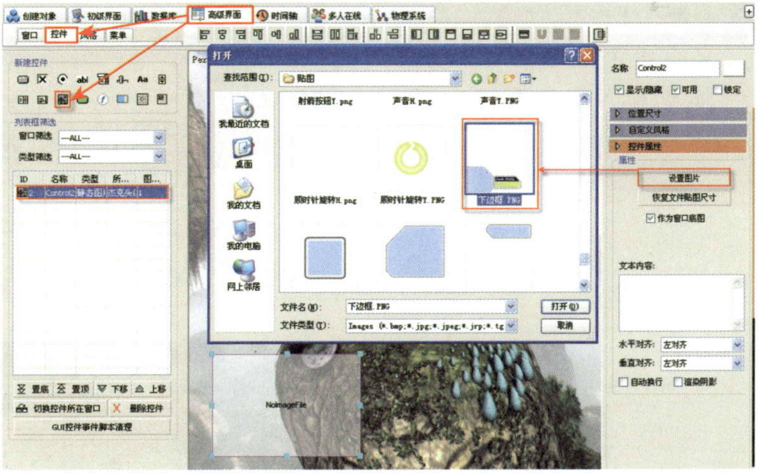

图8-5-2

03 在右侧属性面板中修改控件名称为“左下角底图”，然后取消勾选【作为窗口底图】复选框，如图 8-5-3 所示。

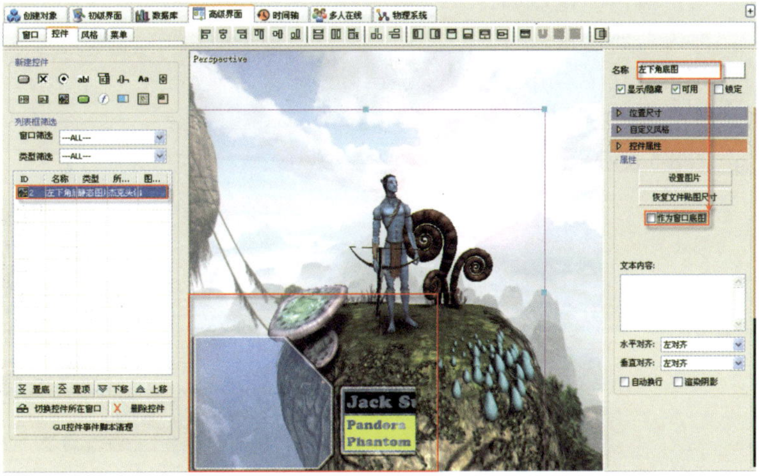

图8-5-3

04 调整窗口的大小，让图片完整地显示出来，如图 8-5-4 所示。

图8-5-4

05 继续在【杰克头像】窗口中添加图片，加载ATX动态贴图，如图8-5-5所示。

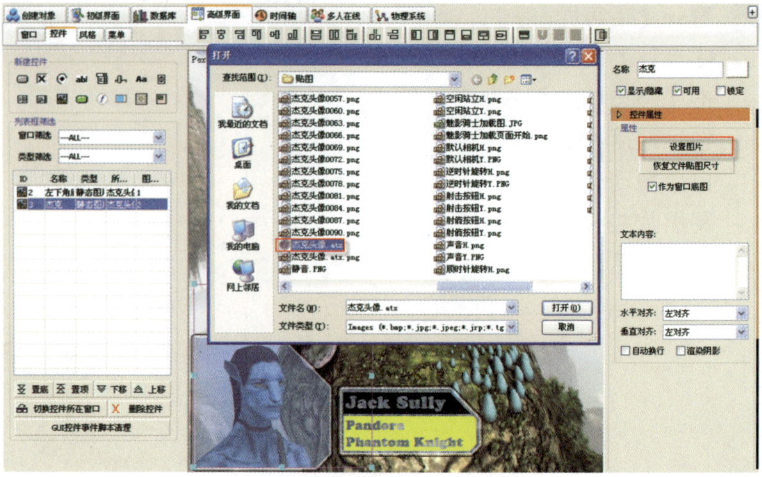

图8-5-5

06 创建窗口，修改名称为“视角窗口”，并调整其【对齐方式】为“右上”，如图8-5-6所示。

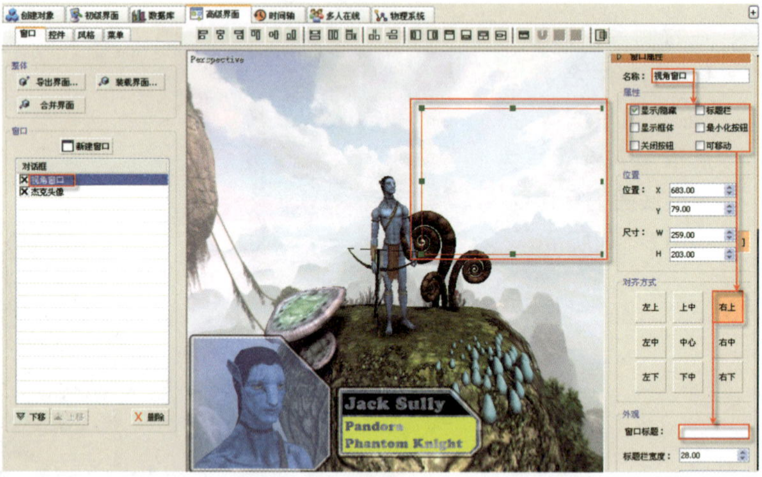

图8-5-6

07 添加“视角窗口”中的底图，并在上面添加图片按钮，分别设置按钮在不同状态的图片，如图8-5-7所示。

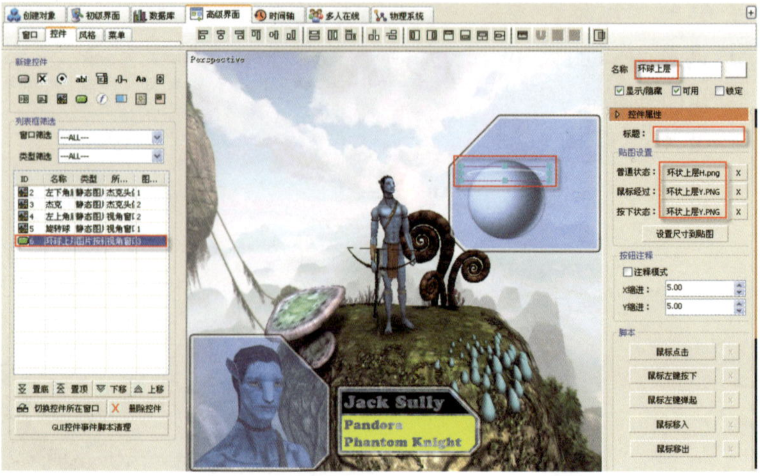

图8-5-7

08 使用同样的方法，创建“视角窗口”中其他的图片按钮，如图8-5-8所示。

图8-5-8

09 创建窗口，修改名称为“拉弓射箭”，调整其【对齐方式】为“右上”，如图8-5-9所示。

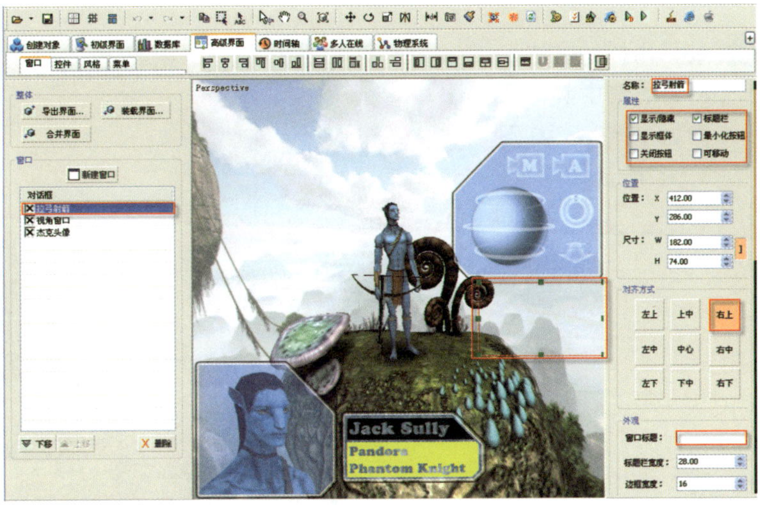

图8-5-9

10 打开【高级界面】|【控件】面板，单击【静态图片】按钮，创建【拉弓射箭】窗口的底图，如图8-5-10所示。

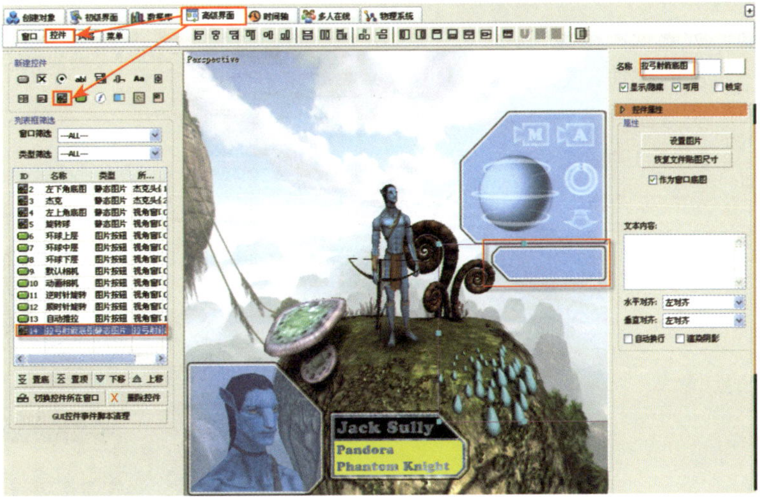

图8-5-10

11 接着创建拉弓射箭的图片按钮，并设置不同状态时的图片效果，如图8-5-11所示。

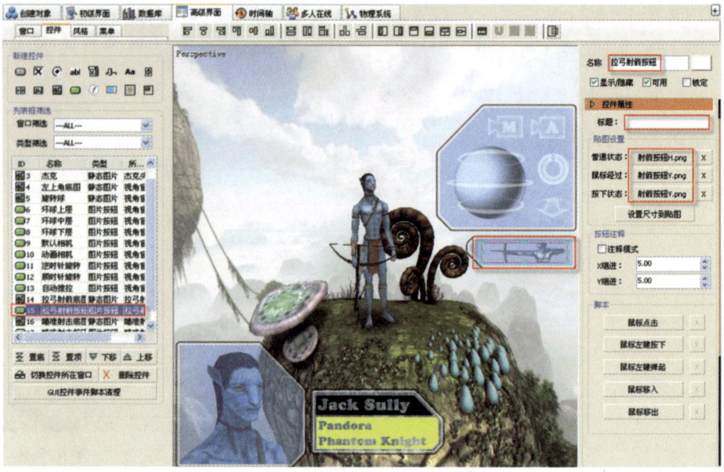

图8-5-11

12 使用同样的方法，创建场景中其他的图片按钮，如图8-5-12所示。

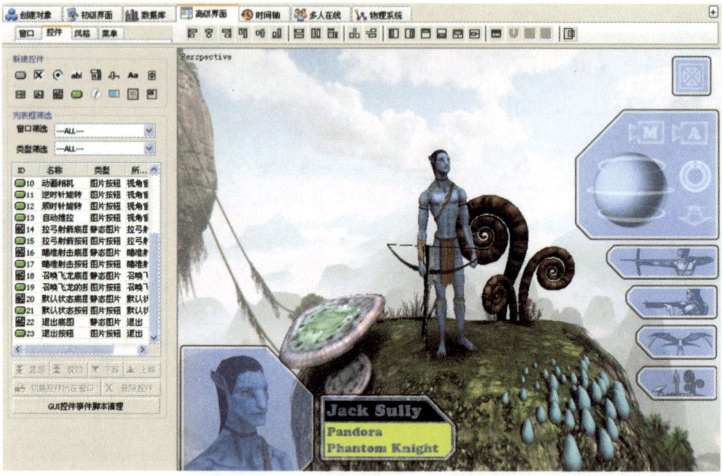

图8-5-12

13 创建控制场景中声音的控件，创建滑块与图片按钮，如图8-5-13所示。

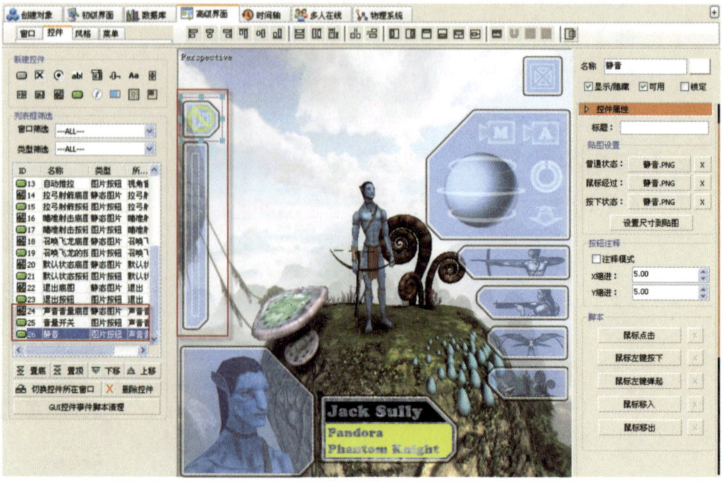

图8-5-13

8.5.2　创建初级界面

使用初级界面创建加载界面与隐形按钮，然后结合时间轴与高级界面，完成界面动画的制作效果。

01 创建图片加载界面与开始按钮，可以通过【上移】或者【下移】按钮调整加载界面与开始按钮的顺序，如图8-5-14所示。

图8-5-14

02 接着创建色块，并设置颜色为白色，然后创建按钮，设置按钮的属性为“整体透明”，设置【透明度】为“1”，如图8-5-15所示。

图8-5-15

注：

设置【透明度】为1，不仅可以实现隐藏按钮的效果，而且还可以实现脚本交互。

8.6 时间轴动画的制作

VRP编辑器中的时间轴除了可以对场景中的模型、相机、骨骼做动画以外，还可以给界面做动画。在本章案例中使用时间轴与界面结合，制作动态的界面效果。

8.6.1 设置界面动画

01 新建时间轴，设置时间为0.3s，并修改时间轴的名称为“界面动画”，如图8-6-1所示。

图8-6-1

注：

启用【时间轴】面板下的【锁定窗口】按钮，当界面由【时间轴】界面切换到其他界面时，【时间轴】界面可以在上面保留，这样方便其他界面的动画制作。

02 切换到【高级界面】|【窗口】面板下，在第0.00s的位置，分别选择界面窗口，单击【记录关键帧】按钮，记录所有窗口控件在第0.00s位置的状态，如图8-6-2所示。

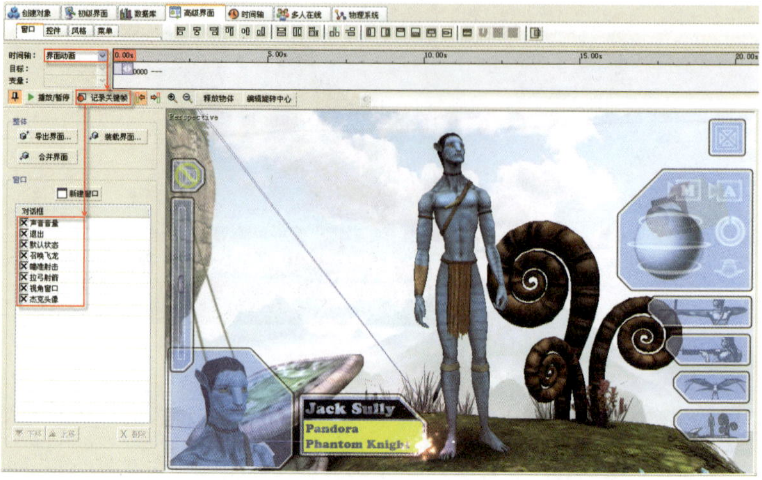

图8-6-2

03 选择“默认状态”窗口，将时间滑块拖到0.05s的位置，然后将“默认窗口”窗口向右移动到屏幕外边，如图8-6-3所示。

图8-6-3

04 选择“召唤飞龙”窗口，将时间滑块拖到0.10s的位置，然后将“召唤飞龙”窗口向右移动到屏幕外边，如图8-6-4所示。

图8-6-4

05 选择“瞄准射击”窗口，将时间滑块拖到0.15s的位置，然后将“瞄准射击”窗口向右移动到屏幕外边，如图8-6-5所示。

图8-6-5

06 选择“拉弓射箭”窗口，将时间滑块拖到0.20s的位置，然后将“拉弓射箭”窗口向右移动到屏幕外边，如图8-6-6所示。

图8-6-6

07 选择“视角窗口”窗口，将时间滑块拖到0.25s的位置，然后将“视角窗口”向右移动到屏幕外边，如图8-6-7所示。

图8-6-7

08 选择“退出”窗口，将时间滑块拖到0.30s的位置，然后将“退出”窗口向右移动到屏幕外边，如图8-6-8所示。

图8-6-8

09 选择“声音音量”窗口，将时间滑块拖到0.30s的位置，然后将“声音音量”窗口向左移动到屏幕外边，如图8-6-9所示。

图8-6-9

10 选择“杰克头像”窗口，将时间滑块拖到0.30s的位置，然后将“杰克头像”向下移动到屏幕外边，完成界面动画的制作，如图8-6-10所示。

图8-6-10

8.6.2 设置瞄准射击动画

01 新建时间轴，时间设置为12s，并修改时间轴的名称为“瞄准射击”，如图8-6-11所示。

02 打开【时间轴】面板，在【脚本触发】卷展栏下面【新建】时间为0.10s，在0.10s的时间下面添加【开启关闭粒子】、【重新播放粒子】以及【播放音乐】脚本，在播放时间轴到0.10s的时候，实现播放粒子效果以及粒子音效的效果，如图8-6-12所示。

03 新建时间0.30s，在0.30s的位置需要执行的首先是将角色的默认动作清除，添加【清除骨骼动作】脚本，接着让角色播放动作“持枪1”，添加【播放骨骼动作】脚本，最后在播放动作的同时，需要让步枪进行显示，添加【显示隐藏物体】脚本，如图8-6-13所示。

图8-6-11

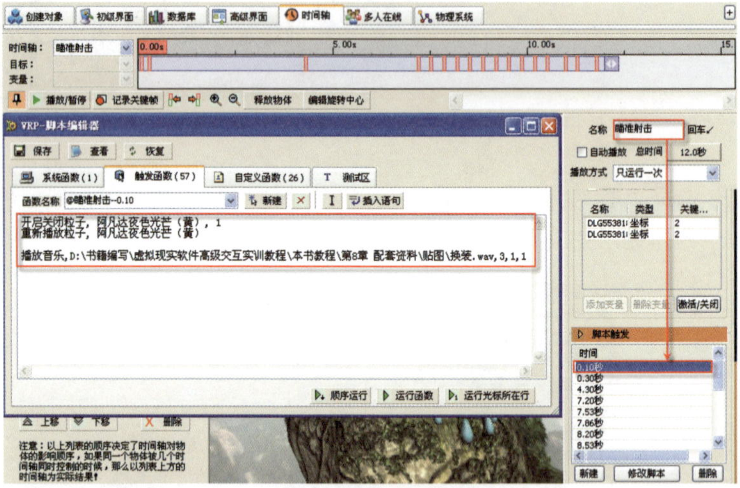

图8-6-12

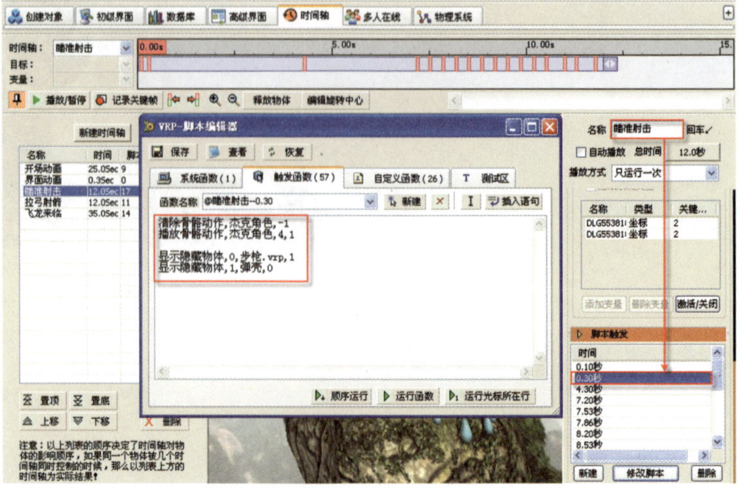

图8-6-13

注：

【清除骨骼动作】与【播放骨骼动作】脚本中的动作序号需要与编辑器【骨骼动作】中动作面板里面的动作序号一致。

04 新建时间 4.30s，在 4.30s 的位置需要执行的首先是将角色的默认动作清除，添加【清除骨骼动作】脚本，然后让角色播放动作“持枪 2”，添加【播放骨骼动作】脚本，如图 8-6-14 所示。

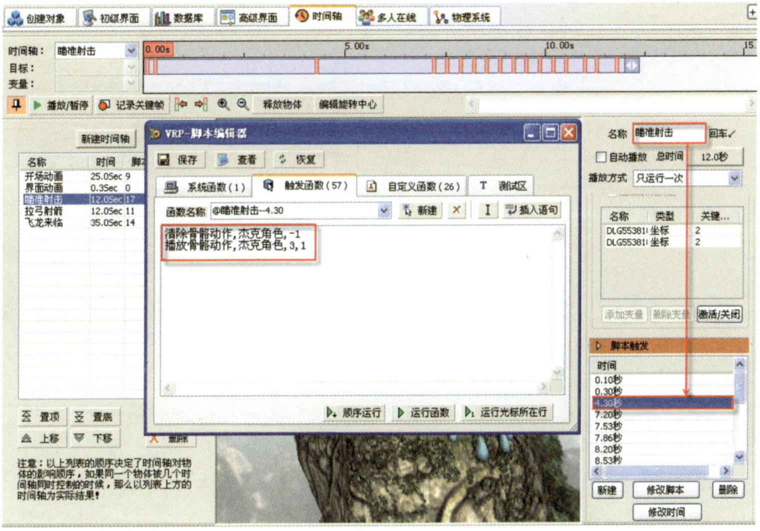

图 8-6-14

05 新建时间 7.20s，在 7.20s 的位置需要执行的首先是将角色的默认动作清除，添加【清除骨骼动作】脚本，然后让角色播放动作“持枪 3”，添加【播放骨骼动作】脚本，同时，在播放骨骼动作的同时，也播放步枪的动画和枪口的火焰效果以及打枪的音乐效果，继续添加【播放刚体动画】、【显示隐藏物体】和【播放音乐】脚本，如图 8-6-15 所示。

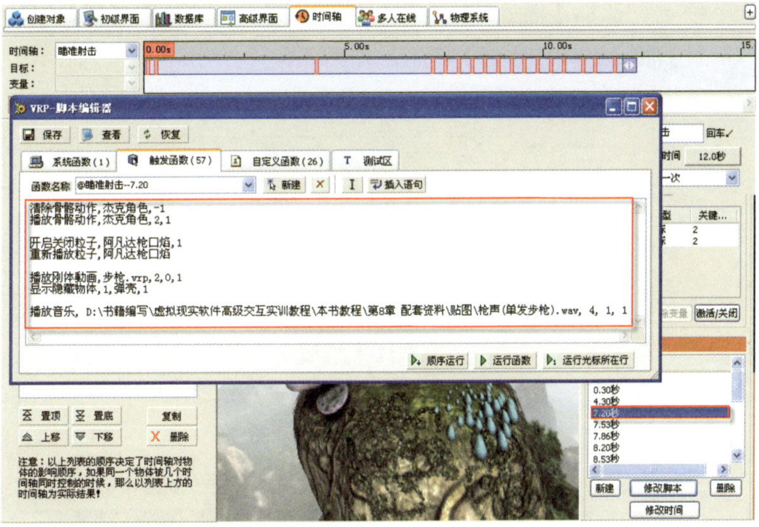

图 8-6-15

06 新建时间7.53s，在7.53s的位置继续添加【播放刚体动画】、【重新播放粒子】和【播放音乐】脚本，如图8-6-16所示。

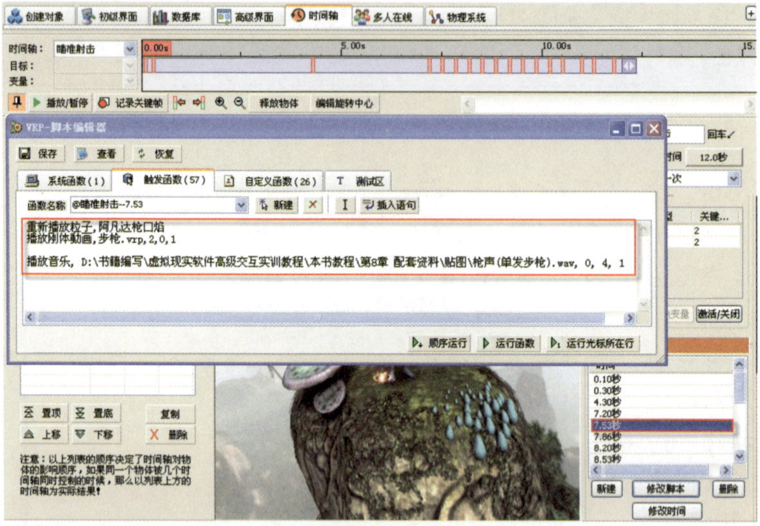

图8-6-16

注：

时间7.86s、8.20s、8.53s、8.86s、9.20s、9.53s、9.86s、10.20s下面添加的脚本与时间7.53s的一样，直接复制即可。

07 新建时间 10.53s，在 10.53s 的位置需首先添加【清除骨骼动作】脚本，然后让角色播放动作“持枪 4”，添加【播放骨骼动作】脚本，同时继续添加【播放刚体动画】、【恢复物体至初始位置】和【时间轴暂停】脚本，如图 8-6-17 所示。

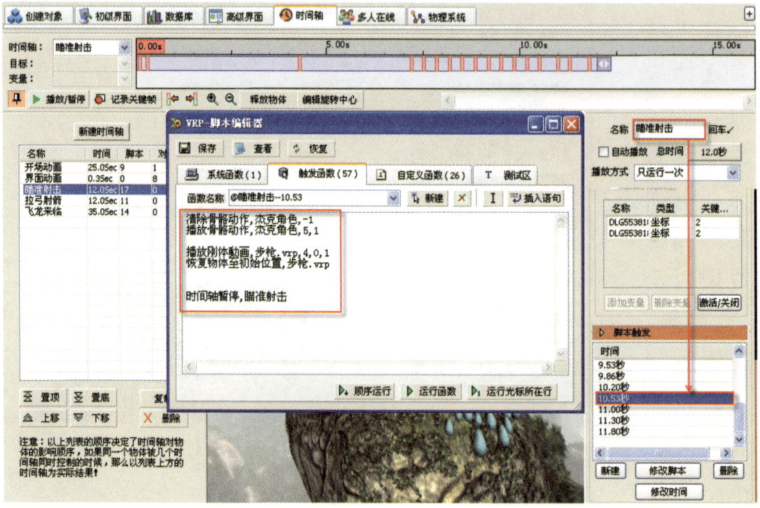

图8-6-17

08 新建时间11.00s，在11.00s的位置让角色播放动作“持枪3”，添加【清除骨骼动作】和【播放骨骼动作】脚本，同时继续添加【播放刚体动画】、【显示隐藏物体】、【重新播放粒子】和【播放音乐】脚本，如图8-6-18所示。

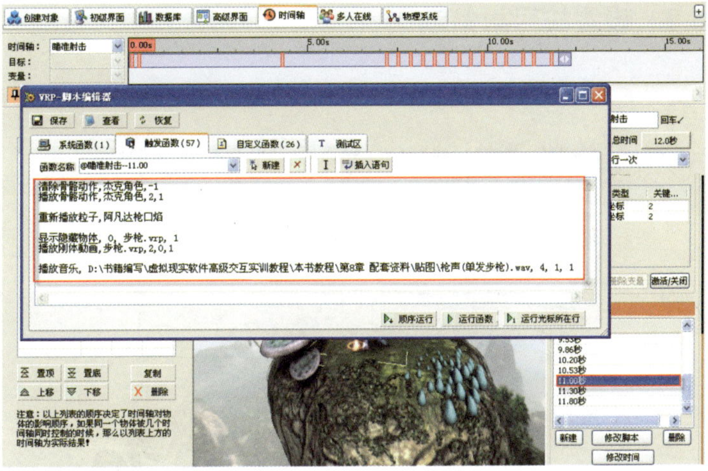

图8-6-18

09 新建时间11.30s，在时间11.30s的位置添加与时间10.53s相同的脚本，直接复制过来即可，如图8-6-19所示。

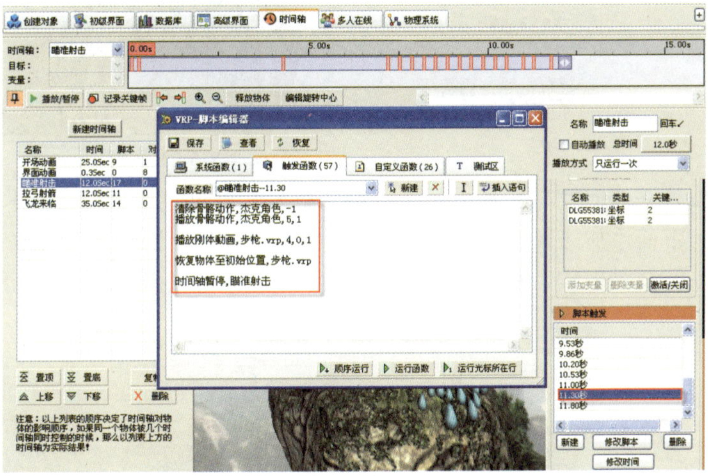

图8-6-19

10 新建时间 11.80s，在11.80s 的位置将角色恢复到默认状态，并暂停当前时间轴，添加【执行内部函数】脚本，然后新建【角色默认状态】函数将场景中的角色恢复到默认状态，同时，暂停当前时间轴动画，如图8-6-20 所示。

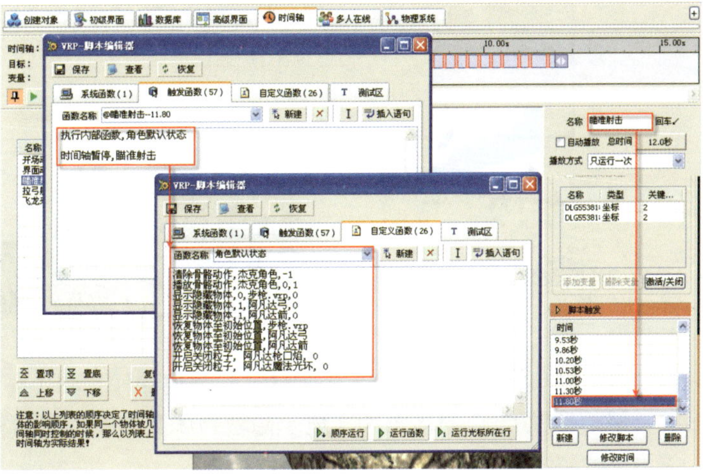

图8-6-20

8.6.3 设置拉弓射箭动画

01 新建时间轴，时间设置为12s，并修改时间轴的名称为“拉弓射箭”，如图8-6-21所示。

图8-6-21

02 打开【时间轴】面板，在【脚本触发】卷展栏下面【新建】时间为0.10s，在0.10s的时间下面添加【开启关闭粒子】、【重新播放粒子】以及【播放音乐】脚本，在播放时间轴到0.10s的时候，实现播放粒子效果以及粒子音效的效果，如图8-6-22所示。

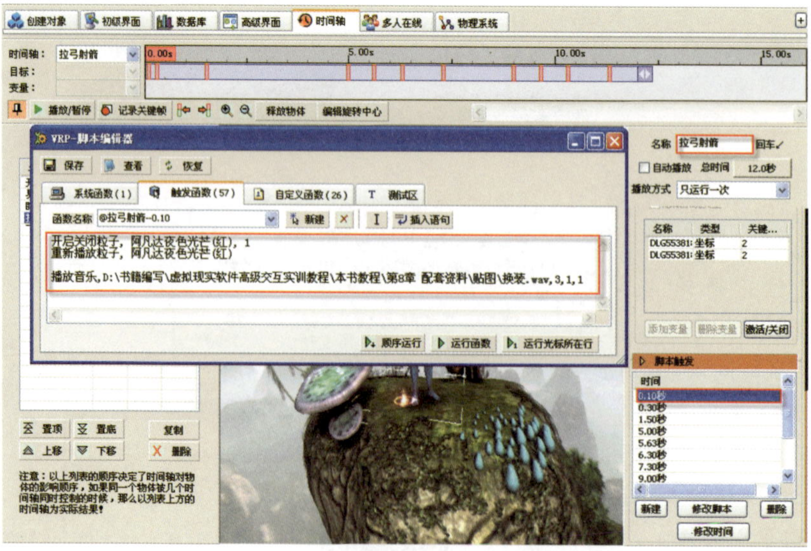

图8-6-22

03 新建时间0.30s，在0.30s的位置添加【清除骨骼动作】和【播放骨骼动作】脚本，播放角色的“射箭动作0”，然后添加【显示隐藏物体】脚本，将步枪隐藏，将弓箭显示，同时播放弓箭的刚体动画，如图8-6-23所示。

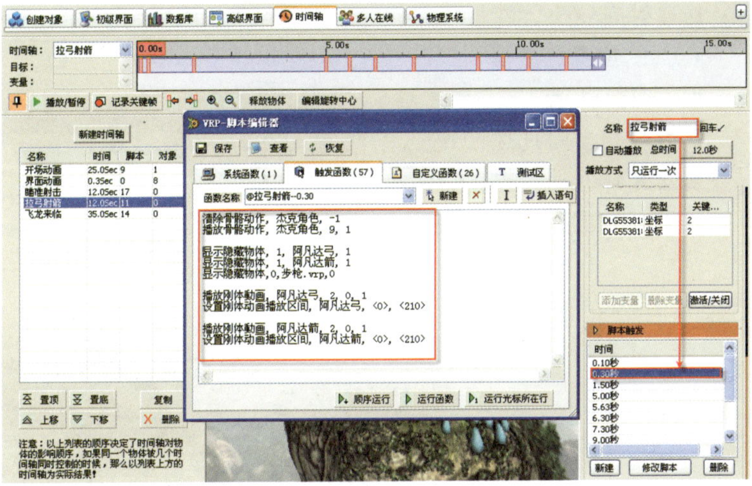

图8-6-23

04 新建时间1.50s，在1.50s的位置开启“阿凡达魔法光环”特效，同时播放拉弓射箭时的音乐文件，因此添加【开启关闭粒子】、【重新播放粒子】和【播放音乐】脚本，如图8-6-24所示。

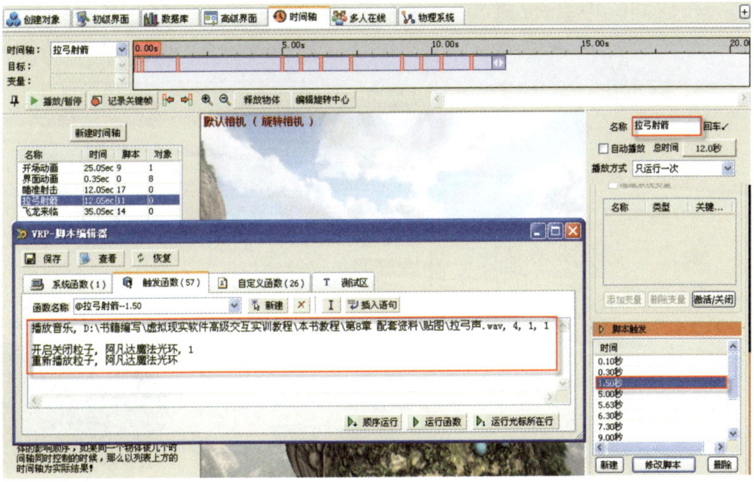

图8-6-24

05 新建时间 5.00s，在 5.00s 的位置添加【播放音乐】脚本，如图 8-6-25 所示。

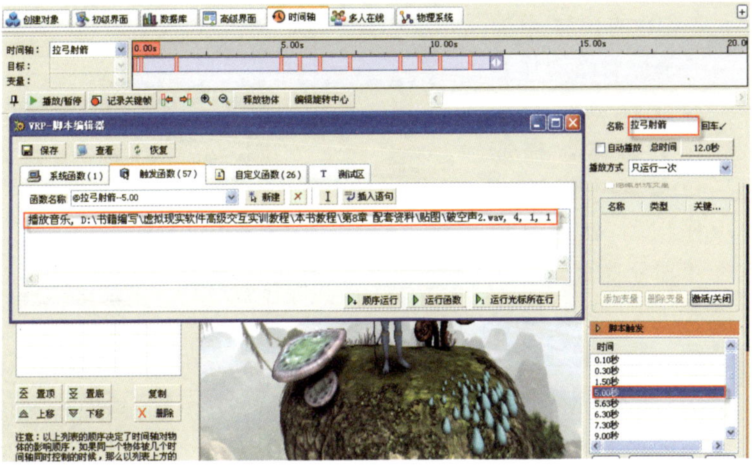

图8-6-25

06 新建时间5.63s，在5.63s的位置隐藏模型“阿凡达箭”，然后开启“阿凡达魔法光环”的特效效果，如图8-6-26所示。

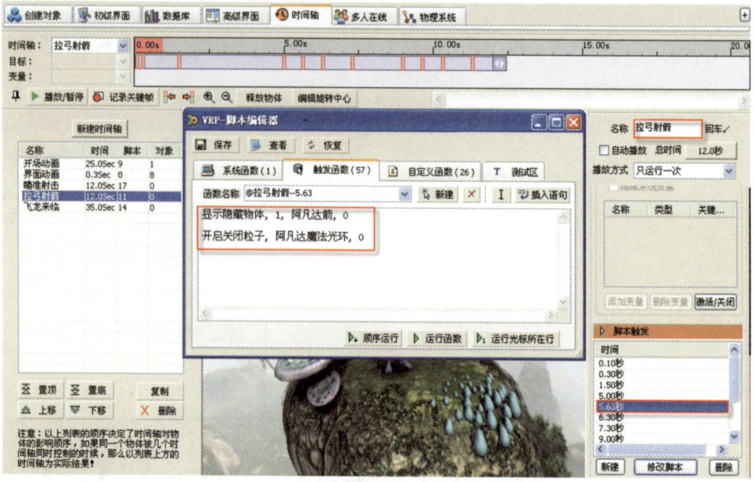

图8-6-26

07 在时间6.30s的位置继续添加播放拉弓射箭时的音乐文件，同时继续开启魔法光环，然后显示模型“阿凡达箭”，如图8-6-27所示。

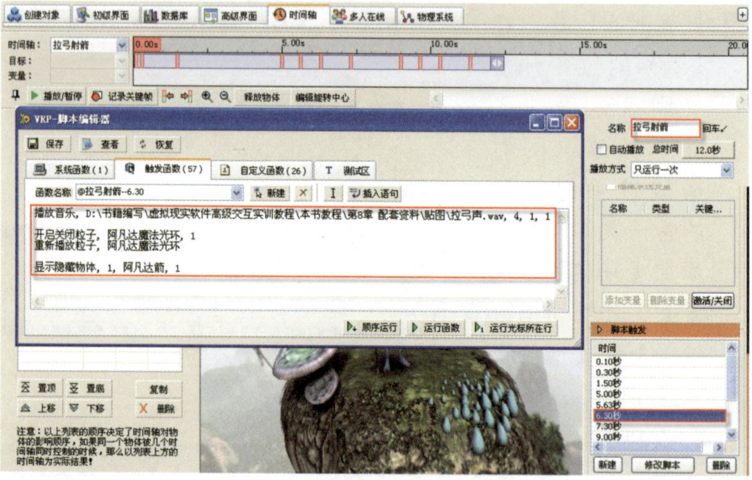

图8-6-27

08 新建时间7.30s，在7.30s的位置添加【清除骨骼动作】和【播放骨骼动作】脚本，播放角色的“射箭动作1”，然后添加【显示隐藏物体】脚本，将步枪隐藏，将弓箭进行显示，同时播放弓箭的刚体动画，如图8-6-28所示。

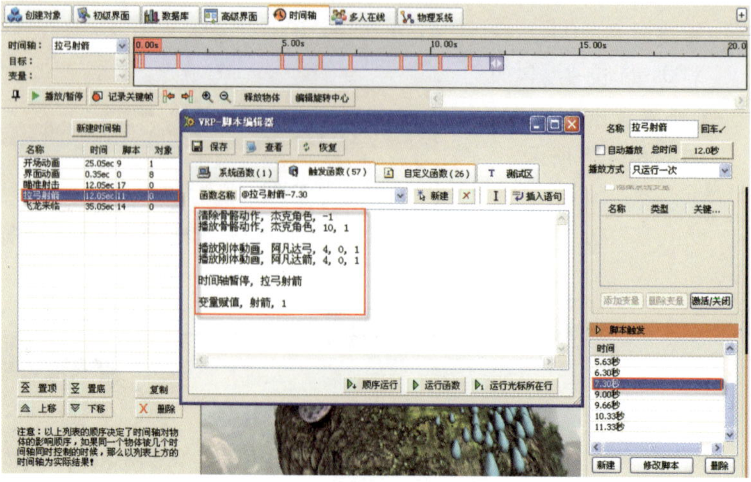

图8-6-28

注：

其中【变量赋值】脚本是根据后面的【拉弓射箭】按钮的变量值所编写的，让时间轴到达7.30s的时候，可以执行【拉弓射箭】按钮变量为1时所执行的脚本。

09 新建时间9.00s，在9.00s的位置添加【清除骨骼动作】和【播放骨骼动作】脚本，同时播放阿凡达弓箭的刚体动画，并选择相应的动画区间，最后添加拉弓声的音乐脚本和【播放时间轴】脚本，如图8-6-29所示。

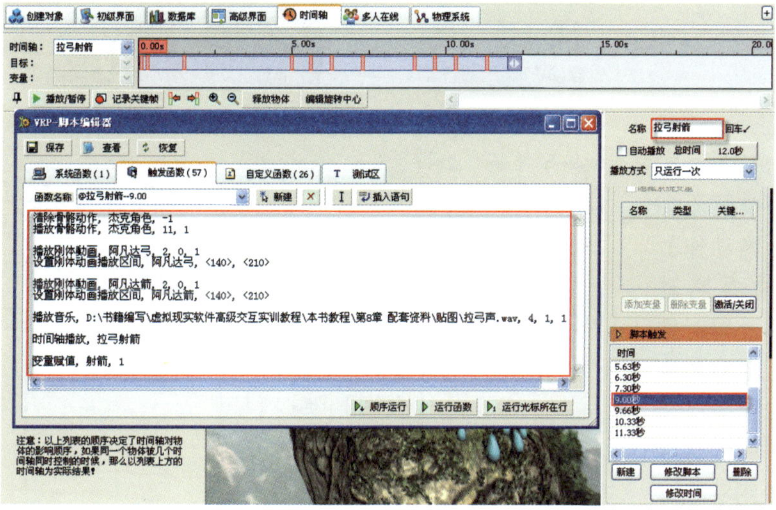

图8-6-29

10 新建时间9.66s，在9.66s的位置隐藏“阿凡达箭”模型，同时关闭“阿凡达魔法光环”粒子效果，如图8-6-30所示。

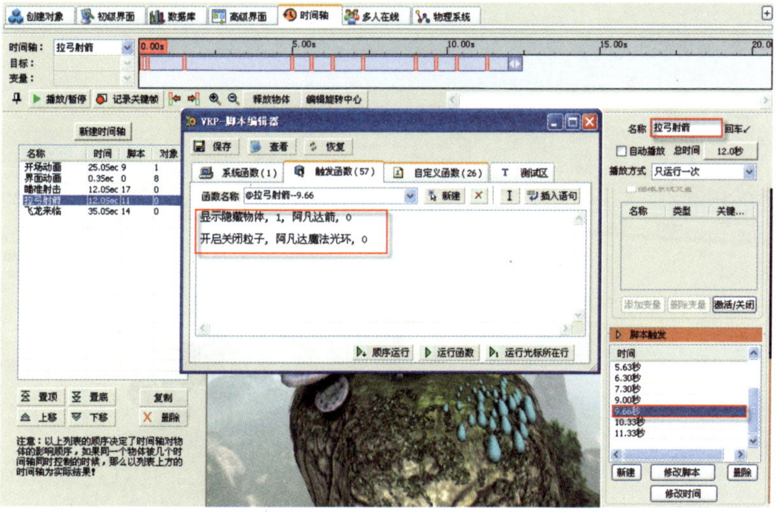

图8-6-30

11 新建时间10.33s，在10.33s的位置显示模型“阿凡达箭”，并添加拉弓声的音乐脚本，同时开启“阿凡达魔法光环”粒子特效，如图8-6-31所示。

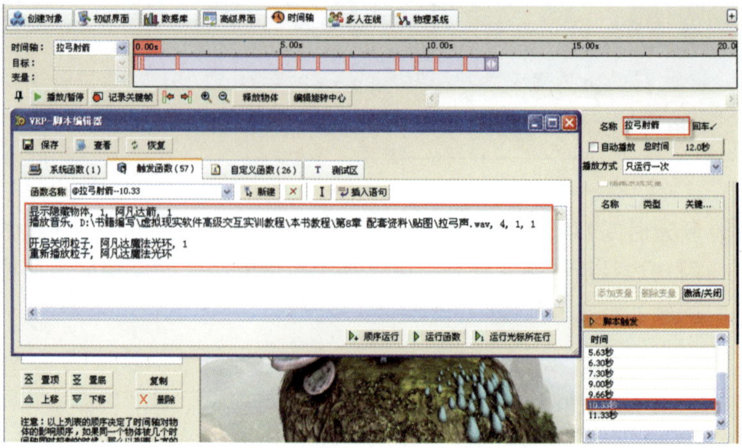

图8-6-31

12 新建时间11.33s，在11.33s的位置添加【清除骨骼动作】和【播放骨骼动作】脚本，同时播放阿凡达弓箭的刚体动画，暂停“拉弓射箭”时间轴的动画，如图8-6-32所示。

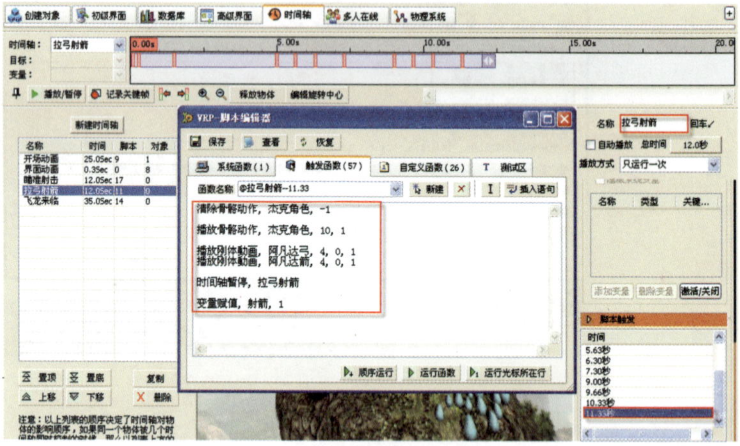

图8-6-32

8.6.4 设置飞龙来临动画

01 新建时间轴，时间设置为35s，并修改时间轴的名称为“飞龙来临”，如图8-6-33所示。

图8-6-33

02 打开【时间轴】面板，在【脚本触发】卷展栏下面【新建】时间为 0.10s，在 0.01s 的时间下面添加【开启关闭粒子】、【重新播放粒子】以及【播放音乐】脚本，在播放时间轴到 0.10s 的时候，实现播放粒子效果以及粒子音效的效果，如图 8-6-34 所示。

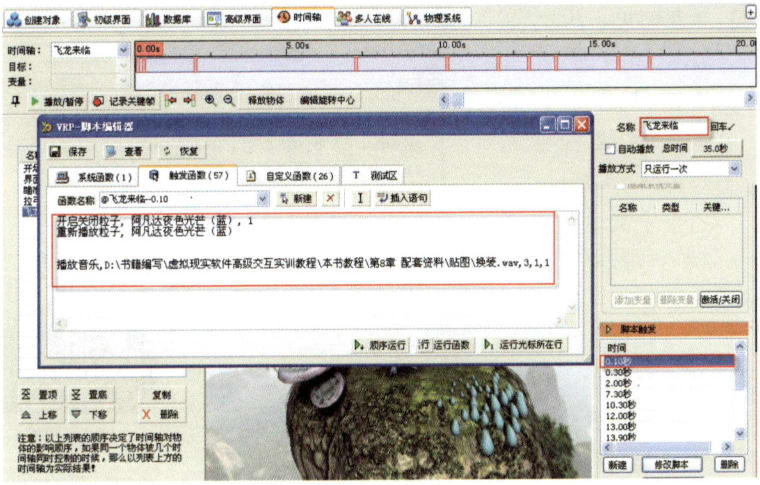

图8-6-34

03 新建时间 0.30s，在 0.30s 的位置需要执行的首先是将角色的默认动作清除，添加【清除骨骼动作】脚本，接着让角色播放动作“召唤”，添加【播放骨骼动作】脚本，最后在播放动作的同时，添加【显示隐藏物体】脚本，将模型“步枪”、“阿凡达箭”隐藏，并将“步枪”模型的动画恢复至初始位置，同时关闭“阿凡达枪口焰”和“阿凡达魔法光环”的特效效果，如图 8-6-35 所示。

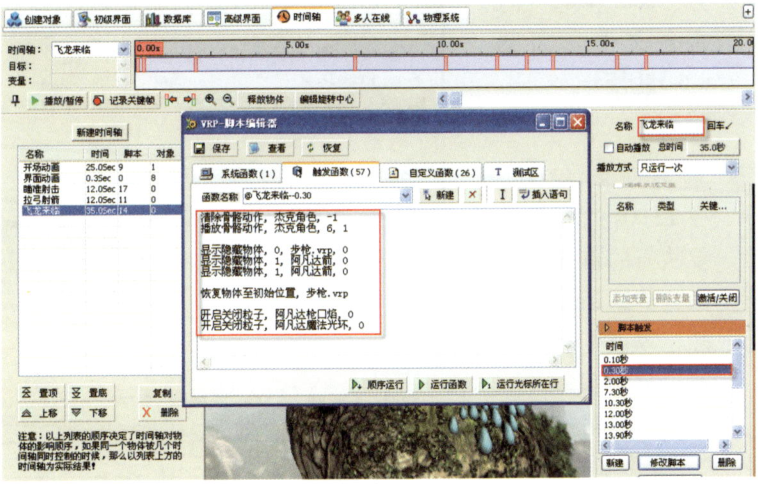

图8-6-35

04 新建时间 2.00s，在 2.00s 的位置添加【暂停/继续动画相机】脚本，继续播放动画相机，如图 8-6-36 所示。

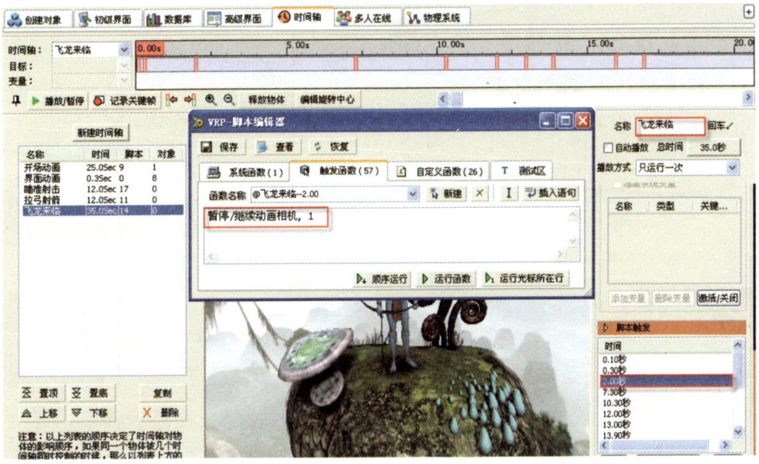

图8-6-36

05 新建时间7.30s，在7.30s的位置添加【播放音乐】脚本，播放名称为“AaAaAa.wav”的音乐文件，如图8-6-37所示。

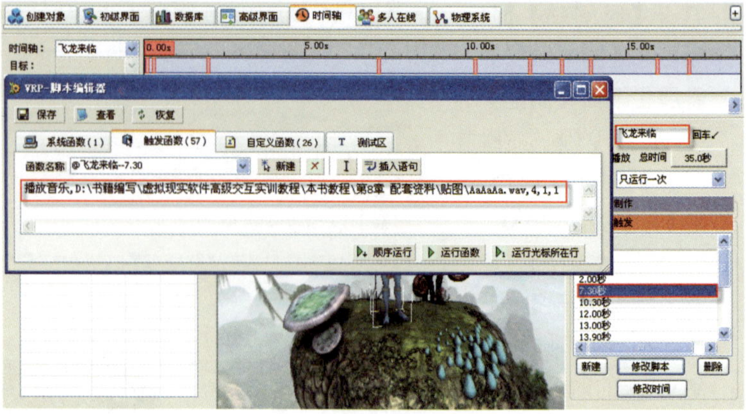

图8-6-37

06 新建时间10.30s，在10.30s的位置添加【播放音乐】脚本，播放名称为“yeah.wav”的音乐文件，如图8-6-38所示。

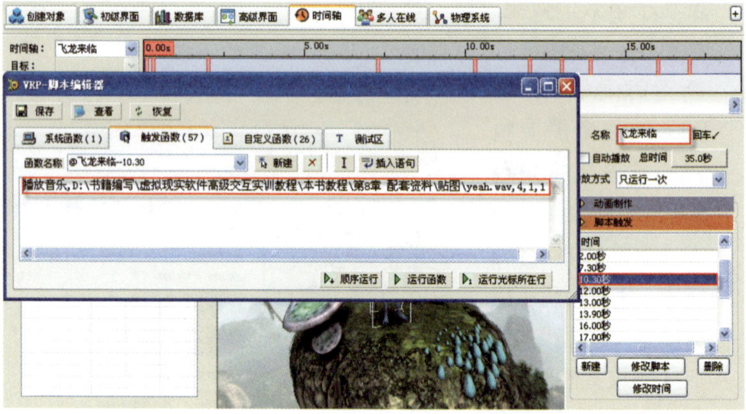

图8-6-38

07 新建时间12.00s，在12.00s的位置需要执行的首先是将角色的默认动作清除，添加【清除骨骼动作】脚本，接着让角色播放动作“飞龙来临”，添加【播放骨骼动作】脚本，添加【变量赋值】脚本，最后添加【执行内部函数】脚本，如图8-6-39所示。

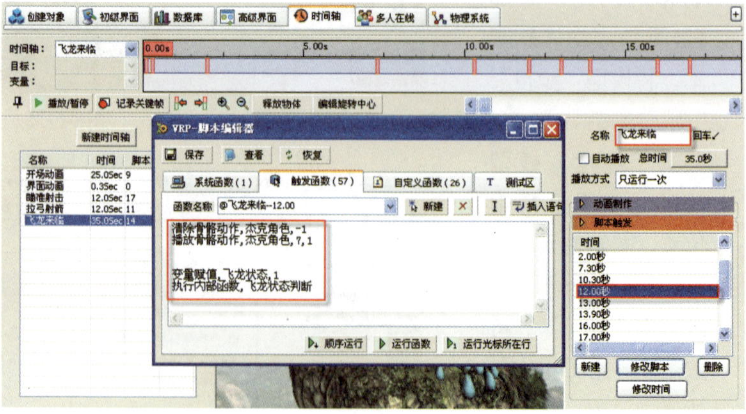

图8-6-39

注：

其中脚本【变量赋值】是根据后面的“飞龙来临”按钮的变量值所编写的，让时间轴到达12.00s的时候，可以执行【飞龙来临】按钮变量值为1时所执行的脚本。【执行内部函数】这个脚本中的【飞龙状态判断】是自定义函数，在本时间轴的最后一步进行讲解。

08 新建时间13.00s，在13.00s的位置添加【播放音乐】脚本，播放名称为“HELLO02.wav”的音乐文件，如图8-6-40所示。

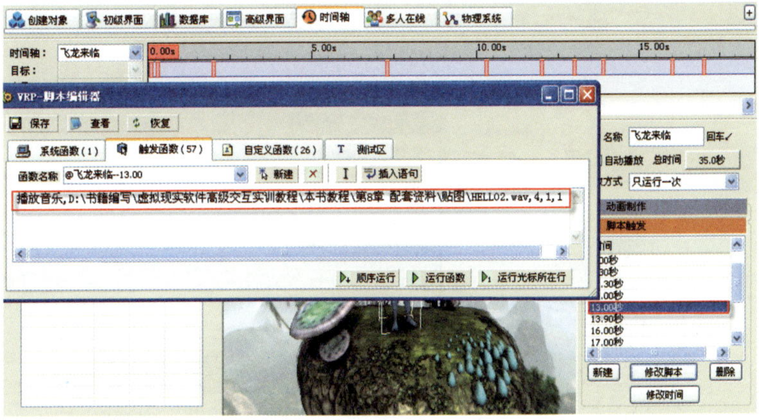

图8-6-40

09 新建时间16.00s，在16.00s的位置添加【播放音乐】脚本，播放名称为“飞龙呼啸而过.wav”的音乐文件”，如图8-6-41所示。

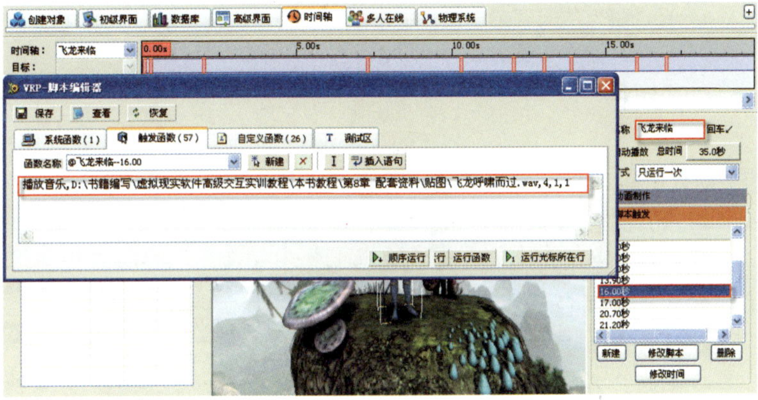

图8-6-41

10 新建时间17.00s，在17.00s的位置添加【播放音乐】脚本，播放名称为“woohoo.wav”的音乐文件，如图8-6-42所示。

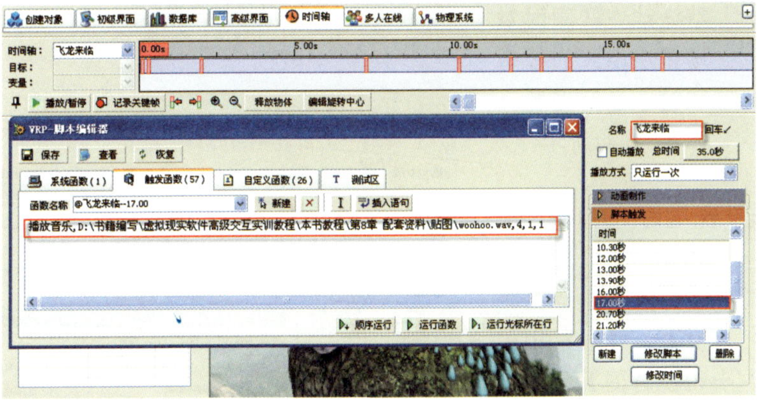

图8-6-42

11 新建时间20.70s，在20.70s的位置添加【时间轴定位】脚本和【时间轴播放】脚本，如图8-6-43所示。

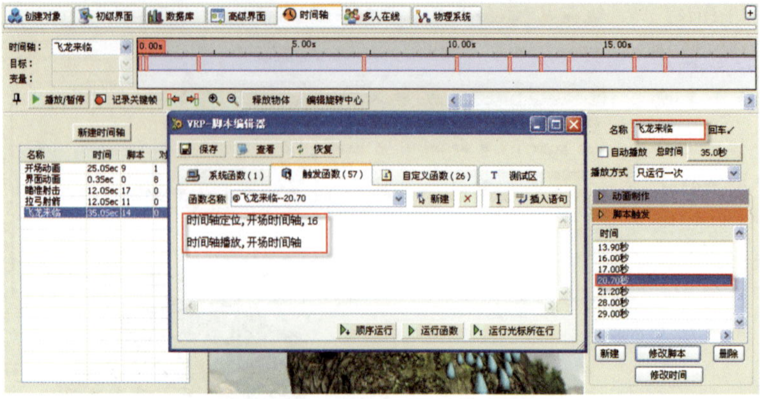

图8-6-43

注：

“开场动画”的时间轴动画，在下面的小节中进行讲解，在“飞龙来临”时间轴的第20.70s的位置需要执行关于“开场动画”的时间轴脚本函数。

12 新建时间21.20s，在21.20s的位置添加【执行内部函数】脚本，【角色动作默认恢复】是自定义函数，在【角色动作默认恢复】函数下面让角色执行默认动作，同时对场景中相应的模型和粒子进行设置，如图8-6-44所示。

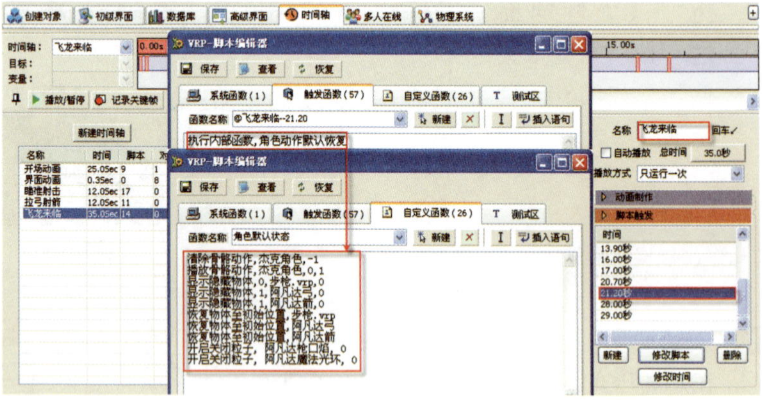

图8-6-44

13 新建时间28.00s，在28.00s的位置添加【暂停/继续动画相机】、【设置相机切换时间】和【切换相机（通过名称）】这三个脚本函数，如图8-6-45所示。

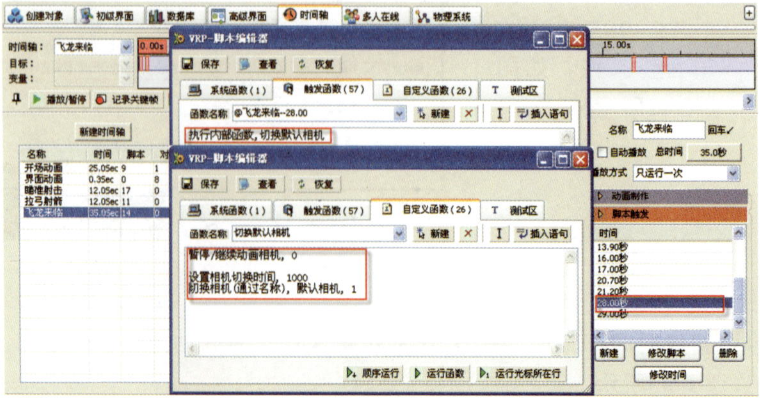

图8-6-45

14 新建时间29.00s，在29.00s的位置添加【停止音乐】和【时间轴停止】这两个脚本函数，如图8-6-46所示。

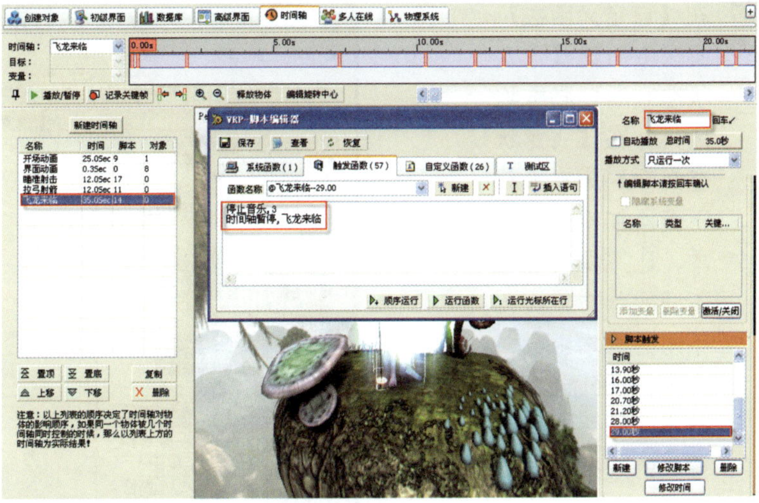

图8-6-46

15 打开【创建对象】|【形状】面板，单击【折线路径】按钮，绘制飞龙飞行的三条路径，如图8-6-46所示。

图8-6-47

16 在【#初始化】函数中编写【定义变量】脚本，如图8-6-48所示。

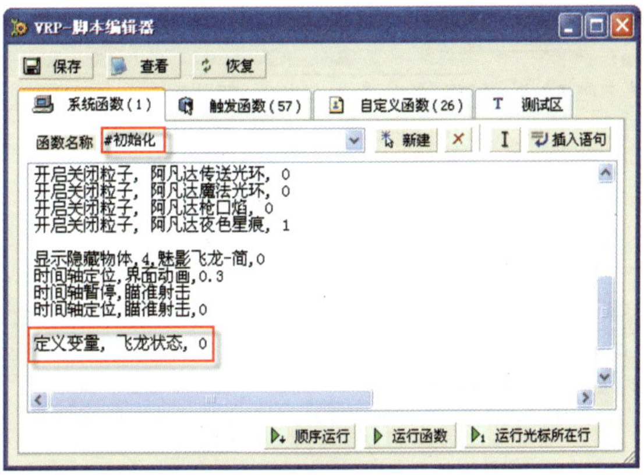

图8-6-48

17 在【自定义函数】面板中新建【飞龙状态判断】脚本函数，并在【飞龙状态判断】脚本函数下面添加相应的脚本，让飞龙实现在不同的状态下执行不同的脚本函数，实现不同路径上面进行不同的飞龙动作播放的效果，如图8-6-49所示。

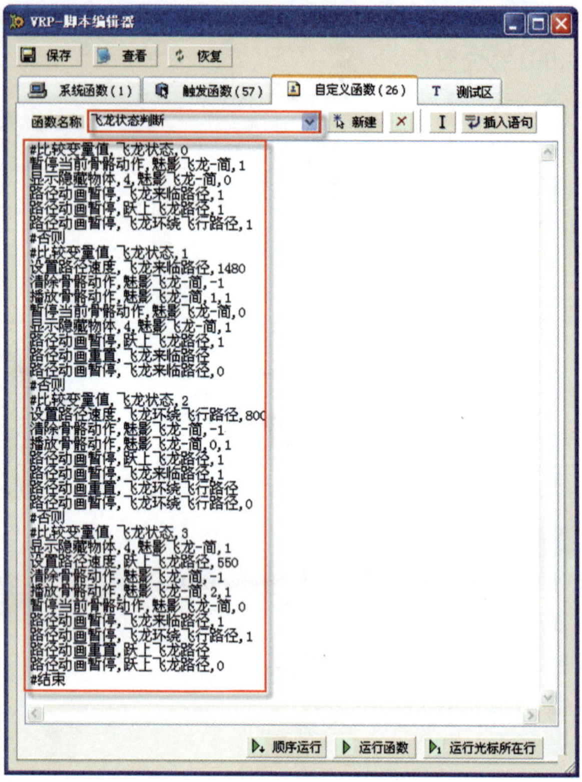

图8-6-49

8.6.5 设置开场动画

01 新建时间轴，时间设置为25.00s，并修改时间轴的名称为“开场动画”，然后单击【锁定窗口】按钮，如图8-6-50所示。

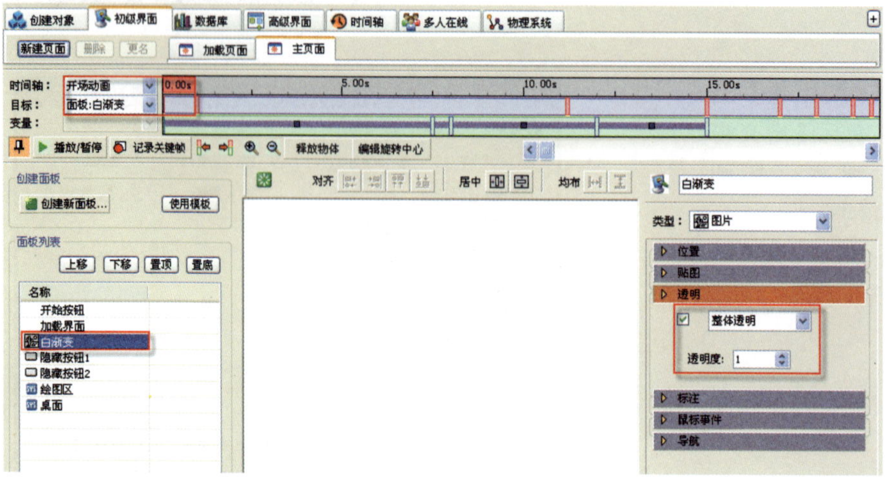

图8-6-50

02 选择【初级界面】面板中名称为“白渐变”的色块，在0.00s的位置设置色块的整体透明度为1，然后单击【记录关键帧】按钮，记录下色块的透明属性，如图8-6-51所示。

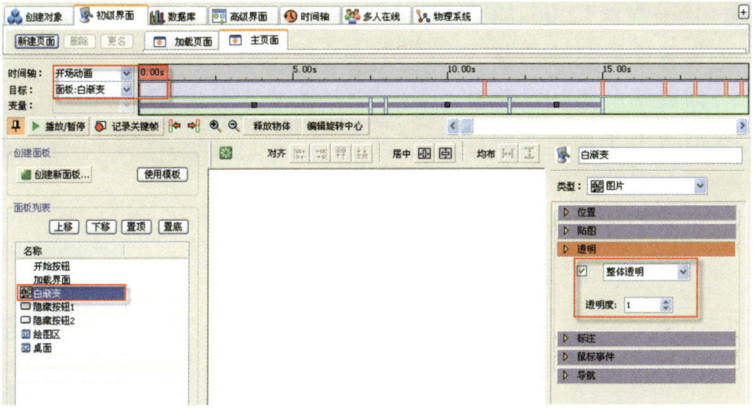

图8-6-51

03 在第7.50s的位置设置色块的整体透明度为1，然后单击【记录关键帧】按钮，记录下色块的透明属性，如图8-6-52所示。

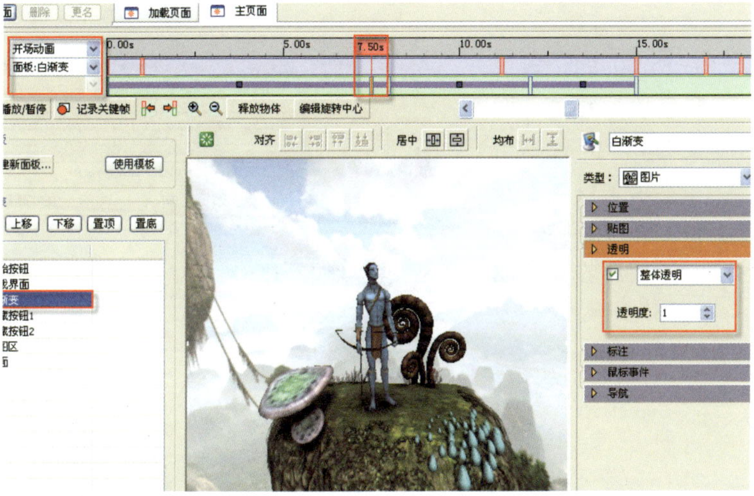

图8-6-52

04 接着在第8.00s的位置设置色块的整体透明度为230，然后单击【记录关键帧】按钮，记录下色块的透明属性，如图8-6-53所示。

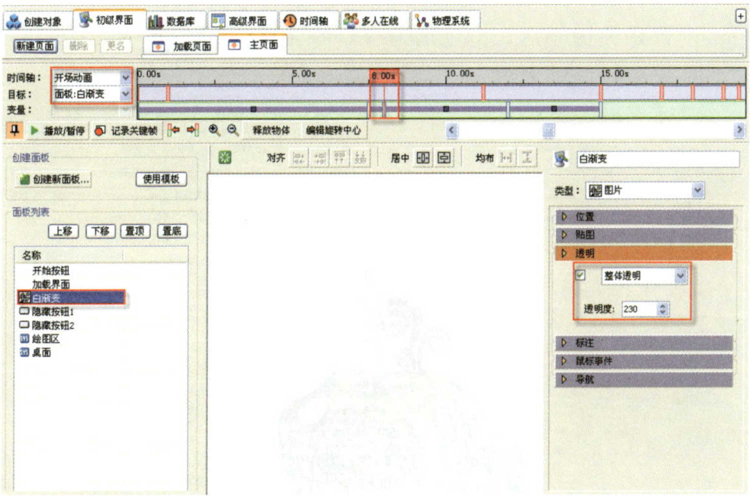

图8-6-53

05 接着在第12.00s的位置设置色块的整体透明度为40，然后单击【记录关键帧】按钮，记录下色块的透明属性，如图8-6-54所示。

图8-6-54

06 在15.00s的位置设置色块的整体透明度为1，接着单击【记录关键帧】按钮，记录下色块的透明属性，如图8-6-55所示。

图8-6-55

07 设置好关键帧后，同样在开场动画时间轴上可以添加相应的脚本交互，选择0.00s的位置，添加相应的脚本，如图8-6-56所示。

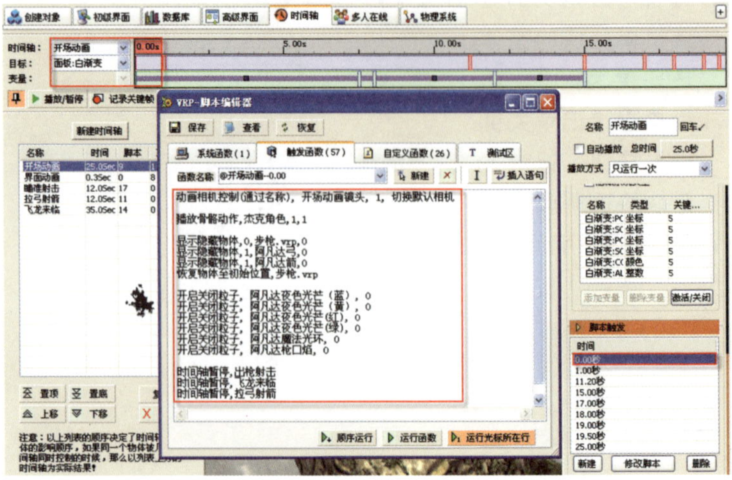

图8-6-56

08 新建时间1.00s，在1.00s的位置添加【清除骨骼动作】和【播放骨骼动作】脚本，播放角色的“攀爬”，然后添加【暂停当前骨骼动作】脚本，让动作继续，如图8-6-57所示。

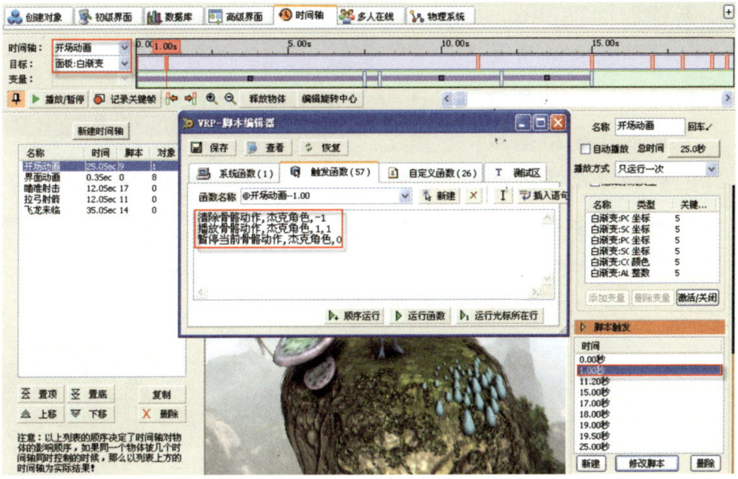

图8-6-57

09 新建时间11.20s，在11.20s的位置添加【清除骨骼动作】和【播放骨骼动作】脚本，执行角色的默认动作，如图8-6-58所示。

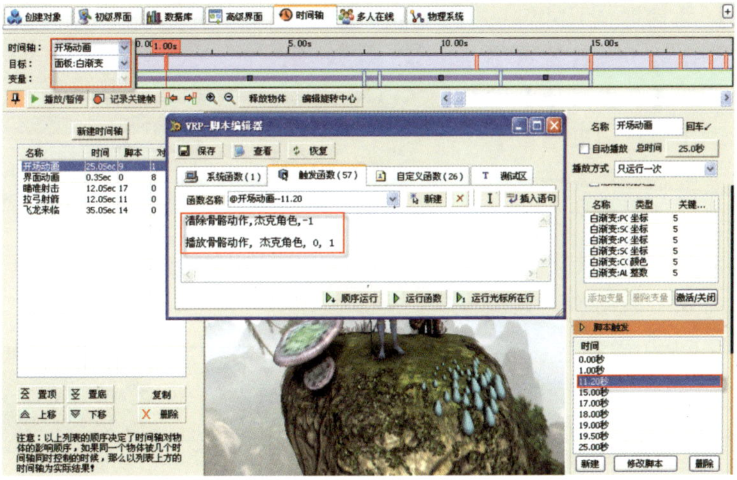

图8-6-58

10 新建时间15.00s，在15.00s的位置让“开场动画”时间轴动画暂停，如图8-6-59所示。

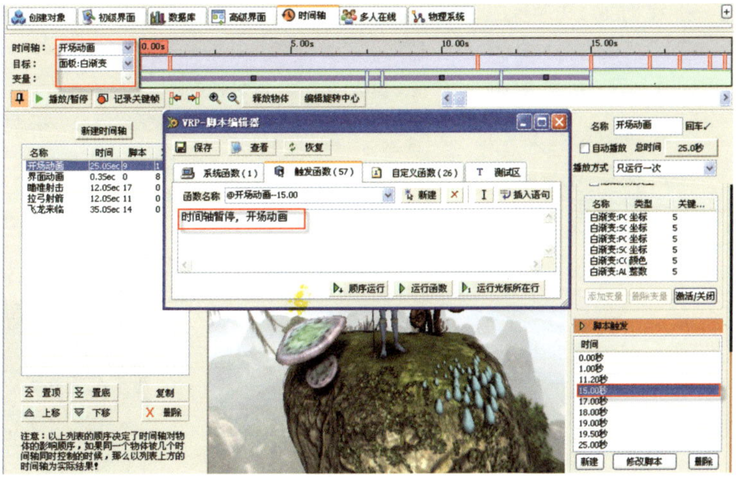

图8-6-59

注：

在时间 17.00s 位置添加的脚本函数与时间 15.00s 位置添加的脚本函数相同，直接复制即可。

11 新建时间18.00s，在18.00s的位置添加【开启关闭粒子】、【重新播放粒子】以及【播放音乐】脚本，在播放时间轴到18.00s的时候，实现播放粒子效果以及粒子音乐的效果，如图8-6-60所示。

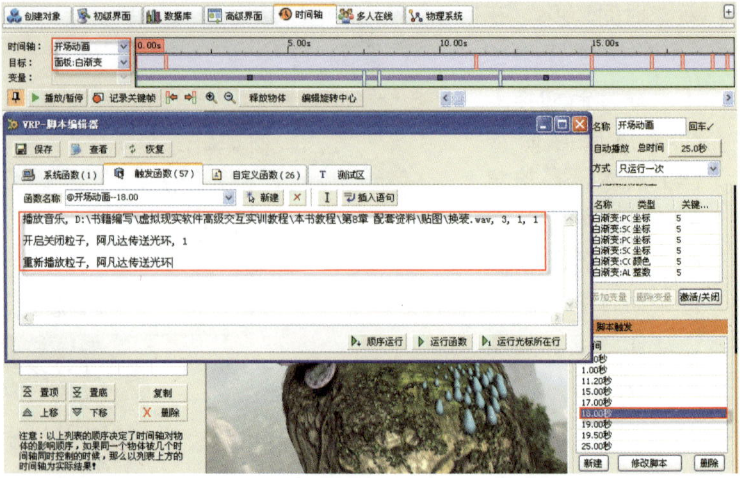

图8-6-60

12 新建时间19.00s，在19.00s的位置添加【变量赋值】和【执行内部函数】脚本，让动画相机继续播放，并且播放角色"跃上飞龙"的动作，如图8-6-61所示。

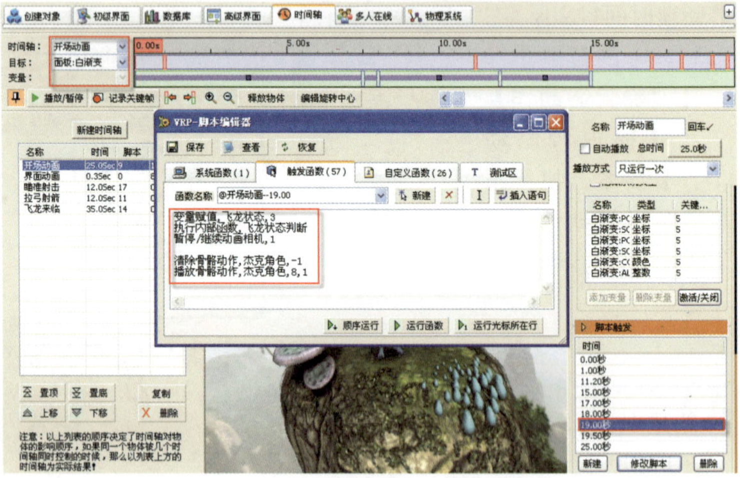

图8-6-61

13 新建时间19.50s，在19.50s的位置添加【播放音乐】脚本，播放名称为"召唤口哨.wav"的音乐文件，如图8-6-62所示。

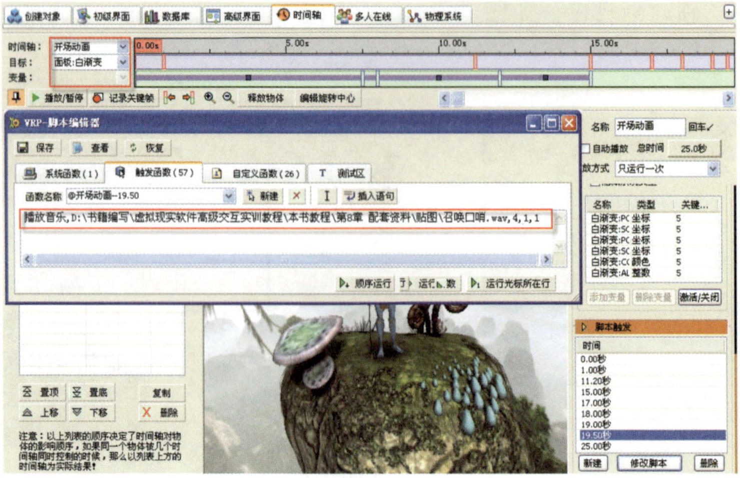

图8-6-62

14 新建时间25.00s，在25.00s的位置暂停“开场动画”时间轴的动画效果，如图8-6-63所示。

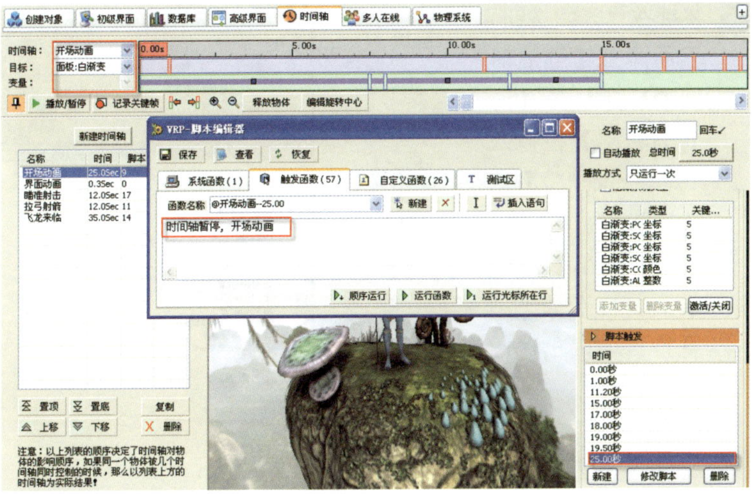

图8-6-63

8.7 脚本设置

完成界面动画设置后，结合VRP的脚本编辑器，制作场景的交互效果，让时间轴动画、高级界面与脚本进行完整的融合，制作出完美的交互效果。

8.7.1 添加【开始按钮】脚本

01 打开【初级界面】面板，选择名称为“开始按钮”的按钮，然后打开【鼠标事件】卷展栏，在【左键按下】按钮下面添加【时间轴播放】脚本，设置【时间轴名称】为“开场动画”，如图8-7-1所示。

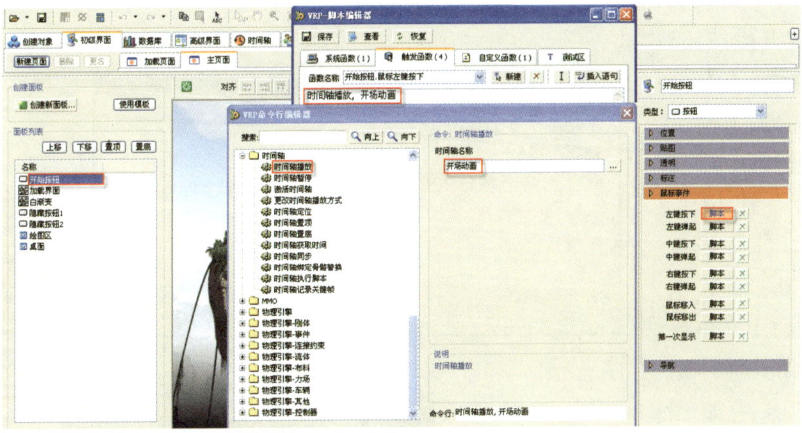

图8-7-1

02 继续在“开始按钮”下面添加【激活时间轴】脚本，在【时间轴名称】栏输入“开场动画”，【播放控制】栏选择“播放”，并在【是否重置】栏选择“不重置”，如图8-7-2所示。

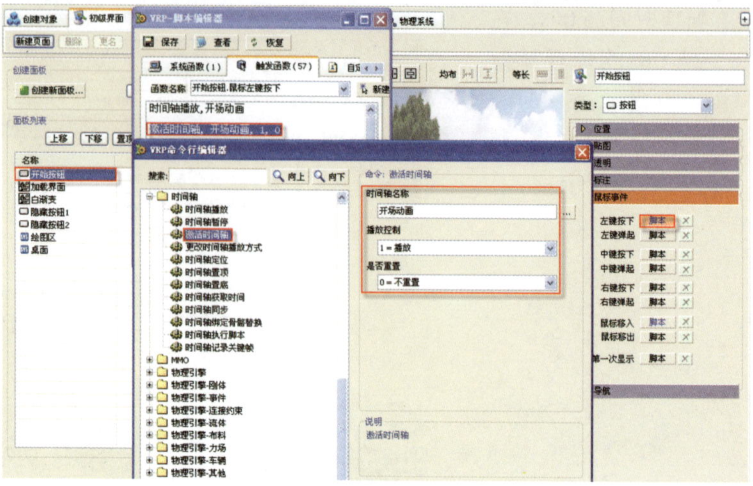

图8-7-2

03 单击【开始按钮】播放动画的同时，播放场景的背景音乐，同时停止场景的开头音乐，并且需要将初级界面中的界面加载和开始按钮进行隐藏，因此，接着在“开始按钮”下面添加【时间轴播放】、【激活时间轴】、【播放音乐】、【停止音乐】和【显示隐藏物体】脚本，如图8-7-3所示。

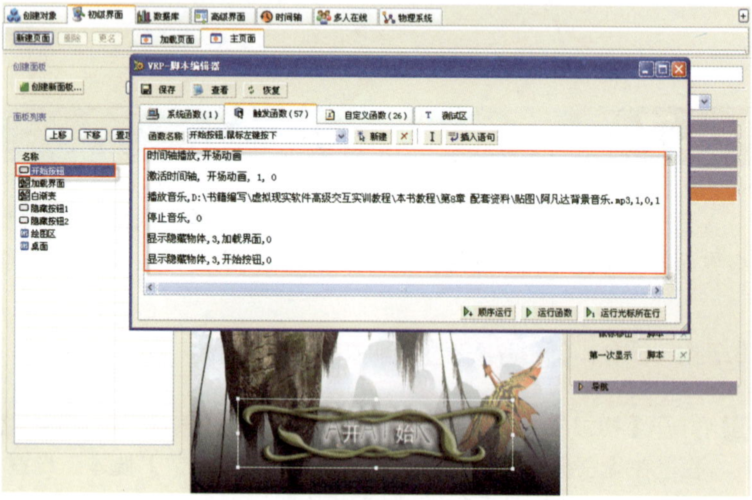

图8-7-3

04 继续在“开始按钮”的【鼠标移入】按钮下面添加【播放音乐】脚本，添加名称为“按键1”的脚本，并将声道设置为0，播放次数设置为1，播放时不关闭其他声道内的音乐，如图8-7-4所示。

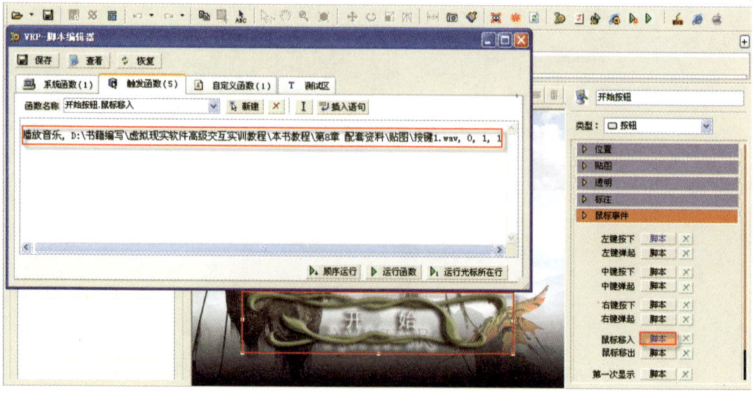

图8-7-4

注：

在场景中其他按钮的【鼠标移入】按钮下面添加相应的音乐文件。

8.7.2　添加【#初始化】函数脚本

01 在【系统函数】面板中，创建【#初始化】函数，在【#初始化】函数下面添加【显示隐藏对话框】脚本，设置【对话框名称】为“杰克头像”，【类别】为“0=隐藏”，如图 8-7-5 所示。

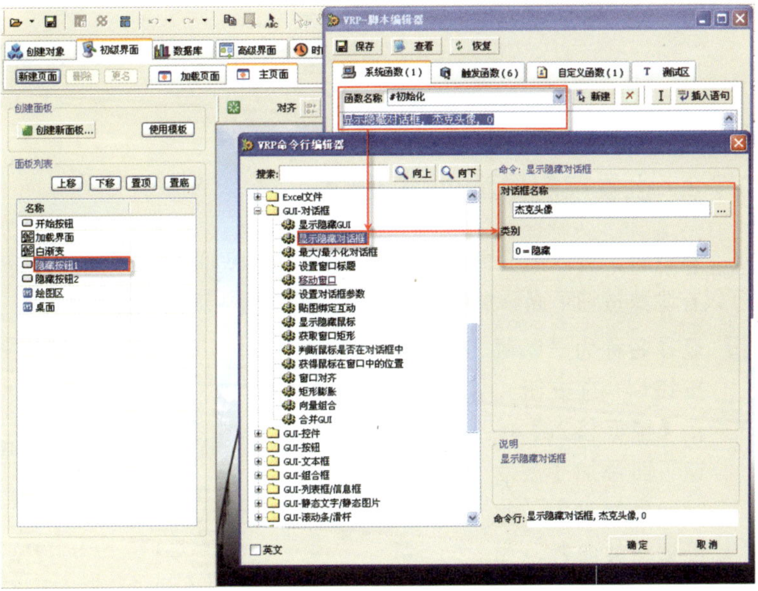

图8-7-5

02 参照上述的脚本设置方法，设置其他的对话框在初始化中进行隐藏，如图8-7-6所示。

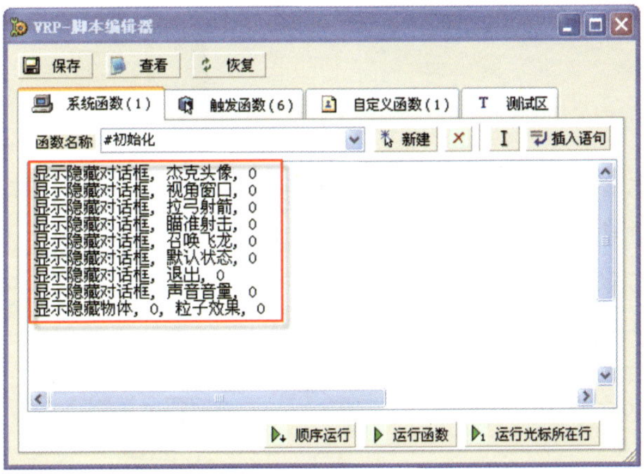

图8-7-6

03 继续在【#初始化】函数中添加【播放音乐】脚本，然后添加播放场景中植物动画效果的脚本，并且在【#初始化】函数中，添加部分粒子效果和飞龙隐藏的脚本，以及“瞄准射击”和“界面动画”的时间轴定位脚本，如图8-7-7所示。

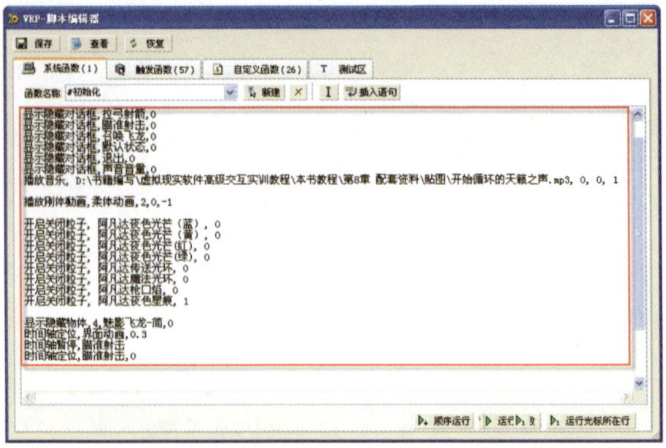

图8-7-7

8.7.3 设置控制界面动画的脚本

运行时，可以实现鼠标移入或移出时播放时间轴动画的效果；之前常见的两个隐藏按钮，可以在隐藏按钮下面添加相应的脚本，实现播放动画的效果。

01 选择名称为“隐藏按钮1”的按钮，在【鼠标移入】按钮下面添加【激活时间轴】脚本，并设置相关参数，如图8-7-8所示。

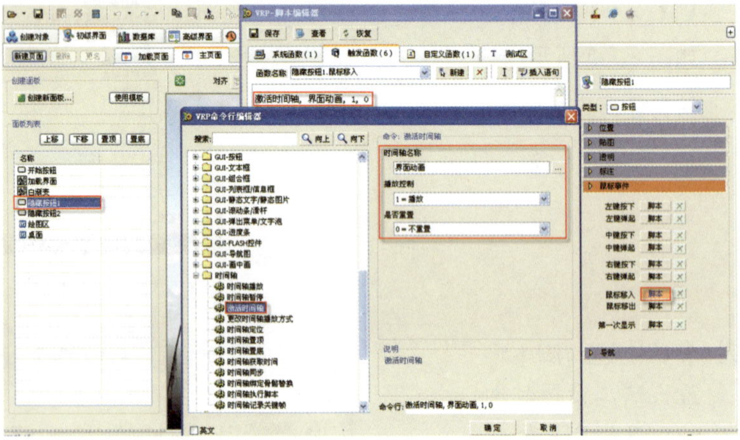

图8-7-8

02 继续添加【更改时间轴播放方式】脚本，设置【播放方式】为“3＝倒序执行一次”，如图8-7-9所示。

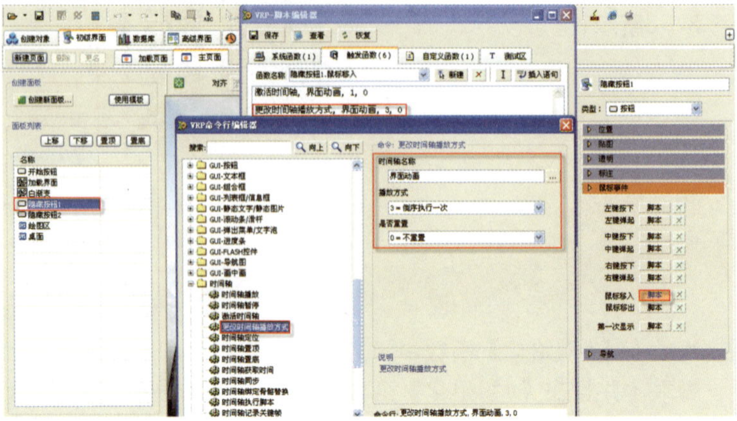

图8-7-9

03 在【鼠标移入】按钮下面添加【播放音乐】脚本，添加名称为“界面弹出A.wav”的音乐文件，如图 8-7-10 所示。

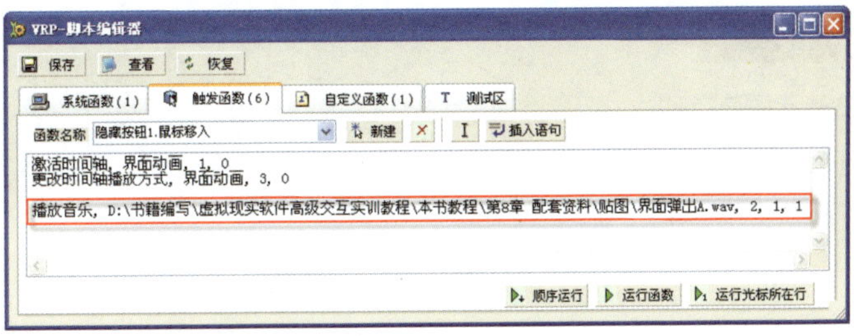

图 8-7-10

04 将【鼠标移入】按钮下的脚本复制到【鼠标移出】按钮下面，并修改时间轴的播放方式为“顺序执行一次”，同时，添加文件名称为“界面弹出 B.wav”的音乐文件，如图 8-7-11 所示。

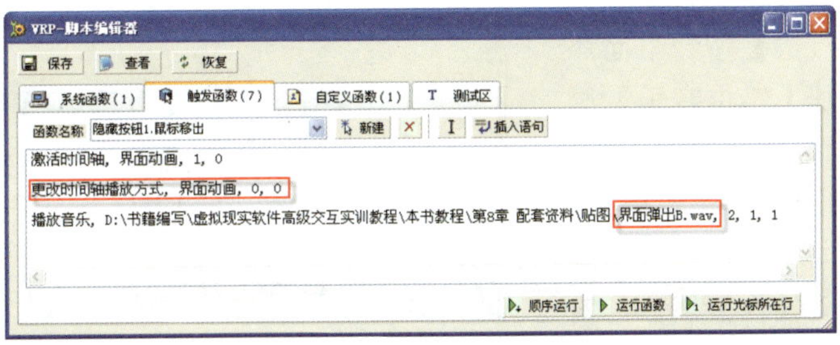

图 8-7-11

注：

名称为“隐藏按钮2”的按钮的脚本设置方法，请参见名称为“隐藏按钮1”的按钮的脚本的设置。

8.7.4 设置音乐控制脚本

在场景中，可以实现音乐的播放、暂停，音量的控制等效果，在本章案例中，可以通过控制音乐的脚本与变量结合实现音乐的各种控制效果。

01 选择名称为“音乐开关”的按钮，实现背景音乐暂停的效果，选择名称为“音乐开关”按钮，在【鼠标点击】按钮下面添加【暂停音乐】脚本，同时添加【显示隐藏控件】脚本，对名称为“静音”和“音量开关”的控件分别进行显示和隐藏的设置，如图 8-7-12 所示。

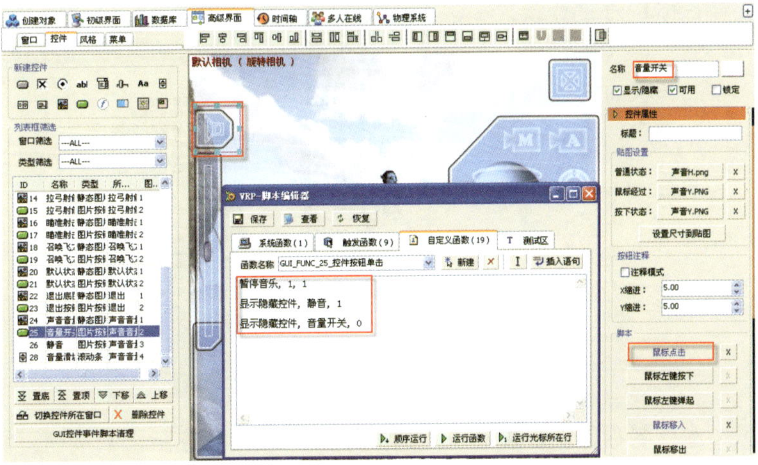

图 8-7-12

注：

设置音乐脚本时，可以通过设置音乐的不同声道，实现多个音乐同时在场景中播放，或者单独控制某个声道的音乐效果。

02 选择名称为“静音”的按钮，在【鼠标点击】按钮下面添加【停止音乐】脚本，修改脚本设置，让音乐自动播放，同时添加【显示隐藏控件】脚本，对名称为“静音”和“音量开关”的控件分别进行隐藏和显示设置，如图8-7-13所示。

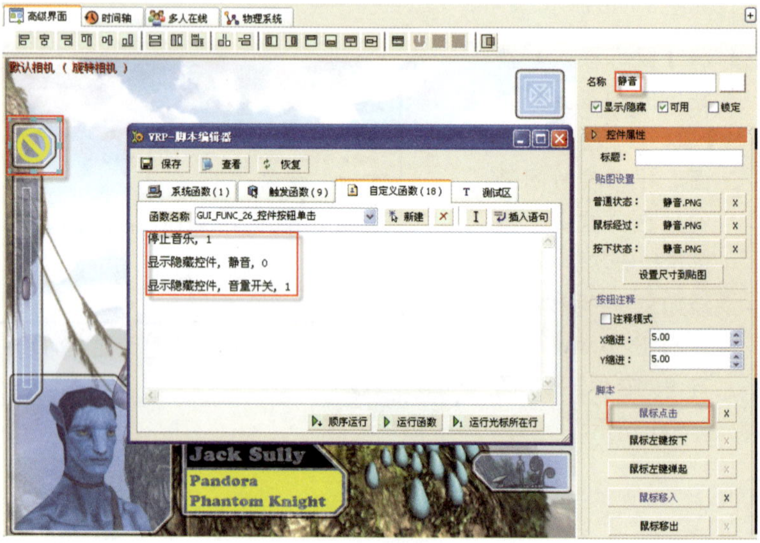

图8-7-13

03 继续设置音乐音量大小的脚本，在【#初始化】函数中添加【定义变量】脚本，并设置【变量名称】为“音量大小”，【变量值，上一次的返回值】为“0”，如图8-7-14所示。

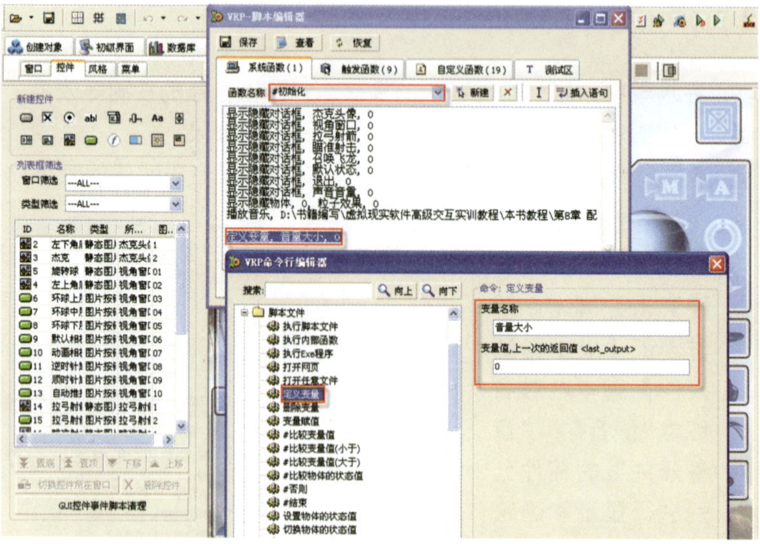

图8-7-14

04 选择名称为“音量滑块”的按钮，在【滑杆值变化】按钮下添加【获取滚动条的值】脚本，设置【滚动条名称】为“音量滑块”，如图8-7-15所示。

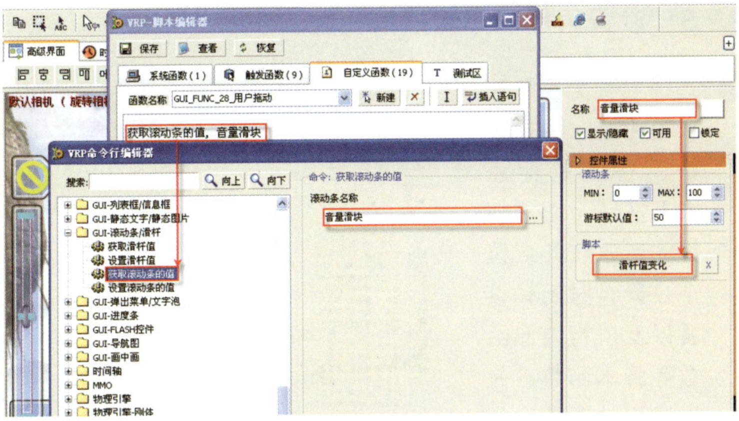

图8-7-15

05 继续在“音量滑块”按钮的【滑杆值变化】按钮下添加【变量赋值】的脚本函数，设置【变量名称】为“音量大小”，【变量值，上一次的返回值】为“<last_output>”，如图 8-7-16 所示。

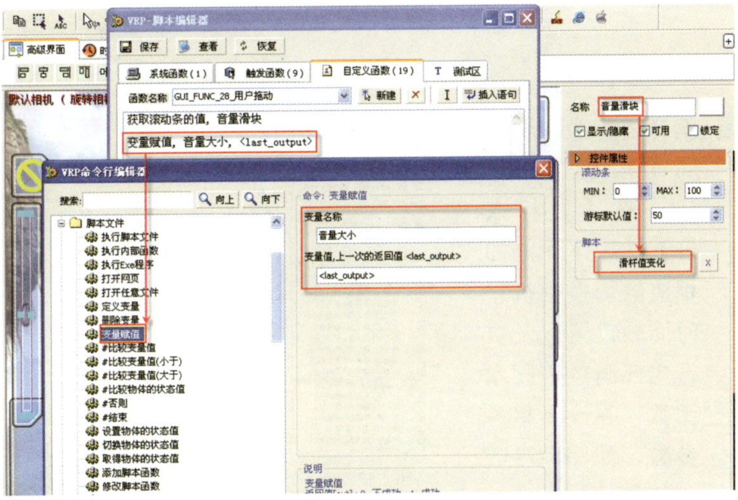

图8-7-16

06 添加【设置音量】脚本，设置【声道】为“1= 声道 1”,【音量】设置为“$ 音量大小”，拖动滑杆时，让声音音量随即变化，如图 8-7-17 所示。

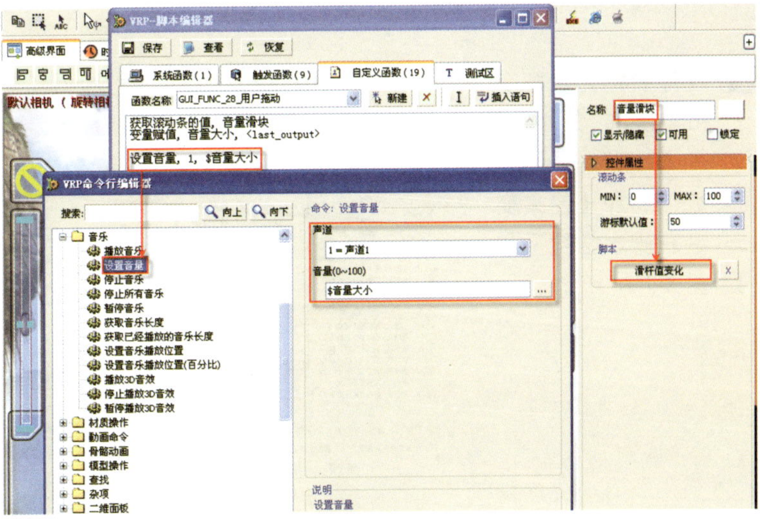

图8-7-17

8.7.5 设置角色动作切换按钮的脚本

01 选择名称为“默认状态按钮”的按钮，在【鼠标点击】按钮下面添加播放音乐、开启粒子效果、时间轴设置以及执行内部函数等脚本函数，并设置相关参数，如图8-7-18所示。

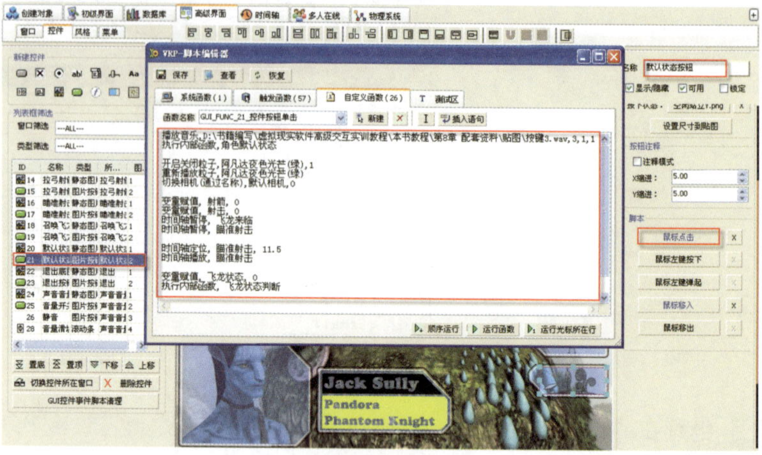

图8-7-18

02 选择名称为“召唤飞龙按钮”的按钮，在【鼠标点击】按钮下面添加相应的切换相机、时间轴设置以及执行内部函数等脚本函数，并设置相关参数，如图8-7-19所示。

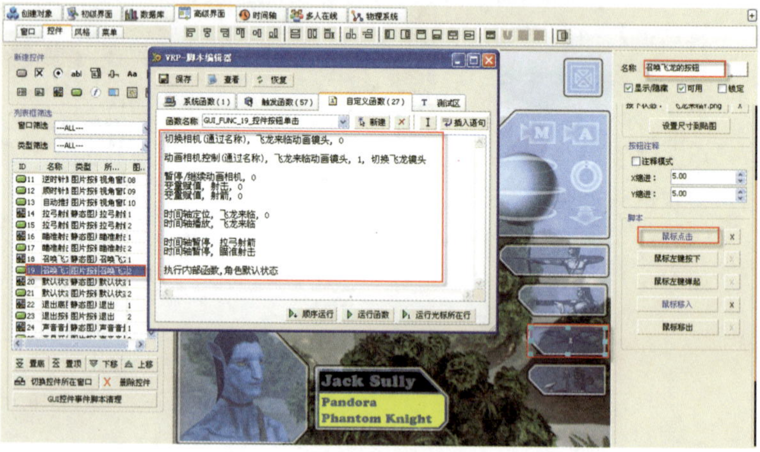

图8-7-19

03 选择名称为“瞄准射击按钮”的按钮，在【#初始化】函数中添加【定义变量】脚本函数，如图 8-7-20 所示。

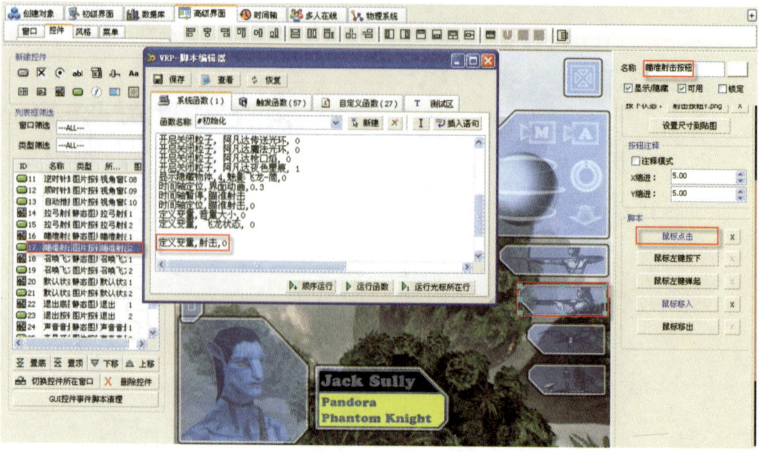

图8-7-20

04 选择名称为“瞄准射击按钮”的按钮，在【鼠标点击】按钮下面添加变量赋值、时间轴设置等脚本，并设置相关参数，通过变量实现多次单击事件的效果，如图8-7-21所示。

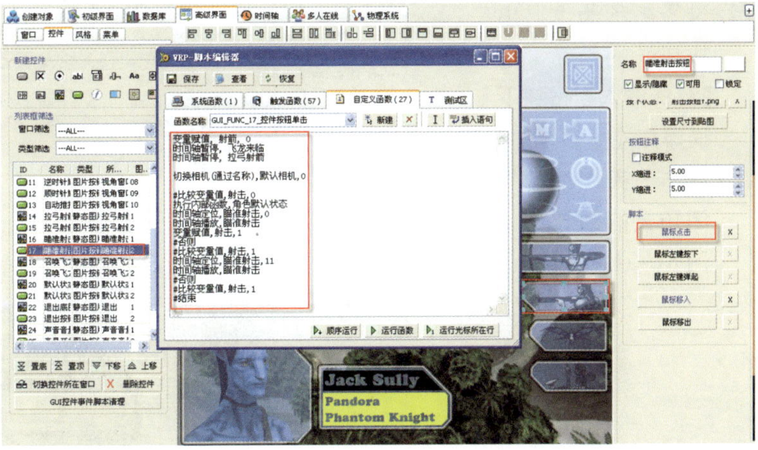

图8-7-21

05 选择名称为“拉弓射箭按钮”的按钮，在【#初始化】函数中添加【定义变量】脚本函数，如图 8-7-22 所示。

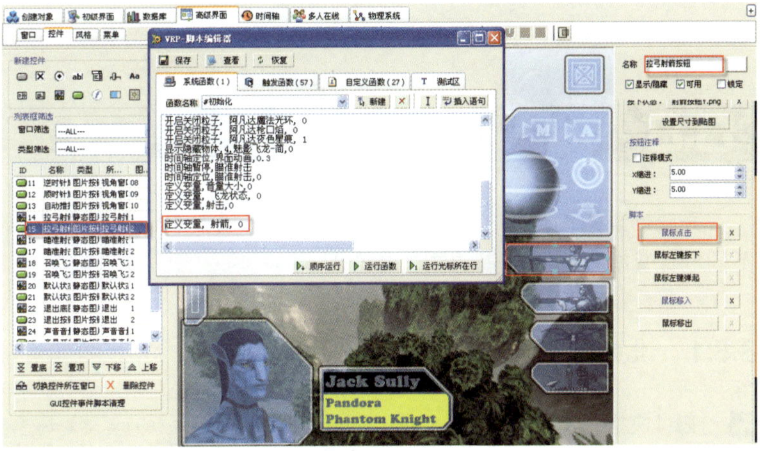

图8-7-22

06 选择名称为“拉弓射箭按钮”的按钮，在【鼠标点击】按钮下面添加变量赋值、时间轴设置等脚本，并设置相关参数，通过变量实现多次单击事件的效果，如图8-7-23所示。

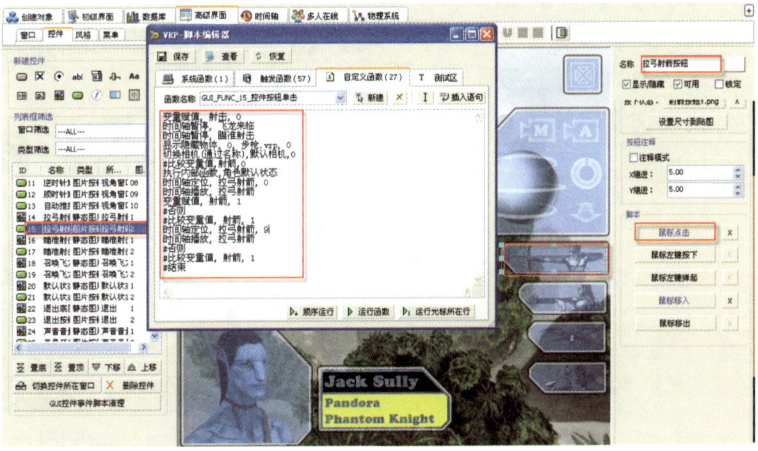

图8-7-23

07 选择名称为“退出按钮”的按钮，在【鼠标移入】按钮下面添加【关闭程序】脚本，实现单击关闭场景的效果，如图 8-7-24 所示。

图8-7-24

8.8 最终完成效果

完成场景的制作后，通过VRP编辑器可将场景编译成可独立执行的EXE文件，方便用户在不同的计算机上进行场景的浏览和交互。

8.8.1 设置【项目设置】对话框

01 按F4快捷键，在弹出的【项目设置】对话框中，选择【启动窗口】选项卡，设置标题文字、启动界面以及说明文字等效果，如图8-8-1所示。

图8-8-1

02 在主工具栏中单击【编译独立执行Exe文件】按钮，在弹出的对话框中设置文件名称与保存路径，然后单击【开始编译】按钮，如图8-8-2所示。

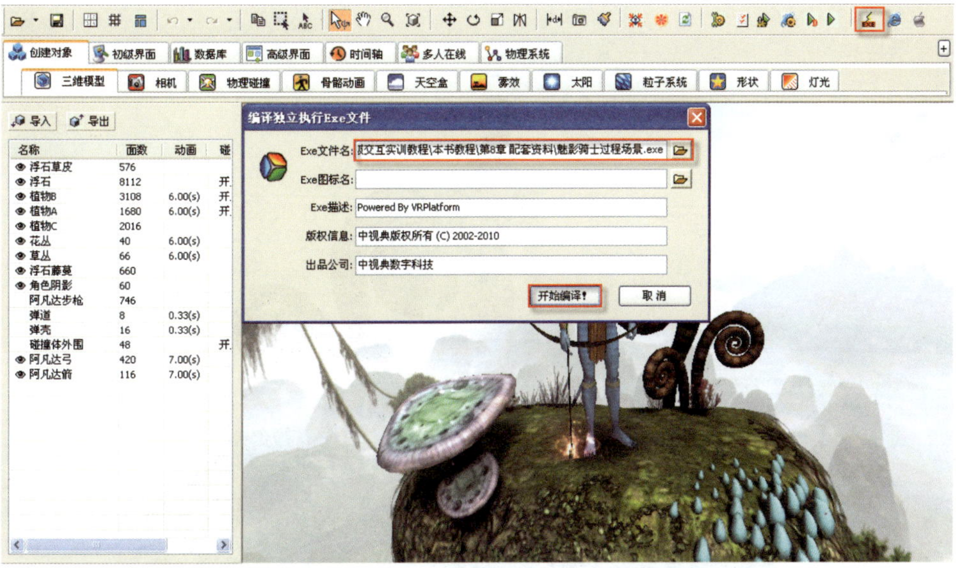

图8-8-2

03 在弹出的【脚本资源搜集】对话框中，单击【全部选择】按钮，选择全部的外部文件，然后单击【确定】按钮，如图8-8-3所示。

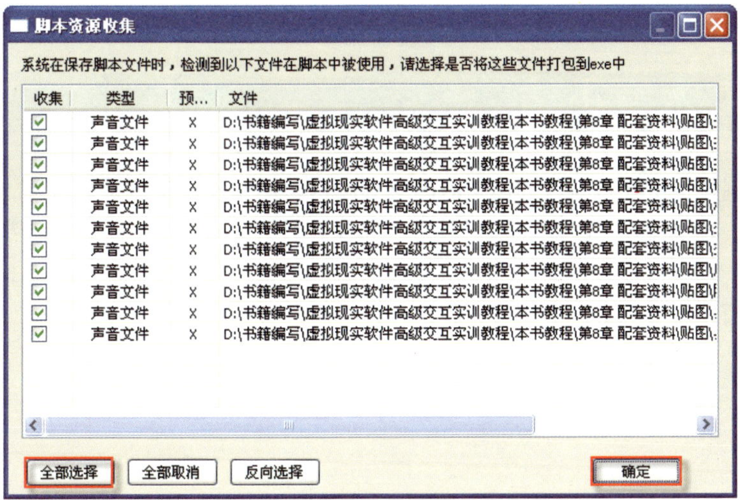

图8-8-3

8.8.2 预览最终效果

执行Exe文件，对场景进行浏览或者交互，查看最终效果，如图8-8-4所示。

图8-8-4

8.9 本章小结

在本章案例中，主要将高级界面与时间轴动画结合制作出动态的交互界面，同时，使用时间轴也对相机、粒子特效、路径动画、角色动画等进行了脚本交互，实现了错综复杂、丰富多变的场景交互。场景中还频繁使用了多次变量（二次单击事件）的脚本交互，这个脚本在制作项目过程中，使用非常广泛，并且可以达到举一反三的目的。